U0280606

中国白酒配餐学

How to Match Chinese Baijiu with Dish

李寻 楚乔 著

西北大学出版社

·西安·

2024 年春节，穿越风雪苍茫的大别山，我们来到安庆，就在这所古色古香的新华书店里，写完本书的"前言"和"后记"。（摄影／李寻 三脚架自拍）

食物不一，而道则一。

——（清）段玉裁

作者简介

李寻

自由学者，游于哲学、历史、自然科学；平生好酒，慷慨任性，以天地风云为友。一级品酒师。

楚乔

历史学博士、博士后，治俄国史、中东史；能饮酒，擅烹饪，常作万里游。二级品酒师。

两人合著"白酒三部曲"：

[1]《酒的中国地理》（西北大学出版社，2019年6月第1版，已重印多次）

[2]《中国白酒通解》（西北大学出版社，2022年7月第1版）

[3]《中国白酒配餐学》（西北大学出版社，2024年11月第1版）

前　言

1

怎么选酒？

选好酒之后怎样选餐馆？

到了餐馆又怎样点菜？

相信很多读者朋友都遇见过这样的纠结。

本书就是为帮助大家解决在这些问题上的纠结而写作的。

本书第二章《为酒选菜》，提供了如何鉴别好酒和差酒、如何选择出性价比合适的酒品的方法，同时也提供了在选定酒品之后如何选择菜系、菜品的搭配示例。

当您已经选择好餐馆（餐馆基本上都以某种菜系为主体风格），相对来说菜品已经确定的前提下如何选择酒，可参考本书第三章《为菜选酒》。这一章详细介绍了京菜、鲁菜、苏菜、徽菜、沪菜、浙菜、闽菜、粤菜、湘菜、川菜、晋菜、陕菜、豫菜、鄂菜、赣菜、黔菜、桂菜、滇菜、冀菜、东北菜、牧区菜、西餐、日料共 23 个菜系的由来以及每个菜系的代表菜（每个菜系都有多达上百道代表菜）。根据不同的菜系、流派及其菜品，提供了选择不同香型、不同品种酒来搭配的示例。

为求得资料的完整，本书的篇幅比较大，上来就按章节顺序通读一遍，不仅花时间多，而且易失去阅读兴趣。从真正掌握餐酒搭配知识与技能的角度看，也无必要。本书是一本常备的工具书，在实际使用的时候，根据具体使用情况"现用、现翻"，也都来得及，而且，效果更好。

做了几次搭配实践之后，想进一步理解搭配背后的科学原理，可以阅读本书第一章《中国白酒配餐基本原理》。这一章从食品化学、神经生理学、文化心理学等多学科的角度总结出白酒餐酒搭配的四项基本原理：健康舒适原理、酒餐同产地原理、风味协调原理以及文化情境匹配原理。由此可以达到举一反三、应用自如的程度。

2

在生活中，我们常常受到某些先入为主的成见的影响，比如，"价格贵的酒一定是好酒。""价格贵的好酒也一定要搭配价格贵的好菜。"实际上，有些价格昂贵的菜肴，比如燕窝、鱼翅，并不适合匹配价格同样昂贵的茅台酒；西南边陲赤水河谷的茅台酒与当地的带皮羊肉火锅、风肉、香肠等，倒是有天然的协调性。餐酒搭配不是价格匹配的商业选择，而是基于健康舒适的物质基础，追求天人合一的风土融合、宾主欢愉的文化境界的美学享受。

3

当下，白酒和餐饮实际上"分家"了。曾几何时，餐馆里也销售白酒，但销售的白酒的价格比超市高，受到消费者的抵触；后来有关部门出台政策，不允许餐馆禁止消费者自带酒水就餐。消费者自己带酒就餐逐渐成为一种习惯，大多数餐厅里配酒的服务随之萎缩，加之其他一些原因，现在我们在餐厅里看到情况大多是这样的：菜肴是菜肴，酒水是酒水，两者是分离的。比如说，在广州之外见到的几乎所有的粤菜餐厅里有粤菜——烧腊、烧鹅等，却没有"粤酒"，如广东生产的豉香型白酒。

"餐酒分离"是特定的历史原因和市场原因造成的，但新的形势使餐饮行业日益向差异化、精细化的方向发展，餐厅越来越精打细算地追求每一个细节上的新的利润增长点。像过去那样靠着收取陈列费或者高于市场零售价格来强制性销售酒水这类"躺赚"的事情已经一去不复返；提供精细化的服务、提供有更好就餐体验的餐酒搭配成为一些先知先觉的餐厅的新选择——这种模式在国外的餐厅已经形成趋势，很多餐厅拥有专业选酒师或侍酒师。另一方面，中国白酒销售也过了风起云涌的"大流通时代"，也在寻找精细化、差异化发展的路径。"餐酒合一"是一个新的大趋势，对于白酒行业来讲，在餐酒搭配基础上重建昔日的餐饮"大渠道"是未来的重要选择。本书作为一部知识体系完整、餐酒搭配示例丰富的实用工具书，是餐厅主理人、选酒师、侍酒师、白酒销售经理实现业务突破的"助力器"。

4

餐酒搭配不是精密的工程科学，而是一种生活美学。尽管在解释餐酒搭配原理的时候，我们应用了食品化学、神经生理学等多个学科的科学理论，但科学本身是没有绝对性的终极答案的，餐酒搭配更没有不可逾越的"金科玉律"，它更依赖于每个人的感官判断。餐酒搭配本质上是一种生活享受,生活享受与个人感官紧密地捆绑在一起,你个人的感觉别人无法代替。做餐酒搭配的时候,了解基础的科学原理、了解别人搭配的示例固然重要,但更多的还是要听从自己的感觉召唤,让自己身心愉悦的餐酒搭配才是绝妙的搭配。

5

和西方的烈性酒不一样,中国白酒一直是配餐同饮的,无论多么艰苦的生活,只要喝白酒都得有下酒菜,哪怕这个下酒菜再便宜、再简单。西方的烈性酒如威士忌、白兰地等倒是有纯饮方式的,在酒吧里纯饮不用配餐。但长期以来,世界上其他酒种,如葡萄酒、威士忌、啤酒、清酒等都有餐酒搭配学的著作出现,还有不少译成中文出版发行。

据笔者目之所见,坊间尚未有"中国白酒配餐学"之类的专著出现,故不揣谫陋,为此拓荒之作,疏误之处在所难免,谨以此书抛砖引玉,敬请同好方家赐教。

目 录

第三章 为菜选酒

附录　中餐烹饪工艺术语总汇

1

第一章 中国白酒配餐基本原理

第一节
健康舒适原理

一、喝中国白酒，不能没有下酒菜

中国白酒一般都是在吃饭时饮用的，吃饭和喝酒密切地结合在一起。所以，从习惯上来看，喝中国白酒就必须佐以下酒菜，没有下酒菜就不太好喝白酒了。在最简陋的时候，人们甚至开玩笑说，就算用筷子蘸点酱油，也得有个下酒菜。

西方烈性酒的饮用，经常是酒餐分离的，无论是威士忌、白兰地，还是伏特加，都可以纯饮，就是中国俗称的"干喝"。在正式的宴会上，烈性酒一般做餐后酒，适合少量饮用。吃菜时的佐餐酒，基本上是葡萄酒。"干喝"已经成为西方烈性酒的一种饮用习惯，典型的代表就是对现在酒吧中的烈性酒，基本上就是"干喝"，并不配下酒菜。

喝中国白酒，为什么必须有下酒菜呢？现代科学对这种由来已久的餐酒搭配的饮酒习惯进行研究后，发现其中蕴含着深刻的科学道理。

现代科学研究发现，佐以菜肴下酒有以下两方面的生理学意义：

（1）让感觉器官——口腔、舌头、食道以及鼻腔等适当休息，以更好地享受白酒所带来的丰富的嗅觉、味觉、感觉等美妙享受。

鼻腔、舌头、口腔等这些感知香气、味道和口感的感官都很敏感，也很娇嫩。比如对辣味的感知，反复经过辣感后味觉就会感到麻木，而品饮中国白酒的一个重要体验就是那种辣的刺激，但不能让这种刺激一直持续下去，不能强化到感觉细胞麻木而失去感知力了，这就没有享受了。所以一定要在中间休息一下，休息期间不再喝酒，而是吃些菜、喝口水，让感觉细胞恢复感觉能力，再来饮酒。

鼻腔的嗅觉细胞也是同样的道理，常闻嗅一种香气也就麻木了，感受不出来了，那么就让感受酒的香气的细胞休息一下，用食物的香气进行调节，有了

本节主要参考文献：
[1]〔日〕叶石香织.日本名医教你饮酒的科学[M].台北：读书共和国出版集团.2023：25–27.
[2] 张道明，王泰龄，汪正辉.酒精性疾病的防治[M].北京：科学普及出版社.2009：9–10.
[3]〔日〕杉村启.日本酒的书[M].台北：时报文化出版企业股份有限公司.2016：114.
[4] 一天喝多少酒合适[J].世界标准信息.2005–06–15.
[5] 白卫滨.食品营养学[M].北京：中国轻工业出版社.2023：146.
[6]〔日〕石川伸一.食物与科学的美味邂逅[M].北京：中信出版集团.2018：42.

李寻的酒吧
已积累了上千篇品酒笔记，还在不断更新。在这个公众号里，可以获得对各种新品的品鉴信息。

这种"中间"休息，才能更好地反复去享受白酒带来的芬芳感。

（2）控制酒精的吸收速度，调节肝脏等酒精代谢器官的工作强度。

白酒中的主要成分是乙醇（俗你"酒精"），酒精在人体内的代谢过程是这样的：它先进入胃，胃只能吸收总酒精量的 5%，另外的 95% 要由小肠来吸收。酒精在小肠中的吸收速度非常快，小肠的内壁有无数被称为"长绒毛"的突起部位，其表面积以成年男性来说，大概有一个网球场那么大，比胃的表面积要大得多，所以当酒精被送到小肠里，就会很快被吸收掉。

胃和肠道吸收的酒精，经过门静脉系统进入肝脏，其中 80% ～ 90% 的酒精在肝脏被一种叫作乙醇脱氢酶的物质氧化为乙醛，乙醛在乙醛脱氢酶的作用下转化成乙酸，乙酸最终被其他酶分解为二氧化碳和水，排出体外。剩余的 10% ～ 15% 的酒精在肾脏、肌肉和其他组织中代谢。少量未被代谢的酒精则通过呼吸和排尿直接排出体外。

酒精被吸收后进入肝脏，也就进入了血液系统，这时直观的感受就是醉得快。面对一下子涌入的大量酒精，使肝脏的处理强度变大，处理效率降低。当饮酒速度超过酒精代谢速度时，大量的酒精在体内蓄积，便有可能导致酒精中毒。要避免酒精快速进入血液系统和肝脏瞬间处理载荷过大的问题，最好的办法就是延缓酒精进入小肠的时间。

延缓酒精进入小肠的时间最管用的办法也很简单，就是不要空腹喝酒，喝酒前吃些富含油脂的菜肴，并且在喝酒的过程中不断进食菜肴。有富含油脂的食物打底，胃肠激素中的胆囊收缩素便开始运作，它会使胃的出口部位，也就是幽门关闭起来，这样一来，食物连带酒精停留在胃里的时间就会加长，酒精进入血液系统的时间就会延长，每次进入的量也就变少了。

有研究发现，在喝酒的时候，摄入含脂肪、蛋白质和碳水化合物的混合食物，这种有酒有菜的同时品饮，与空腹干喝式饮酒相比，酒精吸收的时间会延长三倍。由此看来，边吃菜边喝酒这种古老的习惯，蕴含着深刻的科学道理。

另外一个古老习惯其实也隐含着深刻的科学道理，在喝中国白酒的时候，人们习惯同时喝点水，有时候会喝白开水，有时候喝茶。科学研究显示：喝茶水可能会加重对胃肠黏膜的刺激；饮酒时喝些白开水是必备的，也是健康的。

酒要分解成乙醛，再转化成乙酸，分解成乙醛的过程中需要大量的水。

因此，喝酒的时候需要补水。如果水不够，就会影响乙醛的分解，这样就有可能让人醉得快，甚至出现一定的中毒现象。

有研究表明，就算喝 5 度的啤酒，有时也会把人喝醉，重要原因不是摄入酒精过多，而是因为脱水。有数据显示，喝 43 度的威士忌这种烈性酒 60 毫升，应该补充 500 毫升水。在实际饮用过程中，未必能控制得这么精准，但总体上讲，在饮用中国白酒的时候，喝白开水也和吃下酒菜一样，有两个生理作用：一是清洁口腔，缓解感觉器官的疲劳；二是补水，为乙醛的代谢过程补充水分。

边吃菜、边喝水、边喝酒，这是中国古老的饮酒习惯，这种习惯可能源于在漫长的农业社会中所形成的稳定富庶的生活条件、庞大的帝国统治阶层的宴饮习惯，以及缓慢的工作和生活节奏。其原因不仅仅是白酒是酒精度高的烈性酒。西方的烈性酒酒精度同样高，为什么就没有完全形成边吃菜边喝酒的习惯呢？这可能和工业革命带来的社会分层结构变化和快速生活节奏有关，竟夜长饮的贵族生活方式消失，新兴的工商市民阶层带来简单的餐饮方式，快速的生活节奏让人们只能在酒吧里小酌一杯，就转而进行下一个活动。

各国的饮酒习惯由来已久，事实上我们已经不知道究竟是如何起源的，对其各种起源也仅仅是猜测，但现代科学证明：边吃菜、边喝水、边喝酒这种方式更加健康，也能更美妙地体验饮酒带来的享受。

二、以酒下菜，还是以菜下酒?

我们喝酒时经常说到"下酒菜"，好像喝酒就必须要有下酒菜，没有菜就喝不了酒似的。其实这种说法不太准确。

菜和酒，到底谁需要谁？或者说，谁更主动地需要谁？

是以菜下酒，还是以酒下菜？

既然有"下酒菜"——这我们都知道，那么有"下菜酒"吗？

有！既有下酒菜，也有下菜酒，两者都存在——既需要以菜下酒，也需要以酒下菜。

以菜下酒，下酒菜能起到缓解口腔味觉细胞疲劳，延缓酒精快速进入小肠、进入血液——延缓酒精的吸收、使饮酒的时间加长、降低醉酒程度等作用。

以酒下菜，这种情况在我们日常生活中也能感受到。比如，吃牛排或者酱肘子，觉得有点油腻，这时候就想喝点酒来解一解腻。酒确实有这个作用，它可以溶解食物中的油脂，让人吃得更顺滑；它还可以压制住食材中的一些不愉快气味，比如腥、膻，使人享用得更加舒适美味。其实"以酒下菜"，早在我们吃菜之前，厨房的师傅已经事先做过了，这就是在中国菜里普遍使用的各种料酒。作为一种调料，料酒被使用在很多菜肴中，它的作用就是给菜增香，去除食材的腥、膻味，让人更愉快、更舒适地吃菜。社交中滴酒不沾的人，如果吃了添加料酒的菜肴，其实也在无形中摄入了一定量的酒精。

看到这句话，有些朋友可能会大吃一惊：《柳叶刀》上不是说"一滴酒精也不能摄入"嘛！

其实《柳叶刀》上的文章并没说"一滴酒精也不能摄入"这句话，只不过经过自媒体的三传两倒之后，最后被放大成了忽悠恐吓的话：一滴酒精也不能摄入！

其实人体在没有任何外摄酒精的情况下，自身消化道的微生物每天也会产生 30 毫升以上的纯酒精（相当于 100 度的酒精），约占人体血液总量的 0.003%——如果换算成 50 度以上的烈性酒，相当于 60 毫升（一两多）烈性酒。这部分酒精是消化道微生物自己代谢产生的，它参与了人体的整个生理循环，是必需的。除此之外，一般的正常成年人可以迅速消化掉外摄的——也就是喝进来的 26 毫升的纯酒精（折合成 50 度的烈性酒，是一两左右）。国家卫生健康委员会发布的《中国居民膳食指南 2022 年（第五版）》里面关于饮酒的建议：成年人如果饮酒，一天饮酒的酒精量不能超过 15 克。15 克是重量，换算为体积大概是 19 毫升左右的纯酒精（换算成 50 度的烈性酒，大约是 38 毫升，相当于一盎司）。这是官方文件给出的酒精安全摄入量的指标。微生物靠吸收动植物的有益成分而生存，人类很多食物是靠微生物发酵之后得以保存、得以食用的，人体本身的消化过程也是微生物发酵的过程——在发酵过程中，必然产生一定量的酒精，酒精参与了整个生命的生理活动的正常循环。

人需要吃饭、吃菜，才能获得营养，才能活下去，这是大家都知道的；其实，人体也需要酒，至少体内的消化代谢过程产生了酒——自然无妄作，能产生就证明它需要。日本一位食品科学家石川伸一指出：人体如果缺少某种营养成分，就会特别想吃含有这种营养成分的食物，吃了以后就会感觉很美味，就像大量出汗后会比较想吃咸的东西。按照这一理论，人想喝酒，也是体内缺少了这种成分使然。

就人体生命小系统来讲，酒精是必需品，菜也是必需品。宏观来看，在整个世界生命系统中，人和酒也是大自然造就的生命大系统互相关联的组成部分。喝酒吃菜，只不过是生命内在系统的外在化表现。

三、科学、健康、文明的饮酒进餐方式

我这个年龄的人，从 20 世纪 90 年代就开始参加各种酒宴——多半是中式酒宴，人多的时候一桌子有十几二十几道菜，敬起酒来就餐者轮着"打通关"，一圈敬完，打关者基本上已经有八分醉。近几年随着年龄的增长，我在参加酒宴的时候格外注意健康和舒适的问题。参加别人的酒宴，客随主便，只能遵从别人的安排；轮到我做东来招待外地朋友的时候，就可以按照自己的想法，把酒宴安排得比较舒适。几年下来，我总结出以下五条原则。

1. 喝酒前先吃主食

一般中式酒宴都是先上凉菜，后上热菜，最后上主食，从凉菜起就要开始喝酒。我年龄大了，空腹喝酒不舒服，所以我做东的酒宴，都安排先吃主食。主食也比较简单，大多数餐馆里有面条，先上一碗面条，都不用有配菜，就可以吃个五分饱。如果是云南餐馆，可以先上米粉；有些饭馆没有面条和米粉，来份炒米饭也行，但炒米饭要配个汤。餐馆里的面不是面馆那样的分量，一般以炒菜为主的餐馆里的面分量都比较少，吃一碗面条大概是五分饱，但有这点主食垫底就可以喝酒了。

2. 下酒菜二至五道

主食吃后，下酒菜可以上桌了。下酒菜不需要多，二至五道就够了：要是两三个人聚餐，两道菜；十个人聚餐的话，五道菜足矣。有人会说：五道菜，十个人可能不够吃。这也没关系，同样的菜可以点上两份。

下酒菜搭配的第一个原则是荤素搭配。点两道菜可选一荤一素，五道菜可

选三荤两素或者四荤一素。喝酒多少会刺激胃黏膜，而荤菜富含油脂，对胃黏膜的保护作用比较好。像我们这样上了年龄的人，或多或少都有胃黏膜萎缩的症状，所以如果要喝酒——特别是喝烈性酒，一定要有荤菜。

搭菜的第二个原则是冷热要搭配好。冷菜热菜的搭配关系跟季节密切相关。如果是夏天，凉菜可以稍微多一点；冬天最好热菜多一点。专门喝酒的时间是比较长的，一场宴会下来短则一个小时，长则两三个小时，凉菜还好，热菜又不能反复去热，所以最好是选择在桌上有酒精炉或者小燃气炉可以带加热的。

第三个原则是分餐制。上的菜如果道数少，人多的时候，一样的菜可以上两份或者三份。实行分餐制，餐馆不提供分餐服务的，可以一大盘端上来，每个人分到自己眼前的小碟子里。

喝酒的过程中，配白开水。一般喝酒的场合都是晚宴，喝茶水会影响晚上睡眠，喝白开水最佳。根据相关的科学原理，喝酒——特别是喝烈性酒，要防止脱水，所以在喝酒吃菜的过程中喝一些白开水是一种健康的饮酒方式。

3. 就餐礼仪

上面讲到分餐制，它实际上是一种带来舒适方便的就餐礼仪。首先，不用让菜，不用劝你吃这个、吃那个，也不需要夹菜给别人。有些传统旧俗很麻烦，让宾主都有些紧张。其次，不用"拼酒"，不用站起来"打通关"。每个人眼前放着杯子喝自己的酒，喜欢多喝的就多喝点，不喜欢多喝的就少喝点，大家自在自如。

4. 选酒

一般情况下选择一种到两种酒就可以。如果全是能喝烈性酒的——不论男女，就选一种白酒，不要几种酒混着喝；要是有些朋友喝不了烈性酒，可以选一种低度的酒，如葡萄酒或者是黄酒。选酒搭菜的原则：可以根据菜系来选酒，也可以根据酒来选菜。（详情参见本书第二章和第三章）

5. 丰俭由人

以喝酒为主的酒宴，主要目的在于喝酒、沟通感情、交流信息，以健康、舒适为原则。按照上面说的选菜原则，选两到五道菜——大多数情况可能是三道菜。也就是说，一次酒宴花费的钱，视人数而定也不会太多。菜少的话，是不是档次就低了？这也不一定。如果特别要强调客单价的话，也可以选择贵的菜，这取决于社交的实际需要。酒宴的主要作用在于创造一种轻松舒适的氛围，大家主要是交流思想、交流情感，倒不在于花多少钱。我们办酒宴的目的，尽量是少花钱也办事，还不遭罪。曾经有一个阶段，有些人陷入一种文化陷阱之中——似乎酒宴不高级，就显得对客人不尊重，办事也不顺畅。这种现象在某个阶段是存在的，但随着商业文明越来越成熟，社交规则也逐渐转向轻松健康的轨道，在酒宴上也不会谈太具体的正经事——应该是在清醒、理性的条件下去谈正经的工作。当然，酒宴上谈事也不是说对工作没有促进——喝酒能让人放松，放松的情况下更见本性；人之相与，重要的是对他人天性的认识和把握，至于最终能否办成事或者能否形成合作关系，主要是看天性、秉性上是否合得来。

这几年来我用上述方式宴请朋友，发现相互间的商业合作也能推进得下去，并没有什么障碍。我做东宴请的那些条件，一般的餐馆都能满足；不用劝酒，也不会有人逼着你喝，大家喝得舒适放松，反而沉浸在对酒的品享以及对各自有兴趣的问题的交流中。当我把自己对这种理想酒宴的想法总结出来、写下来之后，再从网上查一查相关的餐饮资料，发现这种酒宴方法并不是自己前所未有的创新，而是国宴上早已有之的方法。国宴一般也就是四菜一汤，有时是三菜一汤。国宴也是实行分餐制。中华人民共和国成立初期，国宴就实行分餐制，那时候是菜端上桌之后由服务员给每位宾客分，剩下的放在桌子上，谁想吃谁去拿。1987 年以后，改为由厨师按照宴会人数把菜分盘之后再端上去。我前面所说的一样菜点两份，每个人分到自己面前的小碟子里，这个方法就相当于自己在桌上把菜一分。国宴用酒方面，在 20 世纪 60 年代的时候，每位客人面前摆放大、中、小三个杯子，有烈性酒茅台或者其他名牌葡萄酒。1984 年国宴改革以后，国宴一律不再使用烈性酒，如茅台、汾酒等，而是根据客人的习惯上酒水，如啤酒、葡萄酒或其他饮料。（国宴现在是不是上烈性酒，最新规定不知道，从网上只能看到 1984 年国宴改革后的具体规定。）

简单总结一下：国宴是菜简单，数量也少——三菜一汤或者四菜一汤；采用分餐制；敬酒的时候点到为止，不会谁逼着谁非干了不可。国宴是最正式的宴会，从一开始就贯彻了科学、健康、文明的规则，那我们就以国宴为榜样：科学、健康、文明！

鱼翅捞饭　　　　　　　　　　　　　　　梅岭虾仁

清蒸海鲈鱼　　　　　香煎金鲳鱼　　　　　葱香八爪鱼

"李寻的酒吧"烹饪出的下酒宴席菜　（摄影／朱剑）
主菜：鱼翅捞饭。配菜（均可按位上）：清蒸海鲈鱼、香煎金鲳鱼、梅岭虾仁、葱香八爪鱼。

第二节
酒餐同产地原理

一、酒餐同产地是天然的搭配方案

所谓酒餐同产地原理，是指某个香型的白酒和其选配的菜肴都是同一个产地的。

同一产地的酒和菜肴，有着天然的风味上的协调性。这是因为无论是酒还是菜，它们起始时，都是遵循就地取材的原则，酒和菜的原料全是天然的产品，这些天然的产品会受到当地的土壤、气候、降雨、海拔高度、微生物菌群等自然地理因素的影响。从人文地理的角度看，生活在相同地理产区的人们，对于风味也有相同的偏好和认识，比如说海滨的人们习惯吃海鲜，就不觉得鱼虾腥；牧区的人们习惯吃牛羊肉，也不觉得牛羊肉膻。他们在选择酒品时，无论是在发酵酿造的过程中，还是在配餐的过程中，都会选择和本地菜肴香气、口感搭配起来协调的酒品，一般本地也能生产这样的酒品。大自然是天然的风味协调器，把当地的菜肴和酒品就这样神奇地组合在一起。

在酿酒界，非常强调"风土"这个术语，葡萄酒讲"好酒是种出来的"，而白酒也是不可移植的，茅台酒官方多次宣称其是不可移植的。20 世纪 70 年代曾经有过移植茅台酒的试验，后来被证明是不成功的，著名的一个例子就是珍酒的出现。之所以不成功，是因为海拔变了，风速变了，微生物菌种就变了，酒的香气、口感自然也会发生变化。

从菜肴的角度来讲，各地区的菜系严格来说也是不可移植的，在海边吃到的新鲜海鲜，运到内地去，再怎么样保存，鲜度都会下降，吃起来跟海滨的是不一样的。在我们研究白酒和各大菜系搭配时，仔细品尝了非当地的某一菜系，比如在西安品尝粤菜或者川菜，跟到广东或四川感受到的是不大一样的，也就是说，菜系也是不可移植的。在既产酒又有知名菜系的地方，很容易找到餐酒搭配风味协调的方案，这种方案浑然天成。

本节主要参考文献：

[1] 何信纬.餐酒搭配学——侍酒师的饮馔搭配指南[M].台北：城邦文化事业发展有限公司.2023：119.

[2] 赵荣光，谢定源.饮食文化概论[M].北京：中国轻工业出版社 .2000：40–48.

[3] 周松芳.岭南饮食文化[M].广州：广东人民出版社.2023：2.

绝妙下酒菜

已介绍过国内外数百种下酒菜，还在不断更新中。关注它，可获得最新的下酒菜知识。

利用同产地的原理进行白酒和下酒菜的搭配，可以解决白酒配餐一半的问题，但不能解决所有的问题。为什么不能解决所有的问题呢？

有以下三方面的原因：

（1）我们说到的酒系香型分布区域也好，菜系分布区域也好，都非常辽阔，中间有很多小的区域的自然地理条件和人文地理条件不同，就会使菜系的风格也有很大的不同，比如同样是鲁菜，就有多个流派，有沿海的菜系，有靠内陆的菜系，有靠运河的菜系；粤菜也分为靠山区的客家菜和靠海的海鲜菜。风味不同，就要选择不同的酒。但每一个菜系的流派所在的区域如果没有合适的地产白酒，就只能跨区域来解决：从别的产酒区域选酒，来搭配本地区烹饪的菜肴。

（2）酒和菜都是跨地区流动的，这使得跨地区的餐酒搭配不仅是必须的，而且是可能的。酒系的跨地区流动好理解，因为现在包装技术发达了，一种全国名酒，可以配送到全国各个地方去，全国各地都可以有酱香型的茅台酒、清香型的汾酒、浓香型的五粮液，在各地想找到这些酒很容易；同样，菜系实际上也是跨地区流动的，在全国除广东外其他地方也都能吃到粤菜，在南方可以吃到牧区菜的牛羊肉，在内陆可以吃到海鲜。人们在一个地区选择聚会的餐馆时，先要选择的是哪一个菜系风格，在陕西可以选择粤菜，在东北也可以选择西北菜。菜系定了，相应的酒系也就可以确定了，西北菜可以选配西北的酒，粤菜可以选配广东的酒。

（3）最重要的是人口的跨地区流动，市场经济越发达，人口的流动性越强。到外地的人总会怀念家乡的味道，就会选择家乡的菜系，也可能会选择家乡的酒系。跨区域的餐酒选择，在现在的经济生活和社交生活中是非常普遍的。

二、中国的酒系

中国古代最早出现的酒是黄酒，白酒出现的时间较晚，具体的出现时间有不同的说法，有说起源于东汉的，也有说起源于唐代的，还有说起源于宋代的，但是大规模的普及发展是在清代以后，完全成为主流酒种是在 1949 年以后。1949 年以前，高端宴席上主要使用的酒种是黄酒。如果那时把酒分成黄酒系和

赤水河茅台镇　（摄影／胡纲）
遍布晋、陕、川、黔的古盐道，是明清以来中国两大白酒聚集区之一。被誉为美酒河的赤水河，是古盐道的一部分。现在，沿这条河谷分布着茅台、习酒、郎酒等多家名酒厂。

白酒系的话，那么宫廷菜、官府菜搭配的酒种主要是黄酒。

自明清以来，白酒呈现出两大聚集区：一个是以大运河为枢纽的大运河聚集区，一个是以古盐道为枢纽的古盐道聚集区。我们在《酒的中国地理》一书中将其分别称为大运河酒系和古盐道酒系。这两个酒系的概念映射出政治地理和经济地理对白酒产业分布的重要影响。

现在的消费者习惯于按地区来称呼酒系，比如这一派是贵州酒，那一派是川酒等。品牌崛起之后，一个品牌下面的系列酒也经常在餐饮酒水搭配中使用。

本书使用了香型酒系的概念，香型概念是 1979 年以后才提出来的，真正有影响还是在 2018 年酱酒热之后，该概念在某种程度上也映射着白酒的产地、自然地理条件和酒系风格。因此，在做白酒餐饮搭配时，本书使用香型作为选择白酒的主题线索。

三、中国酒系的地理分布

中国白酒香型有国家标准的是 12 种香型，如果再加上《小曲固态法白酒》国标和《青稞香型白酒》团体标准，总共是 14 种香型。

酒友们要想把 14 种香型完全记住，是要花些功夫反复记忆的，否则容易忘。但《中国气候区划与白酒基本香型对应图》（见下页）可以帮助您快速记住这 14 种香型，而且不容易忘记，更重要的是它可以帮助您理解这 14 种香型的成因。

在这幅中国气候区划图上，最北的一个香型是清香型白酒，分布在暖温带，就是我们通常说的华北一带；中间部分是广义上的兼香型，分布在秦岭—淮河过渡带和长江沿岸，对应的气候带是北亚热带；往南是浓香型，分布区域包括四川和长江以南的湖南、江西，对应的是中亚热带；再往南是米香型，对应的是南亚热带，主要是五岭以南的广东、广西地区；在中亚热带和南亚热带之间，这里是一个独特的区域——云贵高原。云贵高原本来比较靠南，在中亚热带的范围内，但由于高原地形，海拔比较高、气温低，所以在气候带上又把它划为中亚热带北面的北亚热带的气候，同时它纬度又比较低，所以在这个独特的区域里生产了一种独特香型的酒——酱香型。

清香、兼香、浓香、酱香、米香都分布在东部地区；往西部看，和东部地区最近的一个气候大区，叫高原温带，在高原温带上分布着青稞香型。

以上六种主要香型记住了，可以继续看图（衍生香型）。在清香型的区域里，衍生出了老白干香型和芝麻香型，这是后来通过工艺上的区别形成的衍生香型，传统上这两个区域生产的酒都是清香型的。

在兼香型里，衍生出的一种是浓酱兼香型，这是狭义的兼香型，以白云边酒为代表，即浓兼酱兼香型；另一种酒是凤香型，凤香型酒从香气特征来讲是清兼浓香型。这个区域是地兼南北，香也兼南北。而在同一区域内还生产的酒现在被划为浓香型的江淮流派，实际上从香气特征来看，也应该是兼香型的一种。

浓香型也派生出两个香型：一个是特香型，主要差别是它以大米为原料，不是以高粱为原料；一个是馥郁香型，是靠大小曲结合工艺发展出来的衍生香型。川派浓香型、馥郁香型以及特香型这三种酒，尤其是市场上流通广泛的成品酒，消费者很难区分出三者的区别，主要原因是它们是在同一种大气候带

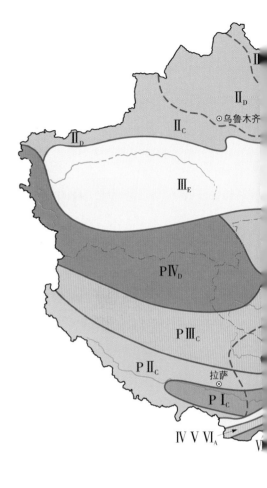

Ⅰ 寒温带
  Ⅰ_A寒温带湿润大区
Ⅱ 中温带
  Ⅱ_A中温带湿润大区
  Ⅱ_B中温带亚湿润大区
  Ⅱ_C中温带亚干旱大区
  Ⅱ_D中温带干旱大区
  Ⅱ_E中温带极干旱大区
Ⅲ 暖温带
  Ⅲ_A暖温带湿润大区
  Ⅲ_B暖温带亚湿润大区
  Ⅲ_D暖温带干旱大区
  Ⅲ_E暖温带极干旱大区
Ⅳ 北亚热带
  Ⅳ_A北亚热带湿润大区
Ⅴ 中亚热带
  Ⅴ_A中亚热带湿润大区
Ⅵ 南亚热带
  Ⅵ_A南亚热带湿润大区
  Ⅵ_B南亚热带亚湿润大区
Ⅶ 边缘热带
  Ⅶ_A边缘热带湿润大区
  Ⅶ_B边缘热带亚湿润大区
Ⅷ 中热带
  Ⅷ_A中热带湿润大区
Ⅸ 赤道热带
  Ⅸ_A赤道热带湿润大区
PⅠ 高原温带
  PⅠ_B高原温带亚湿润大区
  PⅠ_C高原温带亚干旱大区
PⅡ 高原亚温带
  PⅡ_A高原亚温带湿润大区
  PⅡ_B高原亚温带亚湿润大区
  PⅡ_C高原亚温带干旱大区
PⅢ 高原亚寒带
  PⅢ_A高原亚寒带湿润大区
  PⅢ_B高原亚寒带亚湿润大区
  PⅢ_C高原亚寒带亚干旱大区
PⅣ 高原寒带
  PⅣ_D高原寒带干旱大区

—— 未定 国 界
— · — · 省级界
— — — 特别行政区界
——— 气候带界线 ⊙ 省级行政中心
— — — — 气候大区界线 ——— 运 河

中国气候区划与白酒基本香型对应图*

中国气候带的多年5天滑动平均气温稳定通过≥10℃天数指标以及其他气象要素值

气候带	≥10℃天数（天）	≥10℃积温（℃）	1月平均气温（℃）	7月平均气温（℃）
Ⅰ寒温带	＜100	＜1600	＜-30	＜18
Ⅱ中温带	100至171	1600至3200—3400	-30至-12—-6	18至24—26
Ⅲ暖温带	171至218	3200—3400至4500—4800	-12—-6至0	24至28
Ⅳ北亚热带	218至239	4500—4800至5100—5500；云南高原3500—4000	0至4；云南高原3至5—6	28至30；云南高原18至20
Ⅴ中亚热带	239至285	5100—5300至6400—6500；云南高原4000—5000	4至10；云南高原5—6至9—10	28至30；云南高原20至22
Ⅵ南亚热带	285至365	6400—6500至8000；云南高原5000—7500	10至15；云南高原9—10至13—15	28至29；云南高原22至24
Ⅶ边缘热带	365	8000至9000；云南高原7500—8000	15至20；云南高原＞13—15	28至29；云南高原＞24
Ⅷ中热带	365	9000至10000	20至26	＞28
Ⅸ赤道热带	365	＞10000	＞26	＞28
PⅠ高原温带	＞140			≥14
PⅡ高原亚温带	50至140			12至14
PⅢ高原亚寒带	0至50			6至12
PⅣ高原寒带	＜0			＜6

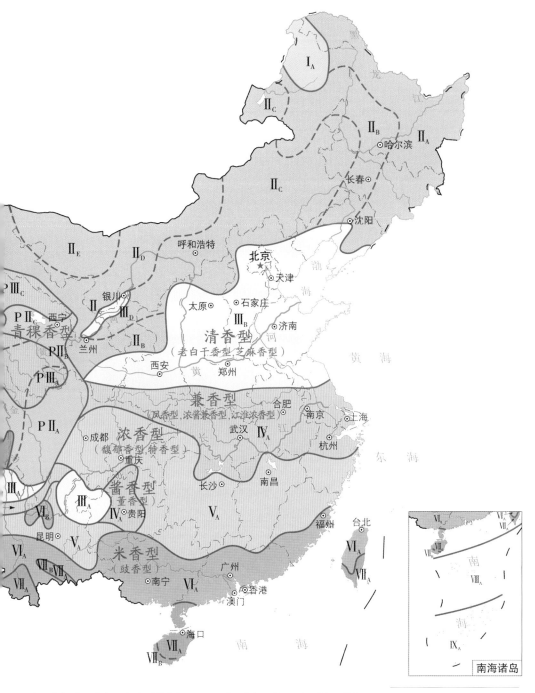

中国气候大区的年干燥度系数指标		
气候大区	年干燥度系数	自然景观
A 湿润	≤1.0	森林
B 亚湿润	1.0—1.6	森林草原
C 亚干旱	1.6—3.5	草原
D 干旱	3.5—16.0	半荒漠
E 极干旱	≥16.0	荒漠

中国气候区的7月平均气温指标	
气候区	7月平均气温（℃）
Ta	≤18
Tb	18—20
Tc	20—22
Td	22—24
Te	24—26
Tf	26—28
Tg	≥28

*此图引自《中国白酒通解》，西北大学出版社，2022年版，第263页。审图号 GS陕 (2022) 072 号。

京杭大运河扬州段 （摄影 / 李寻）
京杭大运河沿线是明、清以来两大白酒聚集区之一，现在沿运河区域仍分布着今世缘、洋河、古井贡、宋河粮液、衡水老白干、二锅头等名酒企业。

下生产出来的，多多少少都有浓香型的特点。当然它们也有自己的特征，要仔细加以品鉴才能区分出来。

在酱香型区域里，另外一个香型是董香型。董香型不是酱香型的衍生香型，而是当地的小曲酒和大曲酒串蒸工艺组合产生的一个独特香型，当然它的气候条件和生产茅台酒的茅台镇也有很大差别，这是云贵高原气候垂直变化强烈引起的。

米香型派生出的香型叫豉香型，它们的原料、工艺大体相似，只是豉香型增加了肥肉浸泡的工艺。

四、中国的菜系

菜系是对某些风格接近的菜品的统称。依照直观经验，在历史上对风格相近的菜系有不同的称呼，清代时称为"帮""帮口""风味"，或者直接叫某某菜，比如淮扬菜、鲁菜等。以"帮"命名菜大约始于清末民初，一直流行到20世纪五六十年代。"菜系"这个具体的概念出现得更晚，大约在20世纪70年代中叶，流行于80年代中叶到90年代中叶。具体有多少菜系，有不同说法，如4系、8系、9系、10系、12系、18系，最多是20系。

菜系是基于一时直观经验提出的术语，围绕这个概念有过一段时间的热烈争论。这种基于直观经验的术语，如果想按照科学的逻辑准确、精细地核定出每一个细节含义的话，一定会争论不休的。本来菜系就是一个笼统的称呼。

目前，菜系的概念仍在餐饮界使用，本书也沿用了菜系的概念，具体有以下三方面含义：

（1）指一个省级行政区范围内的，原料、烹饪技术有相似特点的菜肴体系。

（2）该体系的菜品及烹饪技术有相关的历史溯源资料。

（3）该体系不仅在其原产省保持着主流的存在，而且在原产省外的其他地区也有比较广泛的传播。比如川菜，除了在四川是主流的菜品之外，在全国其他地方也有川菜馆，有可能是四川人在经营或者四川厨师在烹饪，也可能是外地学习四川菜做法的厨师烹饪的。

根据以上三方面的含义，本书提出了21个菜系，基本上主要省区的菜系都已覆盖到了。

历史上的知名菜系如鲁菜、淮扬菜，之所以能成为知名菜系，一个重要原因是它们当时进入了宫廷和官府。直到现在，这些菜系的代表菜，追溯起来都是宫廷菜和官府菜。宫廷菜和官府菜主要的原料在当时是比较稀缺的，烹饪起来也复杂耗时，如燕窝、鱼翅、鲍鱼、海参等。但到了现代，除了燕窝和鱼翅依然比较名贵之外，在现代的保鲜技术之下，鲍鱼、海参已经进入了寻常百姓家，现在菜肴的风格，和历史上成为名菜系时的菜肴风格也已有所不同。

菜系中也有新崛起的高端菜系，比如粤菜，自改革开放以来，随着经济的发展流行到了全国各地，原料保鲜技术的发展，也使得活海鲜可以运到全国各地，

超市里的冰鲜鱼 （摄影／楚乔）
现代保鲜技术的应用，使得各种冰鲜海鱼可以进入各地的餐桌。图为上海 city'super 生活超市的冰鲜鱼类，品种众多。

以生猛海鲜为代表的粤菜成了现代商务宴请的高端菜系。

　　随着政治和经济的发展，人民大众的生活水平日益提高，原来是普通人生活中的市井菜、大众菜所占的权重也越来越大。在这种时代背景下，主副食合一的街边小吃成为各地菜肴的知名代表品种，比如贵州的羊肉粉，陕西的羊肉泡馍、肉夹馍等，菜系在现代的发展带有更多的平民色彩和家常色彩。同样，在一个菜系的概念之下，历史上的菜品和现在的菜品还是在不断发展变化的，搭配的酒水也是发展变化的。

五、中国菜系的地理分布

1

　　中国幅员辽阔，自然地理条件多样。受自然地理条件影响，各地饮食的传统风格也不一样，著名的八大菜系，其基础来自各地自然地理条件的不同。八大菜系分别为鲁菜、苏菜、徽菜、浙菜、闽菜、粤菜、川菜、湘菜，都是以当地的地名命名的，比如，鲁是山东的简称，粤是广东的简称，等等。各个菜系又细分为不同的风味流派，鲁菜有鲁中风味的济宁流派和胶东风味的胶东流派，闽菜也分为闽东、闽西等多个流派，这也是因为其省内自然地理条件不同。胶东地区沿海，以海鲜为主要食材；鲁中靠农业地区，以家畜和植物为主要食材。同样，福建的闽东靠海，以海鲜为主；闽西多山区，以山珍为主。

物产的不同，形成了各地不同的食材，而环境，如气温、湿度、每个季节的长短不同，也形成了各地烹饪的技术特点。这些不同的技术和不同的食材结合起来，就发展出有特色风味的菜系。

2

从自然地理条件角度看，各个省的菜都有特点，八大菜系之外的陕西、山西、甘肃、广西等地的菜也有它们的特点。但为什么这些省、市、自治区的菜没有成为"名菜"呢？这就受到另一个地理条件的影响，即人文地理，具体而言，就是政治地理和经济地理的影响。

美食文化研究学者周松芳博士在《岭南饮食文化》一书中说道："八大菜系，几乎每一菜系的形成，都是它们走出了各自乡邦之后，跨区域、跨市场融合发展，做到了调适众口，从而才获得认可，成为享誉全国的一大菜系。"也就是说，如果仅仅局限于当地之内，即使有它的饮食特点，再好吃也不会成为被全国所周知的名菜。要想成为被全国人民所周知的名菜，这些有特色的菜肴，一定要走出它们的乡邦，在全国范围内获得认可。以鲁菜为例，鲁菜追溯历史，可以从春秋战国时期说起，但是鲁菜真正成为全国名菜是在明清时期，明代到清代的后期，北京的大饭店几乎都是山东人开的，上自老板，下至伙计，十有八九都是胶东口音。这是由于北京成了政治中心，而山东离北京很近，得地利之便，山东人很方便到京城去开饭馆。

川菜也是如此，近代川菜经历了三个大的发展阶段，第一个阶段是在抗战时期，国民政府迁都到重庆，各地的要员和文化界、企业界知名人士群居川渝地区，对川菜的传播起了一次重大的推动作用。

第二次大的发展是中华人民共和国成立以后，一批川菜名师被请入北京，北京饭店的川菜厨师有100多人，占所有厨师的1/3强。北京饭店里有范俊康和罗国荣两位川菜大师。罗国荣接待过印度总理尼赫鲁，尼赫鲁对国宴菜品赞不绝口。另一位川菜大师范俊康做的"香酥鸭"让喜剧大师卓别林赞不绝口，吃完后要了一只带走，还向范俊康讨教做法。

中华人民共和国成立后北京第一家川菜馆是峨嵋酒家，创建于 1950 年，也就是现在的"华天峨嵋酒家"的前身。北京有名的四川饭店是 1959 年成立的，选址定在绒线胡同的"勋贝子府"。

第三次大的发展是改革开放以后，四川作为人口输出大省，大量人口涌向全国各地，将川菜的烹饪技艺和菜肴风格带到全国各地，川菜的知名度进一步提高。

3

"八大菜系"的形成时间比较晚，大约在民国时期才形成，广为人知已是 20 世纪 70 年代以后的事情了。八大菜系的命名也没有什么正式的评定流程，不是一个严谨科学的概念，只是餐饮界根据直接观察的情况，约定俗成的一种观念。

在八大菜系的传播中，通过食材的交流、人员的交流，以及技法的交流，各个菜系之间也有了充分的融合，除了几道代表菜之外，各个菜系也都有共有的一些菜肴，比如红烧肉，湘菜中有，川菜中有，鲁菜中也有，当然风格上会略有不同。

4

观察中国地图，我们可以明显地看出：八大菜系从山东开始，山东（鲁菜）、江苏（苏菜）、浙江（浙菜）、福建（闽菜）、广东（粤菜），有五个菜系是在沿海的省份，也就是说除了河北和广西之外，其他沿海省份的菜系都成了名菜。这也折射出近代进入海洋经济时代之后，经济发达地区的菜系有了向国内外辐射的力量。从菜系的角度看，冀菜被鲁菜所覆盖，桂菜被粤菜所覆盖。四川虽偏居内地，但是由于抗战时期那次重大的政治地理变迁，川菜有了走向全国的机会；湘菜也一样，是在太平天国起义这个重要的政治地理变化的推动下才形成了其名菜地位。

5

从自然地理的条件来看，各个省、市、自治区的菜肴都有自己的特点，都是独立的菜系；每个省、市、自治区内由于气候条件不同和自然地理条件不同，又形成了不同的流派，但由于政治地理、经济地理和历史地理的不同影响，除了八大名菜之外，其他省的菜尽管可以称为菜系，但未成为名菜系。

从和白酒餐酒搭配的角度来看，有些省、市、自治区的菜是不可忽略的，应该作为一个独立的菜系，专门进行阐述。同时要考虑到改革开放之后外来文化的影响，如外来的东洋菜（日本料理）、东南亚菜、西洋菜（欧美西餐）也已经深入到了人们的实际生活中，不能忽视。基于上述原因，我们觉得以下菜系，作为下酒菜应该补充到中国的各大菜系之中，这些菜系又可分为三大类：

第一，产酒大省的菜。

（1）晋菜，就是山西省的菜。山西是清香型白酒——汾酒的产地，喝汾酒必然要搭配一些山西菜，因此谈到下酒菜不能没有晋菜。

（2）黔菜，即贵州菜。贵州的茅台酒已经风靡天下，成为天下第一名酒，但是最适合搭配茅台酒的贵州菜系——黔菜却还鲜为人知。黔菜和川菜、湘菜都不一样，有它自己的风格，因此黔菜也应该成为一个独立的菜系加以研究。

（3）陕菜。陕西是凤香型白酒代表酒——西凤酒的产地。凤香型酒产于秦岭—淮河过渡带，有独特的风味，对这种有独特风味的酒搭配的下酒菜不能忽视，因此陕菜必须有。

（4）赣菜，即江西菜。江西生产独具特色的特香型白酒，江西的菜也别具一格，赣菜不容忽视。

（5）鄂菜，即湖北菜。湖北其实是个隐形的产酒大省，有多家省内产值达几十亿元的白酒企业，而且还生产兼香型的代表酒——白云边酒，因此湖北菜也是不能缺少的。

（6）桂菜，即广西菜。广西生产米香型白酒的代表酒——桂林三花酒。广西的菜肴也独具特色，自成体系，讲中国白酒，不能缺少米香型白酒，那是南亚热带气候大区的代表酒，当然也不能没有桂系下酒菜。

（7）冀菜，即河北菜。河北产有中国白酒中的老白干香型白酒，讲老白干香型白酒，就必须要讲到河北的气候和物产。河北依山面海，拥有北部的坝上高原和东部的华北大平原，物产丰富，菜肴也丰富，虽然受鲁菜影响较大，但也自成体系，包含多个流派，是不能忽视的一个菜系。

第二，喝酒重地的菜。

有些省、市、自治区不是盛产名酒的地区，但却是白酒消费量大的地区，对白酒的销售有重要的指标意义，它们的菜系也已自成风格，因此这些菜系也必须单独地列出加以研究。

（1）京菜。北京生产没有名酒称号的"名酒"二锅头，而且北京是评定全国名酒的地方。北京菜系现在已经和当年的鲁菜不同，自成一派。无论从哪个角度来看，北京菜都不能忽视，必须排入下酒菜的大菜系之中。

（2）沪菜，即上海菜。上海是中国经济最发达的城市之一，曾经也生产过白酒，现在也有独具特色的黄酒。鲜为人知的是上海还是一个白酒消费大市，上海菜也自成一派，因此上海菜不能缺少。

（3）豫菜，即河南菜。河南地处中原，菜系独具风格，而且是白酒消费大省，贵州卖酱酒的酒商都说如果谁拿下河南，就拿下了半个中国市场，可见其白酒消费能力之强。河南本地也盛产多种知名品牌的白酒，如宝丰酒、宋河粮液、仰韶酒，等等。豫菜作为下酒菜，也是不可或缺的一大菜系。

（4）东北菜。东北三省也是白酒的消费大区，而且改革开放以来，东北成了人口净输出地区，随着东北人在全国的流动，东北菜也已遍布全国，现在几乎没有一个地方没有东北菜馆，东北菜已经成为一大名菜了。东北菜不能缺少，应当不存在异议。

（5）牧区菜。中国有沿海的海洋物产，也有农耕地区的农耕物产，还有华北、内蒙古以及西北地区传统的畜牧业产区，畜牧业产区的主菜是牛羊肉，牛羊肉在近几十年也发展到了全国，烤肉串和涮羊肉在各个省、市、县都有分布。传统的畜牧业地区，比如青海、西藏、新疆、内蒙古、宁夏、甘肃（甘肃的地貌多样，有农耕地区，也有一部分是畜牧业地区），这些地区的牛羊肉各有特点。总的来讲，这些源于传统畜牧业地区的菜作为一个大的菜系不能被忽略，吃牛羊肉适当饮酒，有助于溶解脂肪，抑制膻味。这些地区也是白酒的重要消费地区。因此，牧区菜不能忽视。

（6）滇菜，即云南菜。地处云贵高原的云南，主要生产小曲清香型白酒，仅在区域内销售，在省外影响不大。但云南菜独具特色，以各种珍稀菌类而闻名全国，其中，也多有适合下酒的菜品，不能忽视。

第三，外来菜。

改革开放以来，外来菜（西餐和日本料理、东南亚菜、中东菜等）逐渐进入了中国。西餐在最日常的饮食层面普及度很高，如汉堡，已经普及到县、乡一级；稍微正规一点的西餐，如牛排、鹅肝，在各个省会级城市和地区级城市也都有分布。日本的料理馆自 20 世纪 80 年代后期开始在内地陆续出现，现在分布面积也很广，生鱼片也广为人知。

尽管西餐有自己的配餐酒，如葡萄酒、白兰地、威士忌，日本料理也有自己的配餐酒，如清酒，但是中国的消费者在食用西餐或者日本料理时，很多人还是喜欢带着中国白酒配餐饮用。因此日本料理和西餐也不可或缺地成为中国下酒菜中的一个系列。

如此总结下来，从下酒菜的角度来讲，我们将在 23 个菜系中为中国白酒选择合适的下酒佳肴。

六、中国菜系和酒系的关系

如上所述，中国的菜系和酒系是独立发展起来的，也是不同时期、不同的研究者或不同的从业人员根据一时的经验直观命名的，各种概念之间并不完全统一，从大体的发展过程来看，菜系和酒系的发展并不完全同频。1949 年以前，菜系风头最劲的是以宫廷菜和官府菜为代表的鲁菜和淮扬菜，当时搭配的高端酒是黄酒，黄酒的代表酒是绍兴黄酒。那时白酒虽然存在，但是白酒的饮用者多为社会中下层人士，搭配的菜肴也主要是市井菜。

1949 年以后，白酒的起伏首先体现在品牌上，进而拉动了香型的起伏。在 20 世纪 80 年代以前，四大名酒、八大名酒的概念深入人心，茅台酒是官方的国宴用酒，清香型的汾酒在大多数中高端场合流行；20 世纪 80 年代到 21 世纪初，五粮液强势崛起，推动浓香型白酒占据了 85% 以上的市场份额；2017 年后，茅台酒价格和股票价格直线高涨，带动"酱酒热"的出现。与此同时，菜系也在悄然变化，高端大菜鲁菜、淮扬菜的燕鲍翅参传统烹饪方法逐渐萎缩，代表粤菜的生猛海鲜和代表市井草根风味的川菜火锅、麻辣小龙虾及源于西北的烤肉串夜市摊风靡全国。

中国的菜系和酒系按照各自的节奏分频起舞。

话说天下大势，合久必分，分久必合。随着社会经济文化的发展，中国白酒和中国菜系不断调整节奏，寻求同频匹配，是一种必然的趋势。

在当下进行餐酒搭配，菜系和白酒香型有宏观的对应关系。白酒香型和各省菜系在产区上有一定的自然地理重叠性，这种自然地理重叠性带来了白酒和部分菜品在风味上的协调性，按照香型和菜系来做餐酒搭配，可以比较直观地体现出菜系搭配的同产地原理和风味协调原理。

第三节
风味协调原理

一、对气味和嗅觉的科学认识

1. 气味、嗅觉的定义和科学理论

气味是由挥发性气体分子刺激鼻黏膜中的嗅细胞而产生的电冲动，再由神经纤维传到嗅觉中枢形成嗅觉。其中，将令人愉快的嗅觉称为香味，将令人厌恶的嗅觉称为臭味。但香味和臭味之间没有严格的界限，同一种挥发物质，其气味随浓度的不同对嗅觉的刺激也不同，甚至产生相反的结果。

各嗅感物质的嗅感强度可用阈值表示。判断一种呈香物质在食品香气中起作用的数值称为 FU（香气值），是呈香物质在食品中的浓度与其阈值之比。如果某物质组分 FU 值小于 1.0，说明该物质没有引起人们的嗅感；若 FU 值大于 1.0，说明它是该体系的特征嗅感物质。

鼻腔中的嗅觉感受器主要由嗅觉细胞组成，嗅觉细胞和其周围的辅助组织集合起来形成嗅觉神经。目前所知的应该有 4000 万个以上的嗅觉神经元。气体分子经鼻通道到达嗅区后，鼻黏膜内的可溶性气味结合蛋白与之黏合以增加气味分子溶解度，并将气味分子运输至接近嗅觉细胞的位置，使嗅觉细胞周围的气味分子浓度比外围空气中的浓度提高数千倍，从而刺激嗅觉细胞产生神经冲动，经嗅神经多级传导，最后到达位于大脑梨形区域的主要嗅觉皮层而形成嗅觉。

目前关于嗅觉形成的理论有多种，主要有三种科学解释：一种是立体化学学说，一种是膜刺激理论，还有一种是振动理论。立体化学理论由 Amoore 提出，

本节主要参考文献：

[1] 汪东风，徐莹.食品化学[M].北京：化学工业出版社.2019：242.

[2] 彼德·库奎特，伯纳德·拉乌斯，乔翰·朗根毕克.食物风味搭配科学[M].台北：采实文化事业股份有限公司.2022：16，28，36.

[3] 詹姆斯·布里西翁，布露·帕克赫斯特.风味搭配科学[M].台北：积木文化.2022：4.

[4] 中国历届品酒会资料汇编.中国食品工业协会编辑.1991：23.

[5] 李家民，饶家权.白酒中异杂味的形成及解降途径[J].酿酒科技.1992-06.

[6] 林翔云.加香术[M].北京：化学工业出版社.2015：276.

[7] 郑昌江.烹调原理[M].北京：科学出版社.2017：64-75.

[8] 贾智勇.中国白酒品评宝典[M].北京：化学工业出版社.2017：72.

[9] 毛羽扬.烹饪化学[M].北京：中国轻工业出版社.2022：89.

绝妙下酒菜

已介绍过国内外数百种下酒菜，还在不断更新中，关注它，可获得最新的下酒菜知识。

是一种经典的嗅觉理论。美国科学家 Richard Axel 和 Linda B. Buck 从分子水平和基因水平阐述了嗅觉机制，为此获得了 2004 年度诺贝尔生理学或医学奖。

需要强调的是，所有的关于嗅觉生理基础的科学学说，都还是理论解释，没有一种学说完全地、绝对地解释清楚了嗅觉的生理基础。对于嗅觉，人类所不知道的可能远远多于所知道的。

2. 人类能感知到的气味的数量

气味和嗅觉是一种天然的存在，但是人们能感知到多少种气味的认识，却是不断发展变化的。20 世纪 20 年代的研究显示，人类可以闻到约 1 万种不同的气味。但到了 21 世纪 20 年代，研究文献则指出，人类能够感测到的气味达到 100 万种。笔者穷极自己所能记忆起的关于气味描述的词汇，加起来连 1000 种都到不了，对 1 万种到 100 万种的气味是什么，真是一无所知，但是既然有研究能揭示它，想必还是有些依据的。

3. 人类能感知到的气味都是多种气味复合的

从嗅觉原理来看，人类能感知到的气味都不是某一种单一的气体分子带来的，即便是在气味研究中的所谓"单体香"（某种已经知其具体结构的化合物分子），人能感知到这种气味的时候，也是它和空气中其他成分复合之后所能感知的。如分析草莓的时候，发现没一个香气分子有"草莓味"。草莓混合了果香味的酯类，椰香味的内酯类和焦糖、青绿和乳酪调，这些混合起来才形成我们所感知的草莓味。

气味的感知必须经过空气，气体分子在空气中运动时，就可能发生物理、化学的变化；而跟嗅觉细胞结合，要通过和蛋白及酶的结合，才能被嗅觉神经元所感知，这也要发生化学反应。等到传导到大脑嗅觉皮层已经是多种香气复合后的香气了。在日常生活中，我们能感受到的白酒和菜肴的香气，其实都是多种气味物质的气体分子混合后的复合气味，复合的气味中有的气味感知阈值低或者浓度大，就成了主体气味；其他的气味起附属、衬托主体气味的作用，也不可或缺。任何单体香的气体分子，如果超过四种混合在一起，就会产生新的嗅觉认知，专业上称之为"合成处理"，就是人的神经系统对多种气味的合成处理。神经生理学表明嗅觉细胞是对这种混合物的反应，而不是对其中某种单体香的反应。

由于我们能感知到的气味，都是多种化合物气体分子混合后的产物，所以用某一种化合物来代表某种酒或者菜肴的香气特征是不够准确的。这也是现在白酒国家香型标准在最新的修订版中取消了主体呈香呈味物质描述的重要科学原因。

同样的道理，目前正在风靡的"分子料理学"，所崇尚的餐酒搭配的所谓"关键香气分子"，也仅仅是有参考意义。关键香气分子并不一定能够完全准确地反映出香气混合后的实际状态。这和关于白酒香味描述中的"色谱骨架成分"并不能反映出白酒原酒本身完整的气味特征一样。

4. 气味是不断变化的

物质散发出来的气味，其实是在不断变化的。因为这些挥发性强的气体分子和空气结合之后，会发生物理和化学反应，可能就会变成另一种物质，所以气味是变化的。在我们感知它的过程中，也会发生化学变化，最直接的感受就是有些新鲜的蔬菜和鱼类稍微放一下气味就发生了变化，那是因为其中有些挥发成分氧化之后变化成为另一种成分，气味就变了。

完整的蔬菜几乎没什么味道，但如果你切开黄瓜后，不饱和脂肪酸因为细胞膜被破坏而接触到了氧气，促进酵素性氧化作用，才产生了有明显黄瓜味的醛类壬二烯醛和壬烯醛。

我们都知道，现在喝葡萄酒，都要先开瓶放在醒酒器里"醒"一下，有些酒醒的时间还很长，长达数个小时。醒酒的一个重要原因是现在的葡萄酒里都有二氧化硫，作为一种防腐添加剂添加在酒里，醒酒过程就是让二氧化硫挥发，一段时间后硫味弱了，酒本身的果香味才能出来。喝白酒，也有讲究醒酒的，其实原理也差不多，是先让一些不愉快的气味挥发一下，也让酒体里多种气味分子在空气中重新组合，形成更协调的香气。

由于气味是不断变化的，所以才出现了各种各样的品鉴活动。所谓品鉴的重要基础就是感受气味变化带来的美感和享受。

5. 气味对味觉、感觉的影响

在科学研究中，把人体的感觉器官分为嗅觉、味觉、感觉三个方面来研究，但事实上嗅觉、味觉、感觉是一个整体的生理机构，是相互密切地联系在一起的。现在的研究发现，气味的作用远远超过我们以前的认识，人类能感受到的滋味，只有1/5是通过味蕾及味觉感受到的，其他80%则是通过鼻子的嗅觉感受到的。如果没有了嗅觉器官，单靠味觉我们根本无法享受美食。《风味搭配科学》的作者詹姆斯·布里西翁和布露克·帕克赫斯特指出：自己可以做一个小实验，在喝咖啡的时候，把鼻子捏住，然后看看那一口带苦味温温的水，还能感受到咖啡带给你的享受吗？当然不能，那会感觉索然无味的。类似的实验我倒是经历过。2022年年底，我受新冠病毒的影响，"阳了"，嗅觉完全丧失了，但味觉基本上是完好的，在没有嗅觉的情况下，喝白酒是能感受到辣、醇、甜，但是没有了香气。没有了香气，就感觉索然无味，完全丧失了喝酒的激情。以我自己的亲身感受，我同意詹姆斯·布里西翁他们的说法。

6. 专业闻香培训能起的作用是什么？

人体的嗅觉感知能力是有个体差异的，有些人的嗅觉细胞多一些，有些人的少一些；味觉也一样。但是就感知食物和饮料的主体气味来讲，这种差异带来的影响并不大。也就是说，一般情况下每个人能感知到的香气，即便达不到专家们说的100万种，起码日常生活中所能遇到的差异都是能感受到的。

种种关于闻香职业的专业培训，所起的作用是什么呢？这些闻香职业包括香水调配师、闻香师、白酒品酒师，还有餐饮方面的美食家，他们都是经过专业培训的。

我自己也接受过这方面的专业培训，而且现在还在不断地训练、实践。就我自己的体验，专业培训并不能改变人的嗅觉天赋，它能做到的不是让你感受气味的能力提高，而是能让你把感受到的气味用语言描述并记录下来，然后和你记录下来的其他气味进行比较。简单地说，专业培训，培训的只是你表达、描述气味的能力。我们日常用于描述气味的术语，不超过几十个，经过培训后的专业人员则可以娴熟使用上百个术语，甚至有的达到数千个。

我们感受到的很多气味是找不到对应语言来描述的，而经过培训后的专业人员，则能找到对应语言来描述，或者创造出新的术语，并且把各种描述出的气味进行组合，再来理解它们之间的匹配是否协调，是否有冲突。在此基础上，可以设计更好的香水，或者选择合适的下酒菜肴。

五粮液配烤甘鲷鱼 （摄影／李寻）
浓香型白酒搭配三文鱼腩或烤甘鲷鱼都合适，但三文鱼刺身几乎没有香气，烤甘鲷鱼则香气四溢，烤鱼香和酒香在空中相遇，瞬间营造出酒宴的气息。

7. 气味是餐酒搭配的第一道桥梁

白酒的香气和菜肴的香气是在空气中相遇的，当我们还没有喝酒的时候，先闻到了酒的香气；没有吃菜的时候也先闻到了菜的香气。当菜肴和酒放在一起的时候，我们能闻到的是菜肴的香气和酒的香气在空气中混合后的气味。这种气味是否协调，是否带来愉快、舒适的感受，这是餐酒搭配的第一个关键因素。也就是说还没喝、没吃时，我们先在嗅觉上判断了这种酒和这些菜是否般配协调。

二、中国白酒香气的描述方式

过去，中国白酒对香气的描述并不是很重视。在古代，关于白酒具体香气的描述很少有专业术语出现，直到 1979 年第三届全国评酒会才开始对香气有所重视，并确立了香型的概念。那是因为 1963 年举办的全国第二届评酒会上，没有按照香型评酒，造成了香气浓者占优势，放香比较弱的清香和酱香型白酒等得分比较低，不能全面地对酒的酒质做出评价。所以，在第三届全国评酒会上，专家们就提出了香型的概念，按照感官直接感受到的香气，把白酒分成了几个类型，分别是酱香、浓香、清香、米香和其他香型。但这个时候对香气的描述也非常简单，基本上就是一句话：酱香型酒是酱香突出，浓香型酒就是窖香浓郁，清香型酒是清香纯正，米香型酒是蜜香清雅。

第三届评酒会以后，中国进入了改革开放的时代，从西方引进了先进的色谱分析技术，开始研究导致白酒有香气的微量成分，白酒的香气研究进入了分子时代。20 世纪 90 年代，用色谱解析检测出白酒里的呈香呈味物质有近百种，其中每升 2～3 毫克以上的被称为骨架成分，每升 2～3 毫克以下的被称为其他微量成分，并形成了国家标准。那个时代对白酒主体香型的描述是某种呈香的化合物，比如清香型白酒的主体呈香成分是乙酸乙酯，浓香型白酒的主体呈香成分是己酸乙酯等，这种微量成分也被称为"单体香"。

从 20 世纪 80 年代一直到 2021 年以前，中国白酒香气的描述基本上可以说是处于"单体香"时代。这个现象不是孤立的，大概在同时期，西方国家出现了分子食品学的概念，食品界引进了分子分析方法，不只是酒类，其他食品、菜肴也采用微量成分方法进行分析和表达，各种各样的食品添加剂层出不穷。白酒中的食品添加剂主要是各种各样的香精。

2021 年以后，新的白酒国家标准陆续发布实施，在新的白酒标准里面，放弃了对各个香型主体呈香成分单体香的描述，又回到了根据直观感觉感受到的香气描述。比如清香酒，它的香气描述就多了，特级的清香酒要清香纯正，具有陈香、粮香、曲香、果香、花香、坚果香、芳草香、蜜香、醇香、焙烤香、糟香等多种香气形成的优雅、舒适、和谐的自然复合香，空杯留香持久。新标准的推出，表明经过一段时间的科学探索，人们认识到了白酒中的香气和其他食品香气一样，都是各种香气组成的复合香，不能用某一种化学成分的香气来代表这一香型的香气。

"分子香味学"对白酒最大的影响是新工艺白酒的出现。"三精加一水"（酒精、糖精、香精加水）勾调出来像白酒风味的白酒，被称为新工艺白酒或新型白酒。每个香型都有多种香精组合的配方，但是不管哪种香精组合的配方，香精的香气和天然酿造酒的香气是有差别的。2021 年以后，酒的香气感知和描述方式的回归，推动中国白酒酒体向传统自然酿造方向的回归。

2018 年，出现了茅台价格和股票同时暴涨的现象，这种现象也带动了酱香型白酒的井喷式增长，让消费者广泛地知道了白酒还有香型之别，开始对白酒的香气有更多的兴趣。按照第三届全国白酒评酒会的评分标准，分为色、香、味、格四个方面来评分，色占 10 分，香占 25 分，味占 50 分，格占 15 分。但是 2021 年以后的白酒品评里，随着香型知识的普及，对香气的描述明显突出。未来，白酒香气在白酒的品评过程中起的作用可能会更大，白酒品评如果还按照色、香、味、格四项打分的话，香气的分值可能还会升高，而色和格的分数占比可能会相应地降低。

香气的特点是易于感觉但难于表达。人们普遍能感受到各种各样的香味，但是要把它准确描述出来，目前只有一种办法，即就事论事，针对某一个具体的物质说是什么香味，比如我们说是水果味、蔬菜味还是猪肉味、牛肉味。而且越到具体的东西越好描述，比如水果，橘子是橘子味，橙子是橙子味，苹果是苹果味，香蕉是香蕉味。要想把它类比一下，也必须有具体的物质，比如说某种酒有水果味，要具体地说它像苹果的味还是菠萝的味。

也就是说，香气的描述只能指称一个具体物质，而不是解释性的描述。人与人之间想对香气的感觉进行描述沟通，必须通过交流者之间都能认识到也感觉到的某种具体的物质才能交流，才能互相理解。比如你给一个没吃过苹果的人说苹果的香气，那他就不能理解；两个人都吃过苹果，你说苹果的香气，对方就能明白了。同样，白酒的香气也是这样，所有对香气的描述必须基于对同一种物质见过也嗅闻过所形成的感受，才能达成沟通。

白酒的香气描述，在建立香型的时候，是由白酒的生产者提出的，针对的对象是在生产中见到的物质，比如浓香型酒的窖香浓郁，只有在酒窖边感受到窖池里发酵的香味之后它才能这样描述，绝大多数消费者是没有到过酒窖边的，无从感受窖香是什么香。同样，清香、酱香、蜜香等，消费者没有在生产过程中感受过，所以对这种来自专业领域的描述香气的术语，并没有直接的感受。这种术语，我戏称其为"业界黑话"。

单体香时代，白酒的呈香呈味物质，如乙酸乙酯、己酸乙酯之类，消费者更没有见过，说这种香气是什么，消费者其实也无从对应，所以在面对白酒的详细描述时是根据自己的想象来描述的。比如他们说某款酒"曲味重"，我经过多次调查，发现反映"曲味重"的消费者指的其实是酒里那种乙酸乙酯或己酸乙酯的香精味，他们不知道那是什么，凭着想象说是"曲味"。白酒曲是什么味，他们没见过曲，并不清楚，你跟他讲曲味到底是什么，他也不知道，是无法沟通的。

2021年以后，白酒新国家标准的描述用了一些消费者可以感知的香气描述术语，比如果香、花香、坚果香，但还保留了过去专业领域的一些术语，像窖香、粮香、糟香。酒窖、酒糟等大多数消费者是没见过的，花香、果香也过于笼统，究竟是哪种花哪种果也没有进一步具体化，消费者可能还是难以明白。

尽管已经有了各种白酒香型国家标准，对香气的描述也有专门的白酒感官品评术语标准，对各种详细描述的术语进行了规范，但是在实际使用的时候，还是建议消费者尊重自己的感觉。你在酒里闻到了什么香气，感受到跟你体验过的什么东西像，就说像什么香气，不必过分拘泥于国家白酒香型的标准和感官品评术语的范围。

人们能感受到的香气大多是一样的，只是鉴于个人的经历，在描述的时候找的对应物质不太一样。这是由于每个人经历不同、见过的东西不同而形成的差异。但只有尊重自己的感官直觉，以自己能懂的描述方式，跟其他食物的香气进行对比匹配，才能形成自己的餐酒搭配选择。

三、白酒的香气组成与餐酒搭配接口

1. 白酒的香气来源

白酒的香气来源，从加工的过程看是两个环节：

第一，原料本身的香气。白酒原料主要是大麦、小麦、高粱、大米、玉米等，这些粮食作物本身香气就不一样，小麦的香气不同于高粱的香气，大米的香气也不同于小麦和高粱的香气。原料中的不同香气，最终也会保留在它的成品酒里面。

第二，加工过程产生的香气。白酒主要生产过程包括制曲、发酵、蒸馏等，制曲和发酵过程中对原料的加工会产生新的不同的香气，蒸馏不仅会把已经产生的香气提纯，在蒸馏过程中也会产生新的香气；在白酒的陈化老熟过程中，也会产生新的香气。

成品酒的香气，实际上是非常复杂的复合香气。即便是专业的酿酒师，也要仔细分辨，才能判断出哪一部分可能是来自原料的香气，哪一部分是来自加工过程产生的香气，而且这种对应性并不是那么严丝合缝的。一般的消费者难以分辨哪些是原料香，哪些是制曲香，哪些是发酵香，哪些是蒸馏过程中产生的新香，哪些是陈化老熟产生的老熟香。消费者能描述的只是自己直观感受到的像什么样物质的香气。

从化学成分分析的角度来看，白酒之所以能形成这样复杂的复合香气，主要是含有多种挥发性的呈香呈味成分：酸、酯、醛、醇、酮、含氮化合物，等等，以及少量的钙、钠、铁等金属离子。随着色谱、质谱等检测技术手段的进步，对白酒中呈香呈味成分的分析和数量也不断有新的认识。原来认为白酒中有上百种呈香呈味物质，但现在的色谱研究显示，各个香型的白酒都有高达千种以上的有呈香呈味作用的化合物。当然构成这些化合物的成分并不复杂，还是碳、氢、氧、硫、氮等元素。

白酒中的呈香呈味成分和菜肴中的呈香呈味成分大多数是一样的。白酒中有的菜肴中基本都有，菜肴中有的白酒中也有，只是数量和比例不同。从食品化学的角度来看，正是因为白酒和菜肴的呈香呈味成分是相同的，所以它们才好融合，这是白酒和下酒菜搭配时香气上可以协调的物质基础。

2. 白酒气味的复杂与平衡

白酒中有令人愉快的气味，就是我们通常所说的香味，但也有令人不愉快的气味，比如臭味（目前认为哚吲是其重要的来源之一）、馊味（目前认为双乙酰是其重要来源之一）、尿骚味（目前认为氨水、雄烯酮等是其重要来源之一）。白酒中这些令人不愉快的气味是在加工过程中不可避免产生的，只要到过白酒厂参观的朋友就会发现，白酒窖池有发酵的臭味，这跟腌菜的原理是一样的，有些腌菜也有臭味。

从化学角度来看，有些香味和臭味可能是来自同一种物质，只是浓度不同。有的物质浓度高的时候是臭味，浓度低的时候是香味。比如丁酸乙酯，浓度高的时候有汗臭味，极稀薄的时候就成了水果香味。再比如硫化氢，浓度高的时候是臭鸡蛋味，但在极稀薄的情况下是米饭、酱油、松花蛋的重要香气。

在白酒的加工过程中，酿酒师一直努力控制令人不愉快的气味。如：控制酿酒原料中的蛋白质过剩；控制酿造现场的卫生条件，防止杂菌的侵入；蒸馏时通过精细的技术控制把含硫化合物尽量去除掉；等等。但由于我们上面所知道的，臭味和香味并不是绝对的，有的时候可能就是同一种物质的浓度不同而已，而控制同一种物质的浓度，在白酒这种粗馏的工艺手段下是难以精确实现的，所以从基本原理上看，要把白酒中令人不愉快的气味完全消除是不可能的。当然，如果单是为了除去这些气味，可以通过精馏、萃取、过滤等方式把可能呈现出这些气味的物质全部去除，但生产出来的就是纯粹的中性酒精而不是白酒了。酒精和白酒有本质的区别，我们必须时刻牢记：中性酒精无色无嗅，没有白酒那般风情万种的复杂香气。

更深入的研究发现，这些令人不愉快的气味也没必要完全去除，因为它们在白酒最终形成的复合香气中有不可或缺的作用。首先，它使香气的整体感更好，香气呈现的丰富性、饱满性需要这些气味作衬托。我在嗅觉受损的情况下发现，原来根本闻不到发酵臭味的清香型白酒，居然也有明显的发酵臭味，等身体恢复之后又闻不到了，说明我们感受到的清香型白酒丰富饱满的果香气其实是包含着发酵臭味的，如果把发酵臭味抽掉，那么果香气也就不那么饱满圆润，而变得偏执尖锐了。其次，那些在浓度高时让人不愉快的气味，在适当的浓度时，能给人带来愉悦感。比如浓烈的尿骚味令人不快，但稀释以后的尿骚味却令人愉悦——与粪臭稀释后的情形类似，而且"性感"，这可能是人和动物的粪尿里含有某些人体信息素如雄烯酮、费洛蒙醇的原因。

综合看来，真正好的白酒（不是添加香精、酒精的新工艺酒），其香气是自然、丰富、复杂、协调的，但是也会有能明显感受到的某些缺陷，比如香气过高（如浓香型白酒的己酸乙酯过于浓烈），比如留下来的发酵的臭味等。尽管酿酒时已经做了各种努力，将令人不愉快的气味和愉快的气味控制在一个平衡的状态，但是，越好的酒，那些令人不愉快的气味越会有明显的呈现。也就是说，在香气复杂丰富的同时，也会带来某种可以明显感知到的缺陷，而这个缺陷有待于另外一些条件来弥补。

3. 白酒与下酒菜肴搭配的气味接口

白酒的香气和下酒菜肴的香气有相同的物质基础，所以它们有融为一体的相互适应性，这是白酒和下酒菜肴香气混合后可以融为一体的物质基础。

白酒的香气，虽然是多种化合物混合而产生的复合香气，但因原理、工艺、自然地理条件等的相似性，在同一白酒产区内酿造的白酒，呈现出比较稳定的主体香气特征。基于各地区不同的白酒产品呈现出稳定的、不同的主体香气特征，出现了白酒香型的划分。白酒香型，是对白酒这种香气复杂且变化性强的饮料做出的简练的分类，这种分类方法和菜肴以产区为基础形成的菜系、以工艺为基础形成的菜式一样，成为白酒与菜肴间香气搭配的接口。

白酒本身的气味有不圆满性，有缺陷，这种缺陷正好可以和下酒菜结合，用下酒菜来弥补。同时，下酒的菜肴和白酒一样，它的香气也是丰富复杂的，也会有某种不同的缺陷（如腥气、膻气）。白酒和下酒菜肴所存在的"长处"和"缺陷"，正是它们可以结合的接口。通过合适的香气组合，会消除自身令人不愉快的气味，激发各自原有的令人愉快的气味。搭配组合得当，还会产生新的令人愉快的气味。

四、菜肴的香气组成与餐酒搭配接口

当我们携带着已经选好的白酒来到餐馆点菜时，面对的是已经烹饪好的成品菜肴——这些菜肴的色、香、味、形已经定型，有着稳定的复合香气，但是它的香气其实是有复杂来源的。

1. 食材天然的香气

食材包括蔬菜、肉类、水产品等，这些原料天然都有其自身的香气。比如，蔬菜中的洋葱、韭菜、芦荟等有辛辣味，是由于它们有含硫化合物；黄瓜有着清新的青瓜香味，这种香气主要成分是 2,6- 壬二烯醛、反 -2- 顺 -6- 壬二烯醇、壬醛等（有些白酒里也含有比较多的这些醛类，所以那些白酒也能感受到像黄瓜一样的清香气味）；马铃薯、豌豆和豌豆荚香气的主要成分是吡嗪类化合物（酱香型白酒中也含有一定数量的吡嗪类化合物，所以我们在酱香酒的香气里有时候也能感受到生马铃薯的香气，以豌豆作为大曲原料的清香型酒里有时候也能感受到这种香气）。

肉类的气味随屠宰前及屠宰过程的条件，动物的品种、年龄、性别、饲养状况等有所不同——畜肉的气味稍重于禽肉，特别是反刍动物；野生动物的气味重于家养的；总的来讲，动物肉在新鲜的时候气味比较少，主要是血腥味。肉类在加热变熟后会增加醛、酸等物质，从而使肉的气味有上升的趋势。不同的肉，气味不同，这主要取决于其脂溶性的挥发性成分，特别是短链的脂肪酸——乳酸、丁酸、乙酸、辛酸、己二酸等。带有分支的脂肪酸、羟基脂肪酸会使肉带有臊气。不同性别的动物的肉，其气味往往还与其性激素有关，例如未阉割的性成熟雄畜如种猪、种牛、种羊等有特别强烈的臊气，而阉割过的公牛肉则带有轻微的香气。不同的畜禽类会有特征性的气味，比如熟羊肉的膻气是由瘤胃中丙酸浓度增大时产生的带有支链的甲基脂肪酸造成的；猪肉中有时能闻到尿味和麝香味是其肉中残留的性激素造成的；鸡肉的香气多是由不饱和醛、酮造成的；牛肉的香气中含有较多的杂环化合物。乳酸、丁酸、己酸、杂环化合物等这些物质在不同的白酒里也含有，只是在不同香型的酒里含量多少有所不同而已。

水产品包括鱼类、贝类、甲壳类等动物种类和水产植物，每种水产品的气味因新鲜程度和加工条件的不同而不尽相同。目前已经认识到存在于新鲜鱼和海产品香气中的有 C_6、C_8 和 C_9 的醛类、酮类和醇类；腐败的鱼和海产品的腥臭味来源于三甲胺和二甲胺。生鲜的鱼带有特殊的腥味。河鱼和海鱼的腥味也不同，因为形成气味的化合物有所差别。

2. 发酵形成的香气

有些成品菜在烹饪之前做过预先处理，发酵过的有发酵的香气，例如火腿、腌菜等；烹饪过程中也会使用大量的经过发酵之后带有发酵香的调料，包括料酒、醋、酱油、酱，等等。这些发酵物跟白酒的酿造发酵过程在一些环节上是相似的，因而发酵产生的食材、调料跟白酒的呈香呈味物质有很多是相同的成分——有这些相同的成分，白酒跟发酵食材或含有发酵调料的食材的香气能够比较好地融合，有浑然天成的感觉，因为它们本来就是同样一种成分。

3. 调料形成的香气

在烹饪过程中，为了提升令人愉快的气味、掩盖令人不愉快的气味，要使用大量的调料。除了上面提到的醋、酱油、酱等发酵调料之外，还有常见的新鲜蔬菜的调料，如葱、姜、蒜等，也有经过干制的天然香料。香料被分成几种香型：清香型的有香草、荷叶、茉莉、梅花、千里香、茶叶；辛香型的有葱花、辣椒、生姜、胡椒、花椒、芥末；芳香型的有八角、丁香、草果、豆蔻、陈皮、金橘、肉桂、桂皮、芝麻、玫瑰、紫苏，等等。中国烹饪历来重视香料的使用，独创出很多极富特色的合成香料，如十三香、五香粉、椒盐、沙茶粉，等等。

油脂也可以归为加工菜肴使用的调料一类，植物油有芝麻油、花生油、菜籽油、大豆油等，动物油包括猪油、鸡油、牛油等。油脂本身有各种香气，在加热过程中跟食材结合在一起，从而又形成新的混合香气。

4. 烹调加热形成的香气

所有的热菜是通过加热过程变熟的；大多数凉菜其实也有加热的预处理过程，比如煮、卤、酱、焓等。加热的过程可能产生"美拉德反应"，即还原糖与氨基酸、蛋白质之间发生反应之后，生成各种有焦香烤香的复杂成分，如醛类、类黑素类成分。加热使原料——特别是使肉品产生了与生肉不同的香气，令人愉悦。这类香气的主要成分是呋喃、酮、含硫化合物、羰基化合物、内酯和醇。鱼、贝、虾、蟹气味的有关成分主要是胺类、酸类、羰基化合物、含硫化合物，还有少量的酚类和醇、酯等，这些成分经过加热煮熟后发生很大变化，熟鱼所含的挥发性酸、含氮化合物和羰基化合物构成了诱人的香气。不同种类的鱼，其香气组成变化很大。烤鱼和熏鱼则是因为调料改变了其风味成分。煮螃蟹的香气是某些羰基化合物和三甲胺；牡蛎、蛤蜊的头香成分是二甲硫醚；煮青虾的特征香气成分有乙酸、异丁酸、三甲胺、氨、乙醛、正丁醛、异戊醛和硫化氢等。

用油煎、油炸形成的菜肴也会产生新的诱人香气，除了原料成分在高温下的各种变化之外，还有煎炸时油本身的自动氧化、水解、分解等作用。油炸变化的产物主要是多种羰基化合物。用不同的油煎炸同一原料可能获得不同的香气，这主要是跟各种油脂的脂肪酸组成不同以及所含风味成分不同有关。通过油煎、油炸烹制后的菜肴，其香气更为浓郁，香气扑鼻，这是因为油脂起着一种保香剂的作用。油脂能溶解很多香味物质。在烹制菜肴过程中，菜肴所产生的香味成分有很多已转移到了油脂中，从而在食用时达到令人满意的效果。

所有烹饪好的菜肴的香气，都是多种香气融合后的复合香——原材料的香气、调料的香气、烹饪过程中形成的香气混为一体。这些香气中，有些成分跟酒是一样的。比如，青瓜中的醛类、蔬菜的清香，跟清香型白酒里的某些醛类、酯类是一样的，我们甚至用青瓜香、水果香、甜椒香来描述酒里的香气——因为它们有相同的成分。发酵的成分更不必多说，发酵过程中本身就可以生成一定数量的酒精，由于有相同的成分，发酵食物与各类酒匹配起来就非常自然。

当然我们也知道，有些食材中令人不愉快的气味是无论通过怎么样的加工手段也去除不了的，比如羊肉的膻味、鱼的腥味，即便通过蒸煮、加香料、煎炸等过程，气味还是不能完全去掉。所以说，即便成熟的菜肴，其香气也不是十全十美，而是有一定程度的"缺陷"——恰恰是可以和酒搭配的"接口"。白酒有很明显的"去腥除膻"的作用。烹饪中使用料酒的作用在于，乙醇能够和某些挥发性的有机酸发生酯化反应，生成有香气的酯类，从而增加菜肴的香气。烹饪好的菜肴依然会存有一定程度的腥气和香气，这些菜肴跟酯、醛含量更高的烈性酒相结合，白酒中的强挥发成分既可以抑制腥气，也可使腥气挥发得更快。在某种程度上讲，餐酒搭配相当于对已经加工好的菜肴在食用的时候进行"再次加工"，相当于某些菜肴在入口之前要蘸一下佐料一样。此前我们介绍过，白酒酒体本身也不是十全十美的，也有各种"缺陷"。比如，有一定的令人不愉快的气味——臭味、发酵味，等等，当这些气味遇到同样有类似发酵的令人不愉快气味的菜肴后，混合后反而可以起到形成新的令人愉快的嗅觉的作用，这源自"混合抑制消除"现象。"混合抑制消除"是指几种不会合成新成分的混合物中，鼻子对其中一种成分适应后会使其他的气味变得非常突出。比如，白酒有发酵的臭味，有些菜肴也有类似的臭味，如猪大肠、猪头肉等，但这两种臭味叠加起来之后会使嗅觉系统对臭味的感觉变得麻木，变麻木就感受不到臭味了，肉香还有酒里面的酯类香气就会变得突出，使饮食过程变得愉快、舒适。

需要强调的是：烹饪好的菜肴都有稳定的主体香气，就像白酒因其有稳定的主体香气而形成香型的划分一样，不同的菜肴也因其稳定的主体香气可以被命名为不同的菜品。这些菜品经常用其加工工艺或者使用的主体调料来命名，比如软炸里脊、干炸丸子、油焖大虾、酱爆螺片等；在一个地区内，长期积累形成的菜品汇总在一起被称为菜系，这类菜系经常以地名来命名，如鲁菜、川菜、粤菜、徽菜等；还有很多菜是以原料名称来命名的，如手抓羊肉、松鼠鳜鱼、清蒸多宝鱼，等等。这些名称本身意味着菜肴的稳定香气，根据这些名称可以得知其菜肴主体香气是怎么来的、属于哪一种类型，进而可以根据其香气特征选择合适的白酒进行搭配。

五、白酒与菜肴搭配的香气协调原理

1. 餐酒搭配的前提

白酒和菜肴是各自独立的体系。在白酒的生产过程中以及菜肴的制作过程中，无论白酒酿造师还是餐厅厨师，都已经极尽所能地除去了令人不愉快的气味，并强化令人愉快的香味，形成了稳定的产品及其风格。这些产品及其风格是自成体系的——没有菜，酒的香气是那样子；没有酒，菜的香气也是那样子。酿酒师酿酒不会特意考虑如何使之适应菜肴，厨师烹饪菜肴也不一定完全是为下酒而准备的——可以有下饭的功能或者只是冲着菜品来吃的功能。无论在白酒生产还是在菜肴烹饪过程中，酿酒师和厨师基本上都没有考虑到酒和菜的接口的问题，他们只考虑在各自产品的体系内使其气味形成稳定的平衡就可以了。消费者面对的是已经作为成品出现的白酒和菜肴，我们所要做的不是去调整改变酒或者菜本身的风味，而是在它们已经呈现的风味中进行选择和搭配。

所谓餐酒搭配，从香气的角度看，其实是在两种已经形成明显稳定特征的混合香气团中重新混合，组合出新的香气。和酿酒师酿酒、调酒师调酒、厨师烹饪一样，餐酒搭配师所做的工作是一个"再加工"的过程，是把两个已经稳定的香味体系的平衡打破，重新建立起一个新的、协调的、令人愉快的复杂气味平衡体系。

2. 餐酒搭配的香气协调原则

其实跟酿酒师酿酒、调酒师调酒以及厨师烹饪时处理香气的原则是一样的，餐酒搭配师处理香气的原则无非以下三点：

（1）抑制令人不愉快的气味——包括腥、膻、臭等。

（2）激发出令人愉快的气味——如原本已有清新气味的，使之更加明晰；原本已有美拉德香气、烘焙或焦香的，使之更加饱满；等等。

（3）形成新的令人愉快的气味。

前文说过，无论白酒还是烹饪好的菜肴，都是不完美的，各自都有一些"不足"和"缺陷"。餐酒搭配就是要弥补这种不足和缺陷，即通过酒里的香气的某些长处弥补菜里香气的短处，通过菜里香气的某些长处弥补酒里香气的短处，从而形成一种新的令人愉快的气味。

3.餐酒搭配香气协调的具体办法

明白了其中原理，在操作上执行的办法就清晰了。

（1）压制令人不愉快的气味。

有的菜品有腥味（如清蒸海鱼），有的菜品有膻味（如手抓羊肉），这类菜进行餐酒搭配时首先要考虑降低腥味、抑制膻味。选择清香型的白酒搭配这两道菜，效果就比较好。特别是总酸比较高的清香大曲酒的去腥效果更好，因为腥气是弱碱性的胺类带来的，白酒中的乙酸可以和碱发生中和反应，从而使腥气下降。白酒的清香型气味所起到的作用有点类似于手抓羊肉里添葱或者加蒜苗的效果，因其清香的香气比较高，可以抑制住膻气，带来协调的新的香气混合。

（2）激发相同的香气。

有些白酒和菜肴里面有相同的香气成分。比如，用了料酒或者酒糟类调料而烹饪的糟香类菜——其酒糟很多是米酒的酒糟，给这种菜搭配以米香型的酒就很好融合，使米酒发酵的香气与之融合在一起；再如酱香型白酒，是有一些油脂的香气的，酱香型白酒搭配煎炸类的菜肴可以和菜肴的油脂香气融为一体，同时掩盖酱香型白酒里面的馊味——油炸的香气很高，可以把酱香型白酒里的馊味掩盖住。

（3）钝化令人不愉快的气味。

有些酒里有令人不愉快的气味。例如，川派清香小曲酒有酒臭味，一些浓香型白酒的窖底臭味比较明显，这些臭味难以除去。有些菜肴也有一定的臭味，同样是不能完全除去的，比如九转大肠、川派的九江肥肠和猪头肉，多多少少有一些臭味，但是如果佐以川派清香型小曲和浓香型白酒，白酒与肉中的两种臭味融在一起可以使感受臭味的细胞嗅觉钝化，嗅觉钝化之后感受到的不再是臭味而是肉香或者肥肠里的油脂香。

（4）生成新的令人愉快的香气。

食品风味搭配专家研究认为——8种以上化合物混合在一起就会被感知成全新的气味，而全新气味里面就失去了原来化合物的个别性特征，有时还会产生"嗅觉白"（感受不到的一种新气味或者感觉没有气味）；超过20种差不多强度的气味混合在一起，均匀分布于嗅觉空间，闻起来就是一种普通的气味或者感觉没气味，尽管它是由各种不同气味化合物组成的。白酒和菜肴搭配在一起之后当然不止8种化合物，而是成百上千种化合物的气味混合在一起。这种混合后的新气味，我们时时刻刻都能感受到。前面讲到的"钝化令人不愉快的气味"，实际上也是产生了一定程度"嗅觉白"之后的效应。在餐酒搭配过程中，我们经常能感到——菜和酒各自原来没有的气味，却在搭配之后产生了，比如，清香型的白酒配牡蛎会产生出一种奇妙的肉香和青草香混合的气味。这种混合产生的新气味非常多元化，只要在餐酒搭配实践中用心体会，就会不断感受到。

上述原理和方法只是简明的纲要，白酒和菜肴的香气是复杂、千变万化的，在具体的搭配实践中，要针对具体的菜肴和具体的酒品，详细地分析各自的香气特点和融合后的效果。

六、关于味觉和口感的科学认识

1. 味觉和口感

在餐酒搭配中，我们把酒水或者菜肴在口腔里能感受到的滋味和感觉笼统地称为味道和口感，也有称滋味和口感的，科学上称之为广义的味觉。狭义的味觉是分成三类的：一类是化学味觉，就是感受到的咸、甜、酸、苦、鲜等五种滋味。第二类是物理味觉，就是食物的机械特性，如柔软、脆性、韧性、弹性、粘性；有几何特性，如粗糙、细腻；还有触觉特性，冷、热、凉、烫、油腻等。第三类是心理味觉，包括颜色、整体造型、用餐环境、用餐音乐等引发的感觉。

2. 味觉的生理学

我们常说的味觉往往指的是化学味觉，食物的各种味道都是食物中可溶性呈味成分溶于唾液，或食物溶液接触舌头表面的味蕾，再进入味孔，通过收集和传递信息的神经感觉系统传导到大脑，经大脑的综合神经中枢系统的分析处理和识别，使人产生味觉。

关于口腔内感觉的物理味觉，主要是神经系统感知的。

关于味觉的机理研究，目前还处在探索阶段。比较普遍接受的机理是呈味物质分别以质子键、盐键、氢键和范德华力形成四类不同的化学键结构，对应酸、咸、甜、苦四种基本味。其他的多种解释理论，限于篇幅在这里就不介绍了。对于餐酒搭配的实际操作来讲，我们主要还是根据自己能感觉到的那些滋味和口感来做酒菜的搭配。

3. 味的分类、阈值、反应灵敏度和影响味觉的因素

中国的习惯是把味分成五味——甜、酸、咸、苦、鲜，都是指化学味觉。

酒水和菜肴的滋味有强弱之感，衡量味觉强弱的指标叫味的阈值。味的阈值就是指人可以感觉到某种特定味的最低浓度，阈值中的"阈"的意思是生理上刺激的划分点或临界值。比如，我们说食盐水是咸的，但是也要在一定的含盐浓度下才能感觉到咸，把它稀释到极致就和清水没有区别了，通过实验，一般人体能感受到的盐水的浓度在 0.08% 以上。阈值越低，说明人对它的感受性就越高，敏感度就高。通常咸味、甜味的呈味物质的阈值比较高，而呈现酸味、苦味的阈值就比较低。常见的阈值参见下表"五种基本味感的阈值"。

五种基本味感的阈值

呈味物质	味别	阈值	
		常温 25℃ /%	0℃ /%
盐酸奎宁	苦味	0.0001	0.0003
食糖	甜味	0.5	0.8
柠檬酸	酸味	0.0025	0.003
食盐	咸味	0.08	0.25
谷氨酸钠	鲜味	0.03	0.11

一种物质要使人能产生味觉，其先决条件是它要能溶解十水，呈味物质必须是水溶性物质，完全不溶于水的物质是不能产生味觉的。

人的味觉有个体差异，也有年龄的差异。根据甜味的研究，成人的甜味阈值是 1.23%，小孩的甜味阈值是 0.68%，说明小孩对糖的味敏感性是成人的两倍。总的来讲，年轻人的味觉比成年人的味觉要敏感。到了 50 岁以后，味觉敏感性的衰退就更明显了。

一个人的舌头上轮廓乳头有 8 ～ 12 个，外形较大，每一个轮廓乳头内含有若干个味蕾。在 50 岁以后，舌体上味蕾的数量就会相应地减少，儿童和青少年舌体上味蕾数目较老年人多，所以他们的味觉敏感度较高，老年人味蕾逐渐萎缩使得味蕾的数目减少。实验测定：舌头上一个轮廓乳头所包含的味蕾数目为 33 个到 508 个，平均 250 个；年龄到 50 岁以后，味蕾的数目逐渐下降；到 70 岁以后，味蕾的数目由 200 个减少到 88 个左右。

味觉敏感程度的变化，也能说明为什么人到中年之后才逐渐喜欢喝白酒，因为年龄大了，味觉敏感度下降，迟钝了，耐疼性和耐刺激性增强，这个时候就可以接受白酒了；而年轻人的味觉敏感，对白酒的接受度就稍微弱一些。当然，心理味觉同样重要，人们都知道，人到中年才接受白酒，是因为经历了生活中的沧桑和苦难，有了阅历，在白酒的那种复杂刺激中，更能找到心理上的共鸣。

温度对味觉的影响也很明显，产生味感，最能刺激味觉神经的温度为 10℃ ～ 40℃，其中又以 30℃ 为最敏感。在不同的温度下品尝同一种白酒，会感受到不同的滋味。

4. 口感

人们通常所说的口感，被科学家划入物理味觉，具体包括以下常用的内容：

（1）颗粒度。

食品的颗粒度很好理解，如有块状的肉块，也有剁成肉蓉的丸子，颗粒度就不一样。白酒尽管是液体，但是在品酒师的感觉中，也能感觉出其颗粒度有差异，有的酒粗糙，有的酒细腻，比如茅台酒的酒标上面印有"幽雅、细腻"的风格，细腻就是描述颗粒度的术语。

（2）软硬度。

食品的软硬度好理解，干炸的食品硬一些，软炸的食品软一些，凉粉、豆腐软，肉筋、脆骨硬。在白酒品评中，也经常有品酒师用柔软和硬朗来描述白酒，用这种术语来表达对酒的物理性的感觉。

（3）韧性和脆性。

韧性和脆性是在食物中经常能感受到的一种机械感觉，有些肉烹饪得有嚼劲、有韧性；炸得酥脆的薯片是脆的。在白酒品评中，也会把韧性和脆性这种感觉，引用到描述白酒的口感，比如说一款酒"爽净"，从某种程度上讲"爽"跟"脆"的感觉有点类似。

（4）粘稠度（醇厚感）。

菜肴中的黏稠度是可感的，比如汤有清汤和浓汤之分，浓汤里蛋白质含量高、胶质含量高，黏稠度就大。很多菜肴的加工要挂浆、勾芡，都是用来增加黏稠度的，扒类、塌类这种菜肴，要没有合适的黏稠度，就不好吃了，所以必须有黏稠度。白酒品评中也有黏稠度的表述，经常用的术语是醇厚感，白酒中稀寡与醇厚就有如菜肴中汤的清与浓。白酒中除了乙醇之外，还有其他可以增加其黏稠度的微量成分，如甘油、糖类等。醇厚也是描述优质白酒的一个常用的术语。

（5）油脂感。

在食品中普遍应用油脂，如植物油、动物油，加上有些食材本身就富含油脂，如五花肉。油脂感是和醇厚是不一样的一种感觉，这种感觉多的时候就是黏腻。在油脂覆盖了舌头表面时，味蕾的敏感度也被抑制了，就尝不到其他味了，而在餐酒搭配中，白酒的作用就是溶解油脂、清爽口腔，使人能够继续享受菜肴中丰富的其他滋味。

（6）涩。

涩也是一种感觉，实际上是蛋白质凝固之后带来的感觉。很多蔬菜会引起涩的感觉，如水煮菠菜。有些白酒也有涩的感觉，如果只用素菜来搭配白酒的话，白酒就会越喝越涩，因为没有脂肪来平衡它，就不会有柔顺感，所以在餐酒搭配的时候，专家们建议应该适当地选择含油脂的食物。

（7）麻。

很多人都感受过花椒带来的那种刺激，叫作麻。科学研究认为，麻是一种频率为 50 赫兹振动的感觉，它归为物理味觉。用花椒作为调料加工的菜肴如麻婆豆腐、麻辣肉片等，都是常见的美食。白酒其实也有麻的感觉。在酿酒中，一般把麻的感觉归为异杂味，但实际上，如果没有菜肴的话，你连续饮上几口高度的酒，停下来感觉一下，嘴唇和上颚有些肿胀感，然后有持久的麻感。几乎所有的高度酒（50 度以上），都能感受到这种麻感。但这种感觉在品评酒的过程中描述得比较少，因为专业的品酒师品酒的时候不会停留那么长时间，会用清水来漱口；而在日常的饮酒过程中，都要搭配菜肴，还没等麻味出来，就吃菜了，菜肴消除了麻的感觉。

5. 味与味的相互作用

在烹饪过程中，食材本身就有不同的滋味，像调料，它是多种滋味混合起来而呈现出的复合滋味。味和味之间是有不同作用的，主要是以下几种作用：

（1）对比作用。

把两种或两种以上的不同味觉的呈味物质以适当的数量混合在一起，会导致其中一种呈味物质的味感变得更加突出，称之为味的对比现象。例如，我们在 15% 的蔗糖溶液中加入 0.177% 的食盐，其结果是蔗糖与食盐组成的这种混合溶液所呈现出的甜味感要比原来的蔗糖溶液显得更加甜。烹饪行业中常讲的"要得甜，加点盐"，就指这个道理。再如味精，只有在食盐存在的情况下才能显示出鲜味；如果不加食盐，不但毫无鲜味，甚至还有某种腥味的感觉产生，给人不愉快的味感。这就是鲜味与咸味之间的对比作用。

（2）相乘作用。

把同一种味觉的两种东西或两种以上的不同呈味物质混合在一起，可以出现使这种味觉猛增的现象，这就是味的相乘作用，比如甘草酸铵和蔗糖混合之后，溶液的甜度猛增到蔗糖的百倍。鲜味剂中，味精和肌苷酸、鸟苷酸之间也有相乘作用，在烹饪菜肴的时候，经常用有鲜味的原材料比如鸡、鸭、鱼、猪骨等，再加上富含鲜味的植物性原料，如竹笋、冬笋、香菇、草菇等混合在一起进行炖、煨，这就是不同鲜味之间的物质发生鲜味相乘作用，在整体上提高了菜肴的鲜美度。

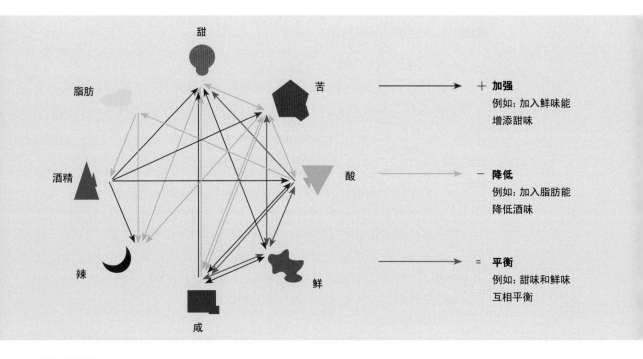

平衡对比滋味

加入对比滋味能降低或平衡菜肴里的某种风味。

（3）**相消作用**。

把两种不同味觉的呈味物质以适当的数量相互混合之后，可以使其中每一种呈味物质的味感比其单独存在时呈现的味感有所减弱，这种现象就是相消作用。如果我们单纯品尝 18% 和 20% 的食盐溶液，会感到非常咸，但是酱油中含有 16%～18% 的食盐，咸鱼中也有 20%～30% 的食盐，可是你会感觉酱油和咸鱼没有 18%～20% 的盐溶液那么咸，这是因为酱油中含有谷氨酸，咸鱼中含有一定的肌苷酸，对咸起了消减作用。在烹饪行业中，有经验的厨师在烹调的时候经常会有意识地利用味的相消作用，如果不慎将菜肴的口味调得过酸、过咸的时候，可以用适量添加食糖的方式，来进行过酸或过咸口味的衰减，就是利用了糖与食盐或者糖与醋酸之间的相消作用原理。

（4）**转化作用**。

当我们尝过很咸的食盐或苦味的奎宁后，立即饮些无味的冷开水，这时就会觉得原本无味的冷开水有甜味产生，这就是味的转化作用。在白酒品评中，要经常用纯净水漱口，纯净水有洗涤口腔的作用，防止味的转化作用发生。但是在实际的餐饮搭配中，不是防止转化，而是要利用这种转化，使各种味混合，使它更加柔和、丝滑、顺畅。

味与味之间的关系，其实是相对的，只有在特定的浓度和其他味混合后才能感受到。不论是烹饪还是餐酒搭配，都依据个人感受和经验的积累，没有绝对的原则。我们摘引了国外研究者彼得·库奎特和佰纳德·拉乌斯所著的《食品风味搭配科学》（见上页）里提供的滋味关系图供大家参考。

七、白酒的滋味和口感

诚如中国白酒大师周恒刚先生所言：白酒在味不在香。自古以来对白酒滋味的品评和描述术语远多于香味，有很多术语流传至今，有些术语我们虽然仍在使用，但对其奥妙含义却并未能完全领会，这足以说明古人对白酒滋味的感受是非常丰富的。在现代白酒品评的打分方法中，白酒的味所占的比例也最高，这一个品评项目占了 50%，香占 25%，色和格分别占 10% 和 15%。品评一款酒好与不好，味占了 50% 以上，权重是很大的。

关于味觉的研究，一般描述基本味是苦、咸、酸、甜、鲜。但是我们普通人喝下一口白酒感受到滋味和口感与这五种基本味型还是有差距的，所以我们就要从每个普通人直接能感受到的滋味来具体介绍。

1. 辣

任何人喝下白酒的第一个感觉就是辣。科学研究认为，辣不是化学味觉，是一种感觉（也称为物理味觉），是刺激了口腔黏膜和鼻腔的一种痛感。白酒中能引起辣的物质是最多的。首先酒精就能引起辣，它的含量是白酒中最高的，高的可达75%，一般也在40%～55%。正常情况下，酒精度高的酒辣感就要强一些，但白酒中比酒精更辣的物质也有，比如醛类。醛类的辣度要高于酒精，尽管它的含量要远远低于酒精。实际上，在酒中凡是带有 -CH=CH-、-CHO、-CO、-S- 和 -SCN 的碳氧基团、硫基团和硫碳氮基团的有机物都是有辣味的，都会产生辣的刺激感。

正常情况下，酒精度高的酒辣度就高，但也要看酒的酒质。比如60度的好的固态酒，可能比差的工业酒和液态酒的辣感要弱，这是因为它里面还有酸、糖等其他成分抵消了辣感。

新酒普遍比老酒辣。这是因为新酒里的醛类较多，所以口感较辣。陈化老熟一段时间之后，醛类挥发，含量减少，辣感就下降了。所以，老酒的口感要比新酒柔和。

辣不是化学味觉，而是痛感，酒带来的痛感是只针对口腔和鼻腔而言的痛感。辣椒也能带来痛感，但是与酒精不同的是对身体其他部位的皮肤也会带来刺激。手接触过辣椒会手疼，高度酒精擦手手并不疼，说明酒精的辣度对手来讲比较弱，手上皮肤的保护层要比口腔黏膜的保护层厚，所以酒精的辣度对它没形成有效的刺激。或者说辣椒的辣度比酒的辣度要高。

酒的第一感觉是辣，辣椒的辣度比酒还高，这种关系也是在我们选择餐酒搭配的时候要考虑的。含辣的菜一般不宜作为白酒的下酒菜，因为辣上添辣，起了相乘作用，本来可以带来内啡肽这种快乐物质的辣太强，带来的快乐抵消不了带来的痛苦。

提到辣，就不得不提到中国古汉语里的一个字——"辛"。"辛"在现代汉语的直接解释就是辣，但其实在古代汉语里它和辣是不同的，如果它就是辣的话，就没必要再造"辛"这个字了。"辛"字的本意是植物生长出来嫩芽穿破土壤那一瞬间的状态，转化到味觉上指的是一种刺激感，但是没达到辣的程度。比如，我们喝含碳酸的汽水，口腔和舌头会感到一种"蜇"的感觉，这种感觉近似于"辛"。"辛"这个术语在白酒评价中用得少，但是在评价古代的发酵酒，如黄酒、米酒时用得比较多。

2. 甜

喝下白酒的第二个感觉是甜。甜是味觉的一种，就是喝糖水的那种感觉。很多饮酒者没有从白酒中感受到甜，并不是他的味觉出了问题，而是有很多白酒特别是固液酒、液态酒，它们含的固态酒太少了，没有甜的感觉存在。好的中国大曲固态白酒都会有甜的感觉，无非是在刚入口就感受到，还是在咽下去之后的后味中感受到而已。白酒中呈现甜味的物质也很多，只要含羟基（-OH）团的物质，一般都有一定的甜味，比如甘露醇、甘油、赤藓醇等都有甜味，乙醇也带甜味。同时，白酒也含有一定的糖类，比如麦芽糖、果糖、葡萄糖等，这些微量成分也会给白酒带来甜味。

对白酒甜味的描述经常是和口感组合在一起表达的，比如醇甜还是绵甜。醇甜，一般是酒不够厚，是比较简单直接的甜；绵甜，是老熟后的酒醇厚度（可以理解为黏稠度）增加，里面带有的更加温和、细腻的一种甜的感觉。

和甜相关的一种口感是"甘"。人们通常不区分"甜"和"甘"的区别，其实在古代汉语里，"甜"和"甘"不是一回事，在白酒评酒使用的时候也不一样。怎么理解"甜"和"甘"的区别呢？当我们口渴的时候，喝白开水也会感觉有甜味，而当你没那么口渴的时候，喝白开水就没有甜味。口渴时感到的这种甜其实就是"甘"，可能来自自身唾液里带的氨基酸和其他糖类，可以理解为是一种淡淡的、清爽不腻的甜。"甜"则是外来加入的甜，它的强度比"甘"要大得多。白酒品评术语里有个词叫"回甘"，某款酒饮入的时候可能没有甜味，甚至微苦，但是回味的时候甜味出现了，不断地释放，就叫"回甘"。

3. 涩

喝白酒都会感到涩的感觉，特别是在不吃菜连续喝两口之后，就会感觉涩。

涩也不是味觉，而是一种感觉，或者可以归为物理味觉。白酒的涩是由于它收敛了蛋白质，蛋白质凝固使味觉神经麻痹而产生的一种感觉。酒精会收敛蛋白质，使蛋白质脱水造成口腔和舌头表面感觉细胞收缩，就会带来涩感。白酒里面还含有一些可能带来涩味的物质，如单宁、醛类、乳酸和酯类。感觉到涩有两种情况：一是酒里面的乳酸或者单宁含量高了，喝一口就有涩的感觉；二是连续喝酒，没有下酒菜来缓解感觉细胞以及补水，就会带来涩的感觉。

跟涩对应的一种口感是"滑"。在实际评酒时经常用的是顺滑、油润、丝绸般顺滑等术语，这些术语描述的是酒液入口之后涩感弱，顺滑。顺滑的酒是因为能够产生涩感的微量成分较少。顺滑，也是作为好酒的一个口感标志。

4. 苦

苦是一种味觉。白酒中有些酒的苦味明显，有些酒的苦味不那么明显。清香型的酒苦味有的时候比较明显，酱香型的酒有的时候苦味也比较明显，而浓香型的酒甜味比较明显。白酒中的苦味物质来自生物碱、L-氨基酸、某种低肽、酚类化合物、美拉德反应产生的焦糖，以及酵母代谢产物，如酪氨酸产生的酪醇、色氨酸产生的色醇等，这些物质都有苦味感。苦味和嗅觉中的臭味一样，对人类来讲是一种危险的滋味和气味。因为苦味经常和腐烂的食物联系在一起，人类抵触苦味，是一种先天自我保护的生物本能。同时，人类也需要适量的苦味，众所周知，消耗量最大的嗜好性饮料，如咖啡、茶、啤酒等，都有苦味，有的苦味比白酒重得多。

在白酒的酿造过程中，酿酒师会采用各种技术手段来减少白酒的苦味，但不可能完全去除。能在酒里感受到一定程度的苦味，那可能真是好酒，因为没有再添加人造甜味剂，这样的白酒会让人感受到苦尽甘来的那种享受。

有些蔬菜也带苦味，如苦瓜。苦味重的菜不适合下酒，因为强化了苦味，由恰到好处变得难以接受。

5. 醇厚与清淡

在白酒品评中经常能看到"醇厚"与"清淡"这样的术语，它跟酒的黏稠度有关。酒的黏稠度不一样，经过陈化老熟的酒黏稠度会高一些，在品评的时候大多评价这种酒比较醇厚；有的酒不好，没有那么醇厚，"水味重"，一般用"稀薄""寡淡"或者"清淡"来形容它。白酒的黏稠度也是有物质基础的，比如甘油、酸类等，都会增加酒的黏稠感。

6.细腻和粗糙

在白酒品评中，口感细腻是好酒的标志。和"细腻"对应的词是"粗糙"，口感粗糙是差酒的标志。细腻、粗糙实际上是一种物理味觉，形容颗粒度的大小，颗粒度小的就细腻，颗粒度大的就粗糙。比如飞天茅台酒，它的酒标上印着的酒体特点之一就是"幽雅、细腻"，"细腻"就是评价它的口感。世界上其他烈酒，比如白兰地和威士忌，也是以"细腻"和"粗糙"来作为其品质好坏的一个重要区别。

白酒是液体不是固体，没有肉眼可见的颗粒度，为什么会产生"细腻"和"粗糙"这种感觉呢？揭示这方面机制的研究文章还比较少见，只是从感官描述这种常用术语推测，跟口腔的感觉神经、味蕾，以及味感蛋白和酒液结合之后产生的反应有关。它们结合之后可能在微观上会形成类似固态的颗粒，所以才出现了神经以及味蕾细胞能感知到的细腻和粗糙的感觉。

7.饱满圆润与松懈分散

在白酒品评中也经常说"口感饱满圆润"，和它对应的一个词就是"松懈分散"。这两个术语不仅在白酒的品评中常用，在葡萄酒和威士忌的品评中也常见。所谓饱满就是整体性比较好的一滴液体的感觉；松散则是一滴液体进入舌面就散开了，没有圆润饱满的感觉。白酒中有多种微量成分，有些和水的融合性好，有些不溶于水，只溶于酯类。白酒总体上是胶质溶液，不是真溶液，胶质性质会使它形成一些感觉基团，融合性好的，就会有这种整体圆润的感觉。

清淡与醇厚、粗糙与细腻，都和白酒是胶质溶液的性质有关。

8.回味

所有的白酒品评都有"回味"这一项，回味是短还是悠长？其他酒类，如威士忌、白兰地、葡萄酒也都有这个品评术语。所谓回味，就是酒体吞咽下去之后在口腔里持续的感觉，可能包括辣的刺激感，也可能包括甜或者苦的滋味。

好的白酒回味甘且润，差的白酒回味辣且短。

9. 麻

麻也是一种感觉，吃过花椒的人都知道麻是什么感觉。科学研究认为，麻既不是痛觉，也不是触觉，而是一种振动感，它刺激的是人体的振动感受器。2013 年，英国科学家发现"麻"的本质就是一种接近 50 赫兹的振动波。白酒的麻一般体会不到，除非在生产过程中混入了麻的物质，或者有缺陷，才能感受到麻的感觉。一般消费者经常感受到的是，如果连续喝几口白酒，中间不喝水也不吃菜，嘴唇和上颚就会有轻微肿胀感，会持续地出现麻麻的感觉；只要是 50 度以上的高度酒，试几下都能感受到。人们喝白酒时一般感受不到麻，主要是因为在喝酒的时候会佐以菜肴，有的时候还喝水，麻味还没呈现出来就消除了。

10. 干

干，就是口渴的感觉。一般喝酒的时候是感受不到干的，但是喝着喝着就感受到干了，因为含酒精的饮料，都会有脱水的效果，只是在口腔里的感觉明显不明显的区别而已。经常能感到口干，不是在喝酒的过程中，而是喝酒结束之后。很多饮酒者夜里感觉口干，才起来喝水，实际上在喝酒的过程中就已经缺水了。酒带来的一个重要后果就是身体的缺水，要把酒精代谢成为乙醛、再把乙醛代谢成乙酸需要大量的水，所以专家们建议在喝酒的时候一定要及时补水，补水的量还比较大，大约喝 50 毫升的白酒同时应该补充 500 毫升的水，才能满足代谢酒精的需要。

11. 酸

酸是五种基本味觉之一。白酒中的酸类物质非常多，比如乙酸、丁酸、己酸、乳酸，等等。但是，一般人在喝酒的时候很少能感受到酸的感觉，如果某款酒的总酸含量比较高，在气味上也能嗅到有点儿发酵的酸气，但是口感上感受不到酸。口感上能感受到的，比如乳酸含量比较高的时候，酒体会涩、粗糙。

酸味，虽然喝酒人一般感受不到，但是它在酒中的作用十分重要。好的白酒喝的时候口不干、不上头、醉度低，和酸多有密切的关系。酒中的酸、酯如

街边的卤肉店 （摄影／李寻）
四川成都温江区街道上的卤肉店，卤味几乎道道都是上好的下酒菜。

果失衡了，酯高酸低，这种酒就容易口干、上头。

12. 咸

咸是盐类带来的一种味觉，但是在白酒中很少能感受到咸，尽管白酒中也含有少量的盐。

13. 鲜

鲜也是一种味觉，一般是氨基酸带来的。白酒中含有一定比例的氨基酸，在发酵过程中由蛋白质分解而来。目前白酒中检测到的氨基酸至少有 17 种，优质酒中的氨基酸可能更多一些。但是，在白酒中能感受到鲜味的也比较少，笔者平生饮酒无数，也仅在少数几款酱香酒中感受到了鲜味，虽然也不是太强烈，若有若无，但是能感受到。

以上是我们喝白酒时能够感觉到的主要滋味和口感。但常人感受到的多是第九项以前的。第九项以后的，如果不细腻地去感受，或者不是专业品酒师，就较少能感受到。

我们能感受到的那些最强烈的滋味和口感，就是搭配下酒菜的接口。比如辣和涩，几乎所有的下酒菜（只要是不辣的），都可以缓解辣的感觉；而含油脂成分比较高的下酒菜，如肥牛、猪头肉等，会缓解涩。正是有这种互补性，所以喝酒需要下酒菜，下酒菜缓解了白酒的辣、涩、麻等不适的口感，同时增强了它的舒适感。比如，下酒菜带来的脂肪把酒精吸收了，吞咽下去口腔留下的是润滑的感觉，这时酒不知不觉就喝多了。所谓下酒菜，就是有了它后酒下得快，喝得顺畅。

八、菜肴与白酒的风味搭配接口

1

人之所以能感受到酸、甜、苦、辣、咸等各种滋味以及菜肴的口感，除了人类有感觉器官之外，还因为菜肴本身具有这样的物质基础。从原料的角度来看，以肉类食材为例，它本身有油脂感，吃肉感觉到的"香"其实主要是油脂的香。

新鲜的好肉，本身是有甜味的（肉中脂肪的甘油三酯分解后的甘油分子呈甜味）。好的肉，不管用什么方式加工出来，一般都是有汁水丰富的那种酥感、嫩感。如果硬得咬不动，要么是肉老了，要么是加工得不好、加工方法不得当。

海鲜最突出的一个特点是"鲜"，各种海鱼的鲜味是非常突出的。有些鱼的鲜是天然的，生吃都可以，如潮汕的"鱼生"、日料的"生鱼片"等，食者享受的就是生鱼本身带来的鲜美。同时，鱼虾除了"鲜"之外，还有"甜"——虽然不像糖那么甜，但这种适度的甜非常让人享受。

蔬菜本身也是带有各种滋味的。比如"苦"，苦瓜就带有苦味；有些蔬菜带有涩味；有些蔬菜带有酸味、甜味，如西红柿带有酸味，胡萝卜带有一定的甜味。

2

在烹饪过程中，如果食材本身鲜嫩，则尽量少加调料、少加热，以尽量保持它原有的鲜味。如果食材滋味不足，一方面可以靠调料来改善它的滋味和口感——调料种类繁多，会赋予食物以新的滋味。调料中带来咸味的是盐、酱油、酱；带来辣味的有辣椒、胡椒、姜、葱、蒜；带来酸味的有醋；带来甜味的有糖、蜂蜜；带来油脂味的有各种油脂（植物油、动物油等）；还有带来发酵味的，如臭鳜鱼、火腿——它们都要事先经过发酵。另一方面，根据食材的品质和厨师的手艺，加工方式的多样化也会把食品加工出新的滋味和口感。比如，挂浆勾芡可以给食材加入其本身没有的糖醋味（酸甜味），天生不是太嫩的肉通过挂浆也会形成嫩感；海参通过煨制会形成滑糯的口感。

总之，食材、调料加上烹饪方式会创造出多种多样的味觉和口感。

3

吃的过程是把食物咬碎、咀嚼再吞咽的过程，是对已经加工好的菜肴进行"再加工"的过程，这个过程是不可或缺的。举例来说，挂了浆的肉，如果不把它咬碎吞下去，那只是外表的浆或者芡的滋味；咬碎之后，浆和芡的香气才跟肉混合在一起，产生新的滋味和香气。我们都知道臭豆腐闻着臭、吃着香，这是因为闻着的时候它里面的香气没有爆发出来，咬碎之后里面的蛋白的香气爆发出来，其香气强于臭豆腐的臭味，和臭豆腐原来的臭味混合在一起反而形成一种新的香味。吃肥肠、肚片还有臭鳜鱼之类的菜，也都是通过咀嚼使其里面的香气释放出来的过程——如果没有通过咀嚼加以释放，就不会达到美味的感觉。

4

当白酒斟入酒杯、下酒菜摆到桌上的时候，实际上这个时候已经开始发生气味的混合；当人们开始喝酒、吃菜的时候，滋味、香气、口感继续发生混合。所以，在餐酒搭配的时候，人们享受的是香气、滋味、口感混合后带来的愉悦和舒适。餐酒搭配所追求的目的就是——味、香、口感混合后的综合效果要协调、舒适、愉快。我们前面所说的香的原理和融合、味的原理和融合、口感的原理和融合，其实都是为这个最终目的——那些只是分项的解释，在最终进行搭配的时候，我们观察的指标是味、香、口感混合后的结果。

5

理想的餐酒搭配是什么样呢？大致有以下一些标准：

（1）**凉热适宜**：饮用中国白酒是一个慢速聊天的过程，所用时间跟简单吃饭不一样，如果只是为吃饱饭，可能20分钟就告结束；而喝顿酒短则一个小时，长则三四个小时。在时间跨度较长的饮酒期间，有些热菜可能很快就凉了，没法再吃，因此点菜要依据环境的温度来选择凉菜和热菜——如果天气比较暖和，下酒菜的凉菜可以适当多一点；如果天气较冷，就餐环境温度较低，热菜就可以多一点，而且餐桌上最好有微加热的功能，比如用酒精炉或小蜡烛在餐具下面提供热源，这样可以保持菜肴的可食用性，也使食用的舒适度得到了保证。有些富含动物油脂的菜，凉了之后形成凝固，就没法吃了。

（2）**七荤三素**：医学研究显示：含油脂成分高的菜——人们俗称的荤菜，如肉类、香肠、鱼类等，可以延缓胃部排空，有延缓酒精进入小肠的作用；素菜如凉拌白菜丝、拍黄瓜，有清爽口腔、补充维生素等作用。参照以往经验和科学常识，一般用来下酒的菜当中荤菜要多一点，大致可分为"七荤三素"——七分荤菜、三分素菜。

（3）**不能太辣**：辣是痛感。白酒是高度酒，本来就带来辣的感觉。如果辣上加辣，会造成口腔和舌头等感觉器官的过度疲劳，喝酒就不是享受而是遭罪了。

所以，一般来讲，味中有辣的菜是不适合下酒的。

（4）**不能太甜**：只要是好的白酒，都有"醇甜、回甘"的甜味感受。如果菜太甜，会使感受甜味的感觉细胞工作饱和，酒的甜味反而感受不到。酒的"醇甜、回甘"跟菜肴添入外加物带来的甜味是不一样的，为了更好地感受酒中的醇甜，下酒菜不宜太甜。之所以不能太甜，是因为很多菜是多少要放一点糖的——有些菜没有糖就不协调醇厚，但菜的甜度最好不要太强，太强不利于下酒，有时候还会引起过腻的感觉。太甜的菜比如拔丝香蕉、拔丝苹果，作为零食吃可以，下饭不太合适，下酒也不太合适。

（5）**不能太咸**：下酒菜是要有点咸的，没有咸的感觉就起不到缓解感觉细胞、调节饮酒节奏的作用。但下酒菜毕竟不是下饭菜，下饭菜的咸度要比下酒菜高一些，因为它面对的是接近没有味道的米饭或者馒头，咸味有利于促进对粮食的吞咽。白酒本身是五味俱全的，品饮白酒就是要享受这种"五味俱全"的丰富滋味——如果咸味太强，会压制住我们对白酒丰富滋味的细腻感受。同一道菜，作为下饭菜的时候，咸一点没关系；作为下酒菜的时候，咸度要低一点，这样下酒就比较好。比如安徽的名菜——臭鳜鱼，有些餐馆做得比较咸，适合下饭；有些做得相对来说淡一点，更适合下酒。

（6）**菜肴的香气和酒的香气要协调**：中国白酒风情万种，有国家标准的是12种香型，加上小曲清香和有行业标准的青稞香型，我们称之为14种香型。实际上有企业标准的更多，有几十种香型。这些香型不是凭空而来的，它们的香气确实有某一方面的特点。中国的菜肴更是万紫千红，它们的香气几乎无法完全描述。不同菜的香气和酒的香气要怎么样协调起来，这是选择下酒菜的关键。比如：有些鱼的腥气太重，应选能够压腥的酒，用清香型白酒就比浓香型白酒更适合；有些菜肴是经过发酵的，本身有发酵的酸味甚至臭味，就要选酒体本身留了一部分发酵酸味的酒——年份老一点的酒或者陈味比较浓的酒，这样香气才能协调。总之，当喝哪种香型的酒选定之后，选菜也要遵循一样的原理，可以选择香气和之相协调的菜肴。

广东潮汕鱼生（图1）

广东潮汕鱼生配酒（图2）

洞庭湖小鱼（图3）

洞庭湖小鱼配酒（图4）

同为鱼类，不同烹饪方法制作出的菜品配酒也不一样。

图1为广东潮汕鱼生，虽是生鱼，但鱼腥味很淡，我们为这道菜搭配的就是香气淡雅的清香型白酒——山西潞酒（图2）。

图3是洞庭湖的小鱼干，十分漂亮，肉质鲜，但虽经煎制，腥味依然较大，我们便将其与同产地的湖南腊肉放在一起蒸制，搭配同为湖南产地的馥郁香型白酒——酒鬼内参酒（图4）。内参酒香气馥郁，与腊肉香气混合后，极大地减弱了小鱼干的腥气。

第四节
文化情境匹配原理

一、喝的是感情，吃的是文化

人们常说：喝酒喝的是感情，吃饭吃的是文化。这句话反映了在实际的餐酒搭配中起重要作用的文化情境元素。

人们喝酒、吃饭有两种形式：一是独饮独食，即自己在家里一个人，或者和家里的亲人在一起吃饭，或者和家里亲人一起出去旅游在途中吃饭，或者个人出去出差、旅游，自己吃饭、自己做餐酒搭配；二是社交聚餐，出于某种目的，邀请别人聚餐吃饭，或者是参加别人邀请的聚餐吃饭。

无论是独饮独食，还是社交聚餐，实际上都有文化因素介入，也都有感情因素的存在。

独饮独食也有感情和文化因素吗？当然有。下面我们就看一看文化和情境到底是什么。

二、文化和情境是什么？

"文化"的定义很多，在不同的语境下，"文化"这个词有很多意思，从它最初始的定义来溯源，所谓"文"在古代汉语中指"花纹"，像动物身上的花纹，引申为漂亮美丽；"化"就是推广的意思。合起来，"文化"的意思就是将个人认为是美丽漂亮的东西对外展示，或者是发现了美丽漂亮的东西与别的人分享。从起源上来看，文化首先是个人内在的审美能力，当某些人的审美一致时，就形成了群体的观念，群体又把他们的审美观念具体外化为观点、知识、活动、仪式等，所谓"物以类聚，人以群分"，人类分群的最重要的标准就是文化。文化的本质是审美和快乐，文化是人内在的一种天性，当它外化为一种群体的认识、价值观、知识、仪式和活动体系之后，就有了一定的独立性。新出生的人面对已经存在的文化事实，包括知识、仪式、活动、群体等，通过某种方式接受了知识的学习、仪式活动的训练，这就衍生出另外一个概念，有人把熟悉这些知识和仪式的人称为"有文化"。中国古代的知识体系基本上都属于文化学类型，现代自然科学崛起后，体制性的学校教育培训的知识，无形中也是一种文化输出，现在人们习惯上把受过教育的人，

李寻的酒吧

已积累了上千篇品酒笔记，还在不断更新。在这个公众号里，可以获得对各种新品的品鉴信息。

"李寻的酒吧"工作室一角（摄影／李寻）
图为我们工作室"李寻的酒吧"的一角，工作室没有经过特别的装修，只是在玄关、大厅、各间小会客室用不同内容、不同形式的书法作品布壁，营造出不同的文化情境。

不管他是掌握了传统的文化类型知识，还是掌握了现代的客观物质世界知识，都称为是有文化的人。

我们在这里再强调一下：文化本质上是个人的一种先天能力，不是后天学习获得的知识和仪式，而是天赋的审美或者感受快乐的能力。

"情境"是什么呢？"情境"中的"情"就是感情。"境"是指环境，包括自然环境，如自然风光；也包括人造环境，比如建筑、房屋的装修，房屋里的书画、挂饰等，甚至小到一两件餐具，一个小纪念品，如一支骨笛，或者一个手镯等。凡是能激发出人类感情的外在物质性因素，我们统称之为"境"；能激发起感情的"境"，合起来就是"情境"。

三、文化情境在餐酒搭配中的作用

文化情境的匹配，是餐酒搭配各原理中最重要的一条原理，它甚至可以压制住对风味协调性的选择，餐酒搭配的最高境界是激发出自己的感情，获得内在的生命愉悦。

文化的第一个作用是肯定、愉悦自己，让自己感觉自己在当下这段时间里的生活是有意义的、快乐的。每个人先天都倾向于自我肯定，让自己快乐，这是人类基本的心理天性。从人类心理角度来讲，肯定更渴望外界其他人的肯定，这种肯定更坚实；但是在现实生活中，获得别人肯定的场所并不多，所以更多的时候是自我肯定和自我愉悦。其实，餐饮就是自我肯定和自我愉悦的一种重要方式，很多人下班回家自己做两个小菜，喝杯小酒，享受着平和幸福的个人生活，把家常的油盐酱醋以及普通的食材调理得有滋有味，好像形成惯例地喝上两杯小酒，完成了一整天中的重要生活仪式。如果讲究一点，他会选择什么样的菜配什么样的酒，是该配白葡萄酒、红葡萄酒，还是配白酒，都要认真考虑。中国台湾美食作家叶怡兰女士在她的著作中以细腻的笔触描述了她生活中的这些"小确幸"。中国大陆极有思想深度的作家汪曾祺先生在他有关美食的散文中，流露的也是这种文化和场景的美妙匹配，那种美妙而温暖的小小时空，是他度过的那段困难生活里非常温馨的时刻。

在社交过程中，文化的一个最重要的作用是分群功能。社交宴请聚会主要的作用是沟通思想感情，在喝酒聚餐的过程中显示、表达出自己的立场和审美偏好，看能不能形成审美上的共识，进而形成长期稳定的信任关系，在这种信任关系上才能发展业务、商务等实用性方面的关系。如果立场不同，审美有很大的差异，感情上不投缘，就形成不了文化认同；形成不了文化认同，就不会成为一个圈子的人。谁和谁的关系好一点，哪些人走得近、可以合作，在本质上都是审美上有一致性，感情上才有亲近感，才能建立起信任。

审美以及感情上的内容，是能够通过酒、餐以及酒餐搭配直观反映出来的。对酒有相同知识和相同认识，甚至相同偏好的人可以形成共同语言，在酒这方面形成共同偏好了，在酒和餐饮的搭配上、在风味或者地理环境的理解上也就有了更多共同的语言；有了共同语言，就有继续交往下去的话题，在思想感情的自然交往中，如果有了业务上的机会，也就顺理成章地形成了业务伙伴关系。

文化是餐酒搭配的主观认知结构，本质上是个人化的、每个人生命中与生俱来的内容；哪些人和哪些人的价值观一样、审美一样，并不是由他自己决定

"李寻的酒吧"牌匾 （摄影／胡纲）
"李寻的酒吧"牌匾，由笔者挚友、书法家王永辉（笔名简直）题写，灵动活跃，落款时化用了辛弃疾的词句"但将万卷平戎策，换得东家酿酒书"。

的，而是一种先天就存在的主观认知结构。餐饮的情境是指能够激发出文化情感的场所和环境，以及在交流互动中的行为。文化是生命的感觉，因时、因地而变，始终处在变化的状态中，一时一地一心情。个人的审美和思想精神状态，不要说别人不知道，有时候连自己都不知道。这种变化也会体现在一个人对餐、酒的选择和搭配上，而餐酒选择搭配会对他的文化、心理以及情绪具有反馈效应，这种反馈有时是正面的，有时是负面的。比如某日刚开始吃喝时感觉很好，在过程中突然心情不好了，餐酒也就索然无味了；有时候心情变好了，本来不太合适的餐酒搭配，也突然会觉得美妙无比。由于文化因素敏感多变，极易受情境的影响，因此也是餐酒搭配中最难以把握的因素。

四、个人餐酒搭配的文化情境匹配

个人独饮独食时，面对的是"本我"，是最真实的自己，这时的餐酒搭配只是愉悦自己。什么东西能让自己愉悦？因人而异！个人的审美不同，个人的经历不同，在不同的场合下就会选择不同的餐与酒。根据我们自己的感受，在个人场景搭配中，自然地理条件和人文地理条件以及个人所处的小空间是主要的情境。不同的自然风光、各地不同的美食，带来的感受是不一样的，就会选

李庄文修阁茶楼
（摄影／李寻）
四川宜宾李庄文修阁茶楼，窗外就是滚滚东逝的长江水。

择不同的酒品。在我们印象深刻的几次旅行中，有一次是在内蒙古恩格贝沙漠附近的国道上，四周都是沙漠，孤零零就一家小饭馆，我们进去点了两个菜，其中一道是葱爆羊肉，里面带着大漠的风沙，外面狂风呼啸。就着那道沙子、大葱和羊肉炒出的葱爆羊肉，我喝了二两酱香型的湄窖铁匠酒，觉得那是一个特别奢侈的环境，难得的生命体验。

同样类似的体验很多，例如在四川宜宾李庄面对长江，就着当地著名的大刀白肉，遥想抗战时那些文化单位在这里坚持工作，以及他们走后这里发生的沧桑巨变，情绪比眼前的滔滔长江水还要澎湃，不禁大口大口地饮用宜宾地产的五粮液。这是环境激发出的感情，而这种餐饮搭配无形中和餐酒同产地的原理相吻合，又具有强烈的文化情境匹配效应。

五、社交聚餐中餐酒搭配的情境匹配

社交聚餐和个人独食独饮是不一样的，首先是有目的的，聚会的目的是什么？如果是你来请客，一定要了解主宾的喜好和忌讳，投其所好，避其所忌，他的所好和所忌，都是细致无穷的，要事先做很多调查了解的工作。喝酒的人有不同的偏好，有人喜欢喝中国酒，有人喜欢喝外国酒。喜欢喝外国酒的我们就要请他吃西餐，最好搭配葡萄酒或者是西方的烈性酒；喜欢喝中国酒的，同时也愿意尝试一下西餐或者日料的，也可以携带白酒到西餐馆或者日料馆去吃饭。总之，要看个人需求和主宾的审美偏好，根据主宾的审美偏好，先定菜系，定了菜系再去选酒；或者先定酒，根据酒再去选菜系。

我随机调查过各地的一些大、中、小企业进行商务交往中的餐酒搭配和接待用酒情况，以陕西为例，有大而化之的办法，比如：对前来的级别较高的宾客，接待规格是菜品客单价 300 元，配酒配的是茅台；对中层地位的宾客，配的酒是西凤十五年，甚至西凤六年，菜品客单价大约 100 元。但这是个大而化之的办法，没有解决差异化的问题，实际操作时还要更细腻些。如果一个高层级的客户常来，不能每次都用茅台，这样他会觉得单调，这时就要在交流的过程中看一看他还有什么需求，人都有好奇的心态，可以再去尝试一些新的酒品或者菜系，不能把商务接待变成刻板的套路。刻板的套路会导致激发不出来情感，只是例行公事。激发不出来感觉，也就找不到共鸣的文化触点，这种接待效果和效率都是低下的。要达到理想的接待聚会效果，要认真了解主宾的偏好，寻找文化上的共鸣点。有位朋友在退休前，是一家大型企业的中层领导，每次到西安的对口单位来，对方接待的礼数是没有问题的，但他自己有个小想法，就是想在小雨中，在城墙根下散散步，小酌几杯，但又不好意思给接待单位提出来，因此在工作之余找到我，我可以陪他在小雨中的城墙根下小酌几杯，漫步，谈论着古城墙的往事。

六、文化情境起绝对主导作用的餐酒搭配：大型宴席

从餐酒搭配的角度来看，两桌（十人桌）以上的中式宴席就算大型宴席了。这种宴席的选菜、选酒，以及餐酒搭配遵循的规则主要是依靠文化来选酒。这种宴席，比如婚宴，主要根据当地对婚宴的认识、自己的实际收入水平，选择在自己这个阶层里、在地方文化中都认可的档次、价位和风格，酒店选好了之后，菜肴基本上也就定了，菜肴也都是酒店事先已经设计好的，普遍有六凉八热，再加上一道甜品和两道主食。酒店定了后，菜的风格基本也就定了，要么偏淮扬菜系，要么偏川菜系，要么偏鲁菜系，等等。

在大多数情况下,这种酒宴只能选一种白酒,两桌以上的人不能喝两种白酒,必须是同样的酒。一般还会配一种低度的葡萄酒,再有就是果汁之类的饮料。

酒的主体风味和菜肴的风味是否协调,也要服从当地地方文化的认识。比如在江苏,婚宴流行喝今世缘酒,酒瓶是喜庆的红色,契合宴会的主题。在陕西,中端以上的婚宴,用的是剑南春水晶剑。这种酒一般是"东家"自己定的,跟吃饭的酒店关系不大,在选酒时更多考虑的还是地方文化认识,人们认什么酒,已经形成一个阶段性的文化认知,就会按照这个原则来选酒。至于风味是否协调,已经不那么重要了,在这样的宴席上,菜品多,总有一道菜喝酒比较合适,又总有其他菜可能和酒不那么协调。但这没有关系,因为一道道菜上来,人又多,吃乱了,没有更多的条件来详细品味餐酒搭配的感觉。

篆书对联（摄影／胡纲）

壶里满乾坤，须知游刃有余，漫笑解牛甘小隐；

天下无尔我，但愿把酒同醉，休谈逐鹿属何人。

这副篆书对联由中书汇书法家小白龙先生所书，内容来自一副古联，不知何人所撰，悬于"李寻的酒吧"厨房门边。

上联的意思是，本厨房里的厨师（古代称"庖人"）是庄子书中所说的那位绝技在身的"解牛庖丁"，世外高人；下联的意思是，前来喝酒的客人都是逐鹿天下的豪杰，来到这里就别说谁胜谁败、谁是谁非，都是一样的人，举杯同醉一场吧！

隶书条幅（摄影／胡纲）
我有一壶酒，可以慰风尘，
尽倾江海中，赠饮天下人。
这幅条幅由中书汇书法家
段国强先生所书，悬于"李
寻的酒吧"客厅，一进门
就可以看到。

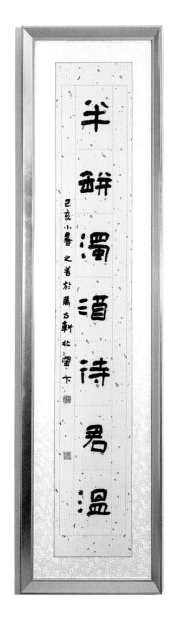

隶书对联（摄影／胡纲）
数亩荒园留我住；
半瓶浊酒待君温。
中书汇书法家徐之善书，
悬于"李寻的酒吧"玄关
门迎处。

楷书对联（摄影／胡纲）
书到老时方可著；
交从乱后不多人。
化明代黄宗羲诗句。
王永辉书。悬于"李寻的
酒吧"小客室。两三知己
小酌，酒中之意即是墙上
对联之意。

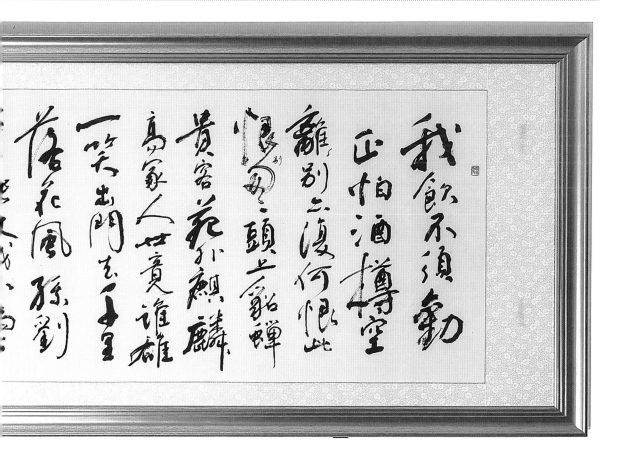

行草书中堂 辛弃疾《水调歌头·我饮不须劝》（摄影／胡纲）
我饮不须劝，正怕酒樽空。别离亦复何恨，此别恨匆匆。头上貂
蝉贵客，苑外麒麟高冢，人世竟谁雄？一笑出门去，千里落花风。
孙刘辈，能使我，不为公。余发种种如是，此事付渠侬。但觉
平生湖海，除了醉吟风月，此外百无功。毫发皆帝力，更乞鉴
湖东。
王永辉书。悬于"李寻的酒吧"大厅。大厅有一张十人台的大桌
子，是人多时聚餐的场所。每当客人起身敬酒，笔者便常指着这
幅书法说："我也不须劝！"其实是委婉地建议大家自斟自饮，
不要互相敬酒，免得喝多。

71

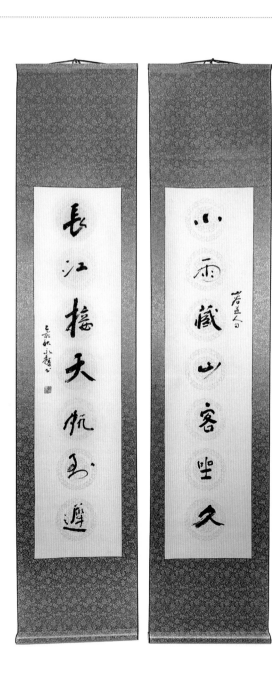

行书对联 （摄影／胡纲）
小雨藏山客坐久：
长江接天帆到迟。
宋代黄庭坚诗句。
王永辉书，悬于"李寻的酒吧"
小客室。

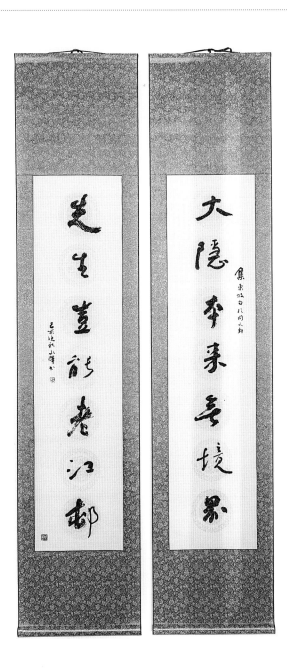

行书对联 （摄影／胡纲）
大隐本来无境界；
先生岂能老江邨（村）。
化宋代苏东坡句。
王永辉书，悬于"李寻的酒吧"
玄关，客人离开时可看到。

2

第二章 为酒选菜

第一节
如何选酒

一、什么酒是好酒？什么酒是差酒？记住两张图

在开始餐酒搭配之前首先是要选酒，选酒就面临一个问题：什么酒是好酒？什么酒是差酒？

好酒和差酒是有工艺上的客观标准的——这些标准在酿酒类的专业教科书和工具书中已经讲明白了，国家标准化管理委员会发布的与白酒相关的各种国家标准里面也有相应的规定。

餐酒搭配是白酒的消费环节。在白酒消费环节面临的选择对象，基本上都是成品酒。成品酒是指已装入酒瓶且已包装好，进入到商场超市、烟酒店等流通环节的酒品。成品酒当中哪种酒好、哪种酒差？要把这个问题搞清楚首先应该了解三个概念：固态法白酒、固液法白酒、液态法白酒。

固态法白酒是用大曲或小曲为糖化剂，酒醅里加水比较少，采用固态发酵、固态蒸馏的白酒。在固态法白酒、固液法白酒和液态法白酒这三种酒里，固态法酿造的白酒是酒质最好的。比固态酒差一点，但比液态酒好的酒，叫固液酒；在固态酒里面添加了一部分食用酒精——食用酒精不超过70%，都算是固液法白酒。在固液法白酒里，哪一种好、哪一种差？当然是固态酒比例高的酒好一点，固态酒比例低的酒就差一些。实际上在白酒成品酒的市场上衡量酒质好坏最实用的指标就是"固液比"，因为市场上绝大多数酒都是固液混合酒。比固液法白酒更差的是液态法白酒。液态法白酒是指添加了超过70%以上的食用酒精、固态法白酒在其中含量不超过30%的白酒；液态法白酒的食用酒精可以高达90%，甚至更多。液态法白酒和固液法白酒，食用酒精的比例临界点在国家标准里是有相应规定的。食用酒精超过70%以上，酒质是很差的。

按严谨的科学概念来讲，液态法白酒和食用酒精并不是一个概念。液态法是指发酵底物的相态与固态法不同，即蒸好了的粮食用于发酵酿酒的时候，如果添加的水超过80%就是液态发酵，其发酵物不叫"酒醅"而叫"酒醪"。"固态法白酒优于固液法白酒和液态法白酒"只是中国白酒的酒质概念——在世界各种烈性蒸馏酒当中，只有中国的优质白酒是用固态法发酵的，伏特加和威士忌都是液态法发酵的，以葡萄和水果为原料的蒸馏酒白兰地也是液态法发酵的。外国蒸馏酒分级有其自己的酒质标准，这里不展开介绍。

非同寻常选酒师
提供选酒师所必需的知识。

精酿白酒
中国精酿白酒同盟官方公众号。

需要特别强调的是，任何一种酒（无论固态法发酵还是液态法发酵）都和食用酒精不一样。食用酒精（乙醇）只是酒里面的多种物质之一；而酒是除了乙醇之外，还有上千种其他微量成分共同组成的混合物饮料。打个比方：酒精相当于盐水，而酒相当于酱油；酱油里含有一部分盐，也含有一部分酒精，还有糖、氨基酸等很多其他微量成分。众所周知，以酱油为调料做出的菜肴和以盐水为调料做出的菜肴，二者的口感差异是很大的。

从科学概念上讲，液态法白酒（包括其他蒸馏酒）并不是食用酒精，但在白酒的实际生产工艺中，新工艺白酒广泛使用的方法就是添加食用酒精，因此在中国的白酒行业实践中，目前所谓的"液态法白酒"就是指食用酒精加水勾兑的酒。

那么，凡是固态酒就一定是好的酒吗？也不是这么回事。固态酒确实比固液法白酒和液态法白酒要好，但固态酒在其自身评价体系里面也分三六九等。从工艺的角度来讲，形成固态酒酒质差别的主要因素是糖化剂的不同：最好的固态酒，以天然多菌种的大曲为糖化发酵剂；较之差一点的酒是天然采种的小曲酒；再差一点的是人工培育的纯种菌的麸曲酒，包括人工培养的纯种菌的小曲酒，都比天然采种的酒要差；更差的酒是用糖化酶作为糖化剂，人工酵母作为酒化剂的白酒。当然，糖化酶和人工酵母也是可以添加到大曲中的，这是白酒行业中使用比较广泛的增加出酒率的新工艺措施。

上述区分什么是好酒、什么是差酒的标准，我们用两张图（见下页）来表示，可获得更为直观的中国白酒质量等级的概念。

在大曲固态酒范畴内，是不是也有酒质好与差的区别？当然也有。据国家目前关于白酒质量要求的规定，各个香型白酒的标准里都有特级酒、优级酒和一级酒这样的质量分级规定。有些酒厂在生产管理中区分酒质的具体标准更细、划分的等级更多，有四级的、六级的，还有八级的，依据各酒厂的具体情况而有所不同。不过这种划分基本上是在生产环节里为专业技术人员所掌握，在消费环节——无论选酒师还是餐酒搭配的餐厅主理人，都难以了解和接触到酒厂内部酒质细分的具体标准。如果有兴趣深入研究的，可以进一步阅读相关专业书籍。在使用成品酒进行餐酒搭配的消费环节，我们牢记以下两张图中列出的酒质等级即已够用。

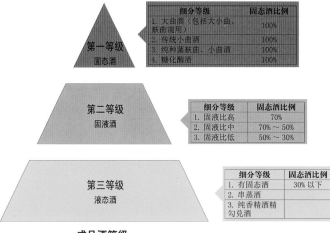

细分等级	固态酒比例
1. 大曲酒（包括大小曲、麸曲混用）	100%
2. 传统小曲酒	100%
3. 纯种菌麸曲、小曲酒	100%
4. 糖化酶酒	100%

细分等级	固态酒比例
1. 固液比高	70%
2. 固液比中	70% ~ 50%
3. 固液比低	50% ~ 30%

细分等级	固态酒比例
1. 有固态酒	30% 以下
2. 串蒸酒	
3. 纯香精酒精勾兑酒	

成品酒等级

（内容原创：李寻　制图：卉子）

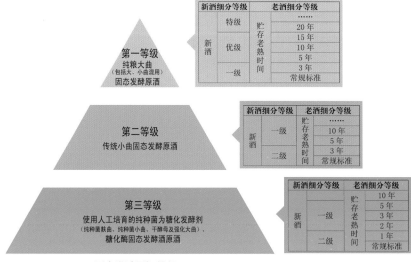

固态发酵原酒等级

（内容原创：李寻　制图：卉子）

二、要学会看懂有关白酒的一些关键数据指标

现代社会已经进入科技时代，在做餐酒搭配的时候，无论普通消费者还是专业的选酒师、餐酒搭配师，一定要学会看懂有关白酒的一些关键数据指标。

1. 卫生指标

包括两个：甲醇，不能超过 0.6 克/升；氰化物，以 HCN 计，不能超过 8.0 毫克/升。以上甲醇和氰化物的含量都是按照 100% 的酒精度折算。这个指标来自《食品安全国家标准 蒸馏酒及其配制酒（GB 2757—2012）》。这是强制性的指标，甲醇和氰化物如果超标的话，那就不是差的酒，而是有毒的酒、不能喝的酒。这两个指标必须牢牢记住。

2. 关于白酒酒体质量的理化指标

国家关于白酒的标准体系是比较系统的，除了上面提到的卫生标准以外，还有一类是白酒质量要求国家标准，具体到对每一种香型白酒都作出了规定，例如《白酒质量要求 第 1 部分：浓香型白酒》（GB/T 10781.1—2021）、《白酒质量要求 第 2 部分：清香型白酒》（GB/T 10781.2—2022），等等。从以上标准名称可以看出，这是国家关于白酒质量的标准性文件，每一个标准里面有两类指标，即"感官要求指标"和"理化要求指标"——把两类指标结合起来，是判断酒体质量的权威性的客观标准。要读懂这两类指标，必须记住"白酒是分级的"——无论哪一种白酒都有质量等级划分，例如清香酒划分为三个等级（特级、优级和一级），浓香酒目前划分为两个等级（优级和一级）。记住这种等级划分是很重要的，它意味着一个酒厂不管其成品酒有多少个品种以及有多少种价格，但作为各种成品酒基础的就是标准中的这三种酒。一个酒厂生产的成百上千种产品不管有怎样的商标文化符号和价格标签，它们真正的差别仅仅是酒体的两个或三个基础等级的差别。如果要强调酒质和价格关联的话，也只是酒体的两级或者三级差别的关联；价格差异的其他原因只跟商业有关，跟酒质没有关系。还要说明一下，这个标准是"推荐标准"而不是"强制性标准"。食品安全标准是强制性标准，是必须执行的；推荐标准是酒企可执行、可不执行的。为什么可执行、可不执行？因为这是白酒质量的一个最低标准，并不是最高标准。酒企对酒质的实际划分正

如我们在上一部分所说到的，比国家标准还要细致一些，但也没有细致到多达几十个、上百个等级差异，最多是多三五个等级的划分。一个酒厂不管有多少成品酒的产品，它的基础酒是有其生产工艺规定的（哪怕是酒厂内部质量标准的几种等级）。国家标准的质量等级在国家标准上已经写明白了；酒厂内部的质量等级在酒厂内部也有文字规定。按照等级较多的情况算，一个酒厂内部的产品质量等级如果有 9 个的话，其生产和销售的产品种类则可能有数百甚至上千个。数百个上千个成品酒也就有数百上千个不同的价格，哪瓶酒的价格更具"质价比"呢？当然是和酒厂的工艺质量等级规定相吻合的酒品最具"质价比"。

在白酒质量标准里的"理化指标"要求中，主要项目有酒精度、总酸、总酯；跟香型相关的指标有乙酸乙酯、己酸乙酯，等等。这些指标也很有用，它表明可以通过客观的实验和仪器检测手段来检测出酒体的实际质量。

理化指标的数据标志着对应的白酒质量等级。那么，是不是可以通过添加人工的酸、酯之类来实现这些指标呢？添加是可以实现的，但依然能够被检测出来。原理很简单——所谓"总酸"，实际上是多种酸（由几十种酸来构成的），添加的话也只是添加了两三种以"符合"总的指标要求，不可能全部都添加进去，形成像天然酿造那样的全面化效果；如果检测每种酸的指标的话，是可以看出来它是不是添加了某一种酸之后才使总酸指标达标的。所有的造假手段，如添加食用酒精或者添加酸、酯之类的香精、香料，通过化学实验和仪器检测都是可以检测出来的。

作为消费者，特别是专业的选酒师和餐酒搭配师，是可以向白酒生产厂家索要酒品的具体理化指标的，因为产品出厂的时候必须有检测报告；如果你的购买量足够大，也可以专门找第三方单位来检测所购买的产品，按照自己的要求来检测有价值的理化指标，这样可以客观准确地判断出酒体的质量。

看懂白酒的各种理化指标，不仅可以判断出酒质的好与坏，也可以判断酒体的饮用舒适度。

三、不能简单地靠品牌、价位来选酒

目前中国白酒市场上的选酒消费还没有进入理性的时代，对选酒行为起作用的更多是商家杜撰出来的营销话术，比如"大厂名牌，渠道为土""名牌优先、可靠""喝酒就要喝名牌酒""一分价钱一分货"，等等。到烟酒店或者白酒柜台买酒，几乎所有营业员所能提供的咨询是问你"想喝什么价位的"，价位定了，再给你推荐一个具体风格的；或者问你"想要什么品牌的"，然后在里面推荐一个具体价位的。这种市场现状实际上混淆了酒体质量的基础，也模糊了价位和质量之间的关联。专业的选酒师和餐酒搭配师不能受营销话术的影响，不能简单地按照品牌、价位来选酒。

为什么不能简单地按照品牌来选酒？所谓品牌，它是生产厂家精心打造的一个简单的商品标志符号；这种标志符号以文字或者图形的方式呈现，满足的是消费者没有足够时间分析产品的细节信息、迅速建立简单直接认知的诉求。消费者对品牌的认知基本上是认知酒厂而不是品种，比如消费者对于茅台酒认的是"茅台"两个字，对于汾酒认的是"汾酒"两个字，对于五粮液认的是"五粮液"三个字。无论两个字、三个字，都只是酒厂的名称，跟具体的品种不是一回事。茅台股份有很多种酒，比如茅台的年份酒、飞天茅台53度、飞天茅台43度、茅台1935、茅台王子酒，等等，价格从200元、300元到上万元不等；汾酒旗下有青花瓷50、青花瓷40、青花瓷30、青花瓷20、十年老白汾、玻盖汾，等等，价位从100多元到5000元不等。从品牌来讲，它们都属于茅台或者汾酒，商标上标注的成品酒等级都是"优级酒"；但既然同样是"优级酒"，价格为什么相差十倍甚至百倍？酒厂没有详细的解释，不过从常识可以推断——酒厂不会把飞天茅台／青花瓷30的酒灌到茅台王子酒／玻盖汾里去，也不会把茅台王子酒／玻盖汾的酒灌到飞天茅台／青花瓷30瓶里去，如果这样长期销售，消费者识别出差别，其中一个酒是一定销售不出去的。基于以上原因，消费者不能简单地按照品牌来选酒，一定要具体到品牌里的具体品种，而且这个具体品种还要具体到哪一个批次，比如汾酒中的十年老白汾，20年前的瓷坛十年老白汾和现在的十年老白汾里面装的可能就不是同一种酒。我们在判断酒质的时候，一定要根据现在手上拿到的产品的生产时间、生产批次来进行判断。

"一分价钱一分货"是商业中的基本规律，但由于品牌溢价的出现、复杂的市场环境影响，实际上同酒质的酒的价格可能有很大的差别。以现在炙手可

茅台镇部分酱香型白酒产品

热的飞天茅台酒为例，难道茅台镇数百家酒厂只有茅台股份能生产出这个品质的酱香型白酒？当然不是！生产与它同样品质甚至风味相差无几的酒的，大有"厂"在！例如钓鱼台酒厂，其嫡系优质产品并不比飞天茅台差，但价格相对来说是有差距的，可能相差一两千元。如果懂得酒的质量，钓鱼台酒无疑是一个有很高"质价比"的选择。

四、如何靠自己的感觉区分好酒与差酒？

通过具备检测资质的第三方检测机构进行理化指标的化验检测，以此判断酒质是科学的、准确的、客观的，也是权威的、有法律效力的。对一般消费者，包括选酒师和餐酒搭配师来讲，将每一批产品送专业机构检测需要额外支付检测费用，如果仅为识别出具体一个产品是好酒还是差酒，支付这个费用没有太大的必要，所以在日常生活中，除了出于种种原因要跟酒厂死磕、打官司才通过第三方检测机构来进行酒品检测之外，一般消费者没有这么大的精力通过这种方式来识别好酒与差酒。

能不能通过自己的感官来识别出好酒与差酒？

当然能，但要经过一点点训练。训练也不复杂，身体健康、嗅觉和味觉基本正常、能饮酒的人，经过简单训练都可以掌握。这些方法是李寻品酒团队经过多年探索、实践提出来的，反复的实践品饮表明这些方法可靠、简便易行，符合白酒酒质形成的科学原理。下面将两个简单方便的方法分享给大家。

在使用这些方法之前，先要懂得好酒和差酒在感官上的差别主要体现在哪些方面。

1. 颜色

按照颜色来品评酒是标准的白酒品评方法的第一项，但是，现在的白酒由于工艺改进，都能做到"透明、无沉淀物"——如果说仅从"无色、透明"的角度来讲，现在好酒和差酒相差无几。现在有些冒充老酒的假酒，会通过人工添加焦糖色等染色剂使酒体颜色变得"微黄"，以此显示"酒龄长"。在这里我们只强调一点：不管什么香型的酒，能够销售的成品酒的酒龄都不会太长；对于酒瓶上标注的"年份"，我们默认它"不可靠"；我们可以默认可靠的酒龄是它的灌装时间（也不绝对可靠）。我们能见到的酒体中，酱香酒仅呈微黄；如果一瓶酒的酒体，不用费劲一下就看出来颜色明显发黄，十有八九是后期染色造成的。

2. 香气

按照国家白酒质量要求，各种纯粮固态发酵的白酒不得添加任何呈香呈味物质，即不能添加香精、酒精，等等。真正的传统白酒呈现出的香气是复杂的复合香，不是香精"单体香"的香气。关于传统白酒复杂的复合香，各个香型的白酒质量要求里面都有"感官指标"这一项内容，无论其香气、口感还是色泽，都有简练而准确的描述。

3. 滋味和口感

好的白酒（固态酒）的滋味、口感与固液酒以及液态酒是有不同的，其不同通过反复品尝之后是能够感受出来的。关于滋味和口感上的标准，相关的国家标准中也有具体的描述。

4. 喝感

"喝感"是李寻团队提出来的品酒术语，指饮酒的吞咽过程中嗅觉、味觉以及神经系统的综合感觉——好的酒喝感顺畅，越喝越顺畅，不知不觉地就会喝多；而差的酒，喝着喝着就喝不动、喝不下去。喝感还可以辅助回味酒体的香气和滋味，以此来判断酒体是否有香精等呈香呈味食品添加剂的添入。

5. 饮后体感

饮后体感也是李寻团队提出来的一个指标——在以往的白酒品评中，只是"色、香、味、格"四项，没有"饮后身体感受"这一项。但其实饮后身体感受是否舒适，是比色、香、味更能反映酒体质量的指标。色、香、味都可以通过添加食品添加剂的方式以次充好，但饮后身体感受，目前尚未出现批量使用人造添加剂的方法。（传说中添加"头痛粉"之类药物的造假方法，我未尝体验过，以吃止痛药的经验来推测，劣质酒中食用酒精上头的速度远比止痛药快得多，止痛药消除不了食用酒精带来的上头感。而且，和酒一起服用止痛药为医学禁忌，会引起胃黏膜损伤，酒劲过去之后还会痛，不能带来饮后舒适感。）

饮后舒适感可以用三级指标衡量：

（1）不舒适：饮后上头、头晕，饮用量较大后头痛、口干。

（2）中等：饮后没有明显的上头、头痛、口干现象，即没有"不舒适"。

（3）舒适：饮后腿脚发热，全身的血管经络仿佛被打通了一样，一身轻松，同时头脑爽朗清晰，心智明澈，有如一场运动之后的放松、舒适。这种美好的体验只能在优质固态大曲酒中才能感受到。

白酒有质量等级上的差异，是由工艺和物质成分差异而形成的，前面介绍的那些指标即是形成差异的物质基础。（至于这些物质基础是怎么形成的，涉及白酒酿造过程中酿造工艺方面诸多细节，属于另一个专业领域，这里不做展开。）这些差异是人体的感觉器官——嗅觉、味觉、神经系统、大脑运动平衡系统都能感觉出来的，这些感觉器官在有些方面比检测仪器还要灵敏。在大学的食品专业里有一门专业课叫"食品感官评价"（食品里面包括白酒），表明其他食品是可以靠感官评价来区分出质量等级的，白酒更可以。因为人的感官有这个能力，所以在白酒的国家质量标准里面有一项"白酒感官要求"的描述，这些描述准确而且专业，专业人员能看懂且可以应用；对于没有在生产环境里经过专业训练的消费者、选酒师以及餐酒搭配师来讲，我们要选择自己方便使用的方法来进行针对性的训练。实用有效的方法有以下两项：

1. 识别出酒里是否添加香精

由于新工艺酒的推动，市场上充斥着添加了香精等呈香呈味添加剂的成品酒。按照标准，添加了这些呈香呈味物质的酒不应该称为白酒，而应该称为配制酒。但是由于历史的惯性，加上市场的现状，实际上在货架上销售的成品酒中还是大量存在添加了香精等食品添加剂的酒。如何识别出酒中是否添加了香精？方法其实非常简单：拿一个往酒里添加了食用香精和酒精水溶液的标准样，再拿一个固态白酒的标准样，对照着闻嗅一下，马上就能识别出来。在我们所做的实验里面，几乎100%的消费者试一下之后马上就可以识别出香精和固态酒的区别。闻嗅上两三次就可以记住并形成印象，以后不用再拿香精标准样，凭着自己对香气的记忆，打开一瓶酒就可以判断它里面是否添加了香精。上哪儿去获得香精和固态酒的标准样呢？现在互联网发达，固态酒和作为白酒添加剂的香精是可以从网上购买到的，如果对网上渠道的白酒固态原酒酒样有疑虑的话，还可以到酒厂去购买。现在很多酒厂开放参观，在酒厂里可以观察刚接出来的蒸馏酒（原酒），感受其香气，也可以买一点原酒作为标准样来使用。这个方法简单地说就是"不怕不识货，就怕货比货"，只要有比较就会有鉴别，有鉴别就能判断出是否添加了香精。

2. 识别酒里是否添加食用酒精

固态酒里面是否添加了食用酒精以及究竟添加了多少，这不能靠嗅觉和味觉来判断；尽管嗅觉、味觉有一定的作用，但有的时候容易产生模糊和有歧义的判断。最准确的判断来自于体感——添加了食用酒精的酒，上头极其快，几乎在30秒内就有上头的感觉；没有添加食用酒精的固态酒，在饮用之后30分钟内甚至一小时之内基本没有上头的感觉。所谓"上头"是指喝了之后脑袋里突然晕了一下——不管什么酒，只要喝多都会有晕眩感，但在喝酒开始第一口那一瞬间就可以感受出来是否添加食用酒精的区别。怎么做训练来区分二者的差别呢？同样还是找一瓶固态酒的酒样，是确实信息可靠、没有添加过食用酒精的，再找来食用酒精的样品，稀释到45%或者53%（类似成品酒常见的酒度），对比喝一口，一下就能比较出来明显的差别。如果自己配置食用酒精觉得有点麻烦，也不太好掌握计量标准的话，可以去购买酒瓶上明确标注添加了食用酒精的酒（有些酒是有标注的，在商场里可以买到，这种酒属于比较差的酒，价格也低），用它来跟一个确认是固态酒的酒样作比较（同样的酒精度），分别喝一口，只一口就能够感受出来差别。这个方法是可靠的，但它对食用酒精添加比例的精确度判断是有限的。它可以精确到什么程度？我个人感觉通过反复的训练，添加了 70% 以上的食用酒精很容易识别出来；添加 15% 以下的食用酒精是属于添加比例比较少的，白酒勾调教程里面说这个比例从香气和口感上都很难识别。当然，如果经过反复比较，即便添加了 15% 的食用酒精，身体也能感受出来。如果只添加了 5%，我们自己做的实验里面感觉差异很细微，不易察觉。现在市场上添加食用酒精的白酒，其添加比例一般在 50% ~ 60%（如果只添加了 5%，也就不值得这么去做了），所以用这种方法是很实用的。

上文介绍过：同样是固态酒，也有三六九等之分；固态酒的质量差别体现在是天然野生菌种还是人工纯菌种、是否使用糖化酶作为糖化剂等技术细节方面。这些技术细节差异导致的酒体区别通过感官的鉴别能不能感受出来呢？当然是能够感受出来的，但需要更多标准样的对比训练。鉴于本书主题是餐酒搭配，这里就不再深入探讨。掌握了识别是否添加香精和食用酒精的方法和技能，基本上可以判断出市场上 95% 的酒体的质量；剩余少部分的酒体质量该如何去鉴别和判断，那需要进入到一个更加专业的学习过程。

五、白酒香型在餐酒搭配中的作用

本书这一章是按照白酒香型的顺序罗列出各种酒来作为"为酒选餐"的基本线索。白酒香型概念是 1979 年第三次全国评酒会上由评酒专家提出的，理由是各地的酒在香气特征方面都不一样，包括香气的类型、高低强弱等，把香气不一样的酒放在一起评并不公平；决定大致按照香气的不同把酒分成五个基本香型——清香型、浓香型、酱香型、米香型、其他香型；评酒时，按照香气的差别，把参赛的酒品划分到不同的香型里，在同一个香型里进行酒体质量的感官评价。白酒香型的提出在当时并没有严谨的科学基础，更多是来自直观的感受，但直观感受的判断有时候比严谨的科学论证更为准确。我们在后来的研究中发现，白酒香型跟中国气候带的划分是密切相关的。简单地说——南温带，是清香型白酒的分布区域；北亚热带，是兼香型白酒和凤香型白酒的分布区域；中亚热带，是浓香型白酒和特香型白酒的分布区域；南亚热带，是米香型白酒的分布区域；酱香型白酒的区划对应关系比较特殊，垂直气候条件的变化，导致生产酱香型白酒的贵州虽然在大区上看是处于中亚热带，但由于处于高原、气温低的地区，因而在气候区带上是把它划入北亚热带的。（详见《中国气候区划与白酒基本香型对应图》，本书第14、15页）

从白酒香型和气候区划对应图上我们可以看到，白酒香型和自然地理条件（包括气温、降水、海拔高度、风速等因素）密切相关。2018年以后，随着茅台酒的价格和股票价格一飞冲天，白酒消费者开始普遍了解到香型的概念并且建立起对酱香型白酒的好感认知，有一个阶段"喝酒就喝酱香型酒"成了一种风靡一时的营销话术，香型在某种程度上成了酒质的代名词。

香型不能简单地等同于酒质，影响酒质的主要因素是上文讲到的酿酒工艺——包括使用大曲还是小曲、是否使用人工糖化剂以及是否添加食用酒精。同样作为大曲纯粮固态酒，清香型白酒、兼香型白酒、浓香型白酒、酱香型白酒的酒质是一样的，不分高低；当然有些香型也能显示出酒质水平的高低，比如米香型白酒是用小曲发酵，而小曲酒的酒质要比大曲酒差一些，这是公认的。

白酒香型在餐酒搭配中有非常实用的桥梁作用。

其一，它是餐酒搭配"同产地原理"的具体显现。香型与自然地理区域密不可分，我们在为白酒配餐的时候，首先接触到的是中国餐饮界已经多年积累形成的一个基本概念——菜系。菜系目前基本上跟每个省级行政区的区域是重叠的，在这个区域生产的某香型的白酒，在选餐的时候多选择同产地的菜系，体现出"同产地搭配"原理的作用。

其二，是风味协调原理。同一个产地的餐酒搭配之所以协调，本质上是因为它们在香气、滋味、口感上有天然的协调。为什么形成了"天然的协调"？是千百年来物产、气候以及环境和人体微生物之间互相适应、互相驯化的结果。在同一区域的，长期以来对香气口感的偏好渐渐趋同，这种趋同性体现在酒上，也体现在菜肴上。

基于上述的原因，本书把白酒香型作为"为酒选菜"的基本线索，我们先按照香型选出酒，确定了香型之后基本上也就可以确定菜系；知道了香型的风味风格，也就知道了选择相应菜系里面合适搭酒的菜品的基本风味类型。

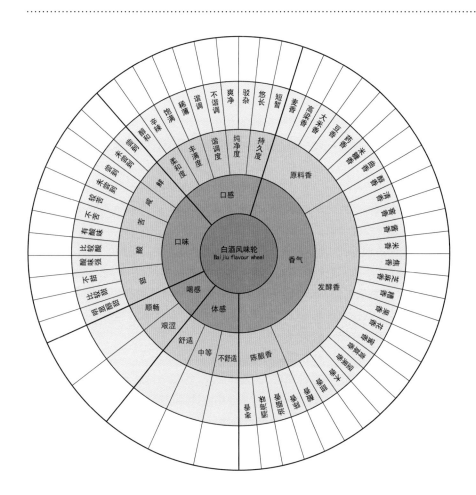

李寻设计的正演法白酒风味轮

(注：最外一轮留给品鉴者使用，填写自己品鉴某种酒时的实际感受)

所谓正演，以白酒为例，就是制造者从采购原料、蒸煮、发酵、蒸馏到勾调，最终形成产品的整个过程，此过程就是正演。从原材料一直到形成终端产品，每一步的操作方法和具体参数全部记录下来，形成一套规范，以后再按照规范生产下一批次的酒，别的酒厂也可以按照这套规范生产类似品质的酒。这套规范就叫正演模型。

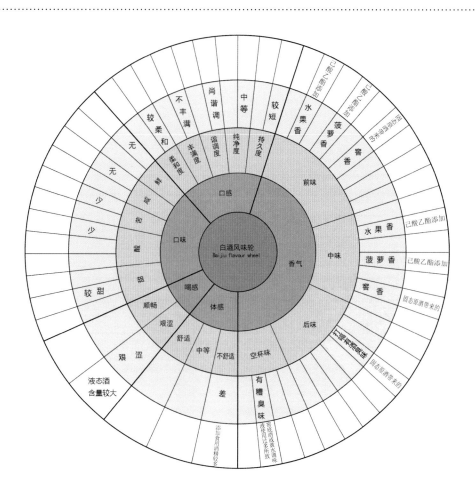

李寻设计的反演法白酒风味轮

（注：最外一轮留给品鉴者使用，填写自己推测形成某种感觉的原因。本图中填写内容仅为酒质较差的酒品示例，中间一轮内容只填写了较差的评价，其余空白部分供使用者根据酒体实际情况填写）

所谓反演，就是从成品开始，反向推测这个产品是怎么制造的过程。为什么说反演法是更适合消费者和选酒师使用的一种方法？这是因为消费者和选酒师面对的都是成品酒，他们没有参与产品的完整生产过程，只能根据成品酒展示出来的风味，推测这些风味是在怎样的生产过程中形成的，形成的原因有哪些，进而推测这款酒的工艺和原料，综合判断这款酒的品质。

六、餐酒搭配选好酒还是差酒？

做餐酒搭配是选好酒还是差酒？当然首先是选好酒——好酒才能体现出"一方水土一方酒"的天然风味，才能实现跟同产地的菜肴水乳交融的协调舒适。本书所介绍的餐酒搭配示例中，绝大多数选择的酒都是好酒。从风味上讲，也只能是好酒才有其对应的风味。

但是鉴于现有的白酒成品酒市场状况，很难找到完全没有添加食用酒精和香精的酒品。有些酒我们判断为"好酒"，只是在现有的成品酒当中不得不做出的一个选择，从严格意义上讲，它离理想的好酒还有距离，但只能暂且把它划为"好酒"之列。在我们认为是"好酒"的范围之内，不能完全排除某些酒里面有一定的添加物，即以固液酒冒充固态酒的情况不能完全排除。如果要把它完全排除掉，几乎就没得选了，所以我们现在当作"好酒"来选择的很大一部分只是固液比"比较高"的酒，它不如固态酒，不能算是工艺上所说的"好酒"，只是在成品酒中"比较好"而已。

差一些的酒——固液比低的、食用酒精添加超过 50% 的酒，能不能当作餐酒搭配的酒品来使用？也是可以使用的。差的酒不是不能喝的酒，只是风味不那么自然，饮后的体感不那么舒适，但这类酒是市场上占有量很大的酒，如果把这类酒排除掉，大多数消费者也就没得酒喝了。另外，在某些文化情境之下，也需要选择差一点的酒，让我们可以感受到差酒饮用的那种不舒适感——俗话说"不见高山，不知平地"，只有既品饮过好酒也品饮过差酒，才知道什么是好酒、什么是差酒，也才能够体会到各种各样的生活滋味。所以在本书的餐酒搭配示例里，也少量地选用了比较差的酒。

七、怎样为酒选择下酒菜？

以上内容都是如何选择出一瓶好的酒，当你选择了一瓶好酒之后，就可以考虑怎么为它选择下酒菜。这里要强调一下：一定要具体到一个品牌、品牌下的具体产品以及这个产品具体的生产批次。白酒行业专家常说一句话：就酒论酒，即只就这个瓶子里的酒来论酒。因为同样的瓶子里可以装不同的酒，不同时期事实上装的也是不同的酒。所以，餐酒搭配的前提是——具体选择的这瓶酒，你尝过、知道它是什么香气和口感之后，才能进行下一步下酒菜的选择。

选择下酒菜，首先要遵循"同产地原理"，比如清香型白酒，首选的是晋菜；浓香型白酒，首选的是川菜。菜系又分成若干流派，所以还要视酒的产区来选择流派。比如，确定了酒是汾酒青花瓷20或者青花瓷30，也确定了选择晋菜——晋菜又分为四个板块六大流派，从产地来看，为汾酒选菜要首选晋东板块和晋西北板块的菜肴。在菜系下的具体流派里选择菜品，要针对瓶子里酒品的风味来考虑，这就涉及"风味协调原理"的应用，比如清香型汾酒系列的青花瓷20，香气纯正、果香气高，曲香气和粮香气要低，相对来说口感也清淡一些，为这款酒选菜可以选择同样比较清淡的一些菜肴，如清蒸鱼；青花瓷30的酒体比较复杂馥郁，除了清香、果香之外，曲香和粮香更加突出，搭配这道菜，就要选择油炸煎制的菜肴，如红烧鱼、香煎鱼等。

不同香型的白酒，配菜口径的宽窄不同——有些酒适合搭配多个菜系的菜肴，如清香型白酒就是配菜口径最宽的酒；有些酒的配菜口径比较窄，因为其香气比较独特，如豉香型白酒，现在依然只在广东地区流行，之所以这样，与它的香气特点有关，离开那个区域，离开当地菜肴，可能就感受不到它好喝——我们俗称"这个酒比较挑菜"。有的酒比较挑菜，有的酒不挑菜。配餐口径宽的酒，有清香型白酒和老白干香型白酒；配餐口径中等的酒，有兼香型白酒、芝麻香型白酒、凤香型白酒、浓香型白酒；配餐口径比较窄的有酱香型白酒、特香型白酒、米香型白酒、豉香型白酒。配餐口径的宽窄不是酒体好坏的差别，只是风味上和它协调的菜肴匹配度不同而已。清香型白酒的配餐口径宽，以汾酒为例，除了适合搭配晋菜之外，也适合搭配各类海鲜、河鲜菜肴；沿海省份的菜系——粤菜、闽菜、浙菜、苏菜，有些菜肴比较适合搭配清香型白酒。这是跨菜系的选择，选择范围非常大，在本章和第三章有具体的示例，这里不做详细展开。

在进行菜品选择的时候，要考虑到"冷、热、荤、素"的选择和搭配，这其实也是在应用本书第一章中所说的"餐酒搭配的健康舒适原理"。大致上讲，环境比较热、气温比较高的时候，凉菜可以选择多一点；环境冷、气温低的时候，例如冬天的时候，就选择热菜多一点、凉菜少一点。荤素方面，年龄大的消费者选择荤菜要多一点、素菜少一点，因为对胃黏膜的保护比较好；年轻人更多考虑喝得爽口，这时候可以适当选用素菜、凉菜，如拉皮、拍黄瓜，等等。

餐酒搭配达到的最高境界是文化情境的融合。从社交饮酒的目的来讲，也是要达到文化情境的愉快，做到喝出感情、吃出文化、其乐融融的境界。要实现文化情境的追求，其实从选酒选菜就开始了——如果精心地选酒品、精心地选有地方特色的菜肴，菜品和酒品的搭配不仅协调，而且每一道搭配都有故事可讲、有原理可说，这场酒宴就会吃得放松而且舒适，不管以什么主题举行的酒宴、酒会都会圆满顺利，而且会给饮用者留下深刻美好的印象。

榆树市阿婆蒸肘花 （摄影／李寻）
吉林省榆树市老阿婆餐厅的"蒸肘花"，肉质新鲜，烹饪得法，在这道菜中，我们感受到了久违的"肉香味"，是一道下酒、下饭均宜的好菜。

第二节
清香型白酒的餐酒搭配

清香型白酒关键知识点

1. 生产工艺

清香型白酒按糖化发酵剂不同分为大曲清香、麸曲清香和小曲清香。小曲清香型白酒已经有了独立的香型标准，我们放在本章第十五节介绍，本节只介绍大曲清香型白酒和麸曲清香型白酒的餐酒搭配。

大曲清香型白酒的主要生产工艺是：由大麦（60%～70%）加豌豆（30%～40%）为原料制成低温大曲，曲温为40℃～50℃；以高粱为酿酒粮食，发酵容器是地缸，蒸馏工艺为清蒸清烧二次清。

2. 产区范围

清香型白酒主要生产于我国的暖温带——沈阳以南、兰州以东、长江以北这个辽阔的区域内。

3. 主要流派与产品

大曲清香型白酒的代表酒是山西杏花村的汾酒。山西杏花村现在已经形成酒业的聚集，分布有大小百余家酒厂，生产的基本上都是清香型白酒。

山西的另一大历史名酒是晋东南长治地区的潞酒，也是清香型白酒。由于长治潞酒产区的气候条件和汾阳杏花村的气候条件不一样，潞酒在风味上和汾酒也略有差别，比如香气上，汾酒苹果香的特征突出，而潞酒除了有苹果香之外，还有一种青蒿的香气。仅就山西的范围来讲，清香型白酒就可分为晋中地区的汾酒和晋东南的潞酒两个流派。

北京的二锅头传统上也属于清香型白酒，但是在很长一段时间里，二锅头是以麸曲为糖化发酵剂生产的酒，可以认为是麸曲清香型的代表酒（北京二锅头的产品众多，现在具体哪一款酒是麸曲酒、大曲酒，还是糖化酶酒，信息不明）。二锅头的香气、口感和汾酒又不一样，自成一派。

清香型白酒的第四个流派是河南宝丰酒。宝丰酒产于河南平顶山市宝丰县，位于黄河之南、淮河之北，风味和汾酒、潞酒又有细微的差别，可以作为清香

非同寻常选酒师

提供选酒师所必需的知识。

绝妙下酒菜

已介绍过国内外数百种下酒菜，还在不断更新中。关注它，可获得最新的下酒菜知识。

本节主要参考文献：

[1]李寻，楚乔.中国白酒通解[M].西安：西北大学出版社.2022：273-278.

型白酒的又一个流派。

清香型白酒的第五个流派是湖北武汉的黄鹤楼酒。黄鹤楼酒在 1984 年第四届全国评酒会和 1989 年第五届全国评酒会上两次获得国家名酒的称号（金质奖），属于大曲清香型白酒里的南派清香。和黄鹤楼酒同属于南派清香型白酒的，还有湖北通城千里境泉酒业公司生产的百里境泉境峰、百里境泉境德系列大曲清香酒，通城位于长江以南，是中国大陆最南部的大曲清香型白酒产地。

4. 风味特点

大曲清香型白酒的一个共同特点是香气相对来说比较低，这种低，是相对于浓香型白酒的"浓"而言的；从香气类比上看，苹果香气比较突出。在 2007 版的白酒国家标准中描述大曲清香型白酒的主体呈香呈味物质是乙酸乙酯，当时在市场上流通的大多数清香型白酒多多少少都会添加一些乙酸乙酯香精，因此，根据乙酸乙酯的香气来识别清香型白酒目前是比较准确的感官识别方法。

在 2022 年生效的清香型白酒新的国家标准中，对于清香型白酒的感官特征用了更直观的自然香气描写术语，如果香、花香、坚果香、陈香、粮香、曲香，等等。虽然自然，但描述散乱。清香型白酒比较简单易识别的香气特征：一是比浓香型白酒的香气要低，二是有点像苹果的香气或甘蔗的香气。其他的香气也有，但要在反复的对比品鉴中才能感受到。

特级清香型白酒的风味口感是醇厚绵甜、丰满细腻、谐调爽净、回味绵延悠长。不同品种、不同价位的清香型白酒的滋味和口感有比香气还要明显的差异，需要在实际品鉴过程中仔细识别和记忆。

5. 配餐口径

清香型白酒的香气相对低沉、折中，口感也相对中和，这些特点使它成为配餐口径最宽的白酒。不同流派的清香型白酒都会在同产地的相关菜系及流派中找到合适的搭配菜品。同时，在清香型白酒的主产区之外，清香型白酒还非常适合搭配牧区菜、东北菜和沿海的海鲜以及内陆的淡水河鲜。清香型白酒清香纯正，口感醇和，在配菜时也适宜选择相对清淡的：鱼宜清蒸，虾宜白灼，不宜搭配使用煎、炸、红烧等烹饪方法的菜品，过于强烈的油炸香气和过于强烈的调料香气，会掩盖住清香型白酒的本香，造成风味搭配上的不协调。

清香型白酒配餐示例

1. 汾酒·青花瓷20（53%vol）

（1）太原猪头肉（晋菜）　　　（4）白灼基围虾（粤菜）

（2）老醋蜇头（京菜）　　　　（5）清蒸帝王蟹（粤菜）

（3）清蒸鲈鱼（粤菜）　　　　（6）手抓羊肉（牧区菜）

汾酒是清香型白酒的代表酒，近三年来发展极快，销售额从几十亿元迅速增长到了300亿元以上，品种也丰富，主要的品种有青花瓷50（65度，每瓶5000元左右）、青花瓷40（55度，每瓶2000元左右）、青花瓷30（53度，每瓶1000元左右）、青花瓷20（53度，每瓶500元左右）、老白汾酒10年（53度，每瓶150元左右）、玻璃瓶汾酒（俗称玻盖汾，每瓶70元左右），从高端的收藏酒到最低端的口粮酒，覆盖范围大。其中，玻盖汾是目前市场上流通量最大的口粮酒。产品之间的风格区别明显。从直观上看，青花瓷50是酒精度65%vol的原酒；青花瓷30在过去的十多年里是汾酒最高端的产品；青花瓷20是销售额过百亿的大单品，普及度极高，是酒质和价格最为均衡的一款产品，特点是清香纯正，和青花瓷30相比，口感要更为清淡柔和，苹果香、花香突出，发酵香和曲香不明显，无论是初入门的酒友，还是老酒鬼，这款酒都是很适宜的酒品。

搭配汾酒青花瓷20，我们选择的全是相对来说口感清淡的菜品，太原猪头肉肥而不腻，调料气味也比较淡，肉香、油香均衡。

清蒸鲈鱼、白灼基围虾是常见的粤菜，以口感清淡著称。口感更清淡、肉质更细腻的是清蒸帝王蟹。搭配白灼、清蒸类海鲜，青花瓷20是汾酒系列里最合适的品种。

搭配质地细嫩的手抓羊肉这道牧区菜，青花瓷 20 也非常合适，在去腥除膻方面，青花瓷 20 有突出的长处，同时又不会压抑住海鲜或羊肉的原味香气。

2. 汾酒·青花瓷 30 （53%vol）

（1）大同烤羊蹄（晋西北菜）（4）清蒸波士顿龙虾（粤菜）

（2）台蘑过油肉（晋西北菜）（5）扒羊肉条（京菜）

（3）鸿运牛蹄（晋西北菜）

汾酒青花瓷 30 的香气明显比青花瓷 20 复杂，水果香气没有青花瓷 20 那么突出，突出的是曲香、焦香和粮香；口感也要饱满醇厚得多。搭配这款酒，可以选择油脂感比较重的菜肴，比如大同烤羊蹄，晋西北风味的代表菜台蘑过油肉，滋味丰富的扒羊肉条（京菜）。

3. 汾酒·青花瓷 50 （65%vol）
汾州印象酒原酒（66%vol）

（1）生蚝刺身（法国菜）　　　　（4）生腌红膏蟹（浙菜）

（2）金枪鱼刺身（日本料理）　　（5）潮汕鱼生（粤菜）

（3）三文鱼刺身（日本料理）

无论是西餐里来自法国的生蚝刺身，还是来自日本料理的各种刺身鱼片如金枪鱼、三文鱼等，还是浙菜、粤菜中的生腌蟹、虾、鱼生，对中国大多数的消费者来说，面对这些"生东西"，难免心里有点忐忑，搭配 65 度的烈性酒，会带来一种心理上的安全感。65 度的烈性酒，口感凛冽、饱满，香气要比 53 度的白酒高很多，能更好地抑制住生蚝或生鱼片的腥气，饮用时自己注意节奏，适量少饮，避免饮入量过大而麻痹味觉。

在 20 世纪 80 年代以前，中国的白酒酒精度基本上都在 60 度以上，传统上中国白酒接酒的度数就是 65 度。白酒的低度化是 20 世纪 80 年代以后推进的，现在白酒的主流酒精度基本稳定在 45 度至 53 度之间，也有低到 38 度的酒。适量饮用一点高度的优质白酒，特别是原酒，能够帮助消费者领略中国传统白酒原酒的魅力，真正的中国大曲固态原酒尽管酒精度高达 65 度，但是饮用后的体感舒适度要远高于很多 50 度以下的新工艺白酒。无论是进口的生蚝还是生鱼片，都是比较昂贵的菜肴，而真正的高端原酒市场上也难得一见，这两类酒菜的价位也比较匹配。

4. 汾酒·玻盖汾（53%vol）

（1）香拌羊脸、羊肚（晋中菜）（3）酱牛肉（北方家常菜）
（2）油炸花生米（大众家常菜）（4）卤猪蹄（大众家常菜）

玻盖汾是最著名的大众口粮酒，饮用环境多是街边小馆子。太原的香拌羊脸、羊肚是极有特色的下酒美食，而花生米、酱牛肉都是北方常见的家常下酒菜。家常菜配口粮酒，无论是风味习惯，还是文化情境都极为协调，这是数百年来千百万人饮用实践形成的搭配组合。

5. 潞酒天青瓷窖藏 30（53%vol）

（1）长治猪头肉（晋东南菜）　（4）干炸丸子（京菜）
（2）党参卤云蹄（晋东南菜）　（5）糖醋软熘鲤鱼（豫菜）
（3）上党手撕驴肉（晋东南菜）（6）酱肘子（东北菜）

长治在太行山的南部台地上，海拔 800 ～ 1000 米，降水量比汾阳杏花村大，年平均气温也略高一些。潞酒在风格上比汾酒多了一些妩媚，香气里除了苹果香之外还有青蒿的香气。这款潞酒天青瓷窖藏 30 是 2012 年灌装的，到我们品鉴时已有 10 年的酒龄，除了招牌性的青蒿香之外，它还有明显的陈香、曲香和酱香。中国白酒不管什么香型，酒龄老熟到足够长时都会有类似酱油的香气产生。搭配这款香气复杂的清香型白酒老酒，菜肴风味也需要复杂一些，长治的猪头肉和太原的猪头肉是不一样的，它的风味要更浓郁一些，党参卤云蹄用了当地著名的中药材党参作为佐料之一，和潞酒里面隐隐的青蒿香有共同的一种植物香调。这款潞酒搭配风味浓郁的豫菜糖醋软熘鲤鱼和东北菜酱肘子也很协调。

6. 二锅头

（1）东来顺涮羊肉（京菜）	（4）芥菜墩（京菜）
（2）天福号酱肘子（京菜）	（5）老醋蜇头（京菜）
（3）北京砂锅居砂锅三白（京菜）	

二锅头来自传统酿酒工艺中的一道工艺，当时是使用天锅冷凝器，换第二锅天锅里的冷凝水时掐下来的酒叫二锅头，酒质最好，相当于掐过酒头之后的酒心部分。但现在的二锅头酒已经和传统工艺没有关系了，它是运用新科技新工艺最多的酒种，品种繁多，北京最有名的是北京红星二锅头和牛栏山二锅头，其他品牌还有一担粮二锅头等，不计其数。在我们的品饮经验中，红星二锅头中的高端产品青花瓷二锅头是最能代表二锅头典型风格的，它既有麸曲清香型白酒的特点，也有大曲清香型白酒的一部分特点。如果找不到青花瓷二锅头，也可以用北京产的玻璃瓶二两装的红星二锅头（俗称小二）代替，这两款酒可以作为二锅头酒典型的代表酒。红星二锅头现在有三个产地，分别是北京、天津和山西祁县，山西祁县的车间同时也生产六曲香酒（也是一种麸曲酒）。给二锅头选配菜肴，写下来后一看，竟全是北京菜。不是二锅头的搭配口径窄，它也

是和各地的菜系都可以搭配，在全国各地吃各种菜肴搭配
二锅头都没有问题，但如果从细品其滋味的协调和融合的
天然性角度来看，确实只有这些京菜和二锅头最为搭配。
离开了这些京菜，尽管二锅头和别的菜也能搭配，但确实
没有了那种京味和二锅头味。酒菜风味和文化心理经长期
的积累，密切交织在一起，难以分离。

7. 宝丰酒 1989（54%vol）

（1）信阳南湾鱼头（豫南菜）　（5）连汤肉片（豫菜，洛阳
（2）南湾鱼杂（豫南菜）　　　　　　水席中的一道菜）
（3）道口烧鸡（豫菜）　　　　（6）酒煎鳜鱼（豫菜）
（4）花子鸡（豫菜）　　　　　（7）罗山大肠汤（豫菜）

河南宝丰酒虽然是在比潞酒更靠南的地区生产的，但
它的香气跟潞酒还不太一样，倒更像汾酒，两种酒的相似
度很高，难以辨识，但口感上宝丰酒比汾酒更硬朗一些。
宝丰酒有多个品种，在我们品饮过的品种里面，最好的是
"宝丰酒 1989"这款酒，是纪念宝丰酒在 1989 年第五届
全国评酒会上获得国家名酒荣誉的一款纪念酒，口感饱满，
香气馥郁。不知道现在市场上是否还有售卖，如果找不到
这款酒的话，就选择宝丰酒里最高端的产品，可能跟这款
纪念酒的酒质比较接近。

和一切清香型白酒一样，宝丰酒也适合搭配清淡的菜
肴，比如河南信阳的南湾鱼头，基本上就是清汤炖的鱼头，
保留了鱼本身的鲜美清新。同时，它也可以搭配口味略微
浓郁的其他一些菜肴，如河南信阳的罗山大肠汤、豫北的
道口烧鸡、豫菜中的花子鸡。

豫菜洛阳水席中全是汤菜，汤菜本不宜下酒，但全套

宴席一点酒不喝，也显单调，故可选这款宝丰酒小酌佐餐，饮酒时宜选择水席中的连汤肉片等荤菜，水席中的素菜如牡丹燕菜只适合单吃。

豫菜中的酒煎鳜鱼这道菜料酒放得多，是常规做菜的10倍，料酒本身就有酒香，和宝丰酒搭配很谐调。宝丰酒本身的酒体比较饱满、香气比较复杂的特点，使它和烧鸡、大肠汤这种风味浓郁的菜肴搭配起来也不违和。

8. 黄鹤楼酒楼 20（53%vol）
   百里境泉酒

（1）沔水鱼头（鄂菜）   （4）清炖脱骨甲鱼（鄂菜）

（2）清蒸武昌鱼（鄂菜）   （5）炝拌松滋藕片（鄂菜）

（3）奶汤鲴鱼（鄂菜）

黄鹤楼酒和百里境泉酒都是南派大曲清香酒的代表酒，香气和汾酒不大一样，带有南方池塘边的青草香气，酒体感觉也更为水灵。与其搭配的菜肴，我们选择的多半是鄂菜里比较清淡的菜品，鄂菜里一大半的河鲜也适合原汁原味的清炖或者清蒸的烹饪方法。

第三节
老白干香型白酒的餐酒搭配

老白干香型白酒关键知识点

1. 生产工艺

老白干，是古代河北、山东、安徽、河南等地对白酒的一种通俗称呼。2004年，"老白干"这个名称通过部颁标准作为香型出现，这是国家白酒香型中确定的第 11 种香型。作为一种香型的名称，"老白干香型"特指能呈现出其风格特征的白酒，和古代所指宽泛的"老白干酒"不是一回事。

老白干香型白酒制曲原料是小麦，品温为 50℃～58℃，属于中高温曲；酿酒粮食是东北粳高粱。发酵容器是两种，一种是地缸，一种是水泥窖池。地缸发酵的酒醅是蒸大糙酒和回活酒的，水泥窖池里发酵的酒醅是蒸丢糟酒的。使用的配料和蒸馏方法是大运河酒系的老五甑法。

老白干酒制曲原料和酱香型的茅台酒一样，只是品温比茅台酒的高温曲低一些。老白干酒的发酵容器地缸和清香型的汾酒类似，它的酒体和清香型白酒也比较像，但是其配料工艺是来自大运河酒系的老五甑工艺，同时还使用了水泥窖池做丢糟酒。

2. 产区范围

老白干酒产于河北省衡水市，滏阳河穿城而过，附近有面积达 120 平方千米的衡水湖。衡水湖，水源来自长江、黄河和淮河，融长江、黄河为一湖。衡水湖的水源居然来自长江？我刚开始看到这个资料时感觉不可置信，2021 年 7 月河南郑州特大暴雨，引发黄河、淮河发洪水泛滥到新乡，由此我才相信，雨再大的话，长江水真会淹到衡水的。

衡水所处的气候区域为暖温带，地处平均海拔 10 米～30 米的华北大平原，比海拔 750 米左右的生产汾酒的杏花村要低很多，降水量也要比汾阳市大些。

3. 主要流派和代表产品

目前，知名的老白干香型白酒只有衡水老白干酒业集团生产的衡水老白干系列酒，高度酒 67 度，低度酒 39 度，中间还有若干个酒度的级差。网上有资料说，当地也有一些小酒企生产老白干香型的白酒，但是我们并没有品尝到。

老白干香型白酒和清香型白酒的香气比较相似，没有经过专门训练的消费

非同寻常选酒师
提供选酒师所必需的知识。

绝妙下酒菜
已介绍过国内外数百种下酒菜，还在不断更新中。关注它，可获得最新的下酒菜知识。

者盲品时，经常分不出两种酒的区别。但是 67 度的衡水老白干在酒瓶中存放两年以上，它的香气特征和汾酒的香气特征区分就比较大了，汾酒是比较清晰的苹果香，老白干酒会呈现出一点像浸泡过腊肉的油脂香和烘烤过的小麦香气，这种麦香，可能是其大曲带来的香气。

4.风味特点

白酒专家对老白干香型白酒的风味特点用了五个字来概括——清、冽、醇、厚、挺。

"清"就是指它用地缸和水泥窖池发酵，发酵环境和清香型白酒是在一个气候带，香气也和清香型白酒相似。

"冽"是因为它长期以来代表酒是 67 度的高度酒，凛冽、饱满、有力。

"醇"和"厚"是由于乳酸乙酯含量较大，酒体醇厚。

"挺"也与酒度高有关，高度酒挺拔有力。

老白干酒厂的宣传资料介绍，老白干酒醉得慢、醒得快、不上头，一个重要的原因是杂醇油低。老白干酒的杂醇油是酱香型白酒的 41%、浓香型白酒的 45%，甲醇含量也非常低，只相当于国家标准的 10%，所以饮后体感舒适。

5.配餐口径

老白干香型白酒的香气比清香型的汾酒还要低沉一些，初闻似乎没有特点，其配餐口径也比较宽，可以搭配清香型白酒的菜，一样可以搭配老白干酒。同时，因为老白干酒陈化老熟之后有明显的油脂香，加上酒精度又比较高，它就更适合搭配各类荤菜和油炸、红烧、乱炖等烹饪方法制成的菜肴。

▰▰▰ 老白干香型白酒配餐示例 ▰▰▰

衡水老白干原浆原液 18 年（67%vol）

(1) 衡水湖炖杂鱼（冀菜）   (4) 衡水黄金叫花土元鸡（冀菜）

(2) 巴彦淖尔黄河野鱼   (5) 邯郸全驴宴（冀菜）

   （牧区菜•蒙菜）   (6) 东方红鳍河鲀刺身

(3) 锅包肘子（冀菜）   （日本料理）

    老白干香型白酒的特点使其在搭配菜肴的时候，需要有鱼、有肉、有鸡，还要有"气质"。

    选择老白干酒就选择其 67 度的高度酒，老白干 67 度高度酒也有很多品种，在我喝过的所有品种中，这款衡水老白干原浆原液 18 年感觉最好。衡水老白干也有 39 度的低度酒，但是喝老白干酒，如果喝 39 度，就等于没有喝，所以，不管饮用多少，总要尝一下这款 67 度的衡水老白干。

    搭配老白干酒，当然要有鱼，老白干酒本身就是大运河酒系中的一个品种，附近还有衡水湖。我选择与之搭配的第一道菜就是衡水湖炖杂鱼，吃这道菜时，我就在衡水湖畔，鱼炖好时，正好雁阵从天空掠过，酒未饮，人已醉。

    搭配这款酒的第二道菜是内蒙古巴彦淖尔的炖黄河野鱼。衡水湖的水源来自遥远的长江、黄河，长江、黄河有多远？巴彦淖尔处于黄河中游，距河北衡水市已有上千公里之远了，两地炖鱼的风格倒是类似，都带着野生鱼的强烈气息，炖法粗糙、调料味重，但肉质紧实。无论是在巴彦淖尔的黄河之畔，还是在河北的衡水湖边，吃这道菜，饮老白干酒，都会让我们感受到"九地黄流乱注，聚万落千村狐兔"的苍茫。

    老白干酒性子烈，适合搭配肉菜，冀菜中的锅包肘子外焦里嫩、油脂丰富，喝高度老白干酒时吃这道菜比较适宜，先以肉和油脂打点底，对保护胃黏膜有好处，符合健康舒适原则。

衡水另一种名菜黄金叫花土元鸡，味香、肉细，也是搭配老白干酒的上好菜。

在河北，有一种名菜不能不吃，就是邯郸的全驴宴。全驴宴是以各种方式制作的驴肉，驴肉多少是有些腥膻之气的，但是老白干酒67度的烈度，会将驴肉的腥膻之气消杀于无形，留下的，只是口感的鲜美。全驴宴是大餐，平时难得一吃，日常饮酒，遍布河北的驴肉火烧馆是个好去处，都有酱驴肉，是上好的下酒菜，搭配老白干酒，地道！

河鲀刺身是日本料理的名菜，以昂贵而知名，但其实很多日本料理的河鲀来自河北唐山养殖的东方红鳍河鲀，这种河鲀体形巨大，适合片成薄片刺身生吃。传说河鲀有毒，再加上生吃，就更让人心里不安（其实有毒部分早已被处理，可以放心食用），饮用这种高烈度的衡水老白干，不仅能给我们带来心理安全感，还可以提示我们：日本料理中的河鲀来自中国河北。

河北衡水市衡水湖风光（摄影／李寻）

第四节
芝麻香型白酒的餐酒搭配

芝麻香型白酒关键知识点

1. 生产工艺

芝麻香型白酒是基于麸曲作为糖化发酵剂的新型酿酒技术基础上产生的"人造香型"。

从字面上看，麸曲就是用麸皮做酿酒的酒曲。这个词也引起了很多人的误解，认为麸曲酒不是粮食酒，而是用麸皮为原料酿酒。实际上并不是这个意思。麸曲酒只是用麸皮做微生物的培养基来制作酒曲，酿酒原料还是要使用粮食的，如高粱、小麦等。麸曲的本质不在麸皮，而在于以人工培育的纯种菌代替原来大曲或小曲汇聚的天然野生多菌种。麸曲所使用的人工菌种包括起糖化作用的曲霉菌、起发酵作用的酵母菌、起一定生香作用同时也有产酒作用的细菌。

我国20世纪50年代从日本引进菌种后先在烟台进行麸曲实验，成功后将这一技术经验总结成"烟台酿酒操作法"，向全国推广。麸曲可以用于任何一种香型白酒的生产，现在就有麸曲酱香、麸曲清香、麸曲浓香以及麸曲六曲香等。在麸曲酒的发展过程中，相关单位经过研究，根据麸曲酒中有点像炒芝麻香气的特征，把这一香型命名为芝麻香型，2006年通过了芝麻香型白酒国家标准评审，并于2007年公布实施，该标准在2021年8月20日又发布了新的修订版《GB/T 10781.9—2021 白酒质量要求 第9部分：芝麻香型白酒》，原标准《GB/T 20824—2007 芝麻香型白酒》也随着新标准的施行而废止。

芝麻香型白酒的主要生产工艺是麸曲和大曲结合，麸曲占70%，大曲占30%。大曲有纯小麦制成的，也有用大麦、小麦和豌豆混合制曲的，中温曲、高温曲都有。各个酒厂用于酿酒的原料也不一样。芝麻香型的代表酒是山东的景芝酒，酿酒原料配比是80%高粱、10%小麦加10%麸皮。芝麻香型白酒的发酵容器是泥底砖窖，在发酵过程中采取了类似酱香型白酒的高温堆积发酵流程，蒸馏的方式是清蒸续糟。

2. 产区范围

目前，芝麻香型的代表酒是山东的景芝酒。景芝酒厂位于山东潍坊市安丘市景芝镇，它的地理位置其实属于清香型白酒所在的气候带：南温带。传统生

非同寻常选酒师
提供选酒师所必需的知识。

绝妙下酒菜
已介绍过国内外数百种下酒菜，还在不断更新中。关注它，可获得最新的下酒菜知识。

产的多是清香型白酒，景芝酒厂原来产的酒叫景芝高烧，也叫景芝白干，跟北方清香型白酒的香气差不多。

麸曲作为一种人工培养的纯种菌制曲，它的培育还有一个出发点：突破自然地理条件的限制，在任何一个地方都能酿造出质量相同的酒。在任何地方都可以使用麸曲酿酒，这一点已经做到了，目前除了山东之外，江苏、东北、河南、四川都有生产麸曲酒的，酒的品质也差不多，但是想要达到在任何地方都可以做出好酒还有一定距离。由于麸曲酒还是开放式的发酵蒸馏环境，实际上也要受自然地理条件的影响，所以各地区生产的麸曲酒香气、口感各不相同。为了达到酒质相同的目标，人们采取了很多工艺上的措施，但差异依旧不能完全消除，表明在麸曲酒的实践中仍不能突破自然地理条件所起的作用。

3. 流派和代表产品

芝麻香型的代表酒是山东景芝的一品景芝酒，还有江苏的梅兰春酒。东北、河南、四川等地也都有一部分麸曲酒生产，但是没有形成较大的品牌。

4. 风味特点

我们以山东景芝酒为芝麻香型白酒的代表来谈芝麻香型白酒的风味特点。首先能感受到的是类似苹果的香气，有点像清香型白酒，而且是加了一部分大曲进去之后才能产生这种清香的气息。麸曲酒的主体香味是一种橡胶味，来源是它的主体呈香物质 3- 甲硫基丙醇。尽管被命名为芝麻香型白酒，但是我们做过多次比较实验，找过各种芝麻焙炒，也对比过芝麻香油，觉得在芝麻香型白酒中很难感受到芝麻香味，最突出的是橡胶味，其次是水果味和焦糊的焦香味，口感相对来说也比较粗糙，苦味和涩感出头。

芝麻香型白酒装瓶之后在瓶中老熟的速度比较快，酒体变化快。但这个变化不一定是朝风味更好的方向转变，由于乳酸乙酯的水解出现了酸、涩和不协调的口感。正如著名的酿酒专家沈怡方先生所说：麸曲酒先天不足，后天失调，具有明显缺陷。这个香型对中国白酒乃至世界酿酒业都是一个重要的提示，标志着人类的主观努力不能从根本上突破自然地理条件限制和天然微生物酿造的酒的风味边界，这是酿酒业的"天人之际"。

但也正因为麸曲酒存在着香气和口感上的缺陷，搭配下酒菜就更为必要了。

5. 配餐口径

芝麻香型白酒的香气特点突出，有不愉快的橡胶味，也有让人愉快的焦香和水果香，口感五味杂陈，需要下酒菜来弥补它的不足。在选择下酒菜的时候，要选择同样有含硫化合物的令人不愉快气味的菜肴，或者是焦香味比较重的菜肴。通过强化令人不愉快的气味，形成气味的混合抑制消除效应，钝化人体嗅觉细胞对令人不愉快气味的感知，凸显出其中令人愉快的气味，或者强化令人愉快气味的感知。在口感上，麸曲酒适合搭配油脂丰富的肉类、鱼类、虾类菜肴，以煎、炸、烧等能形成复杂浓郁风味的烹饪方法来烹饪，可缓解麸曲酒酒体带来的苦涩感。

山东景芝酒厂入口 （摄影／李寻）

▰▰▰ 芝麻香型白酒配餐示例 ▰▰▰

一品景芝（20 年）（53%vol）

（1）九转大肠（鲁菜）　　（4）烟熏腊肉（湘菜）

（2）油爆肚头（鲁菜）　　（5）猪蹄冻（鲁菜）

（3）固始旱鹅块（豫菜）　　（6）萝卜炖羊肉（牧区菜）

搭配芝麻香型白酒，首选两道鲁菜的代表菜：一道是九转大肠，一道是油爆肚头。这两道菜的原料是猪大肠和猪肚肉比较肥厚的地方，均采用复杂的烹饪手段把大肠和猪肚本身带有的令人不愉快的气味尽量掩盖了，但是并不能完全消除，搭配景芝芝麻香型白酒，会让令人不愉快的气味混合在一起，产生气味的混合抑制消除作用。当咀嚼大肠或肚头的时候，里面的油脂爆出来，油脂顺滑，一定程度上抵消了酒体偏涩的不足。这两道菜和芝麻香型白酒的搭配长短互补，能达到比较完美的餐饮效果。

固始旱鹅块是一道著名的豫菜（河南菜），以河南固始县当地的特产旱鹅为原料炖制而成，炖制的时候汤里要加鹅油，微辣，鹅油的香气爆高，能完全压抑住芝麻香型酒里令人不愉快的气味。鹅肉鲜嫩，有些鹅块里同时炖有鹅血、鹅肠等，入口滑嫩，汤的油脂感也丰富，适合下酒。

湘菜中的烟熏腊肉很有特点，它的烟熏味也能够和芝麻香型酒中的焦香味融为一体，整体上形成协调的搭配效果。

鲁菜中的猪蹄冻是用猪蹄熬制的皮冻，里面要加酱油，酱味比较重，是一道凉菜，适合小酌下酒。

在北方常见的萝卜炖羊肉，有浓郁的萝卜气味，会压制住芝麻香型酒里令人不愉快的胶味，凸显出令人愉快的水果香和羊肉的香气，酒和菜的缺陷感受不到了，产生了新的令人愉快的饮酒用餐享受。

第五节
凤香型白酒的餐酒搭配

凤香型白酒关键知识点

1. 生产工艺

凤香型是以陕西凤翔柳林镇的西凤酒厂厂名命名的一个香型，西凤酒历史悠久，早在第一届全国评酒会上就被评为"全国四大名酒"之一。

凤香型白酒传统上是以大麦（60%）和豌豆（40%）作为制曲原料，基本上和清香型白酒汾酒的大曲差不多，但现在制曲原料发生了一些改变，增加了小麦。目前制曲大麦占 60%，小麦占 25%，豌豆的占比降到 15%。品温属于中高温曲，顶点温度在 58℃～60℃。酿酒用粮是粳高粱。发酵容器是土窖。土窖和酿造清香型白酒的陶缸不一样，是在地下挖出的窖池；和酿造浓香型白酒的泥窖也不一样，区别在于浓香型白酒的泥窖的窖泥是连续使用的、经过发酵的，而凤香型白酒的土窖每年要把窖壁上发酵过的泥铲掉、重新修整，所以土窖里没有老窖泥发酵的臭味。

凤香型白酒的配料和发酵工艺也比较独特，称为"老六甑"工艺，有和其他香型白酒不同的工艺环节和工艺术语，一个生产周期分为六个环节，分别是立窖、破窖、顶窖、圆窖、插窖和挑窖。破窖起蒸馏开始取酒，取的酒叫破窖酒；顶窖取的酒叫顶窖酒；挑窖取的酒叫挑窖酒；圆窖也叫圆排，取的酒叫圆窖酒，圆窖酒多的一年可以取五次。成品酒是由各个发酵轮次取的酒混合勾调出来的。从轮次勾调的角度来讲，和酱香型白酒的轮次酒一样，比较复杂。凤香型白酒的发酵周期原来是 14 天，现在延长到一个月左右。

凤香型白酒的储存容器除了常见的陶缸和不锈钢罐外，还有传统的酒海。酒海用荆条或藤条编制，用白纱布和麻纸作为内层裱糊的材料，用猪血、石灰粉作为裱糊的黏合剂（"血料"），总共要裱糊到 50 层以上。裱糊到 45 层左右时，"血料"中还要加入鸡蛋清。裱糊层干燥后，再涂满蛋清，再涂"血料"，然后将菜籽油和蜂蜡按照 8∶3 的比例融化后在内壁涂抹三次，风干后方可使用。酒海的内保护层实际上是在酒精和涂料之间产生化学反应，形成一种盐类的半渗透蛋白膜，只能装高度酒，如果酒精度低于 30 度就漏了，装水是肯定会渗漏的。这是一个很奇妙的传统储酒容器，它的优点是容量比较大，大型的酒海可以储酒 5 吨左右，传统陶缸能装 500 斤就算是大的了。

非同寻常选酒师
提供选酒师所必需的知识。

绝妙下酒菜
已介绍过国内外数百种下酒菜，还在不断更新中。关注它，可获得最新的下酒菜知识。

2. 产区范围

目前生产凤香型白酒的酒厂是陕西宝鸡凤翔区柳林镇的西凤酒厂，以及在凤翔区分布的其他酒厂。规模比较大的有柳林酒厂，宝鸡眉县的太白酒厂也是生产凤香型白酒的知名酒厂。

从气候区划上看，凤香型白酒和清香型白酒汾酒是在同一个大的气候带，即暖温带，但是由于凤香型白酒的产区已经接近中国南北气候分界线——秦岭，所以实际上属于秦岭—淮河过渡带这个小气候带。气候条件和生产汾酒的山西汾阳市杏花村有比较大的差别，和秦岭—淮河以南的四川盆地差距就更大了。

3. 主要流派和代表产品

主要代表产品有陕西西凤酒股份有限公司生产的西凤酒、陕西省太白酒业有限责任公司生产的太白酒、陕西柳林酒业集团有限公司生产的柳林酒，等等。

4. 风味特点

凤香型白酒呈现出明显的气候过渡带的特征，具有一部分清香型白酒的特点，有北方水果的香气；又有一部分浓香型白酒的特点，如热带水果的香气和窖香，但是又没有那两个香型白酒的特点那么典型，有品酒师评价它"清而不淡，浓而不艳"。经过"酒海"熟陈的凤香型白酒，还有明显的"海子味"，"海子味"的具体特征和强度要根据"酒海"熟陈的时间长短而定，熟陈的时间长，酒体微黄，"海子味"就强一些。"海子味"具体有各种描述，有石灰粉味，有苦杏仁味，还有菜籽油的香气，在新的酒海里储存的酒还有血料的血腥味，但有这么浓郁的"海子味"的酒，在成品酒里并不多见，只有在原酒里能够感受到。

西凤酒的口感，国家标准中的一句评价非常准确——甘润挺爽。甘就是恰到好处的甜，润就是油润、水润的感觉，挺是挺拔、有力，爽是饮后感觉的愉快。有一位品酒专家称西凤酒"硬而不爆"，指它的口感比汾酒和浓香型白酒硬朗，但是并不那么爆。

5. 配餐口径

典型的凤香型白酒的酒体，香气和滋味口感都很有特点，和清香型白酒、浓香型白酒不太一样，它和整个秦岭—淮河过渡带区域的菜肴比较搭配，比如陕菜中的关中菜、豫菜中的中部菜、徽菜中的皖北菜肴。

　　凤香型白酒适合油脂感比较丰富的菜品，不宜太清淡，如白灼基围虾、清蒸鱼之类，会显得酒的香气和口感过于突出，有点爆、跳的感觉；油爆、红烧之类的菜肴本身的油香比较重，和凤香型白酒的"海子味"结合起来，容易形成协调的风味搭配。

陕西西凤酒厂特有的荆条酒海 （摄影／李寻）

凤香型白酒配餐示例

西凤酒红西凤（52%vol）

（1）葫芦鸡（陕菜）　　（4）辣子蒜羊血（陕菜）

（2）煨鱿鱼丝（陕菜）　　（5）带籽带膏鱿鱼仔（粤菜）

（3）温拌腰丝（陕菜）　　（6）油爆大虾（粤菜）

　　搭配凤香型白酒，有三道经典的陕菜菜品是必选的绝妙下酒菜，即葫芦鸡、煨鱿鱼丝、温拌腰丝，都是西安老字号西安饭庄的当家菜。葫芦鸡是选择当年生优质嫩母鸡，用麻丝把鸡捆成葫芦状，加入沸水煮20分钟，然后再加入各种调料和鸡汤上笼蒸烂入味，再取出来油炸，炸至表皮呈金黄色装盘上桌。这道菜形似葫芦，色泽金黄，皮酥肉嫩，由于是油炸过的，香气和凤香型白酒的香气很匹配。煨鱿鱼丝是以水发鱿鱼为主料，传统的做法要用小火煨制一天一夜，是陕菜里的高端菜，滋味浓郁，口感滑糯。温拌腰丝是体现刀工的一道菜，腰丝切得极细，用沸水汆至腰丝发白，加调料拌好，再淋上烧热的芝麻油。这是一道凉菜，但上菜时是热的，口感脆嫩。配这道菜，能感受到西凤酒酒体的"爽"。

　　辣子蒜羊血是西安街头店里常见的一种地方特色小吃，羊血块、蒜蓉，加上辣子，油泼上去爆香，血块滑嫩。这道菜搭配凤香型白酒，其实有一种文化暗示意义：熟陈凤香型白酒的酒海里的涂料也是血料。

　　带籽带膏鱿鱼仔是道粤菜，烹饪方法较多，我们觉得最好的是白水煮再泼上油汁。鱿鱼外层的肉略有韧性，鱿鱼膏有很浓厚的油脂感，鱿鱼籽有吹弹可破的爽脆感。十多年前，我和我的同事朱剑在广州的夜市摊上没少喝西凤酒吃这道带籽带膏鱿鱼仔，现在预制菜中的鱿鱼仔多了，网上有人爆料说里面的籽是再加工过的添加物，但是我们当时吃的那些带籽带膏鱿鱼仔可能是天然的膏和籽，给我们留下了极其难忘的印象。搭配这道菜反映出凤香型白酒的配餐口径也还宽，粤菜里的香气四溢以油汁烹饪的菜肴，与凤香型白酒非常匹配。

油爆大虾搭配凤香型白酒可以与白灼虾来做对比，是油爆大虾与凤香型白酒更匹配，还是白灼虾更匹配？我们的结论是油爆大虾更匹配。凤香型白酒比清香型白酒更浓郁，搭配油爆大虾更协调。有些凤香型白酒里还能感受到菜籽油的"海子"香。

西安老字号饭店"西安饭庄"的招牌 （摄影／李寻）

第六节
兼香型白酒的餐酒搭配

兼香型白酒关键知识点

1. 香型定义

兼香型白酒有广义兼香型和狭义兼香型两种概念。广义兼香型是指和 1979 年提出香型时候的四种基础香型——清香、浓香、酱香、米香都不太一样，但又兼有其中两种或三种香型特点的酒；而狭义兼香型是后来有了国家浓酱兼香型标准的兼香型白酒，其标准是《GB/T 10781.8—2021 白酒质量要求 第8部分：浓酱兼香型白酒》。本书中使用的兼香型白酒概念是指广义的兼香型白酒。

2. 生产工艺

兼香型白酒在发展过程中是遵循两种不同的工艺路线发展起来的，即发酵工艺路线和勾调工艺路线。所谓发酵工艺路线是指靠天然的发酵工艺而形成酒体兼具其他两种以上香型的香气口感的风格；勾调工艺路线比较简单，是指把两种不同香型的酒，通过勾调混合在一起，形成的新的兼有二者风格的兼香型白酒。

3. 产区范围

走发酵工艺路线的兼香型白酒，受自然地理条件的影响比较大，主要分布在中国南北气候过渡带的秦岭—淮河一带以及受垂直海拔高度等因素影响而形成的局部小气候区域。分布在秦岭—淮河过渡带的兼香型白酒代表酒有口子窖酒；分布在局部小气候环境区域内、具有独特风格的兼香型白酒代表酒有贵州六盘水岩博村的人民小酒（清酱香型）。走勾调工艺路线的兼香型白酒，严格来说不受自然地理条件的影响，因为它可以从任何地方购买到有当地地产香型特征的酒，在任何地方都可以加以勾调。

4. 主要流派和代表产品

兼香型白酒的流派众多。走发酵工艺路线的兼香型白酒代表酒有湖北松滋的白云边酒（浓酱兼香型代表酒），有安徽淮北市的口子窖酒（自然兼香型代表酒）。走勾调工艺路线的兼香型白酒有黑龙江的玉泉酒、郎酒中兼香型的产品，等等。受地理垂直变化引起的局部小气候环境影响的代表酒有贵州六盘水岩博

非同寻常选酒师
提供选酒师所必需的知识。

绝妙下酒菜
已介绍过国内外数百种下酒菜，还在不断更新中，关注它，可获得最新的下酒菜知识。

村的人民小酒，其海拔高度在 1800 米左右，用曲和其他兼香型酒不一样，有四种酒曲，分别是高温大曲、中温大曲、小曲、彝家的坨坨曲。

其实从受自然地理条件影响的角度来讲，在秦岭—淮河过渡带天然酿造的酒都有过渡带的特征，有代表性的品牌包括被称为凤香型的西凤酒，还有被归为浓香型（酒厂称自己为"古香型"）的安徽古井贡酒，因酒企的规模较大、有实力，所以按照企业名称提出了自己的香型标准名称。在这个区域里生产的陕西西安鄠邑区的龙窝酒，称自己为"清兼香型"酒——兼具清香和浓香的若干特征，清香的特征要稍强一点。从上述角度讲，贵州的酱香型白酒、董香型白酒以及兼香型白酒，其实都受小气候条件的影响，只是董酒和茅台有悠久的历史和足够的规模，在当时历史条件下作为独立的香型而被确定了下来。

5. 风味特点

兼香型白酒的特点在于一个"兼"字——兼有两种或两种以上其他香型白酒的香气、口感、滋味。

6. 配餐口径

兼香型白酒的流派种类众多，分布在或者宽阔的气候过渡带上，或者狭小的局部小气候环境之中；每种酒体的风格独特，笼统地就其分布范围来看，各地都可能有兼香型白酒。但针对兼香型白酒某一个具体酒品来讲，因其独特的风格以及分布区域相对狭小，它的配餐口径也相对狭窄。首先，它和自己小环境的菜系比较搭配，而这个小环境基本上是在某个大菜系里一个流派的范围之内，并不是完整的菜系；与此同时，由于它兼有两种以上酒的特点，搭配这两种酒合适的菜用来搭配兼香型酒也可以，所能选择的菜品还是比较丰富的。

兼香型白酒配餐示例

1. 口子窖酒兼 30（50% vol）

（1）南坪响肚（徽菜）　　　　（4）吴山贡鹅（徽菜）

（2）臭鳜鱼（徽菜）　　　　　（5）无为熏鸭（徽菜）

（3）亳州小跑肉（卤兔）（徽菜）（6）腐乳肉（浙菜）

口子窖酒是"天然兼香型"的代表酒，具有秦岭—淮河过渡带天然发酵酒的特点，其窖香当中有类似浓香型白酒的风格，同时又有北派清香型白酒的 部分特征。窖香特征的存在，使其发酵臭味微有残留，衬托出整个酒体更加自然、馥郁、丰满。口子窖酒适合搭配的菜，首选处于淮河过渡带的安徽皖北菜和皖江菜。淮北南坪镇的响肚用猪肚做原料，做法听起来简单，但滋味和口感都有特色，用它来搭配口子窖酒，是能衬托出口子窖酒特点的同产地的一道菜。

同样富有神韵的一道菜是著名的臭鳜鱼。这里要特别强调一下：地道的臭鳜鱼有发酵后的香、微有臭味但不明显，凡是有强烈臭味的"臭鳜鱼"都不是好的臭鳜鱼。这种发酵的香气和口子窖酒的天然香气极其相似，它们之间形成的组合宛若天成。

安徽亳州的"小跑肉"其实就是卤兔，极有特点，搭配亳州地区产的白酒——口子窖、古井贡，都是"妙搭"。

安徽合肥的吴山贡鹅是卤鹅的一种，颜色自然，肉质细嫩鲜美，和口子窖兼 30 酒体的醇厚对接得丝丝入扣，这款口子窖兼 30 酒精度只有 50 度，口感醇和细腻。

安徽无为熏鸭的调料用得较重，先熏后卤，香气浓郁，适合搭配浓香型或者偏浓香的兼香型酒。

浙菜和苏菜里都有腐乳肉这道菜，但江苏的腐乳肉偏甜，而浙江的腐乳肉"咸、鲜、甜"合适。腐乳的香气有发酵的臭味，和天然的窖香匹配起来也是相得益彰。

2. 玉泉酒·玉泉方瓶（和谐清雅）（42%vol）

（1）松仁香肚（东北菜）　　　（4）酸菜汆白肉（东北菜）

（2）酱大骨（东北菜）　　　　（5）白灼黄蚬子（东北菜）

（3）大拉皮（东北菜）　　　　（6）白菜炒小蘑菇（东北菜）

黑龙江哈尔滨阿城区玉泉酒厂生产的玉泉酒是采用"分型发酵，再进行勾调"工艺生产出来的。有白酒专家评价玉泉酒这种浓酱兼香型白酒为"浓头酱尾"。我们感觉它的"浓头"足够大，"酱尾"有点小，给人以"头大尾小"的感觉，即浓香型比较突出，酱香味不明显。而且，它的浓香型风格和四川浓香型相比要清新、低沉一些。玉泉酒的主要产品以低度酒为主，我们选择的是有代表性的一款酒——42度玉泉方瓶，它从香气、口感上讲都比四川的浓香型白酒要淡雅、清新很多。

为玉泉方瓶酒选择下酒菜，本来想刻意选一两种东北菜系以外的菜品，但反复比较之后觉得都不如在东北菜里选来得"般配"——东北菜系的分布区域太辽阔了，各种菜品都有。

松仁香肚：哈尔滨的特产，也是一道"百搭"下酒菜。松仁的清香和玉泉方瓶的淡雅兼香匹配起来效果极好，这会是你在外地一吃到就想起玉泉方瓶酒的一道菜。

酱大骨：这道东北名菜在各地都有——各地酱大骨可能都是东北菜发展起来的，但东北本地的酱大骨更有特色。黑龙江和吉林、辽宁的酱大骨有所不同，任何一种都不错，都适合这款浓酱兼香型的东北白酒。或许在酒酣耳热之时，我们还能从酒里感受到它有菜里那样的酱香。

大拉皮：这是一道东北名菜。对于东北酒友而言，喝酒必吃大拉皮，吃大拉皮必然想喝酒。这道菜无论搭什么酒，都不如搭东北地产的白酒那么地道。

酸菜氽白肉：这道东北名菜其实是一道下饭的菜，但下酒也非常好。在这道菜的食材当中，真正天然发酵的酸菜不是那种尖利的酸，而是协调幽雅的酸；白肉富含油脂，酸菜不仅可以为之解腻，用来下酒的时候，其口感"妙处难与君说"。

白灼黄蚬子：蚬子是一种贝壳类的海鲜，沿海地区都有，但东北地区丹东特产的黄蚬子肥厚、鲜美。蚬子的做法多种多样，最能体现本味的是白灼，滋味鲜美。蚬子的肉跟鱼肉不一样，有点像虾肉，用来搭配"有一点点"酱香的玉泉兼香型白酒，恰到好处。

白菜炒小蘑菇：严格说起来这道菜既不是下酒菜，也不是下饭菜，是适合"白嘴空吃"的菜。推荐这道菜，实在是感觉东北的蘑菇品种太多、太好吃了，而外界人士又鲜有了解。白菜炒小蘑菇选用各种杂蘑（不是有名的榛蘑或者是华子蘑之类），它们种类多，极其鲜美，滋味调到咸甜合适的时候，实在太好吃，都不忍心连续吃下去，喝一点酒来暂停一下吃菜的过程，以延长吃菜的享受。吃这么鲜嫩美好的菜，适合搭配的酒当然是低度酒，玉泉方瓶的 42 度恰到好处。

3. 白云边酒（五星）（53%vol）

(1) 干烹大白刁（鄂菜）　　蛇段、牛鞭、肉蟹、鹌鹑蛋

(2) 葱烧武昌鱼（鄂菜）　　等十种原料，合炖）（鄂菜）

(3) 红烧鮰鱼肚（鄂菜）　　(5) 手撕烘鳜鱼（鄂菜）

(4) 一锅鲜（鸽子、甲鱼、　(6) 襄阳缠蹄（鄂菜）

白云边酒是湖北松滋生产的、走发酵工艺路线的浓酱兼香型的代表酒，它的前七轮次酒是按酱香型白酒的工艺生产，用高温大曲；后两个轮次酒是用中温大曲发酵，按照浓香型白酒的工艺来生产。各个轮次酒蒸馏出来之后，再混合勾调为成品酒。这款酒被评酒师们评价为"酱头浓尾"，这个评价是比较准确的——初喝白云边酒会感觉比较像酱酒，其浓香味没有酱香味那么明显（当然，具体也要看选择该产品系列哪一款酒，其高端酒的酱香风味明显，而中低端酒的浓香风味要明显一点）。为这类酒来搭菜，适合选择烹饪的方法为油煎、油炸或者滋味比较浓郁丰富的原料烹饪出的菜肴。为白云边酒选菜，当然也是首选鄂菜。我们所选的六道菜都走不出鄂菜的范围，因为鄂菜的风格也是千变万化的，其主要食材是鱼、鳖、虾、蟹，做法一半左右是清炖，也有一部分是香煎或者红烧。

干烹大白刁：我是在湖北丹江口吃到的，鱼肉本身细腻，入口鲜美，叹为上品。鱼来自丹江口水库，烹饪时先要腌制，而后香煎或干烹，味极香。这道菜上桌，首先腾起的是油爆的香气，然后是鱼肉的清香。香煎后的油香气和白云边酒的焦香气相互辉映，十分协调。

葱烧武昌鱼：武昌鱼有多种做法，适合搭配白云边兼香型酒的是葱烧武昌鱼——这种烹饪方法带来的葱香非常强烈，加上酱油的香气，跟白云边酒复杂的兼香气息十分吻合。

红烧鮰鱼肚：这是鄂菜中一道精品菜，烹饪讲究，口感酥糯。由于是红烧烹制，其酱油香气浓郁，与白云边酒的浓酱兼香气息吻合。这道菜的口感过于滑糯，有时候感觉腻，而白云边酒的醇厚饱满恰恰可以解腻。

一锅鲜：鄂菜里一道极有特色的菜，采用鸽子、甲鱼、蛇段、牛鞭、肉蟹、鹌鹑蛋等10种原料，加入高汤，小火慢炖而成，广集了禽畜与水鲜之美——天上飞的、水里游的、地面爬的，无所不有。这道菜的香气口感极其复杂，其复杂性在文化上和白云边酒工艺的复杂性以及香兼浓酱的混合性有共通之处——理论上有通解，感觉上也有通感。

手撕烘鳡鱼：鳡鱼是经过腊腌的，蒸熟后晾凉，拆去皮骨，撕块片，配姜丝入盘，肉质细腻，腊香浓郁，是冬令时节佐酒佳肴。这道菜是腊制的，有腊肉的香气，与鲜鱼不一样，这种腊肉香气和白云边酒浓酱兼香型的酒体搭配起来十分协调。

襄阳缠蹄：湖北襄阳地区特色菜，猪前膀去骨，剞刀后加白糖、盐、料酒和花椒腌制 12 个小时；拣出花椒，用白纱布裹好并用草绳捆紧，风晾 10 天；食前或卤或煮，熟后晾凉，配熟菜心入盘。腊肉的气味和调料气味使其形成复杂的香气，与白云边酒同样复杂的香气融合在一起，形成另一种馥郁奇妙的香气，口感中的油腻顺滑与酒体的尖锐刺激组合出有节奏的餐饮美感。

湖北松滋白云边酒业股份有限公司东厂区门前的小南湖和白云边大酒店（摄影／李寻）

第七节
浓香型白酒的餐酒搭配

浓香型白酒关键知识点

1. 生产工艺

浓香型白酒使用中高温大曲，关于制曲原料，各个酒厂略有差别，五粮液酒厂是小麦加少量的高粱，曲块形状中间拱起，叫作包包曲，中高温大曲的曲温是50℃～60℃，但中间隆起部位的曲温可以高达65℃，是中高温大曲的高温部分。

浓香型白酒的发酵容器是泥窖，滴窖作业、打黄水。蒸馏酒醅的方法是混蒸混烧，行业内的话叫"千年老窖万年糟"。

2. 产区范围

浓香型白酒的优质产区在四川盆地之内，属于中亚热带气候大区，但是比较湿润，也有人称四川盆地是中国内陆的海洋性气候。四川盆地以外的浓香型白酒基本上都达不到四川盆地内浓香型白酒的香气浓郁程度和风格，所以四川盆地以外的浓香型白酒都是值得怀疑的：到底是从四川拉过去的酒，还是学习了四川盆地的酿酒方法，比如采用了人工老窖泥的技术强行生产出来的？

3. 主要流派和代表产品

四川盆地内部不同区域的气候条件也有所差异，物产有所不同，由于自然环境和酿酒原料、工艺都有不同，仅在四川盆地内部，浓香型白酒就分成三个流派，分别是多粮香、单粮香和复合香。在四川盆地之外有影响的浓香型白酒是江苏的洋河大曲和今世缘酒（原来的高沟酒厂，现在主力产品是今世缘，高端产品为国缘），被称为浓香型中的江淮淡雅流派。

四川毗邻的贵州生产的浓香型白酒，和四川的浓香型白酒也有所不同，被称为黔派浓香型白酒。

（1）以五粮液为代表的多粮香浓香流派。

五粮液采用小麦为制曲原料，包包曲，中高温大曲；酿酒用粮为高粱、大米、糯米、小麦和玉米等五种粮食，采用跑窖法酿造，因为酒粮为五种粮食，所以称为多粮香。

非同寻常选酒师
提供选酒师所必需的知识。

绝妙下酒菜
已介绍过国内外数百种下酒菜，还在不断更新中，关注它，可获得最新的下酒菜知识。

（2）以泸州老窖为代表的单粮香浓香流派。

泸州老窖现在的代表酒是国窖 1573，也采用中高温大曲，但是酿酒原料只有高粱一种原料，所以被称为单粮香。采用原窖法酿造。

（3）以剑南春为代表的复合香浓香流派。

剑南春酒的产地在四川绵竹，比四川南部的泸州和宜宾高了将近 3 个纬度，直线距离差不多有 500 千米，年平均气温下降了 3℃左右；剑南春的酿酒用粮虽然和五粮液一样也是高粱、大米、糯米、小麦和玉米五种粮食，但是比例和五粮液略有不同。最重要的区别是使用的大曲不一样，剑南春使用两种大曲：一种是高温曲，一种是中温曲，大曲是用小麦和大麦混合制成的。剑南春的香气更加复杂，被称为浓香型白酒中的复合香流派。这其实是自然条件决定的，剑南春产地靠北，就地取粮，大曲中有大麦、豌豆，有些像北方的清香型大曲。

（4）浓香型白酒中的江淮淡雅流派。

该流派的代表酒是江苏北部的洋河大曲、今世缘酒和汤沟酒。这一带生产的酒有秦岭—淮河过渡带的香型特征，但由于历史的原因，被划入了浓香型里。实际上这一带的酒在香气上有点偏清香，没有四川盆地浓香型白酒那么浓郁的窖香。近年来，洋河大曲在强化自己绵柔型或者淡雅的风格特征，可能未来会建立起独立的香型。

（5）以贵州湄窖为代表的黔派浓香型白酒。

贵州有多地在历史上生产浓香型白酒，著名的有湄窖、青酒等。贵州浓香型白酒的工艺和泸州老窖有相似之处，但也有自己的特点，其中一个特点是打量水加得比较少，酒醅比较干。黔派浓香型白酒在酒体特征上比川派浓香型白酒要更幽雅醇厚一些。

4. 风味特点

浓香型白酒虽然分众多流派，但都有共同的特点，就是"香气浓"。在2007 年以前的国家标准里，浓香按主体呈香呈味物质描述为己酸乙酯，2021 年新的国家标准里改换了描述方法，称之为以浓郁窖香为主的香气。

对消费者来讲，目前根据市场上的产品来识别浓香型白酒风格的话，己酸乙酯单体香的描述是最实用的，只要你闻嗅过己酸乙酯单体香样品，马上就能建立起与浓香型白酒香气风格特征的联系。窖香是在生产环境中才能感受到的一种香气，而且还要分清窖泥臭味和发酵的酒醅香气，普通消费者极少有机会在窖池旁边去感受这些香气。按照找对比物的方法来描述，浓香型白酒的香气有点像南方的水果香气，特别是像菠萝的香气。总体上是复合香，还有粮香、曲香等。

5. 配餐口径

浓香型白酒曾经是中国市场上占有率最大的白酒，高峰时总占有率达到85%以上，那时全国各地都在喝浓香型白酒，全国各地的酒厂都在追捧五粮液的风格，模仿其风格来生产酒。现在白酒市场的发育日益多样化，根据酒体的风格和菜系做选择搭配时，我们发现浓香型白酒的配餐口径其实不是太宽，属于中等水平。

当浓香型白酒一家独大、粗放式发展之时，人们选择酒的标准是追逐名牌和香气的浓郁（其实这种香气的浓郁最主要的原因在于己酸乙酯香精的大量应用，但消费者不清楚内幕，只是觉得酒香、好闻），忽略了下酒菜和酒之间搭配的微妙效果。现在市场经济形成了百花齐放的局面，细腻地进行餐酒搭配逐渐成为潮流，在这个大背景下，浓香型白酒的配餐口径相对来说就收窄了。当然，浓香型白酒最适合搭配的菜系是川菜，尽管四川的浓香型白酒名酒众多，有"六朵金花"之称，但川菜的菜品也足够丰富，不出川菜菜系就可以给川派浓香型白酒找到足够的下酒菜。当然，川菜之外也有很多菜品适合搭配浓香型白酒，比如上海菜中的很多菜品。

浓香型白酒配餐示例

1. 五粮液（52%vol）

（1）李庄大刀白肉（川菜）　　（4）糖醋黄河鲤鱼（鲁菜）

（2）蒜泥白肉（川菜）　　　　（5）扒原壳鲍鱼（鲁菜）

（3）谭鸭血火锅（川菜）　　　（6）日式烤鱼（日本料理）

五粮液是浓香型白酒中知名度最高的产品，窖香幽雅，粮香馥郁。搭配五粮液，首先就近选宜宾本地的李庄大刀白肉。这道菜历史悠久，刀工独特，肥瘦相间，是一道极好的下酒菜，是搭配五粮液的最佳菜品。局限是外地没有，只有到李庄才能吃到。

蒜泥白肉是川菜里常见的凉菜，肉质细腻，蒜泥和调汁调得恰到好处，也不辣，搭配五粮液这种细腻的白酒，是上佳的下酒菜。

一般含辣味较重的菜不适合下酒，但到了四川是个例外，不吃辣等于没来四川。四川的火锅种类众多，谭鸭血火锅搭配五粮液甚妙，五粮液的香气比较馥郁复杂，而谭鸭血的火锅不仅有肉片，还有鸭血血块、鸭肠、鹅肠等，香气也是复杂的，而且谭鸭血火锅在四川火锅中相对来说不那么辣，下酒舒适。

在鲁菜中选择了两道适合搭配五粮液的菜品：一道是糖醋黄河鲤鱼，这道菜历史悠久，是著名的鲁菜，在我的经历中，多次以它作为浓香型白酒的下酒菜，能喝五粮液配这道菜下酒，在一段时间里是高端宴席的标志。扒原壳鲍鱼也是鲁菜中的一道名菜，肉质细腻、糯滑，扒汁入味较深，也适合搭配五粮液。

搭配浓香型白酒，日式烤鱼也是极好的一个选择，日料中的烤鱼种类非常多，有鲷鱼、竹荚鱼等。日式烤鱼的调料比中式烤鱼相对来说少一些，更突出鱼的本味和烤的油香、焦香，香气比较高，跟五粮液这种喷香高的酒匹配起来协调自然。

2. 国窖 1573（52%vol）

（1）夫妻肺片（川菜）　　　　（4）北京烤鸭（京菜）

（2）沸腾鱼火锅（川菜）　　　（5）街边串串（川菜）

（3）清蒸江团（川菜）　　　　（6）香辣蛙火锅（川菜）

国窖 1573 是泸州老窖酒厂的高端产品，是浓香型流派中单粮香的代表酒，和五粮液相比，高粱香更加突出，酒体饱满。这款酒曾经是很多地方高档酒宴的一个标志，但在给它选择下酒菜时，我选择的下酒菜是遍布四川大街小巷的街边店的市井菜，如夫妻肺片、街边串串等。这些菜尽管也有辣味，但是辣味不重，香气高于辣味，料汁调制得无与伦比。

同样具有这种街边气质的还有四川的沸腾鱼火锅和香辣蛙火锅。沸腾鱼火锅里鱼的种类可以根据酒店情况现选，尽管调料是辣的，但是鱼肉不辣。这些充满市井烟火气的菜肴，搭配国窖 1573 极其谐调，反映了不管多么高档的白酒，都是来自民间深处的内在精神气质。

为国窖 1573 选择两款"高大上"的菜肴：一款是川菜中的清蒸江团，是一道高端菜，我曾经在泸州江边的船上吃过多次，每次搭配的酒都是国窖 1573，这道菜和街边的沸腾鱼火锅以及串串气质不同，显示出国窖 1573 下得了街边，也上得了厅堂。另一道菜肴是酥香细嫩的北京烤鸭，北京烤鸭是国宴上的菜品，搭配国窖 1573 顺理成章，香气口感比较谐调。

3．剑南春（52%vol）

（1）樟茶鸭（川菜）　　　　（4）老妈蹄花（川菜）

（2）江油肥肠（川菜）　　　　（5）剑门关豆腐宴（川菜）

（3）川味香肠（川菜）　　　　（6）炸烹虾段（冀菜）

剑南春产地靠近川北，川北的菜肴和川南略有不同，但对外地人来讲差不多，分辨不太清楚。我选择的菜肴如樟茶鸭、江油肥肠、川味香肠、老妈蹄花，还有剑门关豆腐，都是在绵阳、广元一带常见的街边菜肴。鸭子、肥肠、蹄花各地都有，但烹饪方法多样，风格也多样，风味区别处有时难以言传，只有在当地体验了才能知道。

剑南春现在是全国销售非常广的名酒，在各地的菜系里都能找到合适的下酒菜，我推荐的一道菜是河北菜：炸烹虾段。油炸过的虾比白灼的虾更适合搭配剑南春这样的浓香型白酒。类似这种烹饪方法的菜还很多，比如油爆大虾、干熘大虾等。

总之，通过煎、炸、熘这样的烹饪手段做出来的虾、鱼和肉，匹配浓香型白酒更为合适些。

4．洋河大曲梦之蓝（52%vol）

（1）红烧狮子头（苏菜）　　　（4）红烧河豚（苏菜）

（2）镇江肴肉（苏菜）　　　　（5）龙井虾仁（浙菜）

（3）淮安韭菜炒螺丝（苏菜）　（6）干菜焖肉（浙菜）

洋河大曲香气淡雅，口感清淡绵柔。搭配这款酒，根据同产地搭配原则，我选了四道苏菜里的名菜。苏菜以清淡著称，但我在清淡的苏菜里面，选择了四款相对来说略微浓郁一点的菜品，这是因为"梦之蓝系列"是洋河大曲里的高端酒，在洋河大曲的绵柔淡雅里，相对来说浓郁厚重些。菜品里，比如狮子头，没选清蒸狮子头，而是选了红烧狮子头；凉菜里选了镇江肴肉，而不是更细腻的太湖白虾；韭菜炒螺丝，韭菜的香气、泥螺的味道都比较突出；红烧河豚是江苏南通一带的一道名菜，当地产河豚，河豚品种和河北唐山的红鳍东方鲀相比，个头要小，不到半斤，红烧的做法也比刺身浓郁很多。

另外，选了两道浙菜：龙井虾仁和干菜焖肉，也算是浙菜里风味略浓郁的。龙井虾仁比苏菜里的太湖白虾个头要大，龙井茶叶的滋味浓郁，香气比较高。干菜焖肉这道菜里，干菜的发酵香气突出，在洋河大曲的高端酒里，也能够感受到窖池的发酵香气，低端酒里反而没有，这种高端酒搭配有些发酵香气的菜，更显天然。

5. 湄窖金 70（52%vol）

（1）贵州腊肉（黔菜）　　　　（4）回锅黑山羊（黔菜）

（2）凤冈拐角牛肉（黔菜）　　（5）黔茶飘香虾（黔菜）

（3）黔北烤香猪（黔菜）　　　（6）XO酱爆螺片（粤菜）

湄窖金 70 是贵州湄窖酒业公司生产的黔派浓香的代表酒，相比川派浓香，窖香没那么高，更加幽雅，口感更醇厚、更柔和。

搭配黔派浓香型白酒，菜品主要从黔菜里选择。黔菜和川菜一样丰富，贵州腊肉和黔北烤香猪，这两道菜都极具特点，贵州腊肉和四川腊肉风格不同，只有吃了才能知道。黔菜配黔酒，这两道菜具有地方特色，非常适宜。

与湄潭县毗邻的一个县叫凤冈县，凤冈县有种很有特点的干锅叫拐角牛肉，锅里除了牛肉之外，还有牛筋、牛杂等，一般为香辣味，但辣度适宜。一边喝酒，干锅一边烧着，食材逐渐变得软、糯，肉香、焦香突出，从"硬"

吃到"软"，搭配本地产的黔派浓香酒，自然天成。

黔菜的带皮羊肉火锅以本地的黑山羊为原料制作，在本书第三章的黔菜流派中有详细介绍。同时，用黑山羊做的回锅黑山羊肉，切片、浇汁，也是一道上好的下酒菜，外地难得一见，只在贵州本地能吃到。吃这道菜时，如果不喝点贵州本地的酒，总觉得差了些什么。

黔菜中的黔茶飘香虾，是把虾仁油炸了，把茶叶也油炸了撒在虾仁上面，茶香浓郁，有点像龙井虾仁，但是油炸的虾仁香气比龙井虾仁还要高，适合配浓香型白酒。特别提示：湄窖酒厂所在的湄潭县拥有中国面积最大的茶海，茶叶产量处于国内前列。

最后一道菜我推荐的是 XO 酱爆螺片。XO 酱不是用 XO 酒做的，而是说在粤菜里用来爆螺片的酱料像 XO 一样高级。这道菜酱香、油香都很突出，搭配金 70 这款酒，无论是色泽还是风味，都会让人感受到金光灿灿的感觉，有奢华感。

湄窖金 70　（摄影／李寻）

第八节
特香型白酒的餐酒搭配

特香型白酒关键知识点

1. 生产工艺

特香型白酒是以大米为原料、大曲为糖化发酵剂、在江西生产的固态蒸馏酒。由于原料、工艺以及风味和清香型、浓香型、酱香型白酒都不一样，被命名为特香型白酒，"特"是特别的意思。关于特香型白酒的特点，著名酿酒专家周恒刚先生曾赋诗一首："整粒大米为原料，大曲面麸加酒糟。红褚条石垒酒窖，三型具备犹不靠。"把特香型白酒的工艺特点和风格都描述出来了。特香型白酒的大曲和其他香型白酒的大曲不一样，原料用小麦面粉 40% 左右、麦麸 50% 和新鲜酒糟 6%～8%，其他香型大曲制作时粉碎小麦或者大麦但没有细到面粉的程度。特香型白酒大曲的品温 52℃～60℃，属于中高温曲。特香型白酒的酿酒原料只有大米一种，且大米不粉碎。发酵容器是来自当地丹霞地貌的红色砂砾岩制成的条状石材红褚条石，这种石材的质地孔隙相对较多，有一定的蓄水能力，可以为微生物的繁衍提供环境。这种石窖和浓香型白酒的泥窖不一样，特香型白酒没有浓香型白酒那种浓郁的窖香。

2. 产区范围

特香型白酒产于江西的鄱阳湖盆地，当地的年降水量比生产浓香型白酒的宜宾多 600 毫米，地势一马平川，有大面积的水稻田。传统酿酒就地取材，当地的主粮就是大米，酿酒的粮食也就用大米；而四川盆地其实遍布丘陵，除了水稻之外，还有高粱、玉米等杂粮作物。

3. 主要流派和代表产品

特香型白酒的代表酒是江西樟树市的四特酒，江西临川贡酒也是特香型白酒。近年来以高粱酒为名崛起的李渡高粱酒的本底也是特香型白酒，它的原料中 90% 是大米，只加了 10% 的高粱。

4. 风味特点

周恒刚先生描述特香型白酒的风味时说它"三型具备犹不靠"，就是清香型、浓香型、酱香型白酒的风味都有一点，但是和哪种都靠不上，实际上形成了和

选酒师
提供选酒师所必需的知识。

绝妙下酒菜
已介绍过国内外数百种下酒菜，还在不断更新中，关注它，可获得最新的下酒菜知识。

129

另外三种香型都不一样的香气和口感。根据我们的体验，典型的特香型白酒香气里有明显的炒熟的面粉香气，这是以面粉为原料制曲带来的香气；其次有一种水煮蘑菇的香气，这是它独有的，可能是大米经过以面粉为主要原料的中高温大曲发酵后产生的粮香和曲香的混合香气。滋味微苦，但是醇厚，饱满，绵柔，谐调。常见的特香型成品酒，比如四特东方韵，体现的是较强的浓香型白酒的气息。很多人在喝四特东方韵时，和川派浓香酒区分不开，但是如果去品尝四特酒的原酒和它的高端酒，比如四特酒 20 年陈酿，特香型的特征就非常明显了，和浓香型白酒有显著的不同。

5. 配餐口径

特香型白酒虽然被命名为特香，但是它的适用范围比较广泛，配餐口径比浓香型白酒还要略宽一点，这和它所处区域的赣菜的复杂性有很大关系。赣菜受周边菜系的影响很大，特香型白酒的香气比较复杂，搭配焗、炸、煎等口味比较浓厚的菜更为合适。

江西樟树市四特酒有限责任公司大门 （摄影／胡纲）

特香型白酒配餐示例

四特酒 20 年陈酿（54% vol）

（1）白浇鳙鱼头（赣菜）　（4）萍乡小炒肉（赣菜）

（2）啤酒鸭（赣菜）　　　（5）井冈山烟笋炒腊肉（赣菜）

（3）老表鸡（赣菜）　　　（6）梅州焗盐鸡（广东客家菜）

江西是鱼米之乡，配特香型白酒首选鄱阳湖的各种以鱼为原料的菜品，其中一道名菜叫白浇鳙鱼头。鄱阳湖的鳙鱼体形比较大，白浇鳙鱼头一般要一公斤以上的大鳙鱼头，先用旺火蒸熟，然后调上各种酱油、豉油浇汁，再至旺火上舀入麻油烧热，加入葱花，浇到鱼头上。这道菜既有清蒸鱼头的鲜嫩，又有淋上的料汁和麻油的香气，和特香型白酒那种炒熟的面粉香气浑然一体。

啤酒鸭是一道江西名菜,江西是水泽地区,产各类水禽，鸭子的做法多种多样，啤酒鸭在烧鸭之前，先用油滑炒，加入各种调料，如干椒、姜块、大葱，再倒入啤酒、香料，放盐、酱油、糖，用小火把鸭块焖制熟烂。这道菜的特点是色泽红亮、酥烂适口、气味芳香、液浓味醇。总的来讲，香气、口感、滋味都复杂，和特香型白酒这种香气口感都复杂的酒匹配起来天衣无缝。

老表鸡也是赣菜中的一道名菜，做法是先把鸡卤熟了，然后用油炸，卤制入味，油炸出香，香气的层次感很强。特香型白酒的香气层次感也很强，这道菜搭配特香型白酒是复杂对复杂，带来丰富的滋味享受。

萍乡小炒肉是江西萍乡市的一道特色菜，萍乡紧挨着湖南,但萍乡的小炒肉和我们常见的湖南小炒肉大不一样，湖南小炒肉是绿辣椒炒肉，是下饭菜；江西这道菜没有绿辣椒，有一点红辣椒，肉片比较薄，似乎是蒸熟或者半熟之后再入锅炒，有异香，不知道是放了什么调料才产生这种香气，算是一种"特香型"的小炒肉。选择这道菜主要是想突出江西菜肴的独特性和酒的独特性交相辉映的感觉。

井冈山烟笋炒腊肉是井冈山的名菜。井冈山盛产翠竹，竹笋资源丰富，竹笋经过熏制，既有竹笋本味，又有烟熏过的香气，口感特别脆嫩。特香型白酒不太适合搭清蒸、白灼菜肴，适合匹配滋味丰富或者有烟熏火燎气息的菜肴。

梅州焗盐鸡是广东客家菜，做法讲究，焗的方法很多，特点是甘香、肉嫩。这种甘香如果不是亲自吃过，无法描述。焗盐鸡是客家菜的一种，客家人的主要分布区域是江西南部、广东北部和福建西南部，各省的客家菜既有相同之处，也有不同。在梅州吃焗盐鸡时，想到的第一款酒就是特香型白酒，好在随身携带了这款四特酒 20 年陈酿，取出来一喝，立马有水乳交融之感。

广东梅州焗盐鸡搭配江西四特酒 20 年陈酿　（摄影／李寻）

第九节
馥郁香型白酒的餐酒搭配

馥郁香型白酒关键知识点

1. 生产工艺

馥郁香型是由湖南湘西酒鬼酒牵头制定的一个白酒香型，其真正的香型标准出台是在 2021 年，国家标准化管理委员会发布了属于馥郁香型的国家标准《白酒质量要求 第 11 部分：馥郁香型白酒》，标准号为 GB/T 10781.11—2021。

馥郁香型白酒生产工艺的最大特点是大小曲合用酿酒，小曲现在用的是纯种根霉菌的小曲，大曲是以小麦为原料的中高温大曲，偏高温，品温在 62℃左右。

酿酒原料有高粱、糯米、玉米、小麦和大米，五种粮食中以高粱为主，占 40%，除了玉米要粉碎之外，其他粮食都是整粒使用的。

发酵过程分为两个步骤：第一个步骤是糖化，把蒸好的原料出甑，平铺在晾床上，撒 5%～6% 的根霉曲，糖化时间为 24 至 36 个小时。第二个步骤是发酵，糖化好后，再加上 20%～22% 的大曲粉，搅拌均匀后入窖池发酵，发酵时间约 60 天左右。蒸馏取酒方式是清蒸清烧。出酒后要在山洞中的陶坛里进行储存，按照标准，酒鬼酒必须用三年以上的基酒进行勾调才能出厂。

2. 产区范围

馥郁香型白酒目前只有湖南酒鬼酒厂在生产，酒鬼酒厂位于湖南湘西土家族苗族自治州吉首市振武营，地处武陵山区的一个山间谷地。从气候大区上看，和生产浓香型白酒的四川盆地、生产特香型白酒的江西樟树都在一个大区里，即中亚热带，但酒鬼酒厂地处湘西山区，受到局部小气候环境的影响，夏天不炎热，冬天也不太冷，这里酿出的酒，有自己独特的特点。

3. 代表产品

酒鬼酒的产品系列也比较多，最高端的产品是酒鬼内参，其次是酒鬼紫坛。这两款酒是能够代表馥郁香型白酒特点的产品。

4. 风味特点

对馥郁香型酒鬼酒的评价中，说其特点是前浓、中清、后酱，兼具浓、清、酱三种香型的特点。其实用与它完全不同的三个香型的某些特点来评价这种独

非同寻常选酒师
提供选酒师所必需的知识。

绝妙下酒菜
已介绍过国内外数百种下酒菜，还在不断更新中，关注它，可获得最新的下酒菜知识。

立的香型并不太准确，我们在评价一种独立香型白酒时，最好直接用所感受到的感官特征来描述，不必借用其他香型的描述术语来表述，因为其他香型术语的形容与这个香型真实表现出的感觉，差距还是比较大的。

直接真实的感受是：酒鬼酒一开瓶，先是有像爆米花一样的爆香，然后是小曲酒的微臭，之后才是水果香，后味有些焦香，这是其高温大曲带来的。口感饱满圆润，略欠醇厚，但回味悠长、净爽。

5. 配餐口径

馥郁香型白酒命名为馥郁，就是它的香气复杂丰满。在配菜方面，其口径不算太宽，好在湘菜中有足够的菜品供馥郁香型白酒来搭配。由于它的香气馥郁饱满，配菜也要配香气高扬、口感滋味丰富的菜肴。小曲酒发酵带来的微臭，也是它搭配下酒菜的一个接口，可以选择同样有发酵臭味的菜肴，达到令人不愉快气味混合抑制消除效应。

酒鬼内参酒搭配凤凰古城的小鱼小虾 （摄影／李寻）

▉▉▉ 馥郁香型白酒配餐示例 ▉▉▉

1. 酒鬼内参（52%vol）

（1）油爆小鱼小虾（湘菜）　　　（4）洞庭湖腊鱼（湘菜）

（2）长沙火宫殿臭豆腐（湘菜）　　（5）祖庵鱼翅（湘菜）

（3）大通湖、五门闸小龙虾（湘菜）　（6）子龙脱袍（湘菜）

湖南河流湖泊众多，有江有湖的地方就有小鱼小虾，油炸或油爆小鱼小虾，再配上一点干辣椒，就是当地的下酒好菜，与酒鬼酒是天然妙搭。

如今，湖南的臭豆腐全国各地都有卖，闻起来臭、嚼着香的臭豆腐要数长沙火宫殿的最为著名。搭配火宫殿臭豆腐这道菜时饮酒鬼酒，其中小曲酒的微臭就已经闻不到了，留下的只是馥郁的酒香。臭豆腐的口感很好，嚼出来之后是发酵的豆腐香气。这道餐酒搭配能让我们直观地感受到，香臭互相依存及转换的科学原理。

小龙虾现在是各地常见的菜肴,湖南洞庭湖区大通湖、五门闸的小龙虾，麻辣、五香、孜然等各味道齐全。一般情况下，滋味辣的菜不太适合搭配白酒，但在湖南、四川等地就要例外了，搭配酒鬼内参酒，麻辣味的小龙虾反而是优选，比五香味的吃起来更爽。

湖南洞庭湖区生产各种淡水鱼，淡水鱼中最常见、最能显示本味的做法是清蒸或清炖，但是喝酒鬼酒这种香气比较馥郁和饱满的酒，我选择了洞庭湖的腊鱼。腊鱼经过晾晒发酵，有发酵的香气，口感也更有韧劲和嚼劲，和酒鬼内参酒的香气融合协调，细嚼慢咽、浅酌低吟，最为相宜。

湖南最高端的菜是祖庵菜，出自湖南曾经的一位名人谭延闿，属于官府菜的一类。祖庵菜中最高端的就是祖庵鱼翅。鱼翅这道菜，不管如何烹饪，基本都是适合独立吃的，一般不太适合下酒，有时配米饭，也是调节一下吃菜的节奏。但是，酒鬼酒是湖南地产酒里的高端酒，祖庵鱼翅又是湘菜中的高端菜，这种搭配组合的碰撞，价格档次和文化符号的一致性大于风味上的协调，也算是一种文化情境的搭配。

子龙脱袍是湖南的一道传统名菜，它的另一个名字叫熘炒鳝鱼丝，鳝鱼切丝后上浆滑油熘制而成，色泽艳丽、鲜香味美、滑嫩适口，这道菜加的辣椒不多，配料有香菜、冬笋、水发香菇等。"子龙"就是小龙，意思是指鳝鱼像小龙，鳝鱼去皮就是脱袍，所以名为子龙脱袍，这道菜在鳝鱼的烹饪方法中是比较别致的，去了皮的鳝鱼丝洁白，配料鲜绿，一派清新之气，和浓油赤酱、颜色浓重的上海菜系的响油鳝糊、淮扬菜的软兜相比，其清新脱俗的感觉让人想起沈从文笔下的湘西故事，不由自主地会酌上一杯产自湘西的酒鬼内参酒。

湖南凤凰古城 （摄影／李寻）

第十节
酱香型白酒的餐酒搭配

酱香型白酒关键知识点

1. 概念辨析：酱香型白酒不是茅台酒

从 2017 年以后，茅台酒的产品价格和股票价格呈现"井喷式"增长，带动市场上"酱酒热"的出现。在此之前，白酒消费者基本上不了解香型的概念，茅台酒价格的暴涨让消费者们认为——"茅台酒就是酱香型白酒""喝不起茅台，喝酱香型白酒就相当于喝茅台"，由此导致对酱香型白酒的追捧，形成了所谓酱酒热。但从科学的概念来讲，酱香型白酒和茅台酒是两个概念。酱香型白酒有酱香型白酒国家标准，国标号为 GB/T 26760—2011；茅台酒有茅台酒国家地理标志产品保护标准，国标号是 GB/T 18356—2007。

"酱香型白酒"是一个香型的标准，凡是按照这个标准生产出来的酒都可以称为"酱香型白酒"。这个标准比较宽泛，可以用大曲做糖化剂，也可以用麸曲做糖化剂；酒粮可以是完整颗粒的高粱（坤沙），也可以是粉碎度比较高的高粱（碎沙）。也就是说，酱香型白酒里不仅有大曲酱香，也有麸曲酱香；不仅有"坤沙酒"，也有"碎沙酒"。

茅台酒国家地理标志产品保护标准是对"茅台酒"这个商标进行保护，"茅台酒"是特指按照这个标准所规定的使用高温大曲和粉碎度极低、接近整粒高粱的糯高粱、在贵州遵义市仁怀市下属的茅台镇、由茅台股份公司所酿造的酱香型白酒。茅台镇上有数百家酒厂，只有茅台股份公司的酒能叫"茅台酒"。"茅台酒"这个商标的所有权属于茅台股份公司，这个标准保护的是茅台股份公司的商标权益。简言之，茅台酒固然是酱香型白酒，但只是酱香型白酒中的一种，不是所有的酱香型白酒都能叫茅台酒——有些酱香型白酒的工艺和茅台酒的工艺相差较大，比如麸曲工艺跟茅台酒的差别就很大；即便在茅台镇生产，但不是茅台股份公司的酒也不能叫茅台酒。

2. 生产工艺

我们这里介绍的只是茅台酒的大曲坤沙酱香型白酒生产工艺。茅台酒以产自河南和安徽的优质小麦作为制曲原料，所制的曲为包包曲；成品酒的曲块重达 10 千克左右，是目前所有中国白酒大曲中曲块最大的；品温高达 65℃以上，

非同寻常选酒师
提供选酒师所必需的知识。

绝妙下酒菜
已介绍过国内外数百种下酒菜，还在不断更新中，关注它，可获得最新的下酒菜知识。

属于高温大曲。茅台酒的酿酒用粮是产自贵州的红缨子糯高粱，20% 是粉碎的，80% 是浑整颗粒的。当地把"浑"发音发成"坤"，把浑整颗粒的高粱叫"坤沙"（"沙"是"酿酒粮食"的意思）。茅台酒的发酵蒸馏过程被称为"12987 工艺"，即两次投料，九次蒸煮，八次摊晾加曲、堆积发酵（发酵容器是条石垒成的石窖），七次取酒，制酒整个生产周期为一年。所取的七个轮次酒，按照三个典型体（酱香、醇甜和窖底）用陶坛长期储存不少于三年，随后再进行盘勾、勾调、包装出厂——从投料到产品出厂，不少于五年。茅台酒的生产工艺特征是"三高"：高温制曲、高温堆积发酵、高温蒸馏；还有"三长"：大曲储存时间不少于三个月，原料经多轮发酵、生产周期一年，基酒储存不少于一年（是目前中国白酒里面，参照各自标准所规定的储存时间最长的酒）。成品酒由七种轮次酒按照不同比例勾调而成，七种轮次酒所占的比例不同，最后出来的成品酒的香气口感也就不一样。

上面介绍的是茅台酒的大曲坤沙酱香工艺，郎酒、习酒、武陵酱酒、贵州珍酒等其他名酒采取的大曲坤沙酒工艺与之基本一样。但其他酱香型白酒，如麸曲碎沙酒、大曲碎沙酒的工艺跟茅台酒是不同的。限于篇幅，这里不做展开介绍。

3. 产区范围

茅台酒的产地范围按照其国家地理标志产品保护标准的划分，最早有 7.5 平方千米的核心保护区，经过一次标准修订之后，现已增加到 15 平方千米。到 2024 年，又传出进一步扩大茅台酒保护区范围的讨论，因为茅台酒在扩产，产区也从茅台镇扩大到了北面的二河镇和习水镇。

酱香型白酒的产区范围就大了，根据目前状况，主要可以分五类产区：

第一类产区是茅台镇产区，位于茅台镇到二河镇之间的赤水河谷范围之内，海拔 420 米到 600 米。

第二类产区是整个赤水河谷接近下游的地方，从茅台镇一直到习酒镇和郎酒所在的二郎镇（习酒镇和二郎镇隔河相望）。

第三类产区是南方低海拔地区，该区域相当于中国气候区划的中亚热带，包括四川盆地以及鄱阳湖附近的平原地区，其中代表酒有湖南常德武陵酱酒和四川一些酒厂生产的酱香型白酒（如仙潭酱酒）。

第四类产区是贵州省内的高海拔地区。人们可能习惯从行政地理的角度看问题，认为既然茅台酒产于贵州，那么贵州其他地方一定能够产出跟茅台镇一样好的酱香型白酒。的确，现在贵州省各个地区的酒厂都在生产酱香型白酒。但从自然地理条件来看，云贵高原的垂直气候变化非常剧烈，各地区海拔不一样，高海拔和低海拔地方酿造出的酱香型白酒的风格并不一样。贵州高海拔地区生产的酱香型白酒，现在比较知名的有珍酒（产地海拔 900 多米），还有毕节金沙县的金沙酱酒（产地海拔 1400 米左右）。这些地区生产的酱香型白酒，跟茅台镇以及赤水河谷地生产的酒在香气、口感上有明显不同。

第五类产区是秦岭—淮河以北的北方地区。很早以前，北方一些地区就在学习茅台酒，模仿生产酱香型白酒，当时只是作为实验进行尝试，没有形成规模。随着"酱酒热"的发展，北方一些酱酒在本地的销量扩大，代表性产品有山东的云门酱酒、新疆的金疆茅、黑龙江的特酿龙滨酒，等等，这类可以笼统地称为北方型的酱香型白酒流派。

4. 主要流派和代表产品

酱香型白酒的流派众多，我们暂不讨论麸曲酱香型，姑且按照上述五个产区的大曲酱香酒，将其当作五个流派来介绍。

第一个流派是茅台镇流派。茅台镇上除了著名的飞天茅台酒之外，还有大大小小七八百家酒厂，其中有优质产品的酒厂有数十家，例如钓鱼台酒业、国台酒业、夜郎古酒业、中心酒业、京华酒业、酣客君丰酒业等。茅台镇酒厂生产的产品更是不计其数。从酒体风格来讲，茅台镇的酒目前又分成两类香型——"茅香"和"酱香"。所谓"茅香"是指有茅台酒特有的香气和口感特点。茅台酒产品的风格其实每年都在微调，以与茅台镇上其他酒厂的产品有所区别，其产品自然而然出现了跟自己过去产品不一样的风格，而茅台镇上其他酒厂只能步步紧跟，其产品风格总比飞天茅台酒"差半拍"，由于跟进时间差的关系而形成了两种风格：像最新的茅台酒风格的被称为"茅香"，依然延续原来香气口感的就是"酱香"。

第二个流派是以赤水河下游的习酒镇和二郎镇为代表的流派，代表酒是习酒的君品天下和郎酒的青花郎。两家酒厂隔赤水河相望，二郎镇在左岸，习酒镇在右岸。从原来的产地看，二郎镇的海拔要高一点，但现在郎酒厂也在赤水河边新建了生产车间，两边的酒体风味趋向一致。习酒镇和二郎镇的酒与茅台镇的酒的风味还是有所不同的，特点是香气更高、更加干净一些，但没有茅台镇的酒那样幽雅、醇厚。

第三个流派是在南方低海拔地区生产的酱香型白酒，如武陵酱酒以及在四川生产的酱香型白酒。这些地方的环境跟茅台镇以及赤水河谷的环境大不一样，总体来讲，这些地方生产的酱香型白酒更加清新，但馥郁度和醇厚度跟茅台酒有所不同。

第四个流派是贵州省内高海拔地区或地域比较开阔的地方生产的酱香型白酒。现在贵州各个地区都在建酱香型白酒生产基地，代表酒有珍酒、金沙摘要酒、湄窖宝石坛，等等。这些酒跟茅台镇的酒相比，总体特点也是比较干净，有些酒的风格甚至更为独特，例如金沙摘要酒，像是一种高原的酒，酒体香气高亢明亮，但口感比飞天茅台要粗糙些，香气也有另外一些风味。

第五个流派是北派的酱香型白酒。北方气候环境总体比南方要干燥，酿造出来的酒跟茅台酒以及南方地区其他酱香型白酒的差别是比较大的——香气偏干，焦香突出，酱香不明显；酒体单薄，谐调度不如茅台酒。

总体来说，茅台镇的酒（特别是茅台酒）幽雅、细腻，口感醇厚，带有明显的令人不太愉快的"馊抹布味"；茅台镇越往北或者海拔越高的地方，酒体香气越"干净"，但口感就越稀薄、尖利，饮后的身体舒适感也不如茅台镇上严格按照"12987"工艺生产的大曲坤沙酱香型白酒。

5. 风味特点

酱香型白酒的流派众多，限于篇幅，我们无法描述每一个流派的具体特点，下面仅以茅台酒为例，详细介绍一下它的香气口感特征。从近几年（2019 年以来）飞天茅台 53 度酒的品饮感受上，我们能直观感受到以下六种香气特征。

焦香：焦香就是有点什么东西烤焦的香，甚至有点橡胶味，跟实际的酿酒原料比较的话，这种焦香我感觉主要来自茅台的高温大曲——如果你拿到茅台的高温大曲，就会感受到这种强烈的焦香气。在某种程度上讲，"焦香"也可以理解为高温曲的曲香。

花果香：在以前的茅台酒中，花果香不是太明显，近几年来，它的花果香越来越明显。能带来花果香的微量成分有很多，如各种酯类，4-乙基愈创木酚也具有一定的香瓜香、水果香、花香、甜香。

麦香：细品茅台酒，入口后能感受到烘晒的麦子的香气，我觉得这种香气可能主要来自它用小麦制曲，而且是高温制曲带来的香气。

馊抹布味：馊抹布味是很多茅台镇酒共有的一种气味，被称为"镇酒味"。在一些白酒品鉴的文献里不太提它、回避它，有时候用别的令人愉快的词汇，比如"酸香"来形容它，但其实并不准确，馊抹布味更准确一些。馊抹布味可能来自酿造环境和发酵的条件，这种味道在有些酒厂的窖池里能够明显地感受到。飞天茅台酒里面也是有这种馊抹布味的，只不过这些年来馊抹布味越来越低。

酱香：所谓酱香，可以更广义地理解为酱油味——不是大豆酱油那么浓的酱油味，有点接近于发酵的醋糟那种酸味，像是在酱油醋店里能感受到的那种天然发酵的混合的香气。说实在的，在现在的飞天茅台酒里面，这种酱油的香气已经越来越淡了，几乎是若有若无。酱香其实主要来自白酒的陈化老熟——不只酱香型白酒放久了有酱香味，清香型白酒、浓香型白酒放到一定年份，比如五年以上，也会有比较清晰的发酵后的酱油醋味，有业内专家把它称为"陈香"。由此，我推测当年茅台酒能被命名为酱香型，可能主要原因是老熟时间比较长，形成了明显的酱油香气。

空杯留香：茅台酒的空杯留香持久是一个标志性的特点。"空杯留香"留下的香气是一种香草香，跟酒体的香气还不大一样。饮后放置一个晚上，第二天早起再闻仍然能清晰地感受到这种香气。其他香型的白酒尽管也有空杯留香，但香气不是这种香草类型的。

以上的香气评价，只是针对品饮这几年的飞天茅台产品所描述的感受。以茅台为代表的酱香型白酒是用七种轮次酒勾调出来的，各种轮次酒的风味相差比较大，若想偏重哪一种风味，通过调整轮次酒的比例就可以做到。酒厂根据市场偏好的变化，在不断调整酒体的风味，未来新推出的产品可能会有一些新的特征。品饮2012年以前出厂的飞天茅台，会感到它和2022年的风味有所不同，但我们已经无法说明究竟是当时酒体和现在酒体的风味有所不同，还是因为它

贵州茅台酒（摄影／李寻）

瓶储了十年之后引起了风味改变的不同。

茅台酒的滋味和口感是异常丰富的，总体感觉是醇厚丰富，苦味和甘味恰到好处，有丰富的其他滋味的衬托，五味俱全、诸味协调，回味十分悠长，而且有非常细腻的质感。其他流派的酱香型白酒在初闻之后，有的跟茅台酒比较相似——习酒和茅台酒就比较相似；有的跟茅台酒不太相似——金沙摘要和北派的云门酱酒，与茅台酒的差别就比较大；郎酒和茅台酒也有差别，这种微妙的差别只能在接触到具体的酒品之后再去详细比较。

6. 配餐口径

酱香型白酒的发源地茅台镇本来是云贵高原一个深切的河谷，地方偏僻，除了过去的盐运古道外，当地的交通并不方便。最适合搭配酱香型白酒的菜系，是产区附近的贵州菜和四川菜——其特点是焦香、糊辣；再具体一点来说，更适合搭配的是黔菜，即在贵州菜系里面选择。黔菜没有宫廷大菜，多半是乡野大众菜。茅台酒在 20 世纪 50 年代以后成为国家名酒，进入国宴序列，2018 年兴起至今的"酱酒热"又推动它进一步扩散到全国各地的高档宴席中。在全国各地饮用茅台酒和酱香酒，也要选择适合它们香气滋味特点的菜系。酱香型白酒风味独特，焦香气、糊香气突出，清香气居其次，酱香若有若无，适合搭配各个菜系里的炸、煎、烹等菜肴，不太适合搭配口感清淡的，如清蒸鱼、白灼虾之类的菜肴。

酱香型白酒配餐示例

1、飞天茅台（53% vol）

（1）黄焖鱼翅（京菜）　　（4）北京烤鸭（京菜）
（2）澳洲龙虾刺身（粤菜）　（5）带皮羊肉火锅（黔菜）
（3）酒烤香肠（京菜）　　　（6）贵州风肉（黔菜）

飞天茅台在目前市场上被认为是最高端的白酒，也被称为"白酒之王"；为其选菜，在中国菜系里是不是也只能搭配最高端的菜品？倒不是这么一回事。本书第一章已经介绍过——中国菜系和酒系的发展并不是"同频共舞"的。

上面搭配方案里面前两个菜搭配飞天茅台其实并不是太合适，但作为对"高端菜不一定搭配高端酒"道理的说明，我们选择了这两道菜。

第一道菜是京菜"谭家菜"的代表菜——黄焖鱼翅。鱼翅是中国前几大菜系里的"当家产品"，做法大同小异——要经过泡发、文火慢煨而成。"谭家菜"这道黄焖鱼翅，色泽金黄，汤汁醇厚，娇嫩十足，鱼翅软烂；汤汁浓而不腻，清而不薄。这道菜其实只适合单吃，搭什么酒都不太合适。传统的高端菜里面有很多菜品是适合单吃的，比如清汤鱼翅、清汤燕窝等，更没法配酒。这款黄焖鱼翅的汤汁还比较浓，配一点酒来解腻是可以的；但鱼翅的香气很低，没有什么独特的香气，茅台酒这种太强的焦香、糊香与细腻的鱼翅搭起来显得有些"粗野"。如果非要搭这种黄焖鱼翅的话，清香型白酒可能更合适一点，当然黄酒更合适。

第二道菜是澳洲龙虾刺身。这道菜是改革开放之后从海外引进了澳洲龙虾才出现的，是现在高档宴席里的时尚代表菜，其主体部分刺身生吃，滋味鲜美、细腻；头尾一般是用来煲粥的。这道菜因为可以蘸芥末酱油汁搭配，所以"停止"作用有了，也适合单吃。如果对生吃有点"心理障碍"，可以搭点白酒来佐餐。最适合的依然是清香型白酒，因为这道菜本身没有太大的腥气和香气；如果搭配酱香型白酒，酱香型白酒有种"烟熏火燎"的气息，跟这道菜的清新感不太协调。

上述两道菜都是高档菜，但表明高档菜未必就适合高档酒。也许酒店也意识到了这一点，所以著名的京菜高端菜"谭家菜"开发了一些新的菜肴，以其中的酒烤香肠为例，这道菜是用封存五年以上的茅台酒调制的，口感醇香，可以说是为茅台酒"量身打造"的一道名菜。在民国以前的"谭家菜"里是没有这道菜的，属于一道创新菜，用这道菜搭配茅台酒，没有问题。顺便说一句：贵州的香肠本身不靠茅台酒来烹制也适合喝茅台酒。

茅台酒自 20 世纪 50 年代以后被引入国宴。在国宴菜单里，有没有适合搭配它的菜？有的。这就是国宴中的一道名菜——北京烤鸭。鸭肉烤得外焦里嫩、油香酥脆，吃的时候还要搭配甜面酱、葱丝，菜品本身的酱味和茅台酒的酱味互相激发、融为一体。北京烤鸭是适合搭茅台酒的一道好菜。

喝茅台酒搭菜最浑然天成的是贵州的带皮羊肉火锅——以当地的黑山羊为原料制作，经过煮制油炒后在火锅里食用；火锅里已有辣椒，蘸汁还可以蘸辣椒汁或糊辣子（烤糊的干辣椒面）。贵州省内各地都能见到这种带皮羊肉火锅，以遵义市虾子镇的苟朝均羊肉火锅最为出名。虾子镇是世界知名的"辣椒之都"，当地建有大型的辣椒批发市场，每年在此举办辣椒交易会，到了这里才知道辣椒品种的丰富。带皮羊肉火锅与川派火锅相比，辣度适合，想吃嚼劲大一点的肉，稍微涮一下即可捞出；要是觉得肉有点硬，可以在火锅里多煮一会，使其变得软糯。这道菜的滋味极其丰富，和茅台酒的风味浑然一体，带着原生态的乡野气息。

贵州的风肉是腊肉的一种，香气和普通腊肉不一样，跟茅台酒搭配起来，浑然天成，是搭配茅台酒的上好下酒菜。

2. 习酒·君品天下（53% vol）
**　郎酒·青花郎（53% vol）**

（1）酱香羊火锅（黔菜）　　　（4）毛峰熏鲥鱼（徽菜）

（2）炸牛干巴（滇菜）　　　　（5）武平猪胆干（闽菜）

（3）香茅草烤鸡（滇菜）　　　（6）潮汕生腌虾蛄（粤菜）

习酒·君品天下和郎酒·青花郎酒的风味特点是香气更加清新，虽然口感没有飞天茅台那么醇厚，但也足够饱满。搭配这两款酒，我们要选择香气高一点、风味上也更独特的菜。

第一道菜肴是酱香羊火锅。贵州的带皮羊肉火锅有多种吃法，如果觉得虾子镇苟朝均的羊肉火锅辣椒太多、味道过于浓重的话，可以尝试这款酱香羊火锅。这是兴义贵州名厨刘正勇先生开发的菜肴，是把羊肉、羊肚、羊蹄事先煮好并切片装盘，食用的时候端上清汤砂锅——里面放上热的原汤、淋入羊油、撒入蒜苗段，相当于"清汤带皮羊肉火锅"。要想吃糯一点的，可以煮的时间长一些；想吃口感 Q 弹、有韧性的，在汤里涮一下就可以吃。同时搭配有料碗，里面有胡辣椒面、兴义香酱、酱油、盐、味精、花椒粉、酸萝卜粒、葱花、香菜段制成的风味胡辣椒蘸水。吃肉时若觉得太淡，就蘸一点辣椒水；若觉得不淡，只把酒当辣椒水搭配饮用的话，也很好。

牛干巴是滇菜中历史悠久的名菜，是把牛肉经过腌制、晾晒制成干肉，吃的时候用煎炒或者油炸的方式，配以其他的调料——根据口味可以配成辣的或者不辣的，成菜后的特点是油润、酥脆，香气高亢。这款菜便于储存、携带，烹饪简单，是云贵高原传统的上好下酒菜，用它来搭配香气同样高亢的习酒·君品天下或者郎酒·青花郎酒，均十分协调。

香茅草烤鸡是云南西双版纳的傣族传统名菜。香茅草是当地特有的一种植物，具有芳香、醒脑的功效。香茅草烤鸡是把云南西双版纳的小种鸡，用香茅草包裹烧烤而成。这道菜除了有烤鸡本身的香味之外，还有香茅草特有的香味，其香气和习酒、郎酒相搭配，能感受到特有的气息。

毛峰熏鲥鱼是徽菜中的一道传统名菜，以长江流域的鲥鱼为主料，经过调味腌制后置于锅中，用安徽茶叶中的上品黄山毛峰作为主要熏料熏制而成，具有鲥鱼的金鳞玉脂，油光发亮，茶香四溢，鲜嫩味美。从广义上讲，茶叶熏制也是"美拉德反应"的一种，经过茶叶熏制过后，鲥鱼除了茶叶的焦香之外，还有鱼肉高温形成的烘焙香。酱香型白酒本身即有明显的烘焙香，与茶叶熏制过后的香气比较协调，而且茶叶的熏香更高一些，其与酱香型白酒的焦香融为一体，使焦香变得更加柔和。这道菜在全国产茶区——浙江、江西、四川、陕西南部等地都可以推广，茶叶融入烹饪并和当地淡水鱼结合起来，都会产生这种茶香、烘焙香融为一体的"美拉德"香气。

武平猪胆干是福建菜系中闽西菜独具特色的一道菜。这道菜是用不摘除猪胆的猪肝浸泡在盐水中，再加入五香粉、高粱酒、八角、茴香等配料腌制，等猪胆汁渗出到肝脏之后捞出吊晒，不时整形，最后形成猪胆肝外形美观、颜色均匀的韵味；吃的时候要先蒸熟，再涂上芝麻油，冷后切薄片，拌以蒜片。成菜特点是香气适宜，鲜香满口。

福建美食家张建华先生赞其"余韵无穷，配酒尤佳"。这道菜的口感是有苦味的，但苦味入菜程度并不深——除去苦味，还有清香气和猪肝的质感。这是一道山区里的菜，搭配同样产于山区的五味俱全的酱香型白酒，别有韵味。

潮汕生腌虾蛄是一道特色粤菜。潮汕生腌的原料很广泛，虾、蟹无所不腌；腌制的调料比较重，有酱油、料酒等。在生吃的刺身海鲜里，潮汕生腌是味道最重、酱油气突出的菜肴，搭配酱香型白酒是比较合适的。在潮汕生腌的菜品里，有一种就是生腌虾蛄。虾蛄即北方人俗称的"皮皮虾"，吃的时候要剥皮，剥起来比较费劲，得用手去剥，粘得也是满手酱味；但吃起来滋味鲜美，肉质滑糯。手上沾满酱香味，再端起酱香酒的酒杯来，几乎已经闻不到酱香酒里面的焦香味了；在生腌虾蛄浓郁汁水衬托之下，酱酒味反而显得清淡。喝了酱香酒之后，可以把生腌酱汁的浓郁味道遮去，再吃虾肉，更能感受到虾蛄本身的鲜美。

3、武陵酱酒·上酱（53% vol）

（1）日本青瓜（日料）　　　（4）油爆河虾（浙菜）

（2）香煎雪花肥牛（日料）　　（5）油爆海螺（鲁菜）

（3）佛跳墙（闽菜）　　　　　（6）砂锅焗小鲍鱼（粤菜）

武陵酱酒由位于湖南常德的武陵酒厂生产。武陵酒厂是湖南当年学习茅台酒而在常德建立的酒厂，但根据当地的气候条件，也做了一些适当的工艺性调整，所生产的酱香型白酒既有酱香型白酒的典型风格，也有自己的特点——主要特点是干净的清香味比较突出，没有茅台镇酒的那种"馊抹布味"。武陵酱酒自从诞生以来就被评为国家名酒，有"三胜茅台"之说。就香气来讲，这款酒比茅台酒要干净幽雅，口感没有茅台酒那么醇厚。评价酒体要从多个角度去衡量，除了香气、口感之外，饮用舒适感更为重要；茅台酒里面那种"馊抹布味"，在现阶段可以当作饮用舒适感的一个外在标志。

在给武陵酱酒做的餐酒搭配方案里，前三道菜肴——日本青瓜、香煎雪花肥牛、佛跳墙，是武陵酱酒厂为参观酒厂的游客提供的、用来体验酱酒风味的三道搭配菜。

第一道是日本青瓜（也叫"日本乳瓜"），其实就是小黄瓜，它有典型的青瓜香气。酒厂用这道菜来提示你：武陵酱酒就有这种青瓜的清香气。游客现场闻嗅之后，确实如此。

第二道菜是香煎雪花肥牛，也是日本料理中一道名菜。香煎雪花肥牛的油煎香气高亢明亮。酒厂用这道菜来提醒你：武陵酱酒里的焦香气和香煎雪花肥牛有些相似。二者对比一下，确实如此。

第三道菜是佛跳墙，是闽菜中著名的代表菜。酒厂向参观者演示的时候分两个环节。第一个环节先上一盆生的佛跳墙原料，没煮熟，让大家看。搭配的酒品是七种轮次酒，是没有勾调的，观众可以闻尝。通过二者对比，让观众感受到：没有经过勾调的轮次酒，就跟没经过烹饪的佛跳墙的原料一样——每个酒体虽然都是酒，但不协调，是"生"酒。而后，再端出来煨制好的佛跳墙。佛跳墙的煨制时间是以十个小时到十几个小时为计的。煨制好的佛跳墙，诸香融合，香气浓郁，口感丰富、复杂。与之作为搭配对比的，是勾调好的酱酒——这就是"熟"酒。通过这一轮比较，让观众可以直观感受到：跟菜肴一样，酒也有由"生"到"熟"的过程，"熟"酒比"生"酒要好得多。

第四道菜是油爆河虾，是浙菜里的一道菜，原料是河虾。河虾本身就十分细腻，油爆之后，河虾香味出来，

湖南常德武陵酒有限公司大门 （摄影／李寻）

这种油香跟佛跳墙和雪花肥牛的油香不一样，它有虾的香气，跟酱香型白酒搭配起来也很协调。湖南的洞庭湖区有很多河虾，是当地常见的下酒菜原料。

第五道菜是油爆海螺。海螺片有各种各样的做法，鲁菜中油爆海螺的香气要更为浓郁一些，搭配酱香型白酒更为合适。

第六道菜是砂锅焗小鲍鱼。这道菜是粤菜，焗制的时候放入了很多色拉油以及各种酱料，滋味非常丰富，油香扑面而来；如果酱料合适的话，还有和酱香型白酒类似的酱香。用它来搭配武陵酱酒这种香气高亢又复杂的酱香型白酒，十分协调。

武陵上酱酒（摄影／李寻）

第十一节
董香型白酒的餐酒搭配

董香型白酒关键知识点

1. 生产工艺

董香型白酒的生产工艺可以用三句话来概括：大小曲并用，分型发酵，串蒸取酒。

大小曲并用，是指董酒生产出的基酒分为两种：一种是小曲为糖化发酵剂的小曲酒；另一种是大曲为糖化发酵剂的大曲酒。小曲是大米粉碎后制作而成，大曲以小麦为原料制作，无论大、小曲都要在曲料中加一部分中药材，大曲配40种中药材，小曲配90多种中药材。

大曲酒和小曲酒分别发酵，发酵容器都是窖池，但大曲酒的窖池大一些，小曲酒的窖池小一些。董酒的窖池很独特，是用当地的"白善泥"加石灰、杨桃藤建造的，偏碱性，pH值在7～8，据说这是全国唯一偏碱性的酿酒窖池。董酒小曲酒的酒醅先要经过糖化，然后再入窖池发酵，发酵时间是7～15天。大曲酒的发酵时间比较长，长到了什么程度呢？目前最短的大曲香醅发酵时间是18个月，时间最长的有从20世纪80年代起发酵到现在都没开过封的大曲酒窖池。董酒封窖的方式也比较特殊，用煤作为封窖材料来密封大曲酒窖，这样的密封效果好，不会产生干后的裂缝，可以长期保持大曲窖池中的香醅不变质。

串蒸蒸馏是董酒特殊的蒸馏方法。董酒早期的蒸馏方法是两步法：先把小曲酒醅蒸出酒，再用蒸出的小曲酒作为锅底水对大曲的香醅进行串蒸。现在已经合为双层串蒸法：把大曲香醅和小曲酒醅同时放在酒甑里进行蒸馏。蒸馏出的酒经过分级后储存，在陶坛储存一年以上，勾调包装出厂。

董酒在1963年第二届全国评酒会上第一次被评为全国名酒，1979年第三届全国评酒会、1984年第四届全国评酒会、1989年第五届全国评酒会连续被评为全国名酒。最早董酒的香型名称叫"药香型"，因为它无论大曲还是小曲都加了多种中药材；2013年以后改为"董香型"，是以酒厂名称命名的香型。1983年，在当时的时代背景下，董酒的生产工艺和配方被国家轻工部列为第一批机密级的科学技术保密项目，这成为董酒现在营销方面的一个重要宣传点。

2. 产区范围

董酒目前在贵州省遵义市董公寺镇生产。董酒的基础其实是小曲酒，而在

非同寻常选酒师
提供选酒师所必需的知识。

绝妙下酒菜
已介绍过国内外数百种下酒菜，还在不断更新中，关注它，可获得最新的下酒菜知识。

川黔滇（四川、贵州、云南）一带，小曲酒有悠久的生产传统，如果单从生产条件来看，这三个地区的自然条件都可以生产董香型白酒，但由于董香型白酒的风味太独特，接受度相对狭窄，所以在其他地方很难看到。我的印象中只在四川崇州见到过一款药香型的酒，那时候董酒也还是"药香型"，但工艺是不是一样，尚不得而知。

3. 主要流派和代表产品

目前生产董香型白酒的是董酒公司以及当地的数家小型酿酒企业。如果按照风格流派来划分，董酒本身的产品就可以分成两个流派：一个是董酒·国密，代表传统的经典董香型白酒；另一个是董酒的高端产品董酒·佰草香，代表的是创新型的董香型白酒。两种酒的风味特点有比较大的差别。

4. 风味特点

董酒·国密可以视作传统董香型白酒的代表酒，它最明显的特征是有小曲酒丁酸乙酯含量比较大而产生的那种臭味。说董酒是药香酒，其实无论是过去还是现在，董酒产品里的药香并不明显，最明显的倒是这种臭味，在臭味之后有一种奇异的浓香。丁酸乙酯稀释了之后会产生令人舒适的果香气，在董酒·国密上能体现出这种腐臭化为神奇的现象。

董酒·佰草香是董酒在约五年前（2019年）推出的产品，这款酒中小曲酒的臭味已经到若有若无的状态了，扑面而来的是一种奇妙的像水果糖一样的香气，仿佛五颜六色的祥云围绕着你在变化，这种魔幻般变化的香气，令人对中国传统白酒技术有高山仰止之感。董酒的口感硬朗饱满、爽净甘润，咽下去的时候好像咽下去一整块糖，极有特点。

董香型白酒配餐示例

1. 董酒·国密（54% vol）

（1）臭酸火锅（黔菜）　　（3）油炸臭干子（鄂菜）

（2）羊瘪干锅（黔菜）

打开董酒·国密这款酒，扑面而来的是董酒招牌性的臭味，因此有酒友称其为"酒中臭豆腐"。搭配这款以臭闻名的酒，我们选择了三道同样以"臭"闻名的菜肴：臭酸火锅（黔菜）、羊瘪干锅（黔菜）、油炸臭干子（鄂菜）。

臭酸火锅是贵州黔南布依族苗族自治州独山县的特色火锅，以发酵过的臭酸酱作为原料，辅以辣椒酱、鲜汤为锅底，加入肥肠、五花肉、干青花椒、葱、姜、蒜、红薯尖、秋茄子、土豆等食材，再加入盐、味精、植物油等调味制作而成。火锅色泽红亮，油而不腻，闻起来臭，吃起来香，开胃下饭，越吃越香。臭酸火锅之臭关键在于发酵臭酸酱的制作，做法有多种，臭味比国密还要高，两种臭味结合在一起形成混合抑制效应，使人对臭味的嗅觉麻痹，进而感受到的多是肉香和酒香了。

羊瘪干锅是贵州黔东南苗族侗族自治州的一种独特美味，制作方法是：把带皮的羊肉切细，羊肚、羊毛肚、羊肠分别切成相应的条或段，下入微沸的水中汆烫，并迅速捞出；将羊瘪浆液反复过滤去净草渣，加白酒、清水煮沸，再将榢油籽、橘皮、花椒、盐捣成粉末，加入其中；在锅中倒入植物油，逐渐升温后加入生姜、大蒜、干辣椒，煸炒出香味，将羊肉、羊杂倒入锅内炒制，烹入加工好的羊瘪，下入花生米、鲜三奈、薄荷、芫荽段、芹菜段、蒜苗段、香葱段，炒匀后即可上桌。这道菜的关键是提取瘪汁。瘪汁分羊瘪和牛瘪，制作工序比较复杂，是宰杀牛羊后从其食道到蜂窝肚或小肠段里提取出未完全消化的青草及消化液等混合物，把混合物取出来之后挤出其中的液体，这是"生瘪"。继续往生瘪里加入牛胆汁和佐料，并放到锅内，用文火慢熬，煮沸后将液体表面的泡沫过滤，这是"熟瘪"，一般熟瘪才会用于干锅和汤锅。其中有几种独特的调料也是黔东南地区独有的，如榫油籽、鲜三奈和川芎嫩叶。

"羊瘪"其实就是羊肠道中未完全消化的食物，气味可想而知，但是从它制作的过程看，经过高温杀菌，食用的安全性应该没有问题。对没有食用过这道菜的酒友，吃这道菜需要有点勇气，但吃着也是香的。跟这道菜肴相比，董酒·国密的臭味已经可以忽略不计了，两者搭配起来感受到的是羊肉的肉香和瘪汁处理好之后独有的一种香味。这是化腐臭为神奇的一道菜。

油炸臭干子是一道湖北的名菜。人们熟知湖南的油炸臭豆腐，湖北也有油炸臭豆腐干，但它用的臭豆腐干是浅色的，油炸后色黄皮酥，再撒上葱花，跟辣椒酱一起上桌，臭味要比湖南的臭豆腐弱一点，嚼开之后豆腐的香气更浓更明显，也是搭配董酒·国密的一道上好的下酒菜。

2. 董酒·佰草香（54% vol）

（1）云南宜良小刀鸭（滇菜）　（3）煎干法熟成牛排
（2）诺邓火腿炒牛肝菌（滇菜）　　（眼肉）（西餐）

董酒·佰草香具有魔幻般变化飘逸的香气，搭配这款酒我选择了同样具有魔幻般香气的三道菜肴：云南宜良小刀鸭（滇菜）、诺邓火腿炒牛肝菌（滇菜）、煎干法熟成牛排（眼肉）（西餐）。

云南宜良小刀鸭，用当地特产的小麻鸭制作，个头很小，鸭身只比人的拳头大一点，脖子细，全身像一柄青铜小刀。烤制好的鸭子皮色焦黄，香气浓郁，肉质鲜嫩。它和北京烤鸭是两种香气类型，带着云贵高原那种魔幻般变化的香气，佐酒时和董酒·佰草香的香气融为一体。

云南诺邓火腿做工精良，滋味鲜美，口感香嫩，它之所以好吃，因为是用当地的诺邓盐卤来腌制的。诺邓食盐生产方式比较独特，使诺邓火腿成为一道离开了其产地就无法复制的佳肴。诺邓火腿炒云南的牛肝菌是一道奇异组合的美味，火腿除了肉香还有像植物一样的清香，牛肝菌Q弹脆爽，有点微麻，带着大地的野生香气。油香、肉香、青草香在空气中变幻，和董酒·佰草香那种魔幻般变化的香气组合在一起，妙不可言。

煎干法熟成牛排（眼肉）是西餐。干式熟成是一种古老的牛排保存方法，有点像中国用烟熏制成的腊肉，但是熟成牛排在煎之前要把已经发霉的外层切掉。由于熟成，牛排的香气也发生了变化，除了肉香之外，还会带有坚果奶酪的香气。在熟成过程中，肉中天然存在的酶会把肉的肌肉纤维和结缔组织分解，发生嫩化，使肉食用起来更加鲜嫩。眼肉是干式熟成牛排口感最好的部位。吃熟成后煎制的牛排，无论是湿法还是干法，多多少少都会感受到发酵的微臭味，若有若无。董酒·佰草香的香气里其实也有若有若无的小曲酒的微臭，只是它的香气太高，有时候没法直接感受到。董酒·佰草香搭配干法熟成牛排，两者都有发酵气息，能更好地融为一体。中国白酒和西方菜肴在很多制作方法上有内在相通的地方，比如发酵，牛排熟成也是发酵的一种方式，所以，它们做餐酒搭配也有天然的协调性。

第十二节
米香型白酒的餐酒搭配

米香型白酒关键知识点

1. 生产工艺

米香型是 1979 年提出白酒香型时的五种基本香型之一，本节以米香型白酒的代表酒桂林三花酒来介绍其工艺。桂林三花酒用的小曲（桂林酒曲丸），以大米为原料，加上当地的一种香药草——桂林特产的辣蓼花，经烘干磨粉后使用；酒粮使用的是当地产的大米。发酵的过程分两步：第一步是糖化，传统是以大缸作为糖化容器，糖化 24 小时左右，再放入小的陶罐里进行发酵，发酵时加的水大概是原料量的 120% ～ 125%，发酵周期是 5 ～ 7 天，属于半固态发酵。现代工艺采取 U 型糖化槽作为糖化容器，不锈钢发酵罐作为发酵容器，蒸馏时使用的是不锈钢蒸馏釜。简单来说，米香型白酒是以小曲作为糖化发酵剂、大米为原料、半固态发酵、蒸馏釜蒸馏。和同样以大米为原料的特香型白酒不同之处在于：特香型白酒用小麦磨成面粉、麸皮加一定量的酒糟制成大曲作为糖化发酵剂，以红褚石窖池作为发酵容器，以传统的蒸馏甑蒸馏取酒。大曲和小曲以及蒸馏器不同是导致米香型白酒和特香型白酒风味截然不同的重要因素。

2. 产区范围

米香型白酒主要分布在南亚热带气候大区内，包括广东、广西、福建以及江西、湖南的南部等地区，传统酿酒是就地取粮，这一带大米是主要粮食作物，也就顺理成章地成了酿酒的主要原料。广东、福建有一部分地区在酿造米香型白酒，但是没有形成有全国影响的品牌。在广西壮族自治区，据当地酒厂介绍，米香型白酒厂有数百家之多。2024 年，广西壮族自治区的米香型白酒产量为 52 万千升，在当地是产销量都非常大的地方特色酒。

3. 主要流派和代表产品

米香型白酒的代表产品是桂林三花酒厂生产的桂林三花酒和全州的湘山酒，桂林三花酒最奢侈的储存方式是在漓江上的著名景点象鼻山的山洞里储存。

4. 风味特点

米香型白酒的香气和它的香型名称一样，有大米煮熟的香气，还有醅糟的

非同寻常选酒师
提供选酒所必需的知识。

绝妙下酒菜
已介绍过国内外数百种下酒菜，还在不断更新中，关注它，可获得最新的下酒菜知识。

香气,也有品酒师说有蜂蜜的香气、玫瑰花的香气,还有一点中药香气。总的来说,米香型白酒的香气低沉,比大曲清香型白酒的香气还要低沉,口感淡雅,入口干爽,回味时苦感略明显,没有大曲酒那么醇厚。

5. 配餐口径

米香型白酒除了在广西能普遍见到之外,在全国其他地区的市场难得一见,和广西菜的特点一样,在配餐时,如果不是搭配广西的菜肴,外地的菜肴和米香型白酒总感觉不那么协调。同样,在广西吃当地特色菜时,不喝点米香型白酒,总觉得有点欠缺。总的来说,米香型白酒的配餐口径相对比较窄,并不是说吃外地的菜不能喝米香型白酒,而是搭配起来无法形成广西菜带来的餐酒一体的协调感觉。

广西桂林象鼻山 （摄影／李寻）
象鼻山因其山体形似在江边伸鼻饮江水的大象而得名。桂林三花象山酒窖位于桂林象鼻山山腹中天然发育的石灰岩溶洞中。

米香型白酒配餐示例

1. 桂林三花酒（25%vol ~ 52%vol）

（1）酸笋黄豆焖鱼仔（桂菜·桂北菜）　（5）邕城甜酒鱼

（2）螺蛳鸡（桂菜·桂北菜）　　　　　　　　（桂菜·南宁菜）

（3）鸭把（桂菜·河池菜）　　　　　（6）葱姜炒青蟹

（4）芒叶田七鸡（桂菜·百色菜）　　　　　　（桂菜·海滨菜）

　　酸笋黄豆焖鱼仔是广西柳州地区的传统风味名菜，主要原料是野生小河鱼仔。野生小河鱼仔在南方水泽地区到处都有，但是做法各有不同，广西柳州这道酸笋黄豆焖鱼仔除了用野生的小鱼仔之外，还要使用水泡黄豆、酸笋丝、红泡椒、小米辣椒、蒜泥等作为辅料，调料有料酒、生抽、黄豆酱、蚝油、生粉、精盐等。小鱼仔经过清洗内脏、腌制后，加入少量生粉炸好，再把水泡黄豆放到油锅里炸酥脆，起锅加酸笋丝煸炒，放入蒜蓉、泡椒、小米椒、黄豆酱，最后把炸好的黄豆和煎好的鱼仔放到锅里焖至收汁。这道菜有当地独特的酸香气味，酱汁浓稠，入口酥香，是下酒的好菜。把一道小野鱼做得这么复杂，可以看出桂菜独到的烹饪技术。这道菜搭配米香型白酒非常协调，豆子的香气和鱼香混合之后，产生了另外一种香气，和酒组合起来，感觉酒里面都有了黄豆的香气，吃这道菜，闭上眼睛，会感觉到身临广西一样。

　　柳州的螺蛳粉已经广为人知，其实螺蛳在柳州还可以烹制很多其他菜肴，有一道柳州的传统名菜是螺蛳鸡，用田螺和鸡共同烹饪而成。这道菜香味独特，有螺蛳独特的气味，也有广西地产的八角、桂皮等调料的风味，是广西菜肴的招牌风味之一。以其搭配桂林三花酒十分协调，桂林三花酒香气清淡，基本上不会影响螺蛳和鸡混合的香气；低度的桂林三花酒口感也比较清淡，在中间调节一下吃喝节奏，更能衬托出螺蛳肉和鸡肉的鲜味。

鸭把是广西河池的一道特色菜，烹饪方法独特：

（1）将鸭胗、鸭肝、五花肉洗净后放进冷水锅中，加姜片、香葱、料酒，煮至熟透后捞出，放在干净的盛器中晾凉备用；鸭肠放进煮肉的原汁中稍微煮至刚熟即可捞出；韭菜放进锅中焯水至刚熟捞出放凉备用。

（2）将煮熟的鸭肠、鸭胗、鸭肝、五花肉在熟食砧板上分别切成条，黄瓜切成与肉类大小基本一致的条；鸭仔香（罗勒）60克切成4厘米左右的段，剩余20克切碎；嫩鲜姜、小米辣椒、香菜、蒜分别剁碎。

（3）每样肉各取1条同2段鸭仔香（罗勒）、1张紫苏叶、1条黄瓜条用韭菜叶捆绑成小把，运用相同的方法捆扎完成。

（4）将醋血用旺火隔水蒸，蒸制5～6分钟后取出放凉。将晾凉的醋血与嫩鲜姜碎、小米辣椒碎、鸭仔香碎、香菜碎、蒜蓉、老酸水、白醋、食盐等调料拌匀成鸭酱。

（5）将捆绑好的鸭把放在盛器中，搭配好鸭酱即可上桌。

这道菜的烹饪方法，我们仅在广西菜中见到，确实独树一帜。搭配这道菜，总得喝点酒，看了其做法之后更得喝点酒，喝着合适的就是桂林三花酒，甚至可以喝一点高度的三花酒，因为鸭酱浓郁，可以耐受住更高的酒度。

芒叶田七鸡是广西百色地区的特色菜，百色盛产芒果，也是我国田七的主要产地。这道菜的做法是把散养的土鸡切块，和生姜、葱白、紫苏等调料混合在一起，加料酒、生抽、麻油等腌制，腌制好了之后，用洗干净的芒果叶包起来，放在蒸笼中蒸，蒸好后出锅。这道菜具有颜色碧绿、清香扑鼻、鸡肉鲜嫩的特点。搭配这道菜适合喝度数比较低的三花酒。

邕城甜酒鱼是南宁地区的一道经典名菜，主料是罗非鱼，最重要的是它的调料是用糯米发酵成的甜米酒。一条一斤半左右的罗非鱼，加的甜酒量是 150 克，三两左右，加的量比较大。做好的菜肴色泽酱红、咸鲜酸甜、外脆里嫩，有明显的米酒香气，和米香型三花酒的香气几乎是一样的，搭配这道菜喝三花酒，浑然一体。

葱姜炒青蟹是一道海滨菜。广西北海、防城港等地濒临南海，盛产海鲜，有多种海滨菜。北海是青蟹的主要产地之一，质量上乘，当地的葱姜炒青蟹烹饪方法简单，蟹的香气跟肉的鲜嫩不太适合搭高度的白酒，只适合搭香气清淡、口感也清淡的低度三花酒。

第十三节
豉香型白酒的餐酒搭配

豉香型白酒关键知识点

1. 生产工艺

豉香型白酒用小曲作为糖化发酵剂，以大米为原料，用半固态发酵法发酵，蒸馏出基酒（在豉香型白酒的工艺里，把这种蒸馏出来的基酒叫作斋酒），蒸馏接酒度数比较低，在 29 度～ 35 度；最独特的工艺是把蒸馏的斋酒放到陶坛里储存时，放入肥猪肉浸泡，这种陶坛叫肉埕，肥猪肉和酒的比例大约是 1:10，20 千克的一坛酒里要放 2 千克的猪肉，浸泡时间为 3 个月以上，压滤澄清酒体后，包装出厂。

豉香型白酒的小曲和桂林三花酒的小曲不大一样，制曲原料里除了大米之外，还有黄豆、中药，黄豆大约占 18%。

2. 产区范围

目前，豉香型白酒主要在广东佛山一带生产，有两家有代表性的酒厂，分别是生产九江双蒸的九江酒厂和生产玉冰烧的石湾酒厂。两家酒厂相隔很近。

3. 主要流派和代表产品

豉香型白酒的代表酒是石湾酒厂的玉冰烧和九江酒厂的九江双蒸。

4. 风味特点

按照豉香型白酒国家标准上的感官描述，其风味特点是豉香纯正、清雅，风味是醇和甘滑，酒体丰满、协调，余味爽劲。对于普通消费者来讲，一闻到豉香型白酒，直接感受到的是一种明显的腊肉的气味，也有人说是一种肉哈味或是油哈味，然后才是低沉的酒香。

5. 配餐口径

豉香型风味独特，只限于广东一部分地区销售，但在历史上，豉香型白酒曾经是出口量最大的中国白酒，主要出口给海外的广东华侨。豉香型白酒独特的风味使得它可能是中国白酒中配餐口径最窄的一种香型，搭配别的菜肴都会让那种肉哈味太明显，觉得不愉快，但是如果吃广东的烧腊，比如烧鹅、叉烧、腊味煲仔饭等，就会觉得它们特别般配，烧腊散发出的腊肉香气，让你感觉不

非同寻常选酒师
提供选酒师所必
需的知识。

绝妙下酒菜
已介绍过国内外
数百种下酒菜，
还 在 不 断 更 新
中，关注它，可获
得最新的下酒菜
知识。

到豉香型白酒还有肉哈味，只觉得香气全是菜肴带来的，而在喝酒时就觉得它只有酒香了；酒体口感清淡醇和，像南国秋天的气温一样宜人。

广东省佛山市石湾镇石湾酒厂集团主楼（摄影／李寻）
石湾酒厂主要生产玉冰烧酒。主楼旁边的圆形建筑为直径约十米的米仓，每天蒸煮一百多吨大米用于酿酒。

豉香型白酒配餐示例

石湾玉冰烧（29%vol ～ 33%vol）
九江双蒸（29.5%vol）

（1）脆皮乳猪（粤菜）　　　　（4）椒盐蛇碌（粤菜）

（2）广式烧鹅（粤菜）　　　　（5）法国鹅肝啫大虾（粤菜）

（3）广式腊肠（粤菜）　　　　（6）潮汕生腌咸蟹（粤菜）

　　豉香型白酒独特的香气决定了它适合搭配的是烧、炸、烤的粤菜。经典的粤菜脆皮乳猪、广式烧鹅、广式腊肠，搭配豉香型白酒可谓天衣无缝，如果吃这些菜时不喝点豉香型白酒，你会觉得缺了些什么。

　　到广州不能不尝一尝蛇肉，粤菜里的椒盐蛇碌是油炸的蛇段再撒上椒盐，油炸香满满，感受不到豉香型白酒的肉哈味，只会感到酒香和蛇肉的鲜美。

　　20 世纪 80 年代以后，广州菜出现了一种"啫法"，通常使用砂锅作为烹饪容器，并在底部铺上增香提味的配料，如青红辣椒、大蒜、生姜、洋葱等，再放入拌好酱汁或半加工的主菜，放在火上烤制。在这类菜品里有一道法国鹅肝啫大虾，特点是啫鹅肝的香气极高，这种香气可以压住豉香型白酒里的肉哈味，让酒散发出清新的酒香。低度的豉香型白酒搭配口感细嫩的鹅肝和虾肉，十分协调。

　　潮汕生腌里的一些菜也适合搭配豉香型白酒，比如生腌咸蟹。潮汕生腌的特点是腌制的调料比较浓郁，里面有酱油、蒜头、花椒、盐、白糖等调料，有些还要加一点 XO 白兰地，调料的香气不仅能抑制住虾蟹等原料的腥味，搭配豉香型白酒时也感受不到其肉哈味，而是酒香味。潮汕生腌的口感相对来说比较咸，这时喝点低度的豉香型白酒，像喝茶一样，有清爽口腔的作用，去掉过咸的调料味道，慢慢品味蟹肉的鲜美。

第十四节
青稞香型白酒的餐酒搭配

青稞香型白酒关键知识点

1. 生产工艺

青稞酒是以青藏高原特有的作物青稞（学名"裸大麦"）为原料酿造的大曲蒸馏酒。在很长时期，青稞酒被划入以汾酒为代表的清香型白酒，汾酒虽然使用大麦（60%）为主要原料制曲，但酿酒粮食是高粱，高粱的香气和青稞的香气从原料到成品酒都有所不同，将青稞酒划分为清香型白酒不太合适。经过多年的努力，2020年1月，中国酒业协会发布了青稞香型白酒的团体标准，标准号是 T/CBJ 2106—2020，从此青稞酒可以正式使用青稞香型这个香型名称了。目前市场上的产品中，两种香型标注的产品都存在，都是同一个酒厂生产的，工艺、产品没有大的差别，只是传统习惯和产品转换过程的过渡状态，老产品标注的是清香型，有些新产品就标注为青稞香型。

2. 生产工艺

青稞酒的大曲以青稞为原料，另外添加30%～40%的豌豆制成。青稞酒大曲分为两种：一种是在冬春季节制的中低温曲，叫作白霜满天星曲；还有一种是在夏秋季节制的中高温曲，叫作槐瓤曲。酿酒过程中中低温曲和中高温曲按比例配合起来使用。酿酒的粮食是产自本地的青稞，青海用的是青海产的青稞，西藏用的是西藏产的青稞。青稞也分很多品种，有白浪散、瓦蓝、肚里黄、黑老鸦，等等，不同品种青稞酿出的酒在口感上有细微的差别。发酵容器是花岗岩的条石窖，窖底铺松木板，酒粮装入之后，上面也要加盖松木板。这种石壁、木底、木盖的窖池是青稞酒独有的。蒸馏工艺是"清蒸清烧四次清"。青藏高原独特的气候条件，使得青稞酒和内地的其他酒有所不同：内地的酒厂都有"伏休"（夏天最热的时候因为天气太热而停止蒸馏），青稞酒一年四季可以连续酿造、蒸馏。天佑德酒厂有一个产品，就是"春夏秋冬四季酒"，一盒四瓶装，分别是春、夏、秋、冬四个季节酿造的酒。

3. 产区范围

目前青稞酒主要有二个产区：一、青海产区，以位于河湟谷地的青海互助土族自治县为核心，海拔2600米，这一带自古以来就是青藏高原边缘的农业

非同寻常选酒师
提供选酒师所必需的知识。

绝妙下酒菜
已介绍过国内外数百种下酒菜，还在不断更新中，关注它，可获得最新的下酒菜知识。

区，有陶器时代酿酒遗迹，酿酒历史悠久；二、西藏产区，位于西藏拉萨市，海拔 3600 米，是世界上海拔最高的蒸馏酒产区；三、云南产区，在云南香格里拉一带也有青稞酒产出。从气候区带划分看，青稞酒产区都位于高原亚温带，由于海拔和纬度不同，互助和拉萨的气候条件有比较大的差异，各地生产的青稞酒酒体风格也略有差异。

4. 主要流派及代表产品

青海产区的互助天佑德青稞酒业，是历史最为悠久的青稞酒生产企业，生产多个品牌的青稞酒，著名的是天佑德零号酒样、天佑德国之德、天佑德海拔系列、天佑德出口系列，等等。西藏产区的阿拉嘉宝公司生产的产品有阿拉嘉宝真年份系列（58 度）、阿拉嘉宝 A7 系列（52 度），A7 系列里面有一种小型包装的酒，125 毫升，叫小阿拉嘉宝，酒体和 A7 是一样的，还有各种文化纪念酒和巅峰系列、国道 318 系列，等等。

5. 风味特点

青稞酒曾经被划为清香型白酒，有一个阶段酒体风格也努力向清香型白酒代表酒汾酒靠近，所以有些产品跟汾酒的区别度比较低，但是近些年来越来越回归青稞香型的本质。现在的代表产品，如天佑德国之德、天佑德零号酒样、阿拉嘉宝 A7 和阿拉嘉宝真年份的香气与以汾酒为代表的清香型白酒有明显的区别，主要区别在于青稞酒的粮香更突出一些，青稞酒的清香体现为青瓜香或者青草香，而汾酒的高粱酿造出的水果香、甘蔗香要更明显一点。汾酒的粮香没有青稞酒突出，曲香要比青稞酒略重。口感上，青稞酒口感醇厚，五味俱全，苦味略出头，但回味悠长，有苦尽甘来、跌宕起伏之感。

青稞酒的生产环境是高海拔地区，互助海拔 2600 米，拉萨海拔 3600 米，环境形成了天然的负压蒸馏条件，所以蒸馏过程中汇香效果明显。在高原地区品尝青稞酒，会感觉到香高、气冲，到平原地区香气就没有那么高了，这跟大气压力以及酒体中的挥发物质在不同环境下呈现的效果不同有关。青稞酒在平原地区显得香气低沉，到了高原地区，香气就高亢、嘹亮。

6. 配餐口径

青稞香型白酒在高海拔地区香气高亢、明亮，在低海拔地区香气低沉、馥郁，更宜衬托各种菜肴的香气，这使它的配餐口径比较宽，和清香型白酒一样，属于配餐口径最宽的白酒香型，搭配本地的牧区菜浑然天成，搭配滨海的生猛海鲜也十分协调。

雍布拉康碉楼前的阿拉嘉宝 A7，其酒瓶的设计灵感就来自雍布拉康藏式碉楼 （摄影／胡纲）

青稞香型白酒配餐示例

天佑德国之德 G6 （52%vol）
阿拉嘉宝 A7（小阿宝）（53% vol）

（1）手抓羊肉（牧区菜）　　（4）清蒸石斑鱼（粤菜）

（2）烤全羊（牧区菜）　　　（5）铁板鱿鱼（日料）

（3）冷片壮牛肉（滇菜）　　（6）黑胡椒煎牛排（西餐）

　　上述搭配方案中，手抓羊肉和烤全羊是青海、内蒙古、西藏、新疆的牧区常见的菜肴，与青稞酒有天然的协调性。

　　牛肉是牧区菜常见的肉，但各地做法不同，这里选配的是一道滇菜中的名菜——冷片壮牛肉。它的烹饪方法比较细腻，牛宰杀后漂洗时间长达 12 个小时，煮熟后再切成片作为凉菜食用，是一道下酒的百搭菜，搭配产自高原的青稞酒自然协调。

　　青稞香型白酒可以搭配一切清蒸或者白灼的海鲜，比如粤菜中的清蒸石斑鱼。携带青稞酒在海边吃清蒸鱼时，会感觉青稞酒的香气低沉，但能抑制鱼的腥气，同时衬托出鱼肉的香气。搭配口感细腻的石斑鱼，青稞酒并不粗糙，同样丝丝入扣。

　　青稞酒搭配日本料理中的烤鱼和铁板鱿鱼也妙合天然，鱿鱼肉的香气和青稞酒里的麦香、曲香有相通之处，仔细品尝，遐想无穷。

　　青稞酒与牛肉是一种天然搭配，不管是中国牛肉还是外国牛排，都没有问题。各种方式的煎牛排，如西餐中常见的黑胡椒煎牛排，搭配青稞酒，特别是搭配阿拉嘉宝青稞酒，甚至会感觉到阿拉嘉宝酒里都有黑胡椒的香气，而不是牛排带来的黑胡椒香气。

第十五节
小曲固态法白酒的餐酒搭配

小曲固态法白酒关键知识点

1. 小曲白酒的概念

小曲和大曲都是中国古代酿酒人的发明创造，小曲和大曲的曲块形状不同，大曲的曲块大如土砖，小曲的曲块小如铜钱。现代科学引进之后，对小曲的研究有了根本性的变化，现在的小曲主要指的是人工培育的纯种根霉菌糖化剂，小曲的形态已变成碎末状的散曲，和古代的小曲在形状上已经不是一回事了。

小曲酿造的白酒各种各样，有半固态法发酵的白酒，也有液态法发酵的白酒，还有大小曲混用的白酒。本节所介绍的小曲固态法白酒以 2011 年发布的国家标准《GB/T 26761—2011 小曲固态法白酒》所介绍的川法固态小曲清香酒为主。

2. 生产工艺

本节介绍的只是川法固态法小曲白酒的生产方法。第一个环节是制曲，即纯种根霉曲的制作。现在根霉曲有专业的制曲工厂生产，属于圆盘法制曲，制曲效率很高。第二个环节是把酒粮蒸好之后，放入根霉曲进行糖化。第三个环节是糖化之后再加入培养的纯种酵母菌，入发酵容器发酵，传统发酵容器是木桶，现在多用水泥窖池作为发酵容器。发酵好后入甑桶蒸馏出酒，放入陶坛储存，陈化老熟后装瓶，或者当作散酒直接销售。

小曲酒特点是用曲量小，相当于酒粮的 2% 左右，比大曲用量少很多，节约了制曲用粮；发酵期短，培菌时间大约是 24 个小时，发酵时间 5～6 天，总生产周期 7 天，生产成本低，出酒率高，相对来说价格也便宜。

有的酒厂已经采用了全部自动化、机械化的小曲酒酿造设备，生产过程中，所有物料不沾地，小曲白酒也成为目前生产过程现代化程度最高的白酒酒种。

3. 产区范围

小曲清香酒是分布最广的一种白酒，主要分布在四川、重庆、湖北、湖南、贵州、云南等省市。近些年来，在北方的一些地区，小曲白酒也有广泛的发展，

选酒师

提供选酒师所必需的知识。

绝妙下酒菜

已介绍过国内外数百种下酒菜，还在不断更新中，关注它，可获得最新的下酒菜知识。

本节主要参考文献：

赵金松.小曲清香白酒生产技术[M].北京：中国轻工业出版社.2018.

我们在陕西、青海、东北都见到过用小曲生产白酒的作坊。在乡野间、国道边的那种前店后厂的酿酒作坊里，大部分用的是小曲酿造法。据专业人士统计，小曲白酒的年产量约占中国白酒总产量的1/3，按照白酒年产量700万吨来算，小曲白酒年产量在200多万吨。如果考虑到小曲酒分布在穷乡僻壤深处，很多在统计之外，那么其实际产量比资料上统计的产量还要高。小曲酒的价格便宜，便宜的10元一斤，贵的也就30～50元一斤，乡村中常见的散酒多是小曲酒，可以说小曲酒是中国消费量最大的口粮酒，远远超过任何一个品牌的任何一种所谓"口粮酒"。

4. 主要流派和代表产品

小曲酒各地分布广泛，发酵环节是开放式的，也受各地的气候条件的影响，所以各地的酒的风格差异比较大。由于它散落在民间，没有进行专业化的研究，所以我们无从统计其有多少流派，而且有全国知名度的品牌酒并不多，影响较大的有重庆的江小白酒和江津白酒。

5. 风味特点

小曲酒的风味各异，川法固态法小曲白酒初闻有明显的丁酸的臭味，酒气不明显，醇味不明显。但是湖北的小曲白酒的香气较清新，没有酒臭味，有淡淡的醪糟香气。青海的青稞小曲酒酩馏酒有浓郁的甜醅香气。小曲酒的香气低沉清雅，也是做各种配制酒最好的基酒。

6. 配餐口径

小曲酒分布地广泛，风味多样，价格也便宜，和当地的民间菜有天然的融合性，就像遍布天涯的野草一样。草根酒搭配草根菜，配餐口径比较宽。

小曲固态法白酒配餐示例

高庙白酒（52%vol）
西蜀陵州品轩小曲白酒（52%vol）

（1）温江猪头肉（川菜）　　（4）街边串串（川菜）

（2）鸭脑壳（川菜）　　　　（5）麻辣小龙虾（川菜）

（3）九江肥肠（川菜）　　　（6）油炸花生米（家常菜）

　　四川的高庙小曲白酒和品轩小曲白酒是我在成都附近的温江区买到的，从街边小店里打上两瓶散酒，不出这条街就能找到各种合适的下酒菜，我搭配的这六道下酒菜都是在温江区找到的。

　　温江猪头肉是在一家卖豆花饭的文成豆花餐馆吃到的，做得非常漂亮，肉皮焦黄透亮，远远就能闻到肉的香气，当然也有一点猪圈的那种令人不愉快的气味，用它搭配有明显臭味的川法小曲酒，产生了奇妙的效果，两种臭味都感受不到了，混合抑制效应出现，留下的只是猪头肉的肉香、油香和酒本身的少许清香。

　　鸭脑壳（温江著名的鸭脑壳店是嘎嘎鸭脑壳）、九江肥肠、街边串串、麻辣小龙虾是在温江随处可见的街边小店，不能说每家店都同样好吃，但是大多数都极其好吃，甚至不用坐店里，就在街边的人行道上搭个桌子板凳而坐，端起风味浓郁的小曲白酒，搭配本来有些浑浊气味的街边小吃，带有明显丁酸臭味的小曲白酒仿佛有一种清洁功能，把整个浑浊的气息都洗净了一样，留下的只是肉香、龙虾肉的香和肥肠的油脂香，以及奇妙地蹿出来的像水果或者蔬菜的酒的清香。

　　不用说，搭配这种酒，油炸花生米这种百搭菜也没有问题，在你没有上述五种可以产生奇妙效果的下酒菜时，油炸花生米也可以对付一下。

3

第三章 为菜选酒

第一节
鲁菜与白酒的搭配

一、鲁菜概述

鲁菜，现在指的是山东菜，但在过去，鲁菜并不是指山东菜，而是指在京城以及京城附近的华北地区、以山东人为主体的厨师所烹饪的菜系。鲁菜为中国八大菜系之首。鲁菜之所以能居于八大菜系之首，是因为在明清时期，鲁菜进入京城，产生了重大影响。尽管鲁菜的历史可以一直追溯到春秋时期，但实际上真正名满天下列为八大菜系之一主要是在明清时期，特别是清代。清代，山东的厨师进入宫廷成为宫廷厨师，这种影响弥漫在京城，进而影响到京畿附近的直隶等地，红烧海参、糟熘鱼片等名菜成为宫廷名菜。

从清代到民国，在现今的北京、天津、河北、河南以及东北地区，鲁菜执各地之牛耳，影响一直持续到 20 世纪 80 年代。中国近代著名学者张友鸾先生曾经回忆说："在五六十年前，就是 1930 年前后，北京有名的大饭庄，什么堂、村、居之类的，从掌柜到伙计，十之七八都是山东人，厨房里的大师傅更是一片胶东口音。不仅大饭馆，就是一般菜馆，甚至街头的小饭馆，也是山东人经营的。"在 20 世纪 80 年代以前，北京、天津的餐饮市场，经营鲁菜的餐馆、酒楼也占了半壁江山，这种情况在 20 世纪 80 年代之后才逐渐改变。

鲁菜能成为八大菜系之首，原因主要有以下几个方面：

第一，山东物产丰富。从农业区域的种植业、养殖业，一直到沿海地区的渔业，品种丰富，使得食材相对完整，鲁菜厨师的技艺也随之全面。

第二，山东在地缘上离北京比较近，山东人又勤劳吃苦，到北京从事服务行业也有各种因缘，官员们把厨师引入宫廷，他们在宫廷被接受之后有了名气，影响扩散到了民间。

这样的历史地位使得鲁菜影响深远，如今的东北菜、北京菜、天津菜、河北菜、河南菜的很多技法、风味受鲁菜的影响明显。

鲁菜在技法和风味上有如下五个特点：

访酒天下

遍访天下美酒，
尽尝人生百味，
融入岁月山河。

绝妙下酒菜

已介绍过国内外
数百种下酒菜，
还 在 不 断 更 新
中。关注它，可获
得最新的下酒菜
知识。

本节主要参考文献：

[1] 陈长文.中国八大菜系[M].长春：吉林文史出版社.2012：6–19.

[2] 牛国平，牛翔.舌尖上的八大菜系[M].北京：化学工业出版社.2023：58–98.

[3] 赵建民，曲均记 主编.中国鲁菜文脉[M].北京：中国轻工业出版社.2016：18，117–142.

[4] 黑伟钰.标准鲁菜[M].济南：山东教育出版社.2013：16–116.

1. 善用葱香

山东盛产大葱，而鲁菜的厨师也善于以葱香调味，在菜肴烹制过程中，不论爆、炒、烧、熘，还是烹调汤汁，都以葱丝或葱末爆锅，就是蒸、扒、炸、烤等烹饪方式，也借助葱香提味，如烤鸡、烤乳猪、锅烧肘子、炸脂盖等，均以葱段为佐料。

2. 烹制海货独到

山东盛产海鲜，但在古代，生鲜海鲜不好保存，基本都是干制的海鲜。鲁菜的一个特点就是烹饪海鲜干货。烹饪海鲜干货是非常复杂的过程：首先要发制，发制的时间短则十几个小时，多则数天；发制之后还要采取各种烹饪手段，烧、扒、煨等，也是耗时甚巨的工作，但这样也形成了鲁菜独特的烹饪干制海鲜的特点。

3. 精于制汤

鲁菜善于制汤，汤有清汤、奶汤之别，俗话说："厨师的汤，当兵的枪。"以清汤和奶汤打底制作的各种鲁菜，都是被列入高级宴席的珍馐美味。

4. 庖厨烹技全面

鲁菜的原料丰富，技法也随之丰富，尤以爆、炒、烧、塌、扒等最有特色，其中扒和塌是鲁菜独有的技法。

5. 善做宫廷化大宴席

鲁菜成名是靠两类宴席：一类是宫中的宴席，一类是孔府菜。孔府菜现在还保留着当年宫廷宴席的奢华和富丽堂皇，菜品多，花式多，同一场宴席，每道菜都有不同的风味。后来虽然没有了宫廷菜，但是这种体系化和丰富的菜式也构成了鲁菜的特点。

二、主要流派和代表菜品

鲁菜（山东菜）目前主要分为四个流派：（1）济南风味（鲁中风味）；（2）胶东风味（沿海风味）；（3）运河风味（沿大运河一带的风味）；（4）孔府菜（山东曲阜）。

1. 济南风味

济南风味也被称为鲁中风味，该风味区大致包括济南和周边的泰安、淄博、滨州、惠民、东营等，具体的代表菜如下：

（1）糖醋黄河鲤鱼；
（2）九转大肠；
（3）宫保鸡丁（鲁菜）；
（4）清汤什锦；
（5）玉记扒鸡；
（6）油爆双脆；
（7）爆肚头；
（8）锅塌豆腐；
（9）软烧豆腐；
（10）烧二冬；
（11）炸里脊；
（12）炸排骨；
（13）博山酥锅；
（14）酥鲫鱼；
（15）博山豆腐箱；
（16）怀胎鲤鱼。

2. 胶东风味

胶东风味就是胶东半岛上的菜肴，主要是指山东沿海地区。山东的海岸线有3100多千米，海洋面积14万平方千米，和全省的陆地面积差不多相等，面积大于500平方米的海岛有326个，光近海的鱼虾就有260种之多。海产丰富，山东人又善于干制海产，干制海产品发制后再烹饪的各种菜肴，是鲁菜曾经独领天下风骚数百年的重要原因之一。传统以及现在还在延续的胶东风味名菜如下：

（1）糟熘鱼片；
（2）葱烧海参；
（3）扒原壳鲍鱼；
（4）煎烹大虾；
（5）浮油鸡片；
（6）油爆乌鱼花；
（7）红烧大蛤；
（8）油爆海螺；
（9）芙蓉干贝；
（10）炸蛎黄；
（11）清汆天鹅蛋；
（12）熗大虾；
（13）韭黄炒海肠；
（14）乌鱼蛋汤；
（15）虾酱炒鸡蛋；
（16）菊花蟹斗。

3. 运河风味

京杭大运河通过山东全境，长度约500千米，沿运河的城市有济宁、枣庄、聊城、德州。运河区域是中国古代最富庶的地区，富商巨贾群居，生活自然也极尽奢华，运河一带又有微山湖等湖泊，盛产河鲜，形成的运河菜系有两个特点：一是以河鲜为主；二是做工精致，把各地来的干制珍品，如燕窝、海参，还有塞北的驼掌、驼峰，精工细作，形成精美的大菜。代表菜主要如下：

（1）济宁甏肉；	（8）枣庄菜煎饼；	（15）玛瑙海参；
（2）奶汤鲫鱼；	（9）聊城呱嗒；	（16）三丝鱼翅；
（3）清蒸鳜鱼；	（10）聊城熏鸡；	（17）高汤宫燕；
（4）红烧甲鱼；	（11）德州扒鸡；	（18）御带虾仁；
（5）油淋白鱼；	（12）清氽羊腰；	（19）红扒驼掌；
（6）济宁羊肉汤；	（13）灯碗肉；	（20）冬瓜蒸瑶柱。
（7）枣庄辣汤；	（14）白扒鱼串；	

4. 孔府菜

孔府菜产自山东曲阜。孔府是历代统治者尊崇的孔子的后裔的府邸，由于统治者的尊崇，孔府的生活优越，饮食讲究，而且要接待往来的官员，也就发展为成体系的宴席菜式，早期封闭在孔府内，现代市场上如北京、济南都开有孔膳堂专做孔府宴席。

孔府菜遵照君臣、父子等级有不同的规格，第一等是用于接待皇帝和钦差大臣的满汉全席，按照清代的国宴规格设计，使用全套银餐具，上菜 196 道，全是山珍海味，如熊掌、燕窝、鱼翅，还有满族的"全羊带烧烤"。

孔府菜和江苏菜系中的淮扬风味并称为"国菜"，代表菜有：

（1）一品寿桃；	（5）燕窝四大件；	（9）拔丝金枣；
（2）翡翠虾环；	（6）菊花虾包；	（10）御笔猴头；
（3）海米珍珠笋；	（7）一品豆腐；	（11）八仙过海闹罗汉。
（4）炸鸡扇；	（8）寿字鸭羹；	

"八仙过海闹罗汉"是孔府喜寿宴第一道菜，选用鱼翅、海参、鲍鱼、鱼骨、鱼肚、虾、芦笋、火腿，为"八仙"，将鸡脯肉剁成泥，在碗底做成罗汉钱状，称为"罗汉"。制成后放在圆瓷罐里，摆成八方，中间放罗汉鸡，上撒火腿片、姜片及氽好的青菜叶，再将烧开的鸡汤浇上即成。旧时此菜上席即开锣唱戏，在品尝美味的同时听戏，热闹非凡，也奢侈至极。

三、我们直接感受到的鲁菜

斗转星移，现在鲁菜在很大程度上只是个历史概念了，全国各地很少见到

山东海阳市的一家海鲜餐馆：渔家码头　（摄影／李寻）

专门打着"鲁菜"旗号的餐馆，甚至连山东菜餐馆都少见，更多的是诸如"青岛海鲜"之类的菜馆，但是在山东省境内还保留下来了许多传统鲁菜的菜式。还是那句老话：要想吃到地道的鲁菜，只能到鲁地去。

如今我们行走在山东，能够清晰地感受到鲁菜的三个不同的风味流派，济南和鲁中地区的菜，跟胶东沿海地区和大运河地区有所不同，济南地区的菜中传统的烧菜、炸菜和塌菜比较多；山东沿海地区的菜多为各种海鲜；大运河地区的菜多为各种河鲜，同时还有熏鸡、扒鸡这类传统的名菜。而且只有在山东本地，才能品尝到我们在前面提到的文献上的各种菜名，如葱烧海参、锅塌豆腐、烧二冬、博山酥锅、酥鲫鱼、炸里脊、扒原壳鲍鱼。这些菜肴在外地难得一见，即便是见到了，尝过后也和山东本地的风味不同。

当然，和文献上记载的鲁菜相比，现在鲁菜也发生了很多变化：

第一，生鲜海货已经逐渐占据主流，干制海货逐渐式微。由于现代保鲜技术的发展，鲁菜的海鲜制品也逐渐向粤菜的白灼、清水煮等方向发展。海参有生吃活海参，也有蒸好的预制海参，带回家里简单加工就可以吃，饭馆里使用的海参也大部分是这样的预制海参。过去那种干制泡发海参只有在比较讲究的大饭馆里才能见到，小饭馆里是难得一见的。

第二，加工复杂、耗时长的菜品越来越少了，或者是以简易的办法代替了，例如锅塌豆腐，正宗传统的那种耗时多的锅塌豆腐并不多见，大多就是勾芡、炸了的豆腐再稍微烧一下。

第三，除了那种大型宴席才可能看到完整的鲁菜，一般宴席的菜基本上都家常化了。

四、山东地产白酒

按照酒菜同产地的配菜原则，我们给鲁菜配酒，首先要从山东本地选酒。遗憾的是，山东本地可供选择的白酒并不多。山东历来是白酒生产大省，现在还是白酒消费大省，但目前可供和闻名天下的鲁菜相匹配的酒的品种很少，令人叹息。

山东自古作为富饶之地，酿酒的历史非常悠久，直到现在还留下了有古老传统的发酵酒，即墨老酒。白酒的历史也非常悠久，以潍坊地区安丘县景芝镇最为有名，1933 年，安丘县全县的白酒产量是四百万市斤，景芝镇占了约一半，也就是全县白酒产量是 2000 吨，其中景芝镇的产量是 1000 吨，占了一半，这个数量在当时是很惊人的。

京杭大运河山东段约 500 千米，沿河两岸遍布酒坊。清代济宁地区酿出的酒有 40 多种，如玉芙蓉、满庭芳、醉仙桃、菌苕香等。有文献记载，运河两岸人们嗜酒善饮，这是其他地方难以匹敌的。我们要再强调一下中国大运河酒系的存在，在古代，沿京杭大运河的各省市，包括江苏、安徽、山东、天津、北京等，整个运河沿岸，只要有规模的城镇都有酒坊，而且酒的工艺也大同小异，基本上是混糟混蒸的老五甑法。清朝时期，运河经济是国家最重要的经济基础之一，国家 70% 的财政收入一度是从运河漕运而来，当时为运河服务的官差以及民众高达数百万人，支撑起了运河沿岸成为中国白酒的两大聚集区之一（一是大运河聚集区，二是古盐道聚集区，详情可参阅拙作《酒的中国地理》）。

如果按照现在的白酒香型特点来划分的话，山东在古代产的白酒基本上都属于清香型白酒，那时候也叫山东清烧。

对现代山东白酒最有影响的两个事件：一是 1955 年"烟台酿酒操作法"的推出，山东作为麸曲酒的一个试点省、标杆省，向全国推广麸曲酿酒；二是从 1985 年到 1997 年，山东的白酒产量居全国第二位，很多酒厂在扩张规模时，到四川去拉取原酒，通过在中央电视台打广告的方式快速推广，比如当时全国有著名的孔府家酒、秦池酒等，秦池酒曾经成为中央电视台广告的标王。

之所以在山东搞麸曲酒的实验和推广，是因为它是传统上的酿酒大省。酿麸曲酒的目的主要是节约粮食、提高出酒率。而以秦池酒为代表的山东酒的快速崛起，实际上就是新工艺酒的一次大爆发。这两个事件使山东酒的产量提升了，影响力扩大了，但是酒质却下降了，其后果一直延续到现在。

现在山东各地都有自己的地方品牌，举例如下：

济南：趵突泉

泰安：泰山特曲	东营：军马场酒	威海：威海卫酒
济宁：孔府家酒	淄博：扳倒井	青岛：琅琊台
聊城：景阳冈酒	临沂：兰陵王	潍坊：景芝酒
德州：古贝春酒	烟台：烟台古酿	

但是这些品牌不仅在省外影响力低，在省内的接受度也低，有网络平台调查显示，山东本地消费者喜欢的酒反倒是茅台、五粮液等这种国内的名牌酒，国内其他名牌酒也把山东作为重要的市场，酱香型白酒推广中就有"得山东或河南者得天下"之说，山东人口众多，2023 年是 10162.79 万人，2020 年白酒销售额已达 600 亿元以上，各种地产酒的销售额约在 180 亿元，只占 1/3 多。各种各样的外地酒充斥着山东的市场。山东本地的酒多是浓香型低度酒。

当我们认真地考虑给鲁菜找一款合适的酒时，在山东的酒里选来选去，认为只有一款酒，那就是产于潍坊安丘景芝镇的景芝酒。之所以选择景芝酒，是因为它是中国 14 大白酒香型里芝麻香的代表酒，大曲和麸曲合酿，风味独特，有焦香和芝麻的香气，口感也丰富复杂。芝麻香型白酒可以说是麸曲白酒实验中仅存的硕果，也是目前唯一有山东风味的白酒。其他山东白酒多是浓香型白酒，基本上全是川派浓香，而传说中的山东清烧清香酒，目前已不见踪影。

鲁菜与白酒搭配示例

从鲁菜的历史和菜肴的特点来看，菜品大概有三类：第一类是适合下饭的菜，如各类烧菜、塌菜、烩菜等；第二类是适合单独吃的菜，像乌鱼蛋汤、炸蛎黄，还有各式燕窝、海参，这些菜既不是下饭菜，也不是下酒菜，是适合单吃的名贵菜；第三类是适合下酒的菜，胶东菜中的海鲜、运河菜中的河鲜都适合下酒，酒有去腥提鲜的作用。传统鲁菜里的油炸类菜，如炸里脊、炸硬肉等，也是适合下酒的菜，而且能够回味传统菜的韵味。根据我们实际的采风和品尝经验，总结出以下的酒菜组合：

1.清蒸海鱼（海鲈鱼）
清香型白酒：汾酒青花瓷20 53%vol

各种清蒸海鱼，是现在鲁菜的一大特点。我们曾经在山东东营吃过黄河刀鱼，尽管刺多，但非常鲜美，价格还便宜，还有清蒸海鲈鱼也很鲜美。山东沿海产的各种鱼，只要清蒸，最佳搭配酒就是清香型白酒，汾酒的青花瓷20最为合适。清蒸鱼本身清淡，汾酒青花瓷20的香气清雅，口感相对来说也清淡，和清蒸海鱼搭配，去腥提鲜，恰到好处。

2.清水煮八爪鱼、肥蛤
清香型白酒：汾酒青花瓷30 53%vol、潞酒窖藏30 53%vol、汾州印象原酒 66%vol

山东沿海各地区、县、市都产海鲜，有各种贝壳类，还有八爪鱼。在这些地方吃八爪鱼和肥蛤都比较奢侈，八爪鱼和肥蛤端上来时都是活的，放到清水火锅里氽一下，味道无与伦比的鲜美。

无论是八爪鱼还是肥蛤，以及牡蛎这种贝壳类的海鲜，香气和海鱼是不一样的，里面含有一些含硫的化合物，煮之后有一种肉香，细闻还有一种含硫的气味，不太适合搭配青花瓷 20 这样清香纯正的清香酒，而清香型老酒如青花瓷 30，焦香、曲香明显，还有发酵味，能把食材里不易察觉的含硫化合物的气味压制下去，还能把肉香衬托得更为谐调，潞酒窖藏 30 也能达到这样的效果。汾州印象原酒的香气也是比较复杂的，当然，相比而言，青花瓷 30 更加柔和，汾州印象原酒的酒精度是 66 度，更为凛冽，但是吃生鲜，凛冽的酒更能带来心理上的安全感。

3. 炸里脊、炸硬肉、炸排骨

芝麻香型白酒：景芝酒

酱香型白酒：飞天茅台、郎酒、茅台镇一号窖聚礼 30 53%vol

鲁中风味的各种炸制的肉类非常有特点，干炸也好，软炸也好，肉质其实是很嫩的，我们曾经品尝过一道淄博地区的"硬肉"，说是"硬"，其实是一种干炸的里脊，比较软，而且很香。

干炸肉的焦香气明显，跟酱香型白酒如飞天茅台、郎酒以及芝麻香型白酒里的芝麻香气和焦香气互相辉映。酱香型白酒和芝麻香型白酒都有高温堆积发酵的过程，有美拉德反应产生的各种焦香和烘焙香，和炸类菜肴的美拉德反应是一样的，它们有多种化合物是共同的，香气极为融合。

4. 九转大肠

芝麻香型白酒：景芝酒

浓香型白酒江淮流派：樸酒 60%vol

小曲固态酒：四川小曲白酒

九转大肠是鲁菜的一道名菜，大致的制作工艺是把洗净的大肠加入开水煮熟后，用油锅油炸，再加入调料和香料烹制，味道鲜美。因制作精细，如道家九炼金丹一般，文人雅士将其命名为九转大肠。此菜色泽红润，软嫩鲜醇，五味俱全，肥而不腻。这道菜其实是一道烧菜，适合下饭，下酒时就得速吃，如果放久了就不好吃了。

大肠多多少少会有点臭味在，搭配这道菜适合选择那种也有发酵味的白酒，比如景芝酒。还有安徽亳州文帝酒厂酿造的深发酵酒——樸酒，这款酒的发酵周期长达半年，风味复杂，有明显的腌菜味道，还有腐乳的气味。四川的小曲固态酒也有这种微臭。这些有微臭的酒适合搭配大肠、猪肚之类下水菜，发酵的气味和大肠原来残余的气味混合在一起，会产生钝化嗅觉的效应，也就是术语上所说的"混合抑制消除现象"。这种酒菜组合之后，让人已经感受不到食材和酒里的臭味，反而能够感受到大肠里的油香以及酒里令人愉快的其他香气。

5. 奶汤鲫鱼（或清蒸鳜鱼）

清香型白酒：汾酒青花瓷 20 53%vol、潞酒窖藏 30 53%vol

各地都有鲫鱼，但是山东大运河区域，特别是微山湖的鲫鱼是不一样的，最大的特点是新鲜。我们曾经在微山湖的船上吃过奶汤鲫鱼，说是奶汤，其实基本上就是清水炖，鱼一炖，汤就白了，鱼肉坚实挺拔、鲜甜。吃这种菜，适合选择香气清新纯正的清香型白酒，同时要求口感细腻、柔和、不刺激。汾酒青花瓷 20 和潞酒窖藏 30 就能满足这个要求，它们的香气相对来说都比较纯净，同时口感醇和，特别是潞酒窖藏 30，是 2012 年灌装的老酒，口感柔如春风，和细嫩的鲫鱼搭配起来，美妙无比。

6、白菜丝拌蜇皮

清香型白酒、浓香型白酒、酱香型白酒

白菜丝拌蜇皮再加些蒜泥，这是传统的山东凉菜，清爽可口，非常适合下酒，当然前提是要有一些肉菜搭配，比如吃了炸肉和九转大肠之后，再用这道菜来下酒，爽口无比，适合持续小酌慢饮。

这道菜是凉菜，饮酒时间可以很长，白菜丝的脆、酥和蜇皮筋道的质感结合在一起，加上醋、蒜、酱油、香油的适当匹配，感觉不是在下酒，而是在醒酒了。

在某种程度上讲，白菜丝拌蜇皮是一道百搭的菜，适合所有的清香型白酒、浓香型白酒和酱香型白酒，可以选择清香型的汾酒，浓香型的五粮液，酱香型的茅台、郎酒、习酒等，不太适合选择南方的米香型白酒和豉香型白酒，米香型白酒和豉香型白酒的香气特征跟以蒜为佐料的气味融合得不是很好，而且口感清淡，这道菜本身也是爽口的，两者搭配起来没有浑厚感，却显得薄、寡、涩。

烟台老码头海鲜城的辣根巴蛸（长）拼桃花蛸（摄影／李寻）
巴蛸是长腿八爪鱼，桃花蛸是短腿八爪鱼。

第二节
苏菜与白酒的搭配

一、苏菜概述

苏菜即江苏菜，由淮扬、金陵、苏锡、徐海四地的地方风味组成。江苏东临大海，西拥洪泽，南临太湖，长江横贯于中部，运河纵流于南北，境内有串珠状的湖泊，寒暖适宜，土壤肥沃，物产丰饶，饮食资源丰富，素有"鱼米之乡"之称。"春有刀鲚夏有鳜，秋有肥鸭冬有蔬"，著名的水产品有鲥鱼、太湖银鱼、阳澄湖大闸蟹和众多的海产品，以及太湖莼菜、淮安蒲菜、宝应藕、鸡头肉、茭白、冬笋等特产。

苏菜的历史十分悠久，传说唐尧时代的彭祖，被尊为中国的第一位职业厨师，其封地就在现在江苏的徐州——古时这一带叫彭城。在春秋时代，吴国著名的一道菜叫"全鱼炙"（烤全鱼）。当时的著名刺客专诸把短剑——鱼肠剑藏在全鱼炙里，将其敬给吴王僚的时候趁机行刺，这就是历史上"专诸刺王僚"的故事。据说现在的松鼠鳜鱼就是在全鱼炙的基础上发展起来的。苏菜中还有一道名菜叫"鱼腹藏羊肉"，据说是春秋时名厨易牙创制的，是用鱼和羊肉制成的菜。有人认为——"鲜"字的来历就与此菜有关。南北朝时梁武帝萧衍倡导佛教，规定境内的佛教徒不能吃肉、只吃素，从此开启了素食的传统，此举对后来的苏菜有很大影响，据说素菜中的面筋就是梁武帝发明的。隋统一中国后，开凿南北大运河，沟通江淮河海四大水系。流传至今的苏菜中，有不少和隋炀帝有关，最著名的菜是清炖蟹粉狮子头。当时扬州献给隋炀帝的菜，有一道菜叫"葵花大斩肉"，也叫"葵花献肉"；唐代的时候，郇国公韦陟把这道菜改名为"狮子头"。

大运河深刻地影响了中国的政治、经济和产业分布。在清朝康熙、乾隆时期，运河漕运达到鼎盛，杭州、苏州、扬州、淮安并称运河沿线四大都市，其中

访酒天下

遍访天下美酒，
尽尝人生百味，
融入岁月山河。

绝妙下酒菜

已介绍过国内外数百种下酒菜，还在不断更新中，关注它，可获得最新的下酒菜知识。

本节主要参考文献：

[1] 陈长文.中国八大菜系[M].长春：吉林文史出版社.2012：77–87.

[2] 牛国平，牛翔.舌尖上的八大菜系[M].北京：化学工业出版社.2023：180–215.

[3] 袁晓国，邱杨毅，郁正玉，凌来法.淮扬菜[M].南京：江苏凤凰美术出版社.2019：2–36.

[4] 朱军.适口为珍[M].广州：广东人民出版社.2022：17–22.

淮安还是全国的盐业中心之一，明代初期到清代中期的运河漕运总督府、河道总督府以及淮北盐政分司、执掌大运河往来商船税收的榷关衙门也设立于淮安一地。清代乾隆年间，仅淮安府清江浦一地的人口就达到 54 万，超过当时东南重镇南京和九省通衢武汉的人口。明清之际，两淮盐运使衙门设在扬州，当时盐税收入占全国税收的一半，而扬州仅盐税一项收入即占全国的1/4，大量盐商涌向了扬州。清代中期以前，全国税收的总收入是 7000 多万两白银，其中约 5000 万两来自大运河的税收，占全国财政总收入的 70%。运河上跟盐商和税收密切相关的两个城市——扬州和淮安富商云集，推动了整个餐饮业的发展。当时，淮安河道总督府购买珍稀高档的燕窝动辄论箱买，一箱燕窝的价格是白银几千两；购买一次海参的费用高达白银几万两。宴请宾客自早上七八点开始，可以一直吃到半夜，不罢不止。各种不同的菜点可上 100 多道，仅厨房里的煤炉就有几十个；一位厨师专管制作一道菜肴，豆腐可以制成 20 多种不同的菜肴，猪肉可以做出 50 多种不同的口味。奢靡的消费在客观上推动了苏菜的发展，在当时即形成了有自身独特风格的淮扬菜（现苏菜风味流派之一）。通过大运河、长江及广阔的海岸线，苏菜不断扩大自身的影响，走向全国，其美誉远播海内外。清代的乾隆、康熙两位皇帝分别六下江南，江苏运河沿岸城市几乎都留下过他们的足迹，他们在巡幸过程中多次用宫廷菜、地方菜设宴招待地方文武官员，促进了满汉菜肴的相互借鉴。"满汉全席"被誉为中国古代宴席的巅峰之作，最早的菜单也是出自扬州。

清代后期黄河北移，改由山东入海。其后，漕运被海运取代，加上津浦铁路通车，运河漕运走向废弃，繁盛 100 多年的淮扬阔别了昔日的豪华奢侈，但淮扬菜以及做淮扬菜的厨师早已进入全国各地的通都大邑。

1949 年 10 月 1 日，中华人民共和国宣布成立，开国第一宴在北京饭店举行，当时采用的菜品就是淮扬菜。从中华人民共和国成立到 1954 年，北京饭店承办的国庆宴会以及其他国宴选用的都是淮扬菜，直到 1954 年之后这种格局才有所改变。但长期以来淮扬菜都是国宴接待中的主打菜系之一。

苏菜有以下特点：

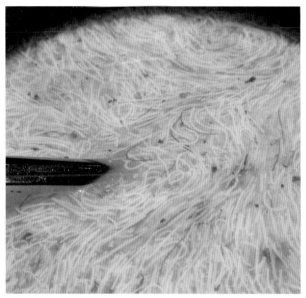

扬州狮子楼的文思豆腐
（摄影／李寻）
文思豆腐是扬州的名菜，刀功细腻。

1．用料以水鲜为主

江苏遍布河湖，水产丰富，鱼、虾、蟹、水禽、鸭、鹅资源丰富，因此苏菜多以当地丰富的水产为原料。

2．烹调方法多样

讲究刀工精细，注重火候，擅长炖、焖、煨、焐。刀工精细的菜，典型的有文思豆腐、平桥豆腐等；炖、焖、煨这些烹饪方法和鲁菜中的炸、塌、煎的方法有所不同，更强调保持食材天然的鲜味。

3．口味偏甜

苏菜现在普遍偏甜，尤以苏菜中的苏锡（苏州、无锡）最为明显。据资料记载，原本是北方菜偏甜、南方菜偏咸，江南进贡到长安、洛阳的鱼蟹都要加糖加蜜（也可能是为运输贮存而采取的措施）。到了南宋时期，都城南迁，中原大批达官士人南下，带来了中原风味的影响，导致现在苏菜偏甜而北方菜偏咸的差异。

二、主要流派和代表菜品

受自然地理和经济地理的影响，苏菜由淮扬菜、金陵菜、苏锡菜、徐海菜这四大地方菜系构成。

1. 淮扬风味

淮扬风味是以扬州淮安为中心，以大运河为主干，南至镇江，北到洪泽湖、淮河一带，东含里下河及沿海地区，是苏菜四大风味流派中覆盖面积最大的流派。在历史上，江苏菜是靠淮扬菜这个名称享誉全国的。2010年江苏省出台《淮扬菜通用规范》，把淮扬菜定位为江苏菜，而淮扬菜系里就包括淮扬风味、金陵风味、苏锡风味和徐海风味。这个规定引起了一些争议，人们在习惯上还是把江苏菜这个流派称为苏菜，淮扬菜是其中一个代表。当然这个规定本身也反映出了历史上淮扬菜的影响。

淮扬风味的具体菜品有：

（1）扬州清炖蟹粉狮子头；（12）泰州三宝扣辽参；（23）镇江锅盖面；

（2）扬州大煮干丝；（13）泰州干豆角扎肉；（24）泰州鱼汤面；

（3）淮安软兜；（14）盱眙小龙虾；（25）南通灌汤狼山鸡；

（4）淮安金钩蒲菜；（15）涟水高沟捆蹄；（26）南通豚鱼头扒辽参；

（5）淮安虾仁狮子头；（16）扬州扒烧整猪头；（27）南通韭菜豆腐烩蚬子；

（6）淮安白汤羊肉；（17）扬州拆烩鲢鱼头；（28）宿迁乾隆老汤猪头肉；

（7）淮安香煎小河虾；（18）镇江肴肉；（29）泰州一品老鹅；

（8）淮安韭菜炒螺丝；（19）南通铁板文蛤；（30）盐城蒜子河鳗；

（9）淮安平桥豆腐；（20）扬州红烧河豚；（31）盐城茼蒿鲜蛤狮子头。

（10）扬州文思豆腐；（21）扬州八宝葫芦鸡；

（11）泰州鮰鱼烧羊肉；（22）扬州炒饭；

2. 金陵风味

又称南京菜，是南京附近区域的菜系。代表菜品有：

（1）盐水鸭；（4）金陵叉烧鸡；（7）酱鸭头；

（2）鸭血粉丝汤；（5）叉烤乳猪；（8）六合猪头肉。

（3）盐水鸭舌；（6）叉烤鳜鱼；

3. 苏锡风味

以苏州、无锡为中心，包括常州地区，环抱太湖，紧邻浙江、上海。代表菜品包括：

（1）大闸蟹；

（2）长江刀鱼；

（3）糟蒸鲥鱼；

（4）常熟叫花鸡；

（5）常熟草鱼颊；

（6）太湖三白（白鱼、白虾、银鱼）；

（7）梁溪脆鳝；

（8）二冬面筋；

（9）无锡三凤桥酱排骨；

（10）无锡蟹黄汤包；

（11）苏州陆稿荐卤菜；

（12）苏州同得兴面饼和各种浇头；

（13）松鼠鳜鱼；

（14）南塘鸡头米；

（15）火瞳老鸭煲；

（16）天目湖砂锅鱼头。

4. 徐海风味

由江苏北部毗邻山东、河南的徐州和连云港两地的菜肴构成。烹饪上接近鲁菜的风格，多采用煎、炒、煮等烹调方法。代表菜肴包括：

（1）沛公狗肉；

（2）彭城鱼丸；

（3）徐州把子肉；

（4）霸王别姬；

（5）彭祖鱼羊汤；

（6）蟹黄煨鱼肚；

（7）温拌海螺片；

（8）连云港风味豆参；

（9）乾隆老汤猪头肉。

三、我们直接感受到的苏菜

如今在全国各地，几乎到处都能看到淮扬菜，笔者居住的西安市就有多家以"淮扬韵""淮扬风味"命名的餐馆。在这些餐馆中，也都能吃到诸如狮子头、大煮干丝、软兜等淮扬菜。但说实在的，这些在江苏以外的淮扬菜馆能做到的只是让你知道有淮扬菜这么一个菜系，至于风味口感的地道，比起江苏本地的淮扬菜馆，相差不可以道里计。在写作本书的过程中，笔者再次亲赴江苏扬州，实地体验淮扬菜的经典名菜，感触颇深。以狮子头这道菜为例，扬州老字号狮子楼的极品狮子头确实带来了在外地难以感受到的极致体验。首先是体量大，以一个单独的陶鼎盛放上桌，目测直径18厘米左右，重量在一斤以上；其次是口感细嫩，狮子头是肉膘子做成的，但肉的品质起关键性的作用，若肉

扬州老字号狮子楼
（摄影／李寻）

质不好，即使是剁成臊子肉粒，肉吃起来也会发柴。扬州狮子楼烹饪的狮子头，肉质极佳，剁成臊子后肉粒内汁水依然饱满，入口即化；第三是配料合适，狮子头要配很多种辅料，常见的是马蹄碎，但马蹄配料比例有讲究，过多过少都影响口感。狮子楼的这款极品狮子头是我们所吃过狮子头中马蹄配量最佳的，若有若无，总在不经意间带来酥爆的感觉；最后是滋味合适，甜咸油均适度，可谓多一分则"太甜"，少一分则"太咸"。

淮扬菜的刀工也名冠天下，在扬州狮子楼品尝到细如发的文思豆腐，让我们感受到淮扬菜绝非浪得虚名。

我们在江苏各地感受到苏菜不同流派的特点和多样性。2023年春天，我和同事一同到苏州，回来时专门到南京六合去尝了一下著名的六合猪头肉，时间是5月下旬，没想到六合居然有些冷，风很大。从网上查询，发现当地有多家专卖猪头肉的店铺，但按导航找到后，发现都落闸关门了，好在还遇到一家正要关门的店铺，见我们来了，又把灯打开，给我们切了两斤猪头肉。据店主介绍，六合的猪头肉店都是白天营业，到傍晚六点多钟就关门下班了，我们到时已是六点半，难怪别的店铺都关门了。买到猪头肉后找到人流最多的一家河南风格的地锅鸡，已经不像南方，而像北方了。当然，六合的猪头肉也很好吃，略咸但香而不腻。

江苏菜有把细腻风格做到极致的菜品，如无锡的太湖白虾、南通的铁板文蛤，还有扬州的狮子头，这类菜配酒一定要选择酒精度低、口感清淡柔和的酒，以免"伤"了菜的细嫩。江苏菜也有把豪放粗犷做到极致的菜品，如徐州的沛县狗肉、宿迁的乾隆老汤猪头肉，粗块大脔，令人遥想西楚霸王项羽和汉家猛将樊哙的豪迈，搭配这类菜，就得选择 60 度以上的高度酒，才能"压得住阵脚"。

江苏菜的日常小吃也只在江苏本地才能吃到，如苏州面馆里各种浇头丰富的面食，镇江的锅盖面、无锡的蟹黄包子、扬州的腰花汤等。食材的新鲜和滋味的独特使得这些小吃深深扎根于本地，并没有走向全国。

无论是品尝经典苏菜的正宗口味，还是享受在外地难得一见的小吃面点，都只能到江苏本地才能做到。

四、江苏地产白酒

受大运河漕运的影响，江苏的白酒酿造业也十分发达——江苏的白酒可以说是大运河酒系最好的遗存，代表酒是"三沟一河"（"三沟"指高沟、汤沟、双沟，"一河"指洋河。高沟酒业现在改名为今世缘酒业，汤沟酒业现在改名为两相和酒业，双沟酒业被洋河收购）。除了这些大厂名牌之外，江苏其他地区均有诸多的小酒厂——淮安、徐州、连云港等地都有。

到江苏来几乎不用带外地的酒，用本地的酒就已足够。而且本地的原酒产能比较大，风格多样，适合苏菜中各个流派的配餐饮用。近年来，江苏的酒企逐渐摆脱原来浓香型的限制，按企业标准生产其高端产品，洋河酒厂的高端产品梦之蓝手工班酒为"绵柔型"，今世缘酒业的国缘酒按企业标准为"幽雅醇厚型"。

双沟酒厂（摄影／李寻）

高沟镇今世缘酒厂（摄影／李寻）

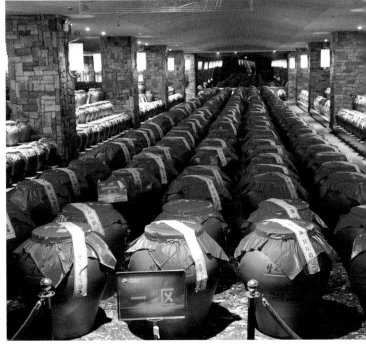

江苏洋河酒厂陶坛储藏库（摄影／李寻）

苏菜与白酒搭配示例

1. 扬州狮子楼极品狮子头
浓香型白酒：绵柔型·洋河梦之蓝·手工班 52%vol

扬州的狮子楼餐馆是当地一家老字号的餐馆，极品狮子头是店中招牌菜之一，体量较大，但肉质极佳，做工讲究，入口即化。作为辅料的马蹄也搭配得恰到好处，形成吹弹可破的口感。这是一款"娇嫩"且名贵的淮扬菜，当搭配口感同样绵柔、醇和、细腻的好酒。洋河梦之蓝手工班就是这样一款好酒，虽然酒精度高达 52 度，但由于基酒酒龄足够长，有着陈年老酒才有的绵柔细腻，比一般 40 度的白酒还要绵柔，饮之口感如微风拂过山岗，既撩人心弦，又不着痕迹，搭配这道口感娇嫩的淮扬名菜，宛若天成。

2. 清炖蟹粉狮子头
浓香型白酒：幽雅醇厚型·今世缘国缘四开 42%vol

清炖蟹粉狮子头是苏菜中的代表菜。狮子头的做法有很多，清炖蟹粉狮子头是其中口味最清淡的一种。这道菜严格说起来既不是下饭菜，也不是下酒菜，是适合单独吃的一道菜。它的名气太大了，传统习惯上又可以给它配一点酒。给它配酒，我选择今世缘酒业的国缘四开 42 度。国缘酒有很多种，不同时期有不同的包装，我选择的这一款是国缘四开。二者搭配的理由有二：其一，这款酒虽然是浓香型白酒，但在浓香型白酒中其香气相对来说比较淡雅（江淮流派）；其二，这款酒的度数比较低，更加柔和一些。清炖狮子头已经比较清淡，不适合用酒精度高的酒，酒精度低一点不会带来更强的刺激。

3. 太湖白虾

浓香型白酒：幽雅醇厚型·今世缘国缘四开 42%vol

著名的"太湖三白"是白鱼、银鱼和白虾。白鱼在别的地方也有；银鱼入菜的时候要裹浆煎炸或者熬羹，真的不太适合下酒；太湖的虾仁勉强可以当作下酒菜。太湖的虾是河虾、湖虾，虾仁小且鲜嫩。当地有一种做法是加入碧螺春茶叶做成的碧螺春虾仁。即便是挂浆之后用白水煮的虾仁也非常细嫩。其实它和狮子头一样，也是适合单吃的一道菜。这么好的菜要是连续地吃下去，总是觉得有点于心不忍，感觉有些浪费，所以中间要加一点酒，起到一个"中断"享受菜肴的作用，好让我们延长享受这道菜肴的时间。在这种情况下，酒的滋味就不能太浓郁、太凛冽，因此依然选择国缘四开（42度），其香气、质感跟太湖虾仁都还算匹配。

4. 南通铁板文蛤

浓香型白酒：国缘 V3 40.9%vol

南通的文蛤非常好吃，做法也多种多样，铁板文蛤是常见的一种做法，不到南通就不知道文蛤如此鲜美。文蛤的肉质细嫩鲜美，也只适合搭配口感清淡的白酒。这款国缘 V3 只有 40.9 度，口感柔顺细腻，不伤害文蛤的鲜嫩。

5. 南京盐水鸭

浓香型白酒：洋河梦之蓝 M6$^+$ 52%vol

南京盐水鸭虽冠以"盐水"之名，其实并没那么咸，而是咸甜适口，口感的质感非常好——鲜嫩、肥美。比起虾肉和狮子头来讲，鸭肉略显粗糙，所以选用洋河酒中的高度酒梦之蓝 M6$^+$，52 度，酒的口感强劲有力，完全驾驭得了盐水鸭。

6. 扬州盐水鹅

浓香型白酒：苏酒头排酒 52%vol

在扬州皇冠假日酒店，拿起菜单，看见"盐水"两字，脱口就说"盐水鸭"。"'盐水鸭'是南京的，我们这里的是'盐水鹅'。"服务员纠正我说。这才细看菜单，确实是"盐水鹅"。其实，盐水鹅也是一道扬州名菜，只是没有盐水鸭的普及度那么高，可能也只有在扬州本地才能吃到。这道菜的香气很高，比盐水鸭高，但肉质细嫩，滋味丰富，是道下酒的好菜。搭配这道菜我选择洋河旗下双沟酒业公司的苏酒头排酒，这款酒是目前双沟酒业的高端酒，香气高亢而馥郁，口感比洋河梦之蓝 M6⁺ 要略显强劲，以这款酒搭配块头较大的鹅，和洋河梦之蓝 M6⁺ 的相对轻盈可以形成有趣的对比。

7. 高沟捆蹄
浓香型白酒：今世缘封坛原酒 65%vol

高沟捆蹄是淮安涟水县高沟镇的特产，猪蹄膀肉先在料汁中浸泡后捞出，以肠衣裹捆成圆柱状，再回原汤内煮熟。每个长约 70 厘米，直径 4～5 厘米。吃时以刀切成薄片装盘，是一道上好的下酒凉菜。形似香肠，但全是纯肉，用料扎实厚道，做工精致，色泽酱红，肉色浓郁，口感咸甜适中，鲜嫩可口。和前面举例的虾类、禽类相比，猪肉的口感相对粗糙。搭配这道菜最合适的酒是当地名酒今世缘中的 65 度原浆酒。今世缘酒业的前身是高沟酒厂，以高沟人曲闻名，用当地酒搭配当地菜，天然协调，65 度的原酒香气馥郁，口感惊艳，配得上捆蹄的精致用料。

8. 南京六合猪头肉
浓香型白酒：洋河天之蓝 52%vol

猪头肉有很多种做法，苏菜里各个流派有不同的猪头肉烹饪方法。南京的六合猪头肉是我们专门慕名前往才品尝到的。六合猪头肉在苏菜里显得偏咸，但香而不腻，富含脂肪，能够承受住口感强劲的酒，选洋河大曲系列就比较合适，六合猪头肉可以配洋河酒中海、天、梦的任何一款，相比较而言，天之蓝在价格上居中，口感上也居中，性价比较均衡。

9. 宿迁乾隆老汤猪头肉
浓香型白酒：洋河大曲复古版 60%vol

　　江苏宿迁是老牌名酒洋河大曲的产地，宿迁的菜也同样很有特色。这道"乾隆老汤猪头肉"的故事据说来自乾隆下江南时吃到的一家猪头肉，这种历史故事无法较真，也不用考究是不是来自乾隆年间老汤炖制。但当这道菜端到我面前时，着实让我吃了一惊，它既不是寻常见到切成片的猪头肉，也不是铺成完整形状的扒猪脸，而是像红烧肉一样燉制的肉块，肉块的个头比普通红烧肉要大很多，有两块我看着外形像是萝卜块，但咬开后发现居然是猪拱嘴。真是太有特色了。宿迁是西楚霸王项羽的故里，这道菜一下子让我想起"力拔山兮气盖世"的西楚霸王，而不是诗酒风流的乾隆皇帝。搭配这道菜得选择同样有霸气的高度白酒，洋河酒厂的产品也有少量60度以上的白酒，有60度的复古版，还有65度的原浆封坛酒。60度以上的白酒能反映出中国传统白酒豪迈、凛冽、粗犷的气质，搭配这道大块的猪头肉，有解腻清爽的作用，精神气质上也般配。

10. 沛县狗肉
浓香型白酒：沛公酒 52%vol

　　江苏徐州沛县是汉高祖刘邦的故里。据史料记载，刘邦的连襟樊哙将军是一位屠狗者，以卖狗肉为生。后人朱翰卿曾有诗纪念樊哙："从龙事业先屠狗，将军手挽汉山河。"至今沛县狗肉也是沛县一道名菜。狗肉的动物气味比较大，沛县狗肉烹饪方法是跟甲鱼炖煮，风格更为浓郁，适合搭配同样风格豪迈强劲的酒。沛县当地有一种"沛公酒"，是以纪念刘邦为名的酒——酒质一般，有些粗糙，搭配沛县狗肉也还算般配，能让我们想起"大风起兮云飞扬"的时代气息。

第三节
徽菜与白酒的搭配

一、徽菜概述

徽菜，是指安徽菜。

安徽位于华东腹地，举世闻名的黄山和九华山蜿蜒于江南大地，雄奇的大别山和秀丽的天柱山绵亘于皖西边沿，成为安徽境内的两大天然屏障。长江、淮河自西向东横贯境内，把全省分为江南、淮北和江淮之间三个自然区域。江南山区，奇峰叠翠，山峦连接，盛产茶叶，有竹笋、香菇、木耳、板栗、枇杷、雪梨、香榧、琥珀枣，以及石鸡、甲鱼、鹰龟、桃花鳜、果子狸等山珍野味。淮北平原，沃土千里，良田万顷，盛产粮食、油料、蔬果、禽畜，是著名的鱼米之乡，这里鸡鸭成群，猪羊满圈，蔬菜时鲜，果香迷人，特别是砀山酥梨、萧县葡萄、太和椿芽，早已蜚声国内外。沿江、沿淮和巢湖一带，是我国淡水鱼的重要产区之一，万顷碧波，为徽菜提供了丰富的水产资源。其中名贵的长江鲥鱼、巢湖银鱼、淮河回王鱼、泾县琴鱼、三河螃蟹等，都是久负盛名的席上珍品。这些给徽菜的形成和发展提供了良好的物质基础。

徽菜的形成、发展与徽商的兴起、发迹关系密切。徽商史称"新安大贾"，起于东晋，唐宋时期日渐发达，明代晚期至清乾隆末期是徽商的黄金时代。其时，徽州营商人数之多、活动范围之广、资本之雄厚，皆居当时商帮之前列。徽商富甲天下，生活奢靡，而又偏爱家乡风味，其饮馔之丰盛、筵席之豪华，对徽菜的发展起了推波助澜的作用，可以说哪里有徽商，哪里就有徽菜馆。清末至民国时期，徽商在扬州、上海、武汉盛极一时，上海的徽菜馆一度曾达500余家，足见其涉及面之广、影响力之大。在漫长的岁月里，经过历代名厨的辛勤创造、兼收并蓄，如今已集中了安徽各地的风味特邑、名馔佳肴，逐步形成了一个雅俗共赏、南北咸宜、独具一格、自成一体的著名菜系。

徽菜有以下几个特点：

访酒天下

遍访天下美酒，尽尝人生百味，融入岁月山河。

绝妙下酒菜

已介绍过国内外数百种下酒菜，还在不断更新中，关注它，可获得最新的下酒菜知识。

本节主要参考文献：

[1] 陈长文.中国八大菜系[M].长春：吉林文史出版社.2012：123-135.

[2] 安徽省烹饪协会.中国徽菜[M].青岛：青岛出版社.2007：8-470.

[3] 安徽省质量技术监督局.中国徽菜标准[M].合肥：安徽科学技术出版社.2009：6-7.

1. 原料立足新鲜活嫩

就地取材，选料严谨，四季有别，充分发挥安徽盛产山珍野味的优势，选料时如笋非政山不用，鸡非当年仔鸡不取，鳖必用马蹄大为贵，鱼以色白鲜活为宜。

2. 巧妙用火，功夫独特

重色、重油、重火工，火工独到之处在于烧、炖、蒸，有的先炸后蒸，有的先炖后炸，还有的熏中淋水、火烧涂料、中途焖火等，使菜肴味更为鲜美，如徽烧鱼用旺火急烧，肉嫩味美，五分钟成菜堪称一绝。使用不同控火技术，是徽菜形成酥、香、鲜独特风格的基本手段。

新苏·老徽馆 （摄影／李寻）
安徽省安庆市四牌楼街 5 号新苏·老徽馆，是一家地道徽菜馆，其中臭鳜鱼风味极佳。

3. 擅长烧、炖，浓淡适宜

烹调技法，徽菜以烧、炖、熏、蒸而闻名，制作的菜肴各具特色。烧，讲究软糯可口，余味隽永；炖，要求汤醇味鲜，熟透酥嫩；熏，重在色泽鲜艳，芳香馥郁；蒸，做到原汁原味，爽口宜人，一菜一味。

4. 讲究食补，药食并重

以食补疗，以食养身，在保持风味特色的同时，十分注意菜肴的滋补营养价值，其烹调技法多为烧、炖，使成菜达到软糯可口、熟透酥嫩，徽菜常用整鸡、整鳖煮汁熬汤，用山药炖鸡等。

二、主要流派和代表菜品

徽菜传统上分为三个流派，分别是皖南、沿江和沿淮三种风味，其中皖南菜的名气大一些。沿江菜以芜湖、安庆的菜系为代表，之后传到了合肥地区，以烹饪河鲜、家禽见长。沿淮菜以蚌埠、宿县、阜阳等地方风味构成。皖南菜起源于黄山脚下的歙县，也就是古代的徽州，后来因为新安江畔的屯溪小镇商业发达，饮食业发展起来，徽菜重点随之逐渐转移到屯溪，在这里又进一步发展。但在 2009 年，有关方面出版了《中国徽菜标准》，把徽菜又具体分为皖南菜、皖江菜、皖北菜、合肥菜、淮南菜五大风味，实际上也就是把沿江这一带的地方风味，又独立分出一个合肥菜，沿淮菜中的豆腐十分著名，又独立分出了淮南菜。本书以这个标准来介绍安徽菜的五个风味流派。

其实传统的皖南、沿江和沿淮三种流派分法，能简明地反映出地理环境，因为长江、淮河属于两个气候带，皖南则是南方的山区，三者气候特点鲜明，物产、风味、口味也不同，所以才形成了不同的流派。

1. 皖南菜

皖南菜以黄山、宣城地方风味为主，以黄山（屯溪）、绩溪、歙县等地方菜肴为代表，是徽菜的主流和渊源。

皖南菜的主要特点是咸鲜醇厚、原汁原味。擅长烧、炖、焖、蒸，讲究火功，善以火腿佐味，冰糖提鲜。向以烹制山珍海味而著称，芡大油重，朴素实惠。不少菜用木炭制成的炭基长时间小火炖，因而汤汁清纯，味道醇厚，原锅上桌，香气四溢。

代表菜如下：

（1）清炖马蹄鳖；	（6）徽州桃脂烧肉；	（11）清炒蕨菜；
（2）黄山炖鸽；	（7）软炸石鸡；	（12）刀板香腊肉。
（3）鲜腌鳜鱼（臭鳜鱼）；	（8）屯溪醉蟹；	
（4）红烧果子狸；	（9）徽州圆子；	
（5）徽州毛豆腐；	（10）问政山笋；	

2. 皖江菜（沿江菜）

皖江菜以皖江两岸的芜湖、安庆、马鞍山、池州、铜陵、巢湖地方风味为主，以芜湖、安庆、巢湖等地的地方菜肴为代表。

其主要特点是咸鲜微甜、酥嫩清爽。擅长红烧、清蒸和烟熏，以烹调河鲜、家禽见长，讲究刀工，注重形色，善于用糖调味。

代表菜如下：

（1）无为熏鸭；　　　　（5）火烘鱼；　　　　（9）九华山素斋（系列）；

（2）毛峰熏鲥鱼；　　　（6）清香沙焐鸡；　　（10）江毛水饺；

（3）迎江寺素鸡；　　　（7）生熏仔鸡；　　　（11）山粉圆子烧肉；

（4）马义兴老鸭汤；　　（8）蟹黄虾盅；　　　（12）巢湖银鱼。

3. 合肥菜

合肥菜以合肥、六安、滁州地方风味为主，以合肥等地的地方菜肴为代表。合肥是全省政治、经济、文化、交通中心，其菜肴不仅有自己的风味特色，而且汇集和融合了全省各地菜肴的精华。

其主要特点是咸鲜适中，酱香浓郁，烹调方法主要以烧、炖、蒸、卤为主，善用咸货出鲜、酱料附味。

代表菜如下：

（1）李鸿章大杂烩；　　（5）荠菜圆子；　　　（9）冰炖桥尾；

（2）三河酥鸭；　　　　（6）风羊火锅；　　　（10）六安酱鸭。

（3）包公鱼；　　　　　（7）寿州圆子；

（4）吴山贡鹅；　　　　（8）王兴义烧鸭；

4. 皖北菜

皖北菜以蚌埠、阜阳、淮北、宿州、亳州地方风味为主，以蚌埠、阜阳、淮北等地方菜肴为代表。

其主要特点是咸鲜微辣、酥脆醇厚。擅长烧、炸、焖、熘，善用芫荽（香菜）、辣椒、香料配色、佐味和增香。

代表菜如下：

（1）符离集烧鸡；　　　（4）鱼咬羊；　　　　（7）小跑肉（卤兔）；

（2）萧县葡萄鱼；　　　（5）苔干羊肉丝；　　（8）铜关粉皮。

（3）春芽焖蛋；　　　　（6）焦炸羊肉；

5. 淮南菜

淮南菜主要以豆腐菜肴为代表，淮南是豆腐的发源地，豆腐菜肴历史悠久，品种繁多，是徽菜中的一块金字招牌。淮南豆腐选用当地得天独厚的新鲜大豆，采用名贯千古的泉水精制而成，色泽洁白，质地细嫩，具有"白如玉、细如脂、嫩如肤、浓如酪"的美誉。

淮南菜的主要特点是咸鲜香辣、滑嫩味浓，主要采用烧、炖、炸、煎等烹调方法。

代表菜如下：

（1）八公山豆腐；　　　（4）淮王鱼豆腐；　　　（7）曹庵土公鸡。

（2）奶汁肥王鱼；　　　（5）寿桃豆腐；

（3）清汤白玉饺；　　　（6）椒盐豆腐排；

三、我们直接感受到的徽菜

徽菜在全国的影响较大，我们所居住的西安市就有多家徽州会馆或徽州小镇之类的徽菜馆，但菜品相对来说较为单一，主要有臭鳜鱼、李鸿章大乱炖等。

直接到安徽本地去感受徽菜，和在外地徽菜馆吃到的徽菜，不是一个概念。有很多菜在外地是吃不到的，比如黄山的毛豆腐、泾县的琴鱼，还有六安的小炒，等等，不到当地是感受不到那种纯正风味的。

最强烈的感受要数安徽的臭鳜鱼了，各地的徽菜馆中都有这道菜。这道菜原来叫鲜腌鳜鱼，鳜鱼先要腌制七天，在发酵过程中产生的那种发酵气味被人们称为臭鳜鱼的"臭"，实际上，那种气味不是强烈的臭味，而是发酵的酵香带微臭，如果真臭的话，就说明发酵失常。"臭鳜鱼"是将这种腌制好的鱼再进行烧制而成的一道烧菜。我分别在安徽合肥和安庆吃过当地的臭鳜鱼，感觉极好，深刻地感受到臭鳜鱼的"香"，所谓的"臭"则是微微一点类似腐乳的味道，和外地吃到的臭鳜鱼完全不一样。我推测外地徽菜馆的臭鳜鱼大多数是预制好后，直接运到饭馆加工而成的。

在安徽旅行，能明显地感受到沿淮、沿江、皖南三类地区地貌和气候的差异，饮食习惯也有不同，沿淮一带有点像北方，随处可见牛肉汤，让我这个西北人倍感亲切。在安徽本地吃到的各流派的徽系名菜，尽管未必是该菜品的始发地，但已让人感觉惊艳，如在安庆吃到的臭鳜鱼属皖南风味，在淮北吃到的吴山贡鹅属合肥流派，都已经非常好吃，推想如果到了皖南黄山或合肥吴山，这些菜品会更为地道好吃。

四、安徽地产白酒

安徽是一个白酒大省，地产白酒有亳州的古井贡酒、淮北濉溪的口子窖酒、宣城的宣城小窖、蚌埠的皖酒、明光的明光酒、界首的沙河王酒、临泉的文王贡酒、阜阳的金种子酒、霍山的迎驾贡酒、涡阳高炉镇的高炉家酒、霍邱临水镇的临水酒、太和城关镇的太和殿酒，等等。

安徽的白酒是有独特风味的，主体上处于秦岭—淮河过渡带的白酒都有兼香型白酒的风格，最能体现这种兼香风格的是口子窖酒，现在称为自然兼香，最能反映出地方特色。不过目前的安徽白酒中，大多数是浓香型白酒，这可能是因为当年以五粮液为代表的浓香型白酒在全国风头最盛的时候，安徽各地也学习了五粮液浓香型白酒的风格，但其与川派浓香型白酒还不太　样，尽管有的已经学得很像了，同时也不排除安徽有些酒厂是从四川拉原酒来勾调成品酒的。而安徽真正本地产的酒，还是独具特色的，一般把这种浓香型白酒称为浓香中的江淮淡雅流派。

近些年来，各地的白酒对自己的地方特色也都更加自信了，古井贡酒也在酝酿推出自己的独特香型，称为古香型。宣城的宣城小窖酒，和大曲酒不太一样，风格上有小曲酒的特点，是大小曲合酿的一种白酒。

由于安徽省的白酒品种众多，而且各地区的自然地理条件不一样，酿酒传统也不一样，本来酒体的风格就丰富，与徽菜各个流派的匹配程度高，也更加吻合。安徽是这样一个地方：如非必要，来这里可以不带外地的酒，在安徽本地选酒，就足够跟本地菜肴合适搭配，而且风味各异。

徽菜与白酒搭配示例

1. 臭鳜鱼
浓香型白酒江淮流派：李寻的酒吧·樸酒 60%vol

臭鳜鱼是安徽名菜，前文讲过，其实叫臭鳜鱼并不合适，过度强化了它的臭味。这道菜原来的本名叫鲜腌鳜鱼，这个名字更合适一些。一般讲究的做法是先腌鳜鱼，腌制七天后再油炸，加笋片、肉片和调料，用小火细烧而成。这道菜的特点是鱼肉鲜嫩芳香，味入肉透骨，据说这道菜有百年的历史。吃这道菜，如果味偏咸的话，是道下饭菜，如果要下酒的话，需要选择稍淡一些的味道。

搭配这道菜最好的酒是"李寻的酒吧"定制的樸酒，这款酒是由亳州文帝酒厂酿造的，是一款发酵时间长达六个月的深发酵酒，酿酒人通常俗称为"大酒"。此酒的风味十分丰富，新酒的酒臭明显，消失也比较慢，但陈化三年以上，酒臭已基本散去，只剩若有若无的存在，与正宗臭鳜鱼的"臭"有些相似，这两种臭味混在一起，会产生气味的混合抑制消除效应，让人感觉不到臭，反而更加衬托出臭鳜鱼的鱼肉腌制和烧制后的香气，这种匹配非常美妙。

2. 李鸿章大杂烩
兼香型白酒：口子窖兼 30 50%vol

李鸿章大杂烩是以鸡肉为主，杂以干发后的海参、鱼肚、鱿鱼等烩制而成。这道菜有点像河南的烩菜，但要比河南的烩菜清淡一些。搭配这道菜选择天然兼香的口子窖兼 30，因为口子窖兼 30 虽然度数较高，但基酒中的老酒应该比较多，而且天然兼香型的特点明显，既有清香的纯正，又有浓香的馥郁，这些香气与李鸿章大烩菜中各种食材丰富的滋味混合在一起，更加丰富协调。

3. 符离集烧鸡
浓香型白酒：古井贡酒·古 20 52%vol

　　烧鸡在中国是常见菜品，不少地方都有，且风格各异，如果详细追究起来，可以做出一份烧鸡地图了。安徽的符离集烧鸡很有名气，但据资料记载，这道菜是山东德州人到安徽宿州符离集后研制的一种新菜式。这道菜的特点是红润油亮，鸡肉酥嫩，香味浓郁。符离集烧鸡的知名度很高，与它搭配，可以选择知名度同样高的古井贡酒·古 20。烧鸡其实是一道百搭下酒菜，各个香型的白酒都适宜搭配，古 20 是浓香型白酒，目前还没有凸显出古香型有别于川派浓香型白酒的个性。任何一种浓香型白酒搭配符离集烧鸡都不违和，古井贡酒就更没有问题了。

4. 刀板香腊肉
浓香型白酒：迎驾贡酒·大师版 52%vol

　　刀板香腊肉，就是安徽腊肉放置在竹木板上摆盘后上桌，安徽的腊肉与四川腊肉、湖南腊肉都不太一样，相对来说要清淡一些，略甜。

　　腊肉一般是在山区制作，搭配这道菜就用同样生产于大别山腹地的迎驾贡酒·大师版，两者十分般配。大师版虽然也是浓香型的白酒，但是是迎驾贡酒系列里最好的酒，基酒储存老熟的时间充分，口感绵柔丰富，体感舒适，适合搭配刀板香腊肉小酌慢饮。

5. 毛峰熏鲥鱼
酱香型白酒：武陵酱酒·上酱 53%vol

　　毛峰熏鲥鱼也是徽菜中的名菜，做法是将鲥鱼经过调味腌制后，置于锅中，用安徽茶叶之上品毛峰茶作为主

要熏料熏制而成。鳜鱼金鳞玉脂，油光发亮，茶香四溢，
鱼肉细嫩，清淡鲜美。选择所搭配酒品时要选择香气清
新的酒，我们选择湖南常德生产的武陵酱酒·上酱，香
气比青花郎酒还要干净，但酱香酒的焦香、酱香等复杂
的香气同样丰富，可与毛峰熏鳜鱼的烟熏香、油香融为
一体。

6. 吴山贡鹅
兼香型白酒：口子窖酒兼 30 50%vol

吴山是安徽合肥下属镇，吴山贡鹅这道名菜以皖西大
白鹅为原料，卤制，颜色较淡，保留了肉的本味，口感非
常鲜嫩，好咬不费牙，齿颊留香。冷切上盘，是道上好的
下酒菜。搭配这道菜选择安徽淮北生产的兼香型白酒口子
窖兼 30，这款酒不像浓香型白酒那么浓郁，有清香型白酒
的清雅，酒精度不算高，只有 50 度，加之基酒中老酒较多，
口感十分柔和，搭配色泽淡雅、口感细嫩的吴山贡鹅，香
气协调，肉的质感与酒的细腻也协调，尽可品享名酒名菜
那种适配度带来的美妙享受。

吴山贡鹅 （摄影／李寻）

第四节
浙菜与白酒的搭配

一、浙菜概述

浙菜指浙江菜。

浙江位于东海之滨，有 2200 千米长的海岸线，盛产海味，有鱼类和贝壳类水产品 500 余种，总产值居全国之首。浙北是"杭、嘉、湖"平原，河道港汊遍布，著名的太湖南临湖州，淡水鱼品种名贵，如鳜鱼、鲫鱼、青虾、湖蟹等以及四大家鱼产量极盛。这里又是大米与蚕桑的主要产地，素有"鱼米之乡"之称。西南崇山峻岭，山珍野味历来有名，像庆元的香菇、景宁的黑木耳。中部为浙江盆地，即金华大粮仓，闻名中外的金华火腿就是选用全国瘦肉型名猪之一的"金华两头乌"制成的。加上举世闻名的杭州龙井茶叶、绍兴老酒，都是烹饪中不可缺少的上乘原料。

浙菜的历史，可上溯到春秋时的吴越，浙菜的烹饪原料在四五千年前已相当丰富。南宋建都杭州，北方大批名厨云集杭城，促使杭菜和浙江菜系从萌芽状态进入发展状态，浙菜从此立于全国菜系之列。距今 800 多年的南宋名菜蟹酿橙、鳖蒸羊、东坡脯、南炒鳝、群仙羹、两色腰子等，至今仍是高档筵席上的名菜。

在清代，浙菜的知名度有很大提升。明清之际的戏曲家兼美食家李渔是浙江金华人，他撰写的《闲情偶寄》中，便涉及不少浙江菜。清代的文学评论家袁枚，也是美食家，出生于杭州，著有《随园食单》，书中所记录的江浙一带名菜中的浙菜，多达 40 余种。

改革开放后，敢为天下人先的浙江人走向全国乃至世界各地，也将他们家乡的菜肴带到了更广阔的天地，浙菜的影响进一步扩大。

浙菜有以下四方面特点：

第一，选料苛求，突出细、特、鲜、嫩。原料讲究品种和季节时令，以充

访酒天下

遍访天下美酒，尽尝人生百味，融入岁月山河。

绝妙下酒菜

已介绍过国内外数百种下酒菜，还在不断更新中，关注它，可获得最新的下酒菜知识。

本节主要参考文献：

[1] 陈长文.中国八大菜系[M].长春：吉林文史出版社.2012：93–102.

[2] 牛国平，牛翔.舌尖上的八大菜系[M].北京：化学工业出版社.2023：102–135.

[3] 中国浙菜·乡土美食编委会.食美浙江[M].北京：红旗出版社.2014：1–9.

浙江绍兴乌篷船码头
（摄影／李寻）
浙江绍兴城内河流宛如街
巷，人们临水而居，乌篷
船是当年常用的交通工具。
河中鱼虾，钓捞可食。

分体现原料质地的柔嫩与爽脆。细，取用物料的精华部分，使菜品达到高雅上乘。特，选用特产，使菜品具有明显的地方特色。鲜，选料鲜活，使菜品保持味道纯真。嫩，时鲜为尚，使菜品食之清鲜爽脆。

第二，烹制独到。浙菜以烹调技法丰富闻名于国内外，其中以炒、炸、烩、熘、蒸、烧六类为擅长。浙江烹鱼，大都过水，约有 2/3 是用水作传热体烹制的，突出鱼的鲜嫩，保持本味。在调味上，浙菜善用料酒、葱、姜、糖、醋等。如著名的"西湖醋鱼"，系活鱼现杀，经沸水氽熟，软熘而成，不加任何油腻，滑嫩鲜美，众口交赞。

第三，口味上以清鲜脆嫩为特色。浙菜力求保持主料的本色和真味，多以四季鲜笋、火腿、冬菇和绿叶菜为辅佐，同时十分讲究以绍酒、葱、姜、醋、糖调味，借以去腥、解腻、吊鲜、起香。例如，浙江名菜"东坡肉"以绍酒代水烹制，醇香甘美。由于浙江物产丰富，因此在菜品烹制时多以清香之物相辅佐。原料的合理搭配所产生的美味非用调味品所能及。在海鲜河鲜的烹制上，浙菜更是注重突出原料之本。

第四，形态讲究精巧细腻，清秀雅丽。此风格可追溯至南宋，《梦粱录》曰："杭城风俗，凡百货卖饮食之人，多是装饰车盖担儿；盘盒器皿新洁精巧，以炫耀人耳目。"浙菜的许多菜肴，以风景名胜命名，造型优美。此外，许多菜肴都有美丽的传说，文化色彩浓郁是浙菜一大特色。

二、主要流派和代表菜品

浙菜由杭州菜、宁波菜、绍兴菜、温州菜四大流派组成。

1.杭州菜

杭州菜历史悠久，自南宋迁都临安（今杭州）后，商市繁荣，各地食店相继进入临安，菜馆、食店众多，而且效仿京师。据南宋《梦粱录》记载，当时"杭城食店，多是效学京师人，开张亦效御厨体式，贵官家品件"。杭州菜制作精细，品种多样，清鲜爽脆，淡雅典丽，是浙菜的主流。

代表菜如下：

（1）西湖醋鱼；	（10）油爆虾；	（19）钱王四喜鼎；
（2）东坡肉；	（11）砂锅鱼头豆腐；	（20）公望神仙鸭；
（3）龙井虾仁；	（12）西湖莼菜汤；	（21）秀水鱼鳔；
（4）油焖春笋；	（13）虾爆鳝背；	（22）清蒸梅菜籽头；
（5）宋嫂鱼羹；	（14）片儿川；	（23）昌西豆腐干；
（6）干炸响铃；	（15）叫化鸡；	（24）葱包桧；
（7）蜜汁火方；	（16）千岛湖鱼头；	（25）桐庐十六回切
（8）荷叶粉蒸肉；	（17）崇贤蹄膀；	（系列宴席菜）。
（9）烩金银丝；	（18）刺毛肉圆；	

2.温州菜

温州古称"瓯"，地处浙南沿海，当地的语言、风俗和饮食都自成一体，别具一格，素以"东瓯名镇"著称。菜肴则以海鲜入馔为主，口味清鲜，淡而不薄，烹调讲究"二轻一重"，即轻油、轻芡、重刀工。

代表菜如下：

（1）三丝敲鱼；	（6）温州鱼丸；	（11）伯温瓦缸猪脚；
（2）双味蛏蝲；	（7）江蟹生；	（12）湖岭牛排；
（3）橘络鱼脑；	（8）鱼生；	（13）永嘉烤全羊；
（4）蒜子鱼皮；	（9）虾蛄生；	（14）熏香狗肉；
（5）爆墨鱼花；	（10）醉虾；	（15）泽雅糯米鸡；

（16）怀溪番鸭；　　　　　（19）白落地温蛋；　　　　　（22）青蒜海蜈蚣。

（17）藤桥鸭舌；　　　　　（20）姜酒海蜇血；

（18）外婆蒲瓜干；　　　　（21）鱼腥草泥鳅汤；

3. 绍兴菜

擅长烹制河鲜家禽，崇尚清雅，表现朴实无华，并具有平中见奇、以土求新的风格特色。

代表菜如下：

（1）绍兴醉鸡；　　　　　（8）衢州扒猪脸；　　　　　（15）素蛏子；

（2）干菜焖肉；　　　　　（9）鲞冻肉；　　　　　　　（16）菜蕻粉皮；

（3）清汤越鸡；　　　　　（10）毛盐干蒸鸡；　　　　　（17）马兰头拌香干；

（4）蓑衣虾球；　　　　　（11）太雕鸡；　　　　　　　（18）诸暨大豆腐；

（5）梅菜梗蒸双蔬；　　　（12）湖塘狭搭鱼；　　　　　（19）鲜肉霉千张；

（6）茴香豆；　　　　　　（13）酱搅河三鲜；　　　　　（20）绍兴十碗头

（7）白鲞扣鸡；　　　　　（14）鳜鱼香榧球；　　　　　　　　（宴席系列菜）。

4. 宁波菜

鲜咸合一，以蒸、烤、炖为主，以烹制海鲜见长，讲究鲜嫩软滑，注重保持原汁原味。

代表菜如下：

（1）雪菜大汤黄鱼；　　　（11）嵊泗螺酱；　　　　　　（21）跳鱼烧豆腐；

（2）奉化摇蚶；　　　　　（12）芹菜炒鳗丝；　　　　　（22）石浦咸炝蟹；

（3）宁式鳝丝；　　　　　（13）人烤目鱼；　　　　　　（23）青蛤蒸蛋；

（4）苔菜拖黄鱼；　　　　（14）烟熏鲳鱼；　　　　　　（24）葱爆泥螺；

（5）腌红膏蟹；　　　　　（15）盐焗基围虾；　　　　　（25）乌头葱烤奉芋；

（6）蒸米鱼；　　　　　　（16）宁波烤菜；　　　　　　（26）盐烤花旗芋艿；

（7）新风鳗鲞；　　　　　（17）乌狼鲞笋干烤肉；　　　（27）余姚十六围千宴

（8）苔菜小方烤；　　　　（18）三鲜过桥；　　　　　　　　　（宴席系列菜）；

（9）锅烧河鳗；　　　　　（19）咸鳓鱼肉圆汤；　　　　（28）舟山炒什烩；

（10）葱油海瓜子；　　　　（20）鱼骨酱；　　　　　　　（29）黄鱼鲞烤肉；

（30）抱盐鮸鱼； （33）熏马鲛鱼； （36）渔都鲞拼。

（31）舟山风带鱼； （34）椒盐虎头鱼；

（32）三抱鳓鱼跟海蜇头； （35）倒笃梭子蟹；

三、我们直接感受到的浙菜

浙江是风景优美、历史文化积淀深厚的旅游大省。会稽是绍兴的别称，传说大禹治水后，汇聚天下各部落首领于此，核计封赏治水功劳，会稽即会（kuài）计之意。近现代，这里名人辈出，蔡元培、秋瑾、鲁迅等，都是浙江人。如今，这里是经济发达之地，杭州四季青服装批发市场、义乌小商品城、永康五金城等都吸引着全国各地的人们。我曾经多次去过浙江，或出差或旅行，流连忘返，关于浙江的旅行笔记，也可以专门写一本书了。

以我在浙江的感受而言，实际上能见到和品尝到的浙菜远比书上介绍的丰富，几乎每个县都有自己的特色菜肴。除了前文引用的那些名菜之外，很多在当地品尝过的美味，我现在仍记得它们的滋味，可已经记不起它们的名字了，印象深刻的有在余姚吃到的各种鱼，还有在舟山群岛沈家门吃过的各种海鲜。

富于创新的浙江人也在不断翻新着我们对浙菜的概念，近年来在西安出现了台州菜，被定位为高端餐馆，这在以往是没有听说过的。我觉得未来各个地区的浙菜还会进一步向全国各地蔓延。

在浙江，对浙菜的直接感受是生腌较多，比如醉蟹、生腌红膏蟹、生腌泥螺等，我在温州吃到了各种各样不知道叫什么名字的生腌海鲜。鲜嫩是浙菜的特点，基本不吃辣。这也奇怪，当初辣椒传入中国时是从浙江传入的，但是浙江却没有保留下来吃辣椒的习惯。记得有一次我们出差在余姚，点了一道菜叫"辣翻天"，服务员还特别提醒我们这道菜较辣，但端上来一尝，其实没辣到哪去，不要说和湖南菜、四川菜的辣度比了，比陕西菜的辣度也低得多。

四、浙江地产酒

浙江有悠久的酿酒历史，黄酒甲于天下，著名的品牌有古越龙山、会稽山、

浙江绍兴的中国黄酒博物馆 （摄影／李寻）

塔牌等，有花雕（半干型）、香雪（甜型）等多个品种。黄酒也讲究年份，越老的酒越好。在浙江，感觉不喝一下黄酒，就等于没来过浙江。

　　浙江的白酒很少，有黄酒副产品做的糟烧，风味一般。所以到浙江，搭配菜品还是需要用外地白酒搭配，但浙江的菜肴非常丰富，有山珍也有海味，任何香型的白酒都能在浙菜中找到合适的搭配菜肴。

浙菜与白酒搭配示例

1．生腌红膏蟹
黄酒：古越龙山陈年花雕
清香型白酒：汾酒青花瓷 30 53%vol

生腌红膏蟹是浙江宁波、舟山一带的特色菜肴，以生的红膏蟹腌制而成，但只在冬天有，是春节前后吃的一道佳肴。吃起来蟹肉鲜美无比，和潮汕的生腌相比，没有那么多调料，食材的本味更为突出。吃这道菜，当然最好的搭配是古越龙山的陈年花雕了，搭配白酒可以选择清香型白酒·汾酒青花瓷 30。红膏蟹的香气比较复杂，汾酒青花瓷 30 的香气也比较复杂，有曲香、陈香，和红膏蟹这种复杂的滋味融合在一起之后，整体的风味更为醇厚饱满，而且清香型白酒的口感绵甜净爽，也能更好地衬托出红膏蟹的鲜美。

2．蜜汁火方
浓香型白酒：水井坊·井台 52%vol

蜜汁火方是以金华火腿和莲子为原料，用很长时间慢火煨制而成，莲子的香气、火腿的香气合二为一，清香、肉香兼具，但这道菜的口感有点偏甜，所以搭配的酒可以选择浓香型白酒中的水井坊·井台，浓香型白酒的香气较为强劲，和蜜汁火方的肉香协调，某种程度上能形成一种"嗅觉空白"，端起酒杯是酒的浓香气，放下酒杯又是菜的火腿香和莲子香，形成了一种相映成趣的香气结构。在口感上，水井坊·井台是我们目前接触到的浓香型白酒中最绵甜的一款，它和蜜汁火方的甜味融合度也高，有水乳交融之感。

3. 龙井虾仁

幽雅醇厚型白酒：今世缘国缘四开 42%vol

杭州的龙井虾仁是道名菜，可能是因为有杭州的龙井虾仁在先，各地也有不少用茶叶参与烹饪的虾仁菜肴，如太湖的碧螺春虾仁。龙井虾仁选择的虾和太湖虾不一样，它比太湖的虾稍大，也要厚实一些，但依然细嫩，所以搭配这款菜要选择香气和口感都清淡的酒，今世缘国缘虽然被称为浓香型，但 42 度的低酒精度，使其香气和口感都比较淡雅，是搭配碧螺春虾仁和太湖白虾的绝妙好酒，也是搭配龙井虾仁的绝妙好酒。

4. 虾爆鳝背

酱香型白酒：湄窖宝石坛 53%vol

虾爆鳝背是杭州的名菜，黄鳝肉改刀后油炸两次备用，腌制好的虾仁加上蛋清和干淀粉，上浆后滑炒到七分熟备用。锅内放洋葱丝、蒜苔和姜葱末炒香，再加入备好的鳝鱼肉和虾仁，加料酒、酱油、鲜汤爆炒，出锅而成。这道菜有鳝肉娇嫩、虾仁滑爽、味道鲜咸的特点。这道菜还可以直接铺在面条上，叫虾爆鳝面，也是当地的名吃。这道菜是浙菜里的下饭菜，下酒也可以。由于它油炸爆炒后形成的油香、焦香突出，搭配这道菜，我选择了同样香气里带有焦香气的酱香型白酒——湄窖宝石坛。在贵州的酱香型白酒里，湄窖宝石坛的香气是偏于清新雅致的，生产这款酒的贵州湄潭县，是我国一处大型茶叶产地，有著名的茶海，甚是壮观。每次喝到宝石坛，我就会想到茶海；而到了杭州，喝到龙井茶，就会想到宝石坛；但宝石坛酒配龙井虾仁稍微有点浓郁，配虾爆鳝背正合适。抗日战争时期，浙江大学曾迁移到贵州湄潭继续办学，湄潭人民支持浙大师生赓续文脉，浙大师生对湄潭的茶叶和白酒做过相应的科研。这道餐酒搭配也能让我们回忆起那段峥嵘岁月。

5. 雪菜大汤黄鱼
清香型白酒：汾酒青花瓷 30 53%vol

雪菜大汤黄鱼也是浙江名菜，用黄鱼搭配咸雪菜梗炖制而成，肉质鲜嫩，咸鲜适口，香气丰富。搭配这道菜，我选择的是清香型的汾酒青花瓷30。清香型白酒香气清雅纯正，适合搭配各种海鲜，其压制腥气的效果最为明显，这款汾酒青花瓷30的香气比较复杂，除了清香之外，还有曲香、陈香，雪菜大汤黄鱼的香气也复杂，有腌菜的味道、发酵的味道，汾酒青花瓷30中的发酵味和雪菜的发酵味有相似的地方，融为一体后，更凸显出黄鱼的肉香。

6. 千岛湖鱼头
清香型白酒：汾酒青花瓷 20 53%vol

千岛湖在浙江淳安县新安江上，这里是原来的新安江水库，盛产鳙鱼，鱼头大而肥美。千岛湖鱼头有很多种做法，有红烧、酱焖、清炖，如果有机会去千岛湖旅游，一定尝一尝当地的清炖鱼头，体会一下鱼头天然鲜美的本色本味。搭配清炖鱼头，一般宜选择清香型白酒，比如汾酒的青花瓷20。清香型白酒的压腥效果较为明显，是中国各种香型白酒中最适合搭配海鲜、河鲜的酒了。清炖鱼头突出的是鱼本身的香气，不像红烧、酱焖那样有复杂的香味，所以应该选择香气更加单纯的酒，汾酒青花瓷20和青花瓷30相比，它的香气不那么复杂，清香纯正，更加单纯，口感也比青花瓷30更加柔和，适合吃这种清炖河鲜类菜肴。

7. 衢州扒猪脸

酱香型白酒：飞天茅台 53%vol

我是在绍兴吃到衢州扒猪脸这道菜的，并不是在衢州吃的，半个猪头整整齐齐地码放在一个大盘子里，量很大，我开始以为吃不完，没想到两个人居然一顿就把这半个猪头吃下去了。各地的猪头肉不一样，扒猪脸也不一样，衢州的扒猪脸肉质滑糯，有微微的腊肉香和发酵香气。猪头肉有足够的脂肪，搭配这种油腻感仅喝黄酒是不行的，需要搭配高度烈性酒，这款扒猪脸最佳的搭配酒品是酱香型白酒茅台酒。扒猪脸的香气非常丰富复杂，只有酱香型白酒这种复杂的香气能与之融合，53度飞天茅台酒的解腻效果非常好，酒的焦香、酱香，和扒猪脸的肉香都是美拉德香气，浑然一体，搭配起来既下酒也下菜。

8. 醉虾

黄酒：古越龙山花雕酒 10

老白干香型白酒：衡水老白干酒 67%vol

在杭州、绍兴、宁波，我多次吃到过醉虾，一般吃这道菜的时候搭配黄酒，因为醉虾的调料里也放了黄酒，酒的香气和菜的香气浑然一体。醉虾是生吃，放在嘴里时虾还在活蹦乱跳,对于一个北方人来讲,得喝一点高度的烈酒，心里安全感更强，我选择了老白干香型的衡水老白干67度。这款酒的度数足够高，香气也清淡，不会夺去醉虾腌制时的料酒香气，口感凛冽，可以快速地清除虾在口腔里残存的腥味。衡水老白干酒产于河北衡水市，那里其实也属于湖区，附近有衡水湖，古代属于大运河水系的一部分，所以这款酒在传统上就和湖鲜很是搭配，搭配江南的湖鲜也同样协调。

第五节
闽菜与白酒的搭配

一、闽菜概述

　　闽菜指福建菜。福建位于我国东南部，东临大海，西部和中部都是山区，面积12万余平方千米，其中山地和丘陵约占85%，河谷平原仅占15%，河流众多，海岸线长达3300多千米，海域面积13.6万平方千米，超过了其陆地面积。福建的山区地带，林木参天，翠竹遍野，溪流江河纵横交错，沿海地区海岸线漫长，浅海滩辽阔，优越的地理条件提供了丰富的山珍海味，为闽菜提供了得天独厚的烹饪资源。这里盛产稻米、蔗糖、蔬菜、瓜果，尤以龙眼、荔枝、柑橘等佳果誉满中外。山林溪涧有闻名全国的茶叶、香菇、竹笋、莲子、薏仁米，以及麂、雉、鹧鸪、河鳗、石鳞等山珍美味；沿海地区则鱼、虾、螺、蚌、鲟、蚝等海产品丰富。据专家统计，海产品数量有750种之多。

　　闽菜的历史非常悠久，陶器时代已有闽人烹饪的记录遗存；秦汉时代，闽越部落建立闽越国，赋予了福建地区独特的闽越文化特点；西晋以后，大批北方士族南下入闽——史称"衣冠南渡、八姓入闽"，中原文化开始对福建产生重大的影响；明朝时期，郑和七次下西洋，六次是从闽江口的长乐起航，许多福建人随郑和一起到了海外成为华侨，以后又将海外的烹调技术或者特殊食材带回福建——比如沙茶、鱼翅、燕窝、红薯等。（沙茶酱的"沙茶"，本地话叫"沙嗲"，是外来语，源于东南亚，传说在宋元时代从南洋引进。福建人喜欢用它作调味，如沙茶面、沙茶牛肉，等等，使闽南小吃有着一种异域风味。）

　　闽菜作为菜系正式定型，应是在清朝道光年间"五口通商"之后。"五口通商"时期，福州、厦门作为被开放的"门户"，成为重要的对外贸易地区，外商涌入，官僚士绅遍地。为满足上流社会的应酬需求，福建本地的烹饪行业大幅度发展，闽菜逐渐开始定型。定型之后，闽菜更是在全国各地"开花"，北京和上海一

绝妙下酒菜

已介绍过国内外数百种下酒菜，还在不断更新中，关注它，可获得最新的下酒菜知识。

威士忌世界

深入介绍世界各国威士忌的风味、历史、工艺。

本节主要参考文献：

[1] 陈长文.中国八大菜系[M].长春：吉林文史出版社.2012：59-72.

[2] 强振涛.中国闽菜[M].福州：福建人民出版社.2018：12-216.

[3] 张建华.福建美食与小吃[M].福州：海峡文艺出版社.2012：1-96.

[4] 走遍中国编辑部.走遍中国·福建[M].北京：中国旅游出版社.2014：6-38.

[5] 牛国平，牛翔.舌尖上的八大菜系[M].北京：化学工业出版社.2023：280-303.

度十分流行闽菜。1919 年《上海小志》中就有"近则闽馆、川馆最为时尚"的记载。1865 年，"三友斋"开张，这家饭馆即是创造名菜佛跳墙的发源地"聚春园"的前身。在聚春园创始人郑春发大师的带领下，聚春园不仅培养出一支优秀的厨师队伍，还开创了多道名满中国的经典闽菜——如佛跳墙、鸡汤汆海蚌、淡糟瓜、淡糟鸡等，在中国各大菜系中确立并稳固了闽菜的一席之地。

闽菜有以下特点：

1. 原料以海鲜和山珍为主

由于福建的地理环境依山傍海，北部多山，南部面海。苍茫的山区，盛产菇、笋、银耳、莲子和石鳞、河鳗、甲鱼等山珍野味；漫长的浅海滩涂，鱼、虾、蚌、鲟等海鲜佳品，常年不绝。平原丘陵地带则稻米、蔗糖、蔬菜、瓜果誉满中外。山海赐给的物产，给闽菜提供了丰富的食材原料，也造就了几代名厨和广大从事烹饪行业的劳动者，他们擅长制作海鲜菜品，并在蒸、汆、炒、煨、爆、炸等方面独具特色。

2. 调味奇异，别具一格

闽菜烹调的细腻表现在选料精细、泡发恰当、调味精确、制汤考究、火候适当等方面，在餐具上，闽菜习用大、中、小盖碗，十分细腻雅致。闽菜特别注意调味，表现在力求保持原汁原味上。善用糖，甜去腥膻；巧用醋，酸能爽口；味清淡，则可保持原味。因而有甜而不腻、酸而不峻、淡而不薄的盛名。

3. 刀工巧妙，一切服从于味

闽菜注重刀工，有"片薄如纸，切丝如发，剞花加荔"之美称。而且一切刀工均围绕着"味"下工夫，使原料通过刀工的技法，更体现出原料的本味和质地。比如凉拌菜肴"萝卜蜇皮"，将薄薄的海蜇皮，每张分别切为 2 至 3 片，复切成极细的丝，再与同样粗细的萝卜丝合并烹制，凉后用调料拌匀上桌，食之脆嫩爽口，兴趣盎然。

4. 汤菜居多，变化无穷

闽菜多汤由来已久,这与福建有丰富的海产资源密切相关。闽菜始终将质鲜、味纯、滋补联系在一起，而在各种烹调方法中，汤菜最能体现原汁原味，本色本味。故闽菜多汤，目的在于此。闽菜的"多汤"，是指汤菜多，而且通过精选各种辅料加以调制，使不同原料固有的膻、苦、涩、腥等味得以摒除，从而又使不同质量的菜肴，经调汤后味道各具特色：有的白如奶汁，甜润爽口；有的汤色清如水，色鲜味美；有的金黄澄透，馥郁芳香；有的汤稠色酽，味厚香浓，因而有"一汤变十"之说。

5. 小吃丰富，冠于天下

福建闽菜的小吃，极其丰富。虽然各地各菜系都有小吃，但只有闽菜中的沙县小吃现在遍布全国各地——通都大邑、穷乡僻壤都能看见沙县小吃的身影。

二、主要流派和代表作品

福建省域面积的 85% 是山地丘陵，山脉、河流把福建分成了相对封闭的各个独立的自然地理单元，由此形成了同为闽菜但彼此有差异的不同流派。福建的菜系流派是最好识记的：按照地理方位的东、西、南、北、中——福建的闽东、闽西、闽南、闽北、闽中，其饮食风味各为一个流派。

1. 闽东风味

闽东包括福州和宁德两市，位于福建东北部的沿海地区，平原地区较多，历来是福建的经济、政治中心。闽菜发源于此地，烹饪技法全面。代表菜如下：

（1）佛跳墙；	（11）醉糟鸡；	（21）锅边糊；
（2）荔枝肉；	（12）红糟猪肉；	（22）福州捞化（米粉）；
（3）福州牛滑；	（13）封糟海鳗鱼；	（23）福州线面；
（4）鸡汤氽海蚌（西施舌）；	（14）香酥糟片鸭；	（24）肉米烂鱿鱼；
（5）肉松；	（15）炝糟五花肉；	（25）软炸海蛎窝；
（6）福州肉燕皮（太平燕）；	（16）香糟乳鸽肉；	（26）瓜樱梅鱼；
（7）太极芋泥；	（17）淡糟炒竹蛏；	（27）鸡茸烩鱼唇；
（8）淡糟香螺片；	（18）宁德腊兔；	（28）炸熘全节瓜；
（9）福州鱼丸；	（19）蒸目鱼蛋；	（29）八宝烂煎鳗。
（10）姚木金肉丸；	（20）酱油水煮鱼；	

2. 闽南风味

闽南包括泉州、厦门、漳州和莆田。莆田在地理上一般被称为闽中地区，但其菜系风味接近闽南风味，所以把莆田菜归为闽南风味。闽南菜跟广东潮汕风味接近，台湾地区也流行闽南菜，其特点主要是海鲜、药膳和南普陀素菜。代表菜如下：

（1）厦门姜母鸭；　　　（11）红焖鲈鱼；　　　（21）赐粉；

（2）冬虫炖水鳖；　　　（12）妈祖宴菜（系列）；　（22）莆田米粉（兴

（3）枸杞醉龙虾；　　　（13）洪濑鸡爪；　　　　　　化米粉）；

（4）绣球玉带贝；　　　（14）土笋冻；　　　　（23）煎粿；

（5）皇大排翅；　　　　（15）南普陀素菜（系列）；（24）鱼皮花生；

（6）蟠龙通心鳗；　　　（16）厦门油饭；　　　（25）八宝葫芦鸡；

（7）土龙丸（鳗鱼丸）；（17）嫩饼菜；　　　　（26）春生酒焖老鹅；

（8）泉州鲜酥蚵串；　　（18）虎咬猪；　　　　（27）安南春；

（9）漳州填鸭；　　　　（19）漳州卤面；　　　（28）五香卷。

（10）鲈鱼肚；　　　　（20）豆丸；

3. 闽北风味

闽北主要是指南平市，南平市下辖的县市包括武夷山市、邵武市、建阳区、建瓯市、蒲城县、松溪县、郑和县、顺昌县、光泽县等地，主要分布在武夷山区。这一带山高林密，毗邻江西，饮食以山珍为主，同时善吃辣。代表菜如下：

（1）文公菜（系列）；　（5）九曲溪鱼；　　　（9）茶宴（系列）；

（2）笋干焖肉；　　　　（6）油焖石鳞；　　　（10）建瓯板鸭；

（3）岚谷熏鹅；　　　　（7）爆炒麂肉；　　　（11）椒盐鲜叶尖；

（4）武夷山蛇宴；　　　（8）红焖山鸡；　　　（12）剑津笋燕。

4. 闽中风味

闽中地区即福建的三明市。三明市亦属于山区，曾经被福建人称为"福建的西伯利亚"，下辖县市包括宁化县、建宁县、泰宁县、清流县、明溪县、将乐县、永安市、沙县、尤溪县、大田县等地。代表菜如下：

（1）建莲炖鸭；　　　　（3）尤溪卜鸭；　　　（5）米冻蜂（米冻糕）；

（2）三明熏鸭；　　　　（4）大田石牌骨头肉；　（6）水煮鸭颈；

（7）沙县扁肉；　　　　（9）沙县炖罐；

（8）沙县小吃（系列）；　（10）三明粿条。

5. 闽西风味

闽西指福建的龙岩市，下辖长汀县、连城县、漳平市、武平县、上杭县、永定区等地，这一带是客家人的聚集区，菜系有明显的客家风格特点。客家人是在西晋以后，以及南宋时期，北方人受北方战乱影响，举家南迁，进入赣闽粤（江西、福建、广东）山区并长期居住而形成具有独立生活和文化特点的移民人群。闽西的客家人在饮食方面喜欢喝汤、口味稍重，菜肴的油分足、略偏咸，讲究鲜香、清正、平和、本味、醇厚。客家人在烹饪上一般不用花椒、咖喱、辣椒、高度白酒、鱼露等调味品，也不生吃葱、蒜、韭菜；调味喜欢用豆豉、面酱、胡椒、糯米酒和鳊鱼等。鳊鱼乃海产干品，烤炸后研末或熬汁，增香提味效果奇佳。客家民间酿制糯米酒，家家户户都会酿，男女老少皆善饮，产妇必食米酒炖鸡，喝糖姜酒，甚至用米酒炒干饭吃。宴客待席、家常便餐，必有酒，所谓"无酒不成宴"。但客家人善饮的同时，也讲究饮而有度，文明礼貌。代表菜如下：

（1）白斩河田鸡；　　　（7）上杭馄饨；　　　（13）长汀豆腐干；

（2）涮九品；　　　　　（8）上杭萝卜干；　　　（14）明溪肉脯干；

（3）上杭鱼白；　　　　（9）龙岩牛肉兜汤；　　（15）漳平笋干；

（4）上杭肉圆；　　　　（10）武平猪胆干；　　　（16）连城地瓜干；

（5）上杭肉甲子；　　　（11）宁化老鼠干；　　　（17）客家娘酒鸡。

（6）上杭油炸糕；　　　（12）永定菜干；

三、我们直接感受到的闽菜

作为外地人，我们通常接触到的第一道闽菜当属沙县小吃——各地都可见到"沙县小吃"的铺子，是一般人每天吃早餐容易光顾到的地方。就我的感受来讲，各地的沙县小吃跟福建本地的差距还是比较大的，例如各地的沙县小吃里的馄饨，就跟福建小吃的馄饨不大一样；拌面也跟沙县本地的差距比较大。

在外地能感受到的另外一种福建菜是福建海鲜，但福建海鲜经常混在"闽粤海鲜"这类名头的餐馆里卖，让人搞不清楚到底哪个海鲜是福建的，哪个海鲜是广东的。

提起我在福建的美食经历，印象最深的是 2013 年第一次到厦门出差，顺便到鼓浪屿旅游，鼓浪屿上游人如织，在这里吃一顿小海鲜，结果被宰——四五个人吃一顿，花了七八百元，比在厦门市区贵得多。同行的一位年轻同事说："卖海鲜的阿姨看着那么忠厚和善，没想到宰起人来也这么狠。"其实这种现象在各地的旅游区频繁发生，倒不是唯独福建人天生如此，我所认识的很多福建朋友大都是诚实厚道的。

我对福建菜的彻底改观并深入了解，得益于遇见著名的水产品营销专家何足奇先生。何先生是福建人，给我寄送了很多南方水产，如福建的鳗鲞（土龙丸）等，让我了解到了福建菜丰富独特的原料和烹饪技法。

在八大菜系当中，闽菜的名头不算太大，福建各个菜系的风味流派被隔绝在不同的地理区域内，只在一地流行。福建的各种美食目前大部分局限于福建境内（沙县小吃只是流露出来的极小一部分），可以说福建本地是一个如其山区一样山高林密、如其海域一样辽阔悠远的"美食秘境"，值得我们去反复深入探索。

四、福建地产酒

福建有酿酒传统，其独特的酒种是红曲酒——这是一种发酵酒，基本上局限于福建少数地区，外地难得一见。闽西地区常见的客家酒也属于黄酒。据一些零星的资料反映，福建各地有一些酿造白酒的企业，但未见具有全国影响力的白酒。值得一提的是，毗邻福建的我国台湾地区的金门高粱酒，可以作为福建地区的代表酒。金门高粱酒的制曲、发酵、蒸馏过程有独特之处——曲饼是圆形的，蒸馏出酒是高温出酒，比茅台酒的出酒温度还高；香气有点像清香型白酒，所以一度按照大陆的香型标准把金门高粱酒标为"清香型"，后来又标为"金门高粱香"。两岸同属一个中国，饮食美酒的风味水乳交融，密不可分。

闽菜与白酒搭配示例

1. 佛跳墙

酱香型白酒：飞天茅台酒、武陵酱酒·上酱、青花郎酒53%vol

佛跳墙是闽菜的代表菜，以鱼翅、海参、鲍鱼等昂贵食材为原料，放入坛子里配上精致的汤，用文火慢炖、慢煨，用时短则五六个小时，长可达到三天三夜。成菜后，香气丰富，汤汁醇厚黏稠。这道菜之所以获名"佛跳墙"，大意为隔壁的和尚闻到这道菜的香气，受不了诱惑，跳过墙来，破了吃素的戒律。有人还为此作诗曰："坛启荤香飘四邻，佛闻弃禅跳墙来。"这道菜选料珍稀，做工复杂细致，价格自然不菲，少则几百元，多则上千元（现在也有"平民版"的预制佛跳墙，然其风味和正宗的佛跳墙相差甚远）。佛跳墙是国宴菜的常选菜目。对于佛跳墙这道在闽菜中居于"王者地位"的名菜，配酒不能马虎，想来想去，酱香型白酒中飞天茅台酒可作为首选。佛跳墙的特点是滋味丰富，而中国各个香型白酒里面滋味最丰富者首推酱香型白酒，用茅台酒配佛跳墙是顺理成章的。不过，再细想这种搭配，我不禁哑然失笑，觉得它有如《隋唐演义》中的"李元霸大战罗士信"——两人都是天生神力，比拼的就是力气，硬碰硬；以佛跳墙配茅台酒，懂行者明白二者比拼的是滋味，但在外行看来是比拼谁更有钱，土豪对土豪嘛！

不管怎么说，为搭配佛跳墙而在白酒中做出选择，最合适的还是酱香型白酒。酱香型白酒当中，可选择余地比较大，除飞天茅台酒外，武陵酱酒也是可选之一。我在武陵酱酒厂参观时，酒厂人员给客人演示酒香的变化，有一个环节是用佛跳墙和武陵酱酒作为道具——首先，把佛跳墙尚未烹饪加工的原材料装盘端上来，用没有勾调过的酱酒的轮次酒与之搭对，让客户感受生佛跳墙的状态以及没勾调过的轮次酒的风味；然后，再端上来做好的佛跳墙，配以由各个轮次勾调好的酱酒，由此来感受各种滋味融合在一起的那种协调丰富的感觉。不过武陵酱酒也价格不菲，并不次于飞天茅台。好在酱香型白酒的品种非常丰富，可以和佛跳墙搭配，更有性价比的是青花郎酱酒，它的香气没有茅台馥郁，但口感还不错，俊朗清新。吃佛跳墙这种比较浓郁的菜，青花郎酒的俊朗清新之感倒是可以用来适当调节下酒的节奏。

2．鳗鱼丸
金门高粱酒·行军酒 58%vol

福建的鱼丸因食材不同而有不同的种类。我在这里特别要提到以鳗鱼为原料、用手工敲打制成的鱼丸，本地人称之为"土龙丸"。我吃到过两种土龙鱼丸，是何足奇先生让厂方直接寄给我的。收到鱼丸的时候，盒上带着"密码"：一盒鱼丸颜色较浅，上边写着"柘"字；一盒鱼丸颜色略深，写着"土"字。"土"字，我理解它是"土龙"之意，但"柘"又是什么意思呢？于是问何足奇先生，他也不明白。最后问过生产鱼丸的厂长才知道——"柘"是指当地一个叫柘林的地区所产的鳗鱼，其做法是要去了鱼皮之后再打成丸，全手工制作，口感更加干净细腻；"土"字是指加工土龙丸的时候把鱼皮也要加进去，所以颜色比较深。两种鱼丸都非常好吃，何先生形容为"鲜到可以掉了眉毛"。这么鲜美的鱼丸用酒来搭配，我觉得最适合的选择是台湾金门高粱酒。台湾金门的高粱酒有很多品种，常见的有"金门高粱"旗下的红金龙、白金龙、黄金龙以及另外的品牌"八八坑道"，等等。在各种金门高粱酒里我感觉喝得最顺口、柔顺的一款是四两装的小瓶"行军酒"。市场上销售的各种金门高粱酒的价格相差不大（按照 500 毫升／瓶来折算），多是 58 度，但"行军酒"比其他的金门高粱酒更柔顺，饮后体感更舒适。我喝过的那些台湾高粱酒有一个总体特点就是：酒精度比较高，但口感相对来说却是柔顺的。58 度的酒和大陆 53 度的大多数清香型白酒相比，口感甚至感觉还略绵柔一些。金门高粱酒搭配土龙丸，酒的香气清新、淡雅，更激发出鱼丸的鲜美。

3. 姜母鸭
浓香型白酒：五粮液 52%vol

厦门姜母鸭是闽南名菜。这道菜原为一道药膳——据古代医典所载：姜母鸭由商代名医吴仲所创，原系宫廷御膳，后来流传为民间一道名菜。其主料是用红面番鸭，选用上好芝麻油下锅，先将番鸭肉块反复炒香，再加入老姜及米酒，中火炖煮而成。在其配方中，有一定的中药成分：熟地、当归、川芎可以补血活血，枸杞子可以滋阴，党参、黄芪可以补气；老鸭本身又滋阴降火，所以这道菜被认为有舒肝润肺、养胃健脾、舒筋活血、祛寒化痰等功效，适合冬令进补，在寒冷的冬天吃姜母鸭能够驱寒气、暖身体，血气不足者食之最宜。吃这道菜的直接感受是它的香气很足，是芝麻油的那种浓郁强烈的香气，同时有若隐若无的中药气息，姜味也非常明显，可以说在闽菜里是属于滋味比较丰富厚重的。烹制到位的姜母鸭，鸭肉细嫩，口感香滑。搭配这道菜，我觉得香气和它颉颃比肩的是浓香型白酒，以五粮液为最佳。五粮液的香气也是比较丰富的，清香型白酒跟这道菜就不太匹配。姜母鸭这款菜，鸭子本身有些腥气，这种不愉快的气味多少有一点残留在菜中，而浓香型白酒是能把这种腥气化解于无形的。

4．鳗鱼鲞

苏格兰威士忌

酱香型白酒：出口型茅台酒

鳗鱼鲞就是鳗鱼干。野生的鳗鱼鲞，滋味十分鲜美，但腥气较重。搭配这道菜，我反复试过，首选苏格兰单一麦芽威士忌（重泥炭、泥煤味）——如"卡尔里拉"或"吉拉"中重泥炭味的品种，其泥炭味能够把鳗鱼鲞的腥气压制下去；同时，泥炭味和鱼腥气结合之后，又形成了另一种"海洋风"的感觉。在中国白酒中要给鳗鱼鲞选一款酒的话，酱香型白酒中的出口型茅台是比较般配的。出口型茅台不像内销的茅台酒的焦味、酱味那么重，比较清淡、清新一些，它在有酱味、焦味底色的同时果香气更强，用以压制鳗鱼鲞的腥气，效果更佳。我曾经在茅台镇中心酒业集团定制过一款"好望角"酱香型白酒，对标的风味就是出口型飞天茅台，当时的出发点就是携带这款最适合吃海鲜的酱香型白酒走遍祖国的海岸线，吃遍各地的海鲜，没想到好酒不经喝，祖国海岸线还没走完，那批酒已经全喝完了，此后，酱酒热涌起，再没有机会订制如此称心的酒了。

5．白斩和田鸡

清香型白酒：潞酒天青瓷窖藏30、汾酒青花瓷20 53%vol

长汀的白斩和田鸡被称为"客家第一大菜"，其鸡种入选我国五大名鸡之列，成菜之后肉质细嫩、皮薄肉脆、肉汤清甜。客家人做这道菜时要加一些米酒作为调料，当地有"不吃和田鸡，不算到长汀"之说。吃这道菜，最合适的酒是清香型白酒，汾酒青花瓷20或潞酒天青瓷窖藏30都比较合适。福建和山西其实有深刻的历史渊源，西晋时期迁徙到福建的客家人很多氏族来自山西。福建有个地

标注着"密码"的鳗鱼丸
（摄影／李寻）

以最简单的办法，清汤煮鳗
鱼丸，"鲜得能掉了眉毛"
（摄影／李寻）

区叫"晋江"，据说就是西晋时期来了很多北方名家大族
并聚居于此地而得名的，这些北方名族大多来自山西（山
西简称"晋"）。在客家人或者闽地晋江喝来自山西的"晋"
酒，在文化上更能够让我们追忆古老历史上两地之间的沧
桑联系。就香气、口感来讲，白斩和田鸡是比较清淡、爽润、
滑嫩的，宜搭配清淡的清香型白酒，其中最合适的是青花
瓷 20，相对来说它比青花瓷 30 在口感上清淡、柔和一些；
另一个推荐搭配用酒是潞酒天青瓷窖藏 30，这款酒灌装于
2012 年，是款老酒，口感醇厚协调，果香气已经降下去，
因陈化而形成的酱香气已形成。这种酱香气味和鸡肉本身
的香气容易协调，混为一体之后令人有"物我两忘"之感。

第六节
粤菜与白酒的搭配

一、粤菜概述

粤菜即广东菜，发源于广东，遍布于海内外，享有盛誉。广东地处亚热带，濒临南海，四季常青，物产丰富，山珍海味无所不有，蔬果时鲜四季不同，清人《竹枝词》曰："响螺脆不及蚝鲜，最好嘉鱼二月天。冬至鱼生夏至狗，一年佳味几登筵。"把广东丰富多彩的烹饪食材淋漓尽致地描绘了出来。由于物产丰饶，地兼山海，自远古以来，广东就形成了独特的美食传统。

粤菜能走向世界的一个重要原因是独特的经济、地理区位优势。明清时期，实行海禁政策，防倭禁海，只留广州一个口岸长期通商，这就是史书上说的"一口通商"，进而形成了"走广"效应。广州几乎成了唯一的海上贸易中心，很多时候"海上丝绸之路"是广州在担纲唱独角戏。清代中期，广州的繁华已超过苏杭，当时有人记载："是时，洋盐巨商及茶贾丝商，资本丰厚。外国通商者十余处，洋行十三家，夷楼海舶，云集城外，由清波门至十八铺（甫），街市繁华，十倍苏杭。"独特的经济地理优势，不仅提供了粤菜发展雄厚的经济基础，也提供了与全国范围内各地区以及和西方菜在烹饪技艺上的交流机会。京、苏、扬、杭等外省菜和西方菜的一些烹饪技巧被粤菜的厨师们接受，经过本地化的改造，形成了独有的烹饪技艺。

粤菜走向全国是近代的事情，声誉的形成，颇赖西餐及西式经营方式的引入与助力，粤菜走出广东，无论在北京还是在上海，都是以西餐（番菜）先行，许多著名的粤菜馆的老板和经理就是海归粤人。

尽管在清代中期，粤菜已经走向海外，并且通过上海、杭州、北京在国内

酒的世界地理

介绍世界各地各种酒的生产和品鉴知识。

绝妙下酒菜

已介绍过国内外数百种下酒菜，还在不断更新中，关注它，可获得最新的下酒菜知识。

本节主要参考文献：

[1] 陈长文.中国八大菜系[M].长春：吉林文史出版社.2012：43–55.

[2] 食帖番组.超简单！食帖中餐料理全书[M].北京：中信出版集团股份有限公司.2021：82–119.

[3] 牛国平、牛翔.舌尖上的八大菜系[M].北京：化学工业出版社.2023：218–249.

[4] 周松芳.岭南饮食文化[M].广州：广东人民出版社.2023：1–2.

[5] 卢李玉.寻味广州[M].北京：北京出版社.2019：5–9.

[6] 陈益群.潮汕食话[M].北京：民主与建设出版社.2022：046–093.

[7] 张新民.潮汕味道[M].广州：暨南大学出版社.2012：025–078.

[8] 林卫辉.粤食方知味——懂食，从粤菜开始[M].广州：广东旅游出版社.2022：041–055.

[9] 林卫辉.吃对了吗？[M].广州：广东人民出版社.2022：118–184.

的豪商巨富中建立了影响，但是普及到全国各地，却是 20 世纪 80 年代改革开放之后的事情。改革开放后，广东依据其独有的经济地理优势，又一次走到了潮头，当时有民谚云："东西南北中，发财到广东。"这种效应至今依然在持续的发展中。

粤菜的烹饪及风格如下：

1. 选料广泛、广博奇异

粤菜选料广博奇特，选料精细，配合四时更替，四季时令菜肴重在色、香、清、鲜。品种花样繁多，令人眼花缭乱，"不问鸟兽虫蛇，无不食之"。天上飞的，地上爬的，水中游的，几乎都能上席。鹧鸪、禾花雀、豹狸、果子狸、穿山甲、海狗鱼等飞禽野味自不必说；猫、狗、蛇、鼠、猴、龟，甚至不识者误认为"蚂蝗"的禾虫，亦在烹制之列，而且一经厨师之手，顿时就变成美味佳肴，每令食者击节赞赏，叹为"异品奇珍"。

2. 刀工操作精细，口味偏清淡

刀工干练，以生猛海鲜类的活杀活宰见长，技法上注重朴实自然，不像其他菜系刀工细腻，常用的有熬、煲、蒸、炖、扣、炒、泡、扒、炸、煎、浸、滚、烩、烧、卤等，并且注重质和味，口味比较清淡，力求清中求鲜、淡中求美，同时随季节时令的变化而变化，夏秋偏重清淡，冬春偏重浓郁。食味讲究清、鲜、嫩、爽、滑、香；同时，调味遍及香、松、脆、肥、浓五滋和酸、甜、苦、辣、咸、鲜六味，具有浓厚的南国风味。粤菜的调味品多用老抽、柠檬汁、豉汁、蚝油、海鲜酱、沙茶酱、鱼露、栗子粉、吉士粉、嫩肉粉、生粉、黄油等，这些都是其他菜系不用或少用的调料。

3. 博采众长，勇于创新

粤菜用量精而细，配料多而巧，装饰美而艳，而且善于在模仿中创新，品种繁多。许多烹调方法源于北方或西洋，经不断改进而形成了一整套不同于其他菜系的烹调体系。粤菜是由中外饮食文化融合，并结合地域气候特点不断创新而成的。历史上几次北方移民到岭南，把北方菜系的烹饪方法传到广东。清末以来，广东的开放也使得饮食上渗透了西方饮食文化的成分。粤菜的烹调方法有 30 多种，其中的爆、扒是从北方的爆、扒移植来的，焗、煎、炸则是从西餐中借鉴的。

二、主要流派和代表菜品

1. 广州菜

广州菜也称广府菜，以广州为中心及南海、番禺、东莞、顺德、中山等地风味为特色，主要流行于广东的中西部、广西东部、香港、澳门。地域最广，用料庞杂，选料精细，技艺精良，善于变化，风味讲究清而不淡，鲜而不熟，嫩而不生，油而不腻，擅长小炒，要求掌握火候和油温，恰到好处。代表菜品如下：

（1）龙虎斗；
（2）白灼虾；
（3）烤乳猪；
（4）五彩炒蛇丝；
（5）烤生蚝；
（6）生腌三眼公蟹；
（7）白切鸡；
（8）红烧乳鸽；
（9）叉烧肉；
（10）广式煲粥；
（11）清蒸东星斑；
（12）红烧大裙翅；
（13）蚝油牛柳；
（14）古井烧鹅；
（15）龙凤煲；
（16）八宝冬瓜盅；
（17）肠粉；
（18）虾饺皇；
（19）白云猪手；
（20）文昌鸡；
（21）黄埔蛋；
（22）广式腊肠；
（23）腊味煲仔饭；
（24）椒盐蛇碌；
（25）娥姐粉果；
（26）罗汉斋；
（27）青瓜拌蛏子；
（28）云吞面；
（29）生煮粿条；
（30）陈皮牛肉；
（31）广式牛杂煲；
（32）豆豉鲮鱼油麦菜；
（33）椒盐腐乳空心菜；
（34）炒河粉。

2. 客家菜

客家菜又称东江菜，流行于广东北部梅州一带以及江西南部和福建西部。客家人原是中原人，在汉末和北宋后期因避战乱南迁，聚集在江西南部、福建南部及广东东江一带。其语言、风俗仍保留中原固有的风貌，菜品多用肉类，极少用水产，主料突出，讲究香浓，下油重，味偏咸，以砂锅菜见长，有独特的乡土风味；以炖、烤、焗见称，尤其以酿制技艺著称，口味偏重、浓、鲜、甜，喜用鱼露、沙茶酱、梅膏酱、姜酒等调味品。代表菜品如下：

（1）客家酿豆腐；　　（5）猪肚鸡；　　　　（9）烧雁鹅；

（2）梅菜扣肉；　　　（6）吊烧鸡；　　　　（10）葱姜炒蟹。

（3）焗盐鸡；　　　　（7）焗鳗鱼；

（4）木桶鸡；　　　　（8）豆酱鸡；

3. 潮汕菜

潮汕菜也叫潮州菜，主要流行于潮州汕头地区，该地语言和习俗与闽南相近，隶属广东之后，受珠三角文化的影响，潮州菜集闽、粤两家之长，得天独厚的资源又造成了它以烹制海鲜见长的特点，选料鲜活，清鲜爽口，盘菜讲究急汤，汤菜保持原汁原味；烹调法有炆、炖、煎、炸、炊、泡、烧、扣、淋、烤等十多种，以炆、炖见长。代表菜品如下：

（1）潮汕鱼生；　　　（10）炒薄壳；　　　　（19）豆酱焗蟹；

（2）潮汕生腌；　　　（11）煮杂鱼仔；　　　（20）清汤鱼丸；

（3）潮汕火锅；　　　（12）潮式捞面；　　　（21）乌鱼（鲻鱼）

（4）老菜脯粥；　　　（13）咸菜猪肝汤；　　　　　焖蒜；

（5）蚝仔烙；　　　　（14）白灼螺片；　　　（22）护国菜羹；

（6）潮州牛肉丸；　　（15）烧大响螺；　　　（23）沙虾炒吊瓜；

（7）卤水拼盘；　　　（16）上汤鱼翅；　　　（24）厚菇芥菜；

（8）潮汕响螺；　　　（17）鲍汁花胶（鱼肚）；（25）猪肉炒豆干。

（9）潮汕卤鹅；　　　（18）橄榄螺头；

三、我们直接感受到的粤菜

如果说在 20 世纪 80 年代之前，鲁菜是八大菜系之首的话，那么改革开放之后，粤菜已经取代了鲁菜的地位，成为天下第一大菜系。现在在国内，无论是西北的新疆伊犁、阿勒泰，东北的海拉尔，还是西南的四川、西藏，无论通都大邑还是县乡小镇，到处都有粤菜存在的身影。粤菜馆是各地的高档餐馆，小菜馆里也会有白灼基围虾等粤菜的菜品出现。以我的记忆，在 20 世纪 80 年代之前，我们在中西部内地城市还不知道白灼基围虾这道菜，直到 90 年代才在餐桌上见到，那时它是高端菜，直到 2010 年以后，这道菜才逐渐成为飞入百姓家的寻常菜肴，当然虾和虾的品种也不一样了，价位也有多种。

虽然粤菜的菜品和菜馆已经遍布全国，在各个地区都可以感受到粤菜的存在，但是要真正享受到粤菜的美妙滋味，还是非去广东不可的。只有到广东各地去行走，品尝各地的菜肴，才知道什么是真正的粤菜，也才会感受广东之外的粤菜，都是被"稀释"过的粤菜。因为只有到广东才有那么新鲜、丰富的原料，才有那么及时的烹饪，而且在那种气温和湿度之下，才能感受到它丰富的滋味，才能够接触到它在外界接触不到的丰富调料和烹饪方法。没到粤菜的三个流派重镇去亲自体验过的话，不可谓知粤菜。

粤菜的特点是食材丰富、新鲜，烹饪方法开放，兼容并蓄，在技法和风味上把中国南方和北方风味混合在一起，把中国菜和西方菜的烹饪技术混合在一起，既有最前卫的潮流创新，也有最顽强的古法传承。在广东，能感受到生机勃勃的创新活力，也能感受到粤菜澎湃汹涌的发展浪潮。

四、广东地产白酒

广东本地也产白酒，传统上是以大米为原料，小曲做糖化发酵剂，采用半固态发酵（糖化过程是固态，发酵过程是液态）蒸馏出的低度蒸馏酒，一般酒精度在 30 度左右。这种酒蒸馏之后，还有一个独特的坛储肉浸的工艺，在储酒的大陶罐（当地叫"埕"）里放上肥肉，肥肉有助于沉淀、吸附酒中的杂质和烈性成分，使酒体更柔和，同时也带有了腊肉的香气，所以叫豉香型白酒。

目前广东地产白酒有两种类型，一种就是米香型白酒，即没有经肥肉浸泡的酒，当地称之为"清雅型"；还有一种就是豉香型白酒，酒精度多半都在 29 ～ 33 度之间，著名品牌有石湾玉冰烧、九江双蒸等。豉香型白酒在 20 世纪 80 年代以前是中国出口量最大的白酒，在东南亚和美国都有一定数量的爱好者。现在在广州，还有老广东人在吃早茶时习惯饮用豉香型白酒。

豉香型白酒香气淡雅，搭配粤菜中的烧腊，是极为般配的。和广东菜肴的丰富多彩相比，豉香型白酒略显单调。到广东去品尝美食，一定要带上全国各地不同香型的白酒，总会找到和不同香型白酒匹配的菜肴，粤菜本身的包容性意味着它有可以和任何一种白酒香型相匹配的具体菜品。

粤菜与白酒搭配示例

1. 潮州鱼生

清香型白酒：汾酒青花瓷30 53%vol、汾州印象原酒66%vol

潮州鱼生其实就是生鱼片，在潮州，任何一种江鱼、海鱼，片成鱼片都可以称之鱼生，但是主要品种是江鱼，潮州称为韩江鱼（韩江是当地一条主要河流的名称）。在内地，一说到生鱼片，就会想到日本料理，其实潮州鱼生自古就有。吃鱼生的最佳季节是冬季，因为鱼在片之前要晾一晾，只有在冬季气温低时，才能晾足够的时间又不变质，晾后的鱼片水分合适，质感Q弹细腻。刀工好，片出来的鱼片非常漂亮，有的晶莹纯白，有的带着血丝，泛着粉光。

日本生鱼片一般放在冰块上，吃时蘸加了芥末汁或者山葵汁的调料。潮州鱼生要配一种里面有花生、萝卜丝，用植物油调制的复杂调料，把鱼片搅拌在调料小碗里后再食用。我在潮州官塘鱼生店吃过鱼生之后，回头查资料发现，鱼生的做法，和清人陈徽言在《南越游记》里所记载的几乎完全一样："岭南人喜取草鱼活者，剖割成屑，佐以瓜子、落花生、萝卜、木耳、芹菜、油煎面饵、粉丝、腐干，汇而杂食之，名曰'鱼生'，以沸汤炙酒下之，所以祛其寒气也。"

在广东，本地人都知道吃鱼生要喝酒，既能祛寒也能消毒。通过实际的体验感受，我觉得搭配鱼生最好的是清香型白酒，如汾酒青花瓷30和汾州印象原酒。选择清香型白酒是因为它的香气清新，不夺鱼生本身的鲜，也不夺调料的香味。选择66度的汾州印象原酒，在于酒精度越高的酒，杀灭微生物的能力越强。外地人吃鱼生，面对生鱼片略有所怵，而喝这种高度酒，不仅在香气和口感上很匹配，也能够在心理上带来更安全的感觉。

2. 潮州生腌

清香型白酒：潞酒天青瓷窖藏 30 53%vol

潮州生腌是以各种虾、蟹等海鲜加上酱油和其他丰富的调料腌制而成的美食，腌制好后放在冰箱里冷藏，取出来直接生吃，味道比鱼生要咸和浓。

和吃鱼生一样，吃生腌也要喝一点高度的白酒，清香型白酒不夺其天然的香味，又可以调节节奏，给心里带来卫生、安全的感觉。搭配潮州生腌，清香型的汾酒青花瓷20 和青花瓷 30 都可以，山西长治潞酒厂生产的潞酒天青瓷窖藏 30 更完美，这款酒是 2012 年灌装的一批老酒，从香气来看已经不是典型的清香型白酒了，除了有清香型白酒招牌的水果香气之外，还有曲香和明显的酱香。潮州生腌的调料里有为数不少的酱油，酱油的香气也很明显，潞酒天青瓷窖藏 30 的酱香和潮州生腌调料的酱油香融合在一起，更为协调。

3. 炭烤生蚝

清香型白酒：汾酒青花瓷 20 42%vol
凤香型白酒：西凤三合一 45%vol

生蚝在广州有各种加工方法，炭烤生蚝只是其中一种，也有蒸的和生腌的。在广州炭烤生蚝店里除了炭烤生蚝之外，还有各种其他炭烤的海鲜。记得在十几年前，我们杂志社在广东的广州和虎门设有两个办事处，朱剑在那里负责办事处的工作。我觉得广州没有好酒，就发了一百箱西凤酒厂的西凤三合一酒放在那儿，每次到广州就跟朱剑去一家名叫"蚝德喜"的宵夜店吃炭烤生蚝、喝西凤三合一酒，两个人一起喝一瓶。那批西凤酒之所以叫"三合一"，是因为它是凤香型兼浓香型兼酱香型的酒，可惜现在已经没有了。后来我们在广州和虎门的办事处撤掉了，朱剑回到了西安，我们发现西安也有了专门吃生蚝的店，我们继续去吃炭烤生蚝，没有了西凤三合一酒，搭配了汾酒汾20，玻璃瓶装，一盒两瓶，每瓶225毫升（约半斤装），当时俗称"双胞胎"，此酒香气清雅纯正，口感也柔顺，我和朱剑每次每人喝一小瓶，乐陶陶然也。

4. 古井烧鹅
豉香型白酒：玉冰烧或九江双蒸 29%vol

古井烧鹅是广东江门古井镇的特产菜肴，广东各地都有烧鹅，风味各有不同，古井镇的烧鹅历史悠久，据说是从南宋传下来的，用荔枝木为燃料烧烤。2011年，我追寻宋元崖山海战古战场，行走到了江门，在古井镇吃烧鹅，当时就地买了豉香型白酒九江双蒸，一瓶酒是600毫升，一次就喝了大半瓶。豉香型白酒里的腊肉香气和烧鹅烧烤的香气混为一体，真是美拉德风味的天然搭配。酒体的口感柔顺清淡，又能解烧鹅的油腻，当地的风也是暖融融的，让我觉得这里就应该是战争结束的地方，柔柔的酒，嫩嫩的鹅，人们安享和平。

5. 梅州焗盐鸡
特香型白酒：四特酒20年陈酿 52%vol

焗盐鸡现在也天下尽知，但以广东梅州的焗盐鸡最为正宗，在梅州吃到的焗盐鸡和在外地吃的那种袋装焗盐鸡，包括小铺子卖的都不一样。首先，鸡是现焗的，要耐心地等，等待的过程就能让你融入一种慢节奏的古代岭南客家生活氛围中；其次，焗出的鸡肉干香细嫩，香气非常独特。我在各种白酒中选来选去，感觉四特酒的 20 年陈酿和它极为搭配。四特酒是以大米为原料，大曲为糖化剂和发酵剂的白酒，被称为特香型白酒，有独特的水泡蘑菇香气和面粉香气，和经过盐焗后的鸡肉香有接近之处，也是美拉德风味的混合搭配。这款四特酒 20 年陈酿的老熟时间足够，口感柔和细腻，和焗盐鸡的细嫩相映成趣。

6. 梅州木桶鸡

米香型白酒：桂林三花酒 38%vol

梅州烹饪鸡的方法有太多种，有一种木桶鸡，基本上就是蒸出来的，蒸的火候恰到好处，鸡肉的水分保留得很好，这种木桶鸡也是整只卖，据介绍是用当地特产的胡须鸡做的。活鸡我没见过，不知道它是不是真的长了胡子，但是蒸出来的木桶鸡非常可爱，个头很小，不像鸡，倒像一只大鸟，鸡爪白净，香气不像焗盐鸡那么浓郁，不能配香气高的酒，所以我选了米香型白酒的桂林三花酒。桂林三花酒香气清淡，有蜜香、玫瑰花香，但是都不特别强烈，还有轻微的中药香，和木桶鸡搭配，可以把它流露出的那一丝生鸡味（也许是看着木桶鸡太过白净产生的心理感觉）给掩盖掉。

7. 蚝仔烙

白兰地 XO 40%vol

豉香型白酒：九江双蒸、玉冰烧 29%vol

汕头的蚝仔烙天下有名，虽然各地潮汕菜馆也做蚝仔烙，福建或者山东也有类似的菜，叫煎蛎蝗或蚵仔煎，但就我所品尝的，皆无法和汕头的蚝仔烙相比。汕头蚝仔烙的特点是蚝仔大、肥、饱满，汁水丰富，同时蛋浆酥松。吃蚝仔烙如果嫌淡了，可以加一点鱼露和当地的一种辣椒汁作为调料，如果口感好就直接吃。据我观察，这道菜在当地不是作为下饭菜的，也不是下酒菜，就是当作小吃吃的。我自己的感受是吃蚝仔烙时，特别想喝的酒是白兰地 XO，轩尼诗或人头马都行。尽管我们这本书主要讲的是白酒和菜品的搭配，但是蚝仔烙让我想喝白兰地的感觉太强烈了，所以我推荐吃蚝仔烙这道菜搭配的酒首选是白兰地 XO，各个品牌都行。如果没有白兰地 XO，低度的豉香型白酒玉冰烧和九江双蒸也凑合。关于蚝仔烙，我曾经写过一篇网络短文，有一位网友留言说吃蚝仔烙不用配酒，我觉得此话很对，因为蚝仔烙太好吃了，有时候觉得配酒都有点可惜。

8. 潮汕卤鹅
酱香型白酒：飞天茅台酒 53%vol

在广东，鹅的做法多种多样，大体应该分为烧鹅和卤鹅两类。烧鹅是烤制的，卤鹅是卤制的，最明显的差别在于烧鹅的皮是脆的，油脂香满满；卤鹅的皮是软的，卤汁味更入肉。潮汕的狮头鹅为广东卤鹅中的名菜，狮头鹅体型很大，最重的可以达到 20 千克，一般的也在 15 千克左右。

汕头澄海区的苏南地区莲下镇和莲上镇一带的卤鹅最为著名，也被称为苏南卤鹅（此处"苏南"仅指汕头澄海区的苏南地区，不是江苏的苏南地区），卤鹅的卤汁里是有酱油的，酱味明显，搭配酱香型的茅台酒，口味上是一种天然的妙搭。

卤鹅是分部位卖的，就下酒搭配而言，上品为鹅头，其次为鹅掌，再次之为鹅肉。狮头鹅的鹅肝也极佳，口感十分细腻，称为"粉肝"。吃粉肝时，再搭配茅台酒就不太合适了，茅台酒相比较起来显得口感粗糙，粉肝更适合的酒是法国的白兰地 XO。

狮头鹅的鹅头个头很大，大的有 1.5 千克左右，两个人就一只鹅头，足可以喝完一瓶飞天茅台酒。狮头鹅的鹅掌也比较大，但没有鹅头肉多，两只鹅掌下酒只够喝二两酒。如果要喝半斤酒，就得四只鹅掌，或者再切一点不同部位的鹅肉，但是鹅肉的口感比鹅头和鹅掌要显得粗糙。

9. 白灼虾

清香型白酒：红星二锅头青花瓷 52%vol

　　白灼基围虾是我接触到的第一款粤菜，而且那时候在内地，只要宴席上出现了虾，就意味着是高端宴席了。那时候茅台酒还不像现在是"酒中王者"，风头最劲的是五粮液，但我觉得五粮液的浓香实在和白灼基围虾不搭，反而把虾的腥气激发了出来。当时我觉得搭配白灼基围虾最好的一种酒是二锅头，各种二锅头都可以。红星二锅头青花瓷是二锅头里的高端酒，当时卖 300 多元，和茅台酒价格差不多，便宜的二锅头就是二两装的红星小二。直到现在，我依然觉得红星二锅头是白灼虾的最好搭档，它们都有显赫、高大上的"出身"，同时又有来自民间底层的草根气息。当然，红星二锅头的品种很多，现在的红星小二和当年的红星小二也不可同日而语，但是白灼虾也与时俱进，现在虾的品种和当时也有所不同了。

10. 潮汕牛肉火锅

清香型白酒：汾酒青花瓷 20 53%vol

　　我印象中潮汕火锅在内地出现是近十年的事情，而且我推测在广东出现的时间可能也不太久，我到潮州和广州去品尝牛肉火锅的时候，介绍说牛肉都是宁夏养的牛。我当时很奇怪："为什么西安离宁夏这么近，我们没有发明出来潮汕火锅？"

　　潮汕火锅的牛肉是分块、分段吃的，有吊龙、匙仁、匙柄等名称，语言可能来自粤语，但概念可能是来自西方牛肉分成片区吃的传统，如眼肉、西冷等。潮汕还有独特的牛肉丸。

　　吃潮汕火锅，要用生芹菜粒放在调料碗里，把汤浇到生芹菜粒上，先喝汤，鲜美无比，还有芹菜的香气。整个调料都比较清淡，适合搭配清香型的汾酒，而且不宜搭配滋味丰富、焦香、曲香太重的酒，汾酒青花瓷 20 正合适，香气清香淡雅，口感也醇和。

第七节
湘菜与白酒的搭配

一、湘菜概述

湘菜即湖南菜。

湖南地处长江中游南部，气候温和，雨量充沛，土质肥沃。从地形图上看，湖南像一把南高北低的簸箕，南部是长江水系和珠江水系的分水岭南岭，西部是雪峰山、武陵山，东部是罗霄山，湘江从南向北流入洞庭湖。湘江流域是开阔的谷地，北部的洞庭湖流域更是宽广的平原，河水纵横，遍布着大小湖泊，历来是富甲天下的鱼米之乡。山区的山珍、河湖的河鲜以及平原地区丰富的农作物，为湘菜提供了丰富的原材料。

这种地形条件也使湘菜自然形成了三个流派：一是湘江流域流派，二是洞庭湖区流派，三是湘西山区流派。

早在远古时期，湖南地区就有古人类居住，不同时期的考古中都发掘出了各种陶质和青铜质的饮食器具，表明自古以来湘菜就有自己的烹饪传统。

但对今天湘菜产生重大影响的却是历史上的一个重大事件：西方的大航海。大航海时期，欧洲人在美洲发现了辣椒，辣椒先传到日本，又传到中国；辣椒在中国的传播路径是先传到浙江，又传到湖南，再传到四川，辣椒进入湖南的时间大约在清初的康熙年间。今天的湘菜以鲜辣或酸辣为主，而辣正是来自远在万里之外的美洲。

湘菜走向全国，成为著名的菜系是在清代，一直到现代。有三个人物对湘菜的传播产生了重大影响。第一位是清代的曾国藩，曾国藩组建湘军讨伐太平

访酒天下

遍访天下美酒，尽尝人生百味，融入岁月山河。

绝妙下酒菜

已介绍过国内外数百种下酒菜，还在不断更新中，关注它，可获得最新的下酒菜知识。

本节主要参考文献：

[1] 陈长文.中国八大菜系[M].长春：吉林文史出版社.2012：109–120.

[2] 牛国平，牛翔.舌尖上的八大菜系[M].北京：化学工业出版社.2023：138–176.

[3] 食帖番组.超简单！食帖中餐料理全书[M].北京：中信出版集团股份有限公司.2021：46–73.

[4] 谭兆元，黄自强，王焰峰.经典湘菜300例[M].长沙：湖南科学技术出版社.2010.

[5] 湖南省质量技术监督局，湖南省食品质量监督检验研究院.中国湘菜标准（第一分册）.通用标准与大众湘菜标准[M].长沙：湖南科学技术出版社.2013：3–59.

[6] 湖南省质量技术监督局，湖南省食品质量监督检验研究院.中国湘菜标准（第五分册）.连锁湘菜[M].长沙：湖南科学技术出版社.2022：1–20.

[7] 走遍中国编辑部.走遍中国·湖南[M].北京：中国旅游出版社.2017：6–15.

军时，随军带了许多湘菜师傅。军队的饮食以湘菜为主，随着军队在各地征战，也把湘菜带到了全国各地。

第二位是谭延闿。谭延闿是清末民初的著名政治活动家，曾任晚清时期湖南资议局的议长，三任湖南都督，还担任过国民政府主席，同时也是一位美食家。他所带的私厨曹荩臣和谭奚庭，创造出了当时极有影响的祖庵菜系（谭延闿，字祖庵）。

第三位是毛泽东。毛泽东的伟大功绩众所周知，也不知道他是否真的那么爱吃红烧肉，总之很多湘菜馆把湖南的红烧肉称为毛氏红烧肉。毛泽东本人并没有直接地推动湘菜的发展，但他是湖南人的这个身份，给湖南菜的传播带来了深远的影响。

湘菜的特点如下：

1. 选料广泛

举凡空中的飞禽、地上的走兽、水中的游鱼、山间的野味，都是湘菜的上好原料。至于各类瓜果、时令蔬菜和各地的土特产，更是取之不尽、用之不竭的饮食资源。

2. 品味丰富

湘菜之所以能自立于国内烹坛之林，独树一帜，与其丰富的品种和味型是不可分的。据统计，湖南现有不同风味的地方菜和风味名菜达 800 多道，品种繁多，门类齐全。就菜式而言，既有乡土风味的民间菜式、经济方便的大众菜式，也有讲究实惠的筵席菜式、格调高雅的宴会菜式，还有味道随意的家常菜式和疗疾健身的药膳菜式。

3. 刀工精细，形态俊美

湘菜的基本刀法有 16 种之多，厨师们在长期的实践中，手法娴熟，因料而异，具体运用，演化掺合，切批斩剁，游刃有余。使菜肴千姿百态、变化无穷。整鸡剥皮，盛水不漏，瓜盅"载宝"，形态逼真，常令人击掌叫绝，叹为观止。善于精雕细刻，神形兼备，栩栩如生。情趣高雅，意境深远，给人以文化的熏陶、艺术的享受。

4. 以酸辣著称

湘菜历来重视原料互相搭配，调味上讲究原料的入味，调味工艺随原料质地而异，滋味互相渗透，交汇融合，以达到去除异味、增加美味、丰富口味的目的。因地理位置的关系，湖南气候温和湿润，湘菜口味上以酸辣著称，以辣为主，酸寓其中，开胃爽口，深受青睐，成为独具特色的地方饮食习俗。

5. 技法多样，尤重煨

因重浓郁口味，所以煨法居多，其他烹调方法如炒、炸、蒸、腊等也为湖南菜所常用。相对而言，湘菜的煨燽功夫更胜一筹，几乎达到炉火纯青的地步。煨，在色泽变化上可分为红煨、白煨，在调味方面有清汤煨、浓汤煨和奶汤煨。许多煨燽出来的菜肴，成为湘菜中的名馔佳品。

二、主要流派和代表菜品

前文说过，受自然地理条件的影响，湘菜主要分为湘江流域流派、洞庭湖区流派和湘西山区流派。分而述之：

1. 湘江流域流派

湘江流域菜以长沙、衡阳、湘潭为中心，其中以长沙为主，讲究菜肴内涵的精当和外形的美观，色、香、味、器、质的和谐统一，因而成为湘菜的主流。制作精细，用料广泛，口味多变，品种繁多。其特点是油重色浓，讲求实惠，在品味上注重酸辣、香鲜、软嫩。在制法上以煨、炖、腊、蒸、炒诸法见称。煨、炖讲究微火烹调，煨则味透汁浓，炖则汤清如镜；腊味制法包括烟熏、卤制、叉烧，著名的湖南腊肉系烟熏制品，既作冷盘，又可热炒，或用优质原汤蒸，炒则突出鲜、嫩、香、辣，市井皆知。

近些年来，有人挖掘了传说是谭延闿和其家族发明的"祖庵菜"，目前是湘菜里最豪华高档的宴席。

湘江流域流派代表菜品如下：

（1）湖南农家小炒肉；　（5）口味虾；　　　　　　（8）冰糖湘莲；

（2）毛氏红烧肉；　　　（6）火宫殿小吃（系列，　（9）血鸭夹饼；

（3）祖庵鱼翅；　　　　　　　臭豆腐最有名）；　（10）醴陵酱板鸭；

（4）祖庵豆腐；　　　　（7）德园包子；　　　　（11）排楼汤圆；

（12）东江鱼；　　　　　（15）花菇无黄蛋；　　　　（18）腊味合蒸；

（13）栖凤渡鱼粉；　　　（16）子龙脱袍；　　　　　（19）走油豆豉扣肉；

（14）坛子肉；　　　　　（17）海参盆蒸；　　　　　（20）左宗棠鸡。

2. 洞庭湖区流派

洞庭湖区菜以常德、岳阳、益阳等地为主，以烹制河鲜、家禽见长，多用炖、烧、腊的制法，其特点是芡大油厚，咸辣香软。炖菜常用火锅上桌，民间则用蒸钵置放炉上炖煮，俗称蒸钵炉子。往往是边煮边吃边下料，滚热鲜嫩，津津有味，当地有"不愿进朝当驸马，只要蒸钵炉子咕咕嘎"的民谣，充分说明炖菜广为人民喜爱。代表菜品如下：

（1）剁椒鱼头；　　　　　（5）大通湖、五　　　　　（8）洞庭湖小野鱼；

（2）沅江芦笋；　　　　　　　　 门闸小龙虾；　　　　（9）洞庭湖腊肉；

（3）巴陵鱼宴（系列）；　（6）松花皮蛋　　　　　　（10）益阳鸭脚板；

（4）大通湖大闸蟹；　　　（7）洞庭湖腊鱼；　　　　（11）南大膳镇爆炒黄鳝。

3. 湘西地区流派

湘西地区主要指张家界、湘西土家族苗族自治州和怀化市，主要处于武陵山区和雪峰山区，这一带山高林密，山间河水清澈，是苗族、土家族聚居区，以烹制山珍野味见长，擅长制作山珍野味、烟熏腊肉和各种腌肉，口味侧重咸香酸辣，常以柴炭做燃料，有浓厚的山乡风味和民族特点。代表菜品如下：

（1）凤凰小鱼小虾；　　　（5）猪血丸子；　　　　　（9）土匪猪肝；

（2）张家界合菜；　　　　（6）隆回蛋饺；　　　　　（10）外婆菜炒鸡蛋；

（3）芷江鸭；　　　　　　（7）武冈铜鹅；　　　　　（11）牛杂粉；

（4）香酸鱼；　　　　　　（8）芙蓉镇米豆腐；　　　（12）通道七彩山椒。

三、我们直接感受到的湘菜

在我年轻的时候（20世纪80年代），各地鲜少见到湖南菜。而我能够很早就感受到湖南菜，是20世纪80年代末至90年代初因各种机缘，多次前往了湖南。对湖南我是怀着朝圣的心情去的，主要是对湖湘文化的景仰。清代以后，湖南文化真正崛起，对中国产生了重大的影响，曾国藩、左宗棠之后，戊戌变法以及辛亥革命中的重要领袖人物很多都出于湖南，如谭嗣同、黄兴、宋教仁、蔡锷等；现代中国有影响的人物就更多了，以毛泽东为代表的共产党人群体有毛泽东、蔡和森、彭德怀、刘少奇等。当时我最敬仰的是湖南一师（湖南第一师范）以及毛泽东和他那些优秀的老师、同学们激扬文字、击水中流的岁月。我们曾多次到湖南一师参观，那里还保留着当时的旧建筑。我们还曾经到过江心洲中的蔡和森故居参观，史料记载，当时毛泽东等人从湘江对岸游泳游到江心洲，在蔡和森家纵论天下，蔡和森的母亲给他们做晚饭吃。我记得当时蔡和

朱剑给我的洞庭湖小杂鱼干（摄影／李寻）
洞庭湖小杂鱼干煎炸后配酒鬼内参，是上好下酒菜。

森的旧居还是一个美丽的田园院落，园中种着蔬菜和橘子树。站在院落里，可以远眺长沙城，也可以遥瞻对面的岳麓山。

岳麓山上名人墓地林立，黄兴、宋教仁、蔡锷的墓均在山上，我和同事们曾经多次步行上山凭吊。在山上吃到过地道的农家菜，印象非常深的一道菜是清炒丝瓜，丝瓜炒得很软，带着汤汁，用其泡饭，美味又下饭。我的湖南同事朱剑告诉我，这种饭代表了他们家乡的风格，吃多少顿都不会厌倦。

湖南的地质现象非常丰富，境内有古丈和花垣两个地质"金钉子"，我曾经去考察过这两个"金钉子"，沿着花垣西部的山区，穿过矮寨大桥，能很直观地看到云贵高原崛起的壮观景象。

我在湖南吃过很多难忘的菜：岳麓山上的农家菜丝瓜拌饭、凤凰古城的小鱼虾、益阳的鸭脚板、常德的大闸蟹、岳阳的鱼宴等。最重要的是我还遇到了朱剑，他是我的同事，也是朋友。20多年前，他刚毕业就来到了我们单位工作，从遇到朱剑起，我几乎每年都可以吃到最正宗、最新鲜的湖南菜，他每年都给我分享一点老家制作的腊鱼、腊肉，还有野生的小鱼小虾、白辣椒、剁辣椒等，实属民间手作的美味，使我远在千里之外的陕西也时时能感受到湖南菜内在的气质。

洞庭湖落日，摄于岳阳楼前
（摄影／李寻）

四、湖南地产白酒

湖南的白酒资源还算丰富，著名的酒有白沙液酒、德山大曲、馥郁香型的代表酒酒鬼内参酒，还有茅台酒移植外地最成功的常德武陵酱酒。湖南传统白酒的特点是以大米为原料、以小曲为酒曲，但现在这些名酒，比如馥郁香型的酒鬼酒（酒鬼酒的高端酒内参酒）是大小曲合用，经过复杂酿造工艺蒸馏出来的酒，酒体馥郁芬芳，具有独特的香气和口感特点。

武陵酱酒是当时各地学习茅台的一个成果。很多地方没有学习成功，武陵酱酒成功了，武陵酱酒在1988年第五届全国评酒会上获得了国家名酒称号，传说也有"武陵酱酒三胜茅台"的故事。武陵酱酒尽管非常优秀，但和茅台镇的酱香型白酒还略有区别，特点是更加清新、干净，没有茅台酒那么复杂、醇厚。

面向大众，湖南酒也有销量很大的品牌，如浓香型的开口笑酒、酒鬼酒的湘泉酒，价格不高，流通量甚大。

湘菜与白酒搭配示例

1. 凤凰小鱼小虾
馥郁香型白酒：酒鬼内参酒 52%vol

2020 年冬天，我和我的同事朱剑、李延安等人访酒行经湖南的凤凰古镇。当时天下大雪，我们就在凤凰沱江边住了两天，真是难得的享受。漫天风雪，江水碧透，在临江的房子里，看着江上的雪花，浮想联翩。出酒店不远就有多家小餐馆，由于本来就是景区，加上大雪封山，菜肴涨了价，我们点了各种菜，最难忘的是一份油炸小鱼小虾，品质极好，是当地沱江里的小河虾，个头不大，但是肉质非常饱满，只放了几片辣椒点缀，没有辣味，鲜香无比，是上好的下酒菜。我们搭配的也是从酒鬼酒厂买到的酒鬼内参酒，内参酒的香气和小鱼小虾的香气融为一体，美妙难忘。最难忘的是虾不够吃，但又太贵，一份就要 100 多元。我们吃了一份，感觉不够，又再要了一份，吃完了，酒还是没喝到位，但也再舍不得花钱了。服务员看着我们有些可怜，送来了一盘花生米，才把这场酒事了了，我当时开玩笑说："感谢服务员给的人道主义救助。"

后来，朱剑送过我几次洞庭湖的小鱼小虾，洞庭湖的小鱼小虾的个头比湘西沱江的小鱼小虾大多了，但是肉质没有那么饱满。我自己把它油炸后，依然搭配的是酒鬼内参酒。小鱼小虾各地都有，洞庭湖的和湘西沱江的不同，太湖的跟洞庭湖的也不同，东北松花湖的跟南方湖里的又有不同，就小鱼小虾，都可以写一部"小鱼小虾地理"了。

2. 岳阳鱼宴
清香型白酒：百里境泉酒境德酒 55%vol

岳阳的巴陵鱼宴，是湘菜著名的菜系，由各种鱼烹饪而成，多的时候有 30 多个品种。吃全鱼宴，得人多才行，至少十几个人才值得吃一次，人少的时候只能选上四五种不同的鱼。烹饪方法基本上就三种：清炖、红烧、油炸。吃洞庭湖的鱼宴，我建议配清香型白酒，最合适的酒是湖北通城千里境泉酒业公司生产的百里境泉大曲清香酒境德酒。这款酒的产地在湖北通城，但实际上离湖南岳阳很近，大概也就几十公里路程，位于长江以南，也是中国大陆最南部的大曲清香型白酒，产地基本上可以理解为就是岳阳了。它的香气带着南方水塘的青草香，和北方的汾酒有所不同，是洞庭鱼宴的绝妙搭档。

我们最近一次吃洞庭鱼宴是在 2023 年 7 月下旬，当时天气酷热，我和朱剑，还有司机小陈背负着沉重的摄影器材，从岳阳楼走到停车场。酷日之下，在树荫下休息了两次，否则感觉会中暑，浑身被汗湿得透透的。但是到了晚上，湖边凉风习习，吃鱼宴的时候，每个人又喝了二三两白酒，感觉很好，出一身汗，舒服解乏。这次经历让我感觉在酷热的两湖地区，夏天遇见好菜了，也一样能够喝白酒，当然，前提是要有好的白酒。

3. 洞庭湖腊鱼

馥郁香型白酒：酒鬼内参酒 52%vol
酱香型白酒：武陵上酱酒 53%vol

洞庭湖腊鱼是洞庭湖湖区居民家里常做的一道菜，鱼的品种不同，有鲢鱼、鳙鱼、青鱼、鲫鱼和刁子白，还有些我叫不出名字来。总之，朱剑家里做的洞庭湖腊鱼，我认为是一流的，家庭手作、用心呈现的那种风味，就是在当地的菜馆里也难得一见。每年冬天拿到朱剑家里寄来的腊鱼，我都要隆重其事，认真搭配湖南白酒里最好的酒酒鬼内参，或者武陵上酱酒。

酒鬼内参酒是馥郁香型，武陵上酱酒是酱香型，香气都很馥郁，腊鱼是熏制过的，有烟熏火燎的气息。无论酒鬼内参酒，还是武陵上酱酒，都有美拉德风味的内容。它们和腊鱼结合起来，浑然天成。

4. 土匪猪肝
馥郁香型白酒：湘泉酒 52%vol

土匪猪肝是湘西的名菜，看这菜名会让人想起所谓湘西土匪的故事。其实"土匪"这个词的内涵很丰富，它可能意味着被逼无奈走上梁山的那些绿林好汉，也可能意指打家劫舍的恶棍，还可能是由于平原地区大乱，山区里地方政府在一个时期里采取相对封闭的措施、结堡自治的地方武装。这道菜有一点辣，但是不妨碍它下酒，因为"土匪"这个词带来的丰富联想，辣是必须有的。选酒的话，我选市面上常见的湘泉酒。这款酒便宜，谈不上好，但是既然当"土匪"了嘛，也就不可能再具有祖庵菜那么奢靡的排场，也就不用以酒鬼内参这种高端酒来搭配了，既落草为寇，就要有个落草为寇的样子。当然，低端酒饮后的体感不那么舒适，可是当土匪的体感又能舒适到哪儿去呢！酒菜搭配，风味很重要，但是更高的境界是文化寄托。

5. 芷江鸭
酱香型白酒：湄窖铁匠、湄窖宝石坛、习酒·君品天下 53%vol

芷江鸭是湖南芷江的名菜，我们吃芷江鸭是在芷江边，当时冒着风雪前往芷江县城去瞻仰中国人民抗日战争胜利受降纪念馆，雨雪交加，我们就在江边不远处找了一家芷江鸭馆，在那里坐等，等了约一个小时，现炖的鸭子终于上桌了，香、辣、嫩多种滋味兼具。我们为之搭配的酒是贵州湄窖酒业公司生产的铁匠酱香酒，是一款已经勾调好、在罐中存储了十年的老酒，风骨挺拔硬朗又醇厚宜人，酱香酒丰富的滋味，和如铁岁月的意象，以及当时风雪交加的意境浑然一体。喝酒之后，我们想在江边拍照，将装着空瓶子的酒盒放在石头上，没想到江风太大，酒盒被吹到江里，随着浩荡的江水，飘然远去。

铁匠酒现在已经停产，湄窖酒厂里现在风味比铁匠酒略好一点的酒是最新的产品宝石坛，从风味上讲，酱香型的宝石坛也很好，口感相近的习酒君品天下也可以作为芷江鸭的搭配酒，但是在文化上没有了"铁匠"那种"男儿到死心如铁"的精神气质，对我们来讲是个缺憾，但对于不刻意寻找这种文化寄托的酒友和食客来讲，吃芷江鸭搭配酱香型的宝石坛酒、习酒君品天下，都是妙搭。

6. 益阳鸭脚板
啤酒

湖南益阳，属洞庭湖地区，位于资江河畔，当地习惯吃的一种小吃叫鸭脚板，其实就是鸭掌，是卤过的，比较辣。由于比较辣，吃鸭脚板不太适合喝白酒，应当配以啤酒。在一本主要讲白酒搭配的书里，之所以专门提到这道菜和啤酒，实在是因为这道菜太让人难忘了，它和全国各地的鸭掌大为不同。从口味的特点来讲是糯、筋道、鲜辣皆有；当地吃鸭脚板的那个夜市也非常壮观，目测有几百人，受情绪感染的我和朱剑、司机宋国栋，三人一共吃了好几斤鸭脚板，喝了一捆啤酒。喝啤酒喝到醉意朦胧了，乘着凉爽的江风，在宽阔的江边散步，有飘飘然御风成仙之感。

7．洞庭湖小龙虾

清香型白酒：百里境泉境德酒 55%vol、汾酒青花瓷 20 53%vol

啤酒

　　我们曾经在水产专家何足奇先生的推动下，卖过一段时间的预制水产产品，当时有一款产品是香辣小龙虾，这道小龙虾的产地是湖南的洞庭湖区。据朱剑说，以前他们老家是不怎么吃小龙虾的，近十年以来，突然各地都兴起了吃小龙虾的热潮，在岳阳、益阳、长沙等各地的夜市上，小龙虾成了主打菜品，人们招呼去吃夜市都是说："吃虾子去。"洞庭湖区现在是全国小龙虾的主要产区，又以大通湖和五门闸的产量最大、品质最好，这里有大面积的小龙虾养殖基地，小龙虾销往全国各地。2018 年国庆假期，朱剑回湖南老家，到达五门闸时，见到空中突然亮起几个大字："洞庭湖龙虾节"，非常壮观。

　　洞庭湖的小龙虾烹饪方法以炒、煮结合，味道又重又辣，夏天在夜市上吃，配啤酒较合适，因为冰镇的啤酒能中和辣感。如果要配白酒的话，还是清香型白酒最合适，以百里境泉境德酒和汾酒青花瓷 20 最佳，这两款酒的香气都很清雅，能缓解小龙虾的重口味。同时，在洞庭湖小龙虾的辣面前，白酒的辣不算什么了，反而能起到缓解小龙虾辣感的作用，甚为奇妙。

第八节
川菜与白酒的搭配

一、川菜概述

川菜指四川菜和重庆菜。

四川古称巴蜀之地（含重庆），号称"天府之国"，位于长江上游，气候温和，雨量充沛，群山环抱，江河纵横，盛产粮油，蔬菜瓜果四季不断，家畜家禽品种齐全，山岳深丘特产熊、鹿、獐、狍、银耳、虫草、竹笋等山珍野味，江河湖泊又有江团、雅鱼、岩鲤、中华鲟。优越的自然环境，丰富的特产资源，都为川菜的形成发展提供了有利条件。

"天府之国"自古以来就是美食胜地。现在出土文物反映出在战国就有各种陶制的食器、食具以及青铜的食具。四川各地出土的汉代画像砖中，描绘饮食内容的颇多。四川菜系的发展跟自秦代以来一直到民国期间的七次较大规模移民潮密切相关——历史上七次移民潮是从外地向巴蜀移民，把各地的烹饪技艺也带入了四川盆地。川菜走出四川盆地则是晚清以后的事情——有三个大的历史事件推动了川菜走出四川：一是抗战时期，国民政府迁入重庆；二是中华人民共和国成立后，一批川菜名师被调入北京；三是改革开放以后，四川作为人口输出大省，人口大量涌向全国各地，将川菜的烹饪技艺和风格带到全国各地。

人们都知道——川菜最重要的特点是麻、辣。带来麻、辣的两味调料很有象征意义。花椒是四川古已有之的特产，虽然全国很多地区都生长花椒，但目前唯以四川的花椒最为著名，而且也只有川派的厨师把花椒运用得如此风情万种。辣椒则是大航海以后海洋文明兴起、从海外输入四川的调料。辣椒原产于美洲。哥伦布发现美洲大陆后，辣椒由葡萄牙人带到日本，又从日本传到中国。

访酒天下

遍访天下美酒，
尽尝人生百味，
融入岁月山河。

绝妙下酒菜

已介绍过国内外
数百种下酒菜，
还在不断更新
中，关注它，可获
得最新的下酒菜
知识。

本节主要参考文献：

[1] 陈长文.中国八大菜系[M].长春：吉林文史出版社.2012：25-39.

[2] 食帖番组.超简单！食帖中餐料理全书[M].北京：中信出版集团股份有限公司.2021：6-41.

[3] 牛国平，牛翔.舌尖上的八大菜系[M].北京：化学工业出版社.2023：2-50.

[4]《大师的菜》栏目组.大师的菜·地道川菜[M].北京：中国轻工业出版社.2023：6-8.

[5] 杜莉，陈祖明.味之道——川菜味型与调料研究[M].成都：四川科学技术出版社.2022：46-106.

[6] 胡廉泉，李朝亮，罗成章.细说川菜[M].成都：四川科学技术出版社.2020：23-58.

进入中国之后，先到浙江，后通过浙江经湖南进入了四川。辣椒进入四川的时间应该是在明末清初。有学者指出，辣椒其实是从底层社会流行起来的，起初辣椒更多的作用是被江西、湖南、贵州等山区平民当成盐的替代品，老百姓用辣椒来调剂寡淡的口味，食辣的习俗随后向相邻地区蔓延。明末清初战乱之后出现第六次大移民潮，即"湖广填四川"，从东南沿海及湖南、湖北等地进入四川的移民把辣椒当作他们的下饭菜带入四川，随后辣椒与花椒结合在一起，形成了川菜独具特色的麻、辣风味。川菜这种历史基因也使它成为八大菜系里最具底层平民色彩的菜系，有别于宫廷官府化的鲁菜、淮扬菜以及以珍稀海鲜著称的粤菜、闽菜、浙菜。以香、麻、辣、咸之味伴随着每个普通家庭的日常生活。

川菜有如下特点：

1. 麻辣见长

有人解释四川人喜欢麻辣是因为气候。盆地的气候潮湿，容易得风湿类的疾病，吃麻辣可以去湿；冬天湿冷，吃麻辣能暖和一点。四川常用的23种味型当中与麻辣沾边的达13种，如口感咸鲜微辣的家常味型、咸甜辣香辛兼有的鱼香味型、甜咸酸辣香鲜各种味道十分和谐的怪味型，等等。

2. 注重调味

川菜调味品复杂多样，有特点，讲究川料川味，调味品多用辣椒、花椒、胡椒、香糟、豆瓣酱、葱、姜、蒜等。同时，以多层次、递增式调味方法见长，因而味型多，以麻辣、鱼香、怪味、酸辣、椒麻等味型独擅其长。

3. 讲究烹调手法

川菜受到人们的喜爱和推崇，是与其讲究烹饪技术、制作工艺精细、操作要求严格分不开的。川菜品种丰富，拥有4000多个菜肴点心品种，由筵席菜、便餐菜、家常菜、三蒸九扣菜、风味小吃五大类组成。众多的川菜品种是用多种烹饪方法制作出来的。烹调手法上擅长炒、滑、熘、爆、煸、炸、煮、煨等，尤以小煎、小炒、干煸和干烧有其独到之处。小炒之法，不过油，不换锅，临时对汁，急火短炒，一锅成菜，菜肴起锅装盘，顿时香味四溢。干煸之法，用中火热油，将丝状原料不断翻拨煸炒，使之脱水、成熟、干香。干烧之法，用中火慢烧，使有浓厚味道的汤汁渗透于原料之中，自然成汁，醇浓厚味。

4. 复合味型

家常味型：以川盐、郫县豆瓣、酱油、料酒、味精、胡椒面调成。特点是咸鲜微辣。如生爆盐煎肉、家常臊子海参、家常臊子牛筋、家常豆腐等。

麻辣味型：用川盐、郫县豆瓣、干红辣椒、花椒、干辣椒面、豆豉、酱油等调制。特点是麻辣咸鲜。如麻婆豆腐、水煮牛肉、干煸牛肉丝、麻辣牛肉丝等。

糊辣味型：以川盐、酱油、干红辣椒、花椒、姜、蒜、葱为调料制作。特点是香辣，以咸鲜为主，略带甜酸。如宫保鸡丁、宫保虾仁、宫保扇贝、拌糊辣肉片等。

咸鲜味型：主要以川盐和味精调制，突出鲜味，咸味适度，咸鲜清淡。如鲜蘑菜心、白汁鲤鱼、鲜熘鸡丝、鲜熘肉片等。

姜汁味型：用川盐、酱油、姜末、香油、味精调制。特点是咸鲜清淡，姜汁味浓。如姜汁仔鸡、姜汁鲜鱼、姜汁鱼丝、姜汁鸭掌、姜汁菠菜等。

酸辣味型：以川盐、酱油、醋、胡椒面、味精、香油为调料。特点是酸辣咸鲜，醋香味浓。如辣子鸡条、辣子鱼块、炝黄瓜条等。

鱼香味型：用川盐、酱油、糖、醋、泡辣椒、姜、葱、蒜调制。特点是咸辣酸甜，具有川菜独特的鱼香味。如鱼香肉丝、鱼香大虾、过江鱼香煎饼、鱼香前花、鱼香酥凤片、鱼香凤脯丝、鱼香鸭方等。

椒麻味型：主要以川盐、酱油、味精、花椒、葱叶、香油调制。特点是咸鲜味麻，葱香味浓。一般为冷菜，如椒麻鸡片、椒麻鸭掌、椒麻鱼片等。

怪味型：主要以酱油、白糖、醋、红油辣椒、花椒面、芝麻酱、熟芝麻、味精、胡椒面、姜、葱、蒜、香油等调制。特点是各味兼备，麻辣味长。一般为冷菜，如怪味鸡丝、怪味鸭片、怪味鱼片、怪味虾片、怪味青笋等。

二、主要流派和代表菜品

川菜分为上河帮、下河帮、小河帮三个流派。

1. 上河帮

又称蓉派，以成都和乐山菜为主，特点是小吃，亲民为主，比较清淡，传统菜品较多。蓉派川菜讲求用料精细准确，严格以传统经典菜谱为准，其味温和，绵香悠长，通常颇具典故，著名菜品有：

（1）麻婆豆腐；

（2）川味火锅；

（3）回锅肉；

（4）宫保鸡丁；

（5）盐烧白；

（6）夫妻肺片；

（7）双流兔头；

（8）钟水饺；

（9）遂宁莲溪姜糕；

（10）遂宁千层豆腐皮；

（11）雅安挞挞面；

（12）雅安汉源坛子肉；

（13）眉山仁寿羊肉汤；

（14）眉山东坡肘子；

（15）资阳安岳咸肉；

（16）资阳球溪鲶鱼；

（17）乐山甜皮鸭；

（18）乐山跷脚牛肉；

（19）乐山钵钵鸡；

（20）蚂蚁上树；

（21）灯影牛肉；

（22）蒜泥白肉；

（23）樟茶鸭子；

（24）白油豆腐；

（25）鱼香肉丝；

（26）东坡墨鱼；

（27）清蒸江团；

（28）绵阳米粉；

（29）绵阳冷沾沾；

（30）绵阳江油肥肠；

（31）德阳什邡板鸭；

（32）德阳罗江豆鸡；

（33）德阳广汉缠丝兔；

（34）豆瓣鱼；

（35）超级石锅三角峰；

（36）藤椒鱼；

（37）干烧膦子鱼；

（38）连皮盐煎肉；

（39）东坡肉；

（40）罗汉粉蒸肉；

（41）干煸肥肠；

（42）藤椒仔姜兔；

（43）网油鸡卷；

（44）腰果鸭方；

（45）大刀烧白；

（46）花椒鸡丁；

（47）大刀耳叶；

（48）旱蒸回锅肉；

（49）肝腰合炒；

（50）鸡蒙葵菜。

2．下河帮

又称渝派，以重庆和达州菜为主，特点是家常菜，亲民，比较麻辣，多创新。渝派川菜大方粗犷，以花样翻新迅速、用料大胆、不拘泥于材料著称，俗称江湖菜。大多起源于市民家庭厨房或路边小店，并逐渐在市民中流传。其代表菜有：

（1）巴中提糖麻饼；

（2）巴中鸡丝豆腐脑；

（3）达州肉汤圆；

（4）达州灯影牛肉；

（5）南充米粉；

（6）川北凉粉；

（7）南充锅魁；

（8）张飞牛肉；

（9）广安岳池米粉；

（10）盐皮蛋；

（11）武圣麻哥面；

（12）重庆火锅；

（13）重庆小面；

（14）酸辣粉；

（15）毛血旺；

（16）酸菜鱼；

（17）口水鸡；

（18）干菜炖烧系列（以
干豇豆为主）；

（19）水煮肉片；

（20）以水煮鱼为代表
的水煮系列；

（21）辣子鸡；

（22）辣子田螺；

（23）辣子肥肠；

（24）干烧岩鲤；

（25）邮亭鲫鱼；

（26）椒香鹅什锦；

（27）黔江鸡杂；

（28）粉蒸肠头；

（29）药鳝烧鸡公。

3. 小河帮

又称盐帮菜，以自贡和内江为主，其特点是大气、怪异、高端。其代表菜有：

（1）内江板板桥油炸粑；

（2）内江牛肉面；

（3）自贡冷吃兔；

（4）自贡富顺豆花；

（5）宜宾糟蛋；

（6）宜宾葡萄井凉糕；

（7）宜宾燃面；

（8）李庄白肉；

（9）泸州白糕；

（10）阿坝酸菜面块；

（11）阿坝风干牦牛肉；

（12）甘孜道孚牛羊肉泡馍；

（13）巴塘金丝毛面；

（14）凉山坨坨肉；

（15）凉山猪肠血米；

（16）攀枝花凉粉卷粉。

三、我们直接感受到的川菜

川菜可能是目前在全国分布范围最广、在各地餐馆最多的菜系，即便不是川菜馆，大多数饭馆里也会有几道川派菜肴，如回锅肉、鱼香肉丝、川味火锅，等等。但是在外地吃川菜和在四川吃川菜是不一样的——无论调料运用还是烹饪技巧都不一样，想要真正体会川菜还是要到四川去。以火锅为例，在外地吃到的火锅怎么也吃不出来在四川和重庆吃到的那种火锅的口感。

书上一般把川菜分为上河帮、下河帮、小河帮三个流派，但当我们到四川实际观察体验之后，发现这些流派很难建立起来跟川菜流派对应的关系，我们感受到的川菜是"一地一种"做法。每个地方都有不同——同样是火锅鱼，在川北南充做的火锅仔鲶跟在成都做的火锅鱼就大不一样。有些菜只有在当地才能吃到，比如宜宾的大刀白肉，如果不是到了李庄是根本吃不到的。要真正体验川菜的魅力，还是要到四川实地走一走。

李庄街头，手艺高超的大厨正在用大刀片著名的李庄白肉　（摄影／李寻）

经过多次的体验和思考，我们发现 "川菜" 和 "川酒" （主要是各种浓香型白酒）搭配的两个内在接口：第一个 "接口" 是甜，第二个 "接口" 是香。

"甜" 是指口感中的甜味。人们都知道，川菜以麻辣著称，无论麻还是辣，都是强烈的刺激感，不适宜下酒；但在四川实际生活中，以川菜搭配当地所产的浓香型白酒是通常的餐酒搭配方式，而且也很协调。为什么会这样呢？我们感觉主要有两方面的原因：一是四川本地烹饪的菜肴所用辣椒并不是那么辣，可以说是香而不辣，花椒的使用上也是如此，借用其椒香味的部分大于借用其麻辣的部分，这使得我们在四川吃到的 "川菜" 比起外地吃到的 "川菜" 香而不辣，麻也 "半麻"；第二个原因就是 "甜" 了，所有适合下酒的四川菜，如夫妻肺片、蒜泥白肉、猪头肉、猪耳朵、肥肠、血旺等，其调味汁都加了糖，有明显的甜味，甜味不仅对辣味有平衡作用，而且和川派浓香型白酒中的甜味有共通互融的作用，在喝酒吃菜的连续过程中让人感觉到餐酒已融为一体。优质川派浓香型白酒在滋味与口感上的一个重要特点是——绵甜，而且这种 "绵甜"

在四川等地感觉会更加明显，离开四川，就没有那么强烈的感觉了。我们多次在四川当地饮用优质地产浓香型白酒（不论多粮香还是单粮香），都感觉到明显的绵甜，如饮甘饴，但同一瓶酒，带回西安，甜感就不那么明显了。饮用环境对酒体风味的影响是客观存在的，有时还很明显。只是以往这方面的研究较少，很多人没有意识到而已。

"香"是指香气，特别是川味火锅的香气，尤其是四川红油火锅加入的油脂多，调料也多，沸腾之后，调味的香气与挥发后的油脂分子结合在一起，使得空气中出现像积雨云那样浓郁的香味气团。众所周知，川派浓香之所以被称为"浓香"就是因为其香气最浓（英文曾译作 strong），在搭配淮扬菜、粤菜这类风格清淡的菜肴时，浓香型白酒因香气过浓，而有些不协调。但是，在川味火锅面前，多浓的酒香也会被化为无形，融入火锅调料和油脂的香气团中，它给浓郁的火锅香气团带来的竟是一种"清新调"，使得火锅的"草莽气"变得有些斯文了，这是只有在四川吃火锅、喝川派浓香型白酒才能获得的奇妙感受。

四、四川地产白酒

从产量上看，四川是中国白酒生产第一大省；从以往的销售额和利润来看，也曾处于"中国第一"的地位（五粮液曾经为白酒企业销售第一名）。全国 17 大名酒中，有 6 个品牌出自四川，被称为四川的"六朵金花"，它们分别是：①泸州老窖（现在代表酒是国窖 1573），②五粮液，③剑南春，④全兴（后来分化出水井坊），⑤沱牌（后分化出高端品牌舍得酒），⑥郎酒。另外还有"十朵小金花"之说，它们分别是：①玉蝉酒，②金雁酒，③丰谷酒，④仙潭酒，⑤叙府酒，⑥文君酒，⑦江口醇，⑧三溪酒，⑨小角楼，⑩古川酒。

四川白酒的主要风格是浓香型白酒。四川南部古蔺的郎酒厂位于赤水河畔，生产酱香型白酒；仙潭酒厂也生产酱香型白酒。同时，还有遍布四川、重庆民间各地的川法小曲清香白酒，数量巨大，在各县城都能看到售卖小曲清香白酒的铺子。到四川旅行时选酒配餐，如果不是有特别目的，没有必要携带外地酒，四川当地每道菜都可以找到合适的地产白酒来搭配。

川菜与白酒搭配示例

1. 李庄大刀白肉

浓香型白酒：五粮液 52%vol

李庄是位于宜宾长江边上的一个小村庄。抗战时期，中央研究院等多家研究机构迁驻李庄，给这个小村带来了前所未有的文化色彩，目前这里也是抗战文化的一个纪念地。当地出产的大刀白肉别具一格——它是用很大的刀片切成，薄如纸，提起来在阳光下呈半透明，蘸上当地料汁，食之堪称美味，十分适合下酒。尽管李庄本地也产白酒，但搭配李庄白肉还是要用四川最有名的酒——五粮液。五粮液产自宜宾本地，是浓香型白酒中多粮派浓香，滋味丰富，香气华丽，用它搭配李庄白肉，可谓色、香、型俱佳，让人感受到如花团锦簇一样的华丽感。

2. 泸州清蒸江团鱼

浓香型白酒：国窖 1573 52%vol

泸州位于川南，气候温暖，生产"四大名酒"之一的泸州老窖（现在高端产品是国窖1573）。在这个城市吃鱼，最佳选择是在江边的船上，尤以清蒸江团独具特色。当地的江团鱼比较肥，脂肪感丰满，搭一点高度白酒，可以爽口解腻。国窖1573是浓香型白酒中单粮香代表酒，香气高亢，口感惊艳华丽。在泸州的江上吃江团鱼，饮国窖1573，把酒临风，意境高古。

3. 成都夫妻肺片

浓香型白酒：水井坊 52%vol

夫妻肺片是川菜名菜。各地川菜馆里都有夫妻肺片，但是只有成都的夫妻肺片老店最为正宗。我们甚至用夫妻肺片这道菜来检验各地川菜馆的水平——到目前为止，还没见到一家外地川菜馆的夫妻肺片能比得过成都夫妻肺片老店的夫妻肺片。夫妻肺片以牛肉、牛头皮肉、牛肚为主要原料，放入含有桂皮、八角、山奈、草果、香叶、老抽的卤水里，经过卤煮之后制成。上桌食用的时候再拌入酱油、盐、白糖、香油、卤水原汁、花椒面、花椒油、熟芝麻混合而成的油汁，还要撒上适量的花生脆和芹菜段。尽管这道菜也有麻辣味，但成都的夫妻肺片麻辣适度、咸甜适度，不配米饭，单吃也没有问题，并不辣；用它来下酒也可以，但不能选刺激性太强的酒。成都市区有一家著名的酒厂——水井坊。水井坊的生产演示区在成都市内，这也可能是国内唯一还在省会城市市区内存在的白酒生产厂家。水井坊白酒，柔顺醇甜，我们感觉是所有川酒里口感最甜的酒，夫妻肺片调料里面也有糖，其甜味和酒的甜味结合之后，浑然一体。

4. 温江猪头肉、九江肥肠
川法小曲清香白酒 52%vol

温江区位于成都的西边，虽然离成都很近，却具有成都中心城区里也难得一见的美食，这里的猪头肉和九江肥肠色、香、味、型俱佳。温江猪头肉被我评为天下最好吃的猪头肉之一，当然它跟南京六合猪头肉、太原猪头肉、浙江衢州猪头肉又有不同，其肉皮颜色金黄半透明，香而不腻；当地的九江肥肠也做得极有特点，跟在外地吃到的肥肠不一样。这两道菜即便烹饪完成之后也依然带一点动物的臭味，最适合与之搭配的是川法小曲清香白酒——当地的小曲清香白酒也是发酵臭味明显。当两种有明显臭味的酒和菜混合在一起，二者旋即产生嗅觉的抑制效果，此时已经感觉不到臭，只是闻到肉香和酒香。川法小曲白酒遍布当地街头，没有特别大的品牌，我喝过的有高庙小曲酒、品轩小曲酒等。小曲酒的口感比较清爽，用来吃肥肠和猪头肉有爽口、调整节奏的效果，这两种菜和这种酒搭配也算天下之妙配。

5. 温江凉拌猪耳朵
浓香型白酒：食研椿 52%vol

成都温江区曾经是温江地区行署所在地，城市格局和一般市区的街道不一样，餐馆也保留了很多特点，仅一道猪耳朵，竟有多家专卖店。从网上查资料，最有名的是鱼凫路上的"赵姐猪耳朵"店，但等我晚上六点左右打车到达时，发现"赵姐猪耳朵"店竟然关门了，我以为网上的信息过时了，这家店已经关张了。好在其旁边就有一家"老号猪耳朵"，于是进店点了一盘猪耳朵、一盘猪头肉，还有一份当地特有的豆汤，加上一份回锅肉、一碗米饭，一个人一顿居然全吃完了，还喝了近半斤酒。猪耳朵和猪头肉肉片都很薄，口感软硬合适，香而不腻，尤其是凉拌的料汁，虽然有麻有辣，但绝不过分，咸甜适宜，乃下酒之神品也。吃罢出来，发现离了仅十多米，又有一家更大的"猪耳朵大酒店"。后来询问当地的朋友，朋友告诉我说，"赵姐猪耳朵"店并没有关张，而是因为生意太火，旁边的几家店有意见，于是经过协商，"赵姐猪耳朵店"只卖中午一餐，我去的时候是晚上，所以看见的是大门紧闭的店面。这个说法更激起我的向往，计划再专程去趟温江，中午时间去，尝尝赵姐家的猪耳朵。"老号猪耳朵"已经让我惊叹为神品了，而赵姐猪耳朵又是怎样一种境界呢？

猪耳朵是一种百搭的下酒菜，但温江猪耳朵调制得和外地常见的猪耳朵不一样，端的是风情万种，在这里只能搭配同样风情万种的川派浓香酒了。温江本地没有知名酒厂，但却有在四川白酒界有着极高地位的酒界"隐身大佬"四川省食品发酵工业研究设计院。这家设计院前身于1942年就成立了，其中的"酿酒分院"主要业务是设计白酒酿酒厂以及已有酒厂的技改项目设计，曾经为国内多家名酒厂提供过设计服务。简单地说，这是一家设计白酒厂的公司。2023年以来，该公司推出两款浓香型多粮香白酒，名曰"食研椿"，五粮酿造，产地也在宜宾，一款45度，一款52度，酒体质量一流，香气馥郁天然，口感饱满醇厚，绵甜柔顺，回味悠长，搭配温江猪耳朵，如神仙般配。

6. 谭鸭血火锅

浓香型白酒：剑南春（水晶剑） 52%vol

四川火锅流派众多，而且演化快。印象中出现最早的是成都火锅，之后四川各地流派火锅跟进崛起。重庆火锅以牛油火锅著称，是黑色铁锅里面带九宫格的那种；成都火锅以清油火锅著称，记忆中著名的一家火锅店叫龙森园。近几年再到成都，龙森园火锅名气渐退，最具人气的是谭鸭血火锅，高峰时段客流爆满，需要排队等候。在成都我曾经排过队，排了很长时间没有排进去，据说前面有七八百个号在排队。后来总算找到一个位置稍微偏一点的谭鸭血火锅，虽然也要排队，但排了几十号就排到了。吃过谭鸭血火锅才知道确实名不虚传，感觉它的鸭血里面有异香，也不知怎么处理的。吃谭鸭血火锅，必然要吃鹅肠、鸭肠之类，就得喝一点高度白酒——对平时不太吃鸭肠、鹅肠的人来讲，可以用酒来"压压惊"。比较下来，在川酒中最适合配谭鸭血火锅的是剑南春。剑南春尽管也是浓香型白酒，但它的生产地在四川盆地北部的绵竹，其香气馥郁，有脂粉香气和粮食香气，这种复杂的香气跟鸭血火锅香气更为协调。顺便说一句，吃含辣椒的菜一般不宜下酒，但在四川却另当别论。在四川如果不吃含辣的菜，几乎无菜可找了。尤其是火锅——像鸭血、鸭肠这类火锅，吃不了辣也就无福消受了。要吃麻辣，又想喝点酒也可以——我和同事有一次在四川吃麻辣鱼火锅，辣得受不了，就喝一点浓香型白酒来解辣。

7. 钵钵鸡
浓香型白酒：文君酒 52%vol

钵钵鸡是邛崃的一道名菜。当地不只在店面里把它当菜卖，也可以推着小推车当成小吃卖，顾客可以直接打包带走。在邛崃，我们看见很多年轻人在街上边走边吃钵钵鸡。邛崃是四川一个重要的原酒基地，著名的文君酒即是当地的地产品牌名酒。全国各地其他的酒厂如金六福、山东泰安的泰安特曲都在邛崃设有生产基地。来邛崃，一定要尝一尝著名的文君酒。我们觉得搭配文君酒最好的菜就是钵钵鸡——坐在街边像吃小吃一样，喝几口酒，吃两块鸡，遥想卓文君和司马相如的往事。

8. 带皮羊肉火锅
酱香型白酒：青花郎酒 53%vol

四川生产酱香型白酒的郎酒厂位于赤水河边的古蔺县二郎镇，与贵州习水县的习酒厂隔赤水河相望，二者都属于赤水河酒系，两地的饮食习惯也相近。二郎镇的带皮羊肉火锅在四川其他地方比较少见，在贵州倒是非常普遍的。二郎镇上餐馆不多，几家店的带皮羊肉火锅都是一个价，几年前大约是 100 元一斤，跟贵州的风味很接近。青花郎酒和茅台酒一样属于酱香型白酒，用来搭配带皮羊肉火锅极为协调。

9. 蒜泥白肉
浓香型白酒：全兴熊猫酒 52%vol

蒜泥白肉是十分有名的传统川菜，它是将猪肉煮熟晾凉后切片，佐以蒜泥、红油味汁食用的凉菜，具有片薄如纸、色泽美观、白里透红、香而不腻、味美适口的特点。用蒜泥搭配五花肉，本身就是妙配了。这道菜调制咸淡合适，不用下饭，单吃菜就可以。但是只要闻到蒜泥和猪肉搭配的香气，我就不自觉地想要喝酒。依我的品饮经验，搭配蒜泥白肉最好的一款酒是四川全兴酒厂的熊猫酒。全兴曾经是国家17大名酒之一。后来，全兴老生产基地演化成水井坊酒厂，并成为一个独立的品牌公司。全兴酒厂迁往新址，依然生产高端的浓香型白酒，代表酒就是熊猫酒。这款酒香气华丽惊艳，口感醇厚，如春雪初融一般柔和，有入口即化的感觉。在某种程度上，这款酒不用下酒菜，纯饮都可以。在春风和煦的下午，如果再搭上一份蒜泥白肉——蒜泥白肉作为凉菜适合长时间以之佐酒，小酌慢饮，能感受到与天地相和谐的陶然之感。

10. 凉拌拐肉

浓香型白酒：舍得酒（智慧舍得） 52%vol

在川菜中，拐肉是指猪大腿和小腿连接部位的肉，特点是肉皮多、筋多，也有一部分瘦肉和脂肪，把拐肉煮熟、卤制好后，切成板栗大的肉块，加上葱段、芹菜粒、芝麻、小米辣椒圈、姜蓉、蒜泥、海椒、花生米、糖、酱油、醋、红油等拌匀入盘，具体卤制的调味和拌汁的调法各家餐馆都有自己的"秘方"。这道菜在成都及附近区县的街边小馆子是常见的菜，口感香糯Q弹，块头又大，看着就扎实，可下饭也可下酒，是道百搭下酒菜。选酒口径极宽，下酒时可以把辣度调低点。舍得酒是四川射洪县沱牌舍得酒厂生产的高端产品，六粮工艺，酒体馥郁优雅，口感绵甜，文化意境深远，搭配这道块大肉厚、皮多筋多、口感Q弹的凉拌拐肉，风味谐调，且能引发无数思绪。

第九节
京菜与白酒的搭配

一、京菜概述

京菜，就是北京菜。

北京地处华北平原与太行山脉、燕山山脉的交界部位，属于华北平原的西北边缘区，在气候上属于北温带大陆性季风气候，夏季高温多雨，冬季寒冷漫长，是传统的游牧区和农耕区的交汇区域，游牧区域的肉类和农业区域的蔬菜谷物，以及河湖中的鱼虾为北京菜提供了基础的原材料。

但是，使北京菜成为一个菜系的原因并不只是自然地理条件，更重要的是北京自元代以来就成为都城的政治地理和经济地理条件。西周时，北京属于燕国，已有了它的饮食文化基础，由于和北方少数民族毗邻，是农业、牧业的共存地区，接受北方胡人的传统也比较早；魏晋南北朝时期，胡人的坐卧具进入中原，如胡床，改变了人们以往的坐姿，增大了舒适性，随着胡椅、高桌高凳等坐具相继出现，合食制流行开来；元代时，北京成为元朝的都城，强大的蒙古部落把游牧业饮食带入了大都，比如牛奶、羊奶、牛肉、羊肉，烤的烹饪方式也随之出现，如烤肉，以及后来的烤鸭；从明代到清代，山东人到北京开饭馆，带来了鲁菜，由于大运河的影响，淮扬菜（苏菜）在北京进入了贵族府邸，甚至宫廷。实际上，从明代一直到现在，北京的饮食代表着全国的最高水平，最简单明显的标志就是北京是举办国宴的地方，国宴代表着国家最高的饮食水平。所谓八大菜系的一个重要标志就是能否在北京开立饭庄，其菜品能否进入到国宴。如果没在北京开立饭庄，那该菜系在有些行业专家的眼里都不能称之为菜系。美食作家张建华先生记载了一个例子，20 世纪 50 年代闽菜闽江春菜馆因为种种原因退出了北京，导致北京很长时间内没有一家闽菜馆，原来的"八大菜系"就变成了"七大菜系"。

北京是"册封"哪家菜系可以成为大菜系的地方，但长期以来并没有"京菜"

访酒天下

遍访天下美酒，
尽尝人生百味，
融入岁月山河。

绝妙下酒菜

已介绍过国内外数百种下酒菜，还在不断更新中，关注它，可获得最新的下酒菜知识。

本节主要参考文献：
[1] 姜慧.北京味道[M].北京：中国旅游出版社.2022：9-16，51-150.
[2] 崔岱远.京味儿[M].北京：生活·读书·新知三联书店.2018：68-101.
[3] 张建华.福建美食与小吃[M].福州：海峡文艺出版社.2012：4-5.
[4] 艾广富，马震建，李荣云.地道北京菜[M].北京：北京科学技术出版社.2006：1-4.

这个菜系，这是为什么呢？

我们推测：可能是因为北京作为首都，代表的是全国，就没必要强调自己本地的地方特点，就如北京的名酒二锅头一样，尽管它曾经拥有全国最高的知名度和最大的市场占有量，但是却没有被评为国家名酒。

但是，北京的菜肴，除了有八大菜系之外，确实有它自己独特的特点，那就是"京味"。近些年来，有专家开始把北京菜也作为一个菜系加到八大菜系里，当然同时搭了一个别的菜系：鄂菜。

把北京菜作为一个菜系，学者们认为有以下几个条件：

第一，地方菜系是地方菜肴的升华，需要该地区有发达的商业交通和文化，尤其是要有城市的繁荣，只有有了城市的繁荣，才能有大量的餐馆餐厅，才能形成大量的名馔佳肴。

第二，要有一定数量并且能够传承技艺的技艺高超的厨师。

第三，需要一批高水平的消费者以及有文化教养的美食家品评和宣传。

按照以上标准，不仅北京菜可以成为独立的菜系，中国每个省的菜都可以形成一个独立的菜系，因为随着经济的发展和市场的完善、人民生活水平提高，再加上自然地理条件的影响，各个省的菜都形成了它的特点，也有足够的消费支撑，还有越来越多的有文化的美食家进行品评和宣传。在本书中，我们根据中国餐饮行业发展的现状和行业专家的研究成果，总结共有 21 个中国本土的菜系，再加上西餐和日料，总计 23 个菜系。21 个本土菜系，远远超过了原来的八大菜系，当然，怎么排名再另说，但这些菜系都可以成为独立的菜系，这是不争的事实。

北京是万方来朝、百货云集的古都，北京菜最大的特点就是原料、技法来源多元，而且原料、技法、文化互相融合，以北方菜为基础，兼收各地风味，融合各民族饮食习惯而形成。菜系由本地的地方菜、宫廷传统的宫廷菜、达官显贵的官府菜（谭家菜）、街头巷尾的胡同平民菜，还有少数民族的清真菜等各种流派构成。烹调技法上主要以爆、烤、涮等为主，味道比较浓厚、酥脆，调味咸淡合适。

二、主要流派和代表菜品

目前，北京菜的菜式里，实际存在的最高端的是国宴菜，但是国宴菜是作为国家的代表，融合了鲁、粤、川、苏等各大菜系的菜品，是一个"国家菜系"，不能算作北京当地的一个地方菜系。北京餐饮市场上，消费者们可以接触到的菜大致上是四个流派：一是宫廷御膳菜，二是官府菜，三是胡同家常菜，四是清真菜。具体代表菜品如下：

（1）全聚德挂炉烤鸭；	（18）砂锅居老醋蜇头；	（35）烤肉苑烤肉；
（2）全聚德火燎鸭心；	（19）砂锅居芥末墩；	（36）爆肚；
（3）全聚德芝麻鸭方；	（20）柳泉居爆三样；	（37）都一处马莲肉；
（4）便宜坊焖炉烤鸭；	（21）柳泉居葱烧灰参；	（38）天福号酱肘子；
（5）便宜坊盐水鸭肝；	（22）柳泉居炸烹虾段；	（39）北京蒜肠；
（6）便宜坊芥末鸭掌；	（23）柳泉居糟熘鱼片；	（40）门钉肉饼；
（7）便宜坊干烧鸭四宝；	（24）谭家菜黄焖鱼翅；	（41）京东肉饼；
（8）便宜坊花香酥烤鸭；	（25）谭家菜佛跳墙；	（42）卤煮火烧；
（9）便宜坊蔬香酥烤鸭；	（26）谭家菜清汤燕窝；	（43）白水羊头；
（10）东来顺涮羊肉；	（27）谭家菜柴把鸭子；	（44）通州小楼烧鲇鱼；
（11）东来顺扒羊肉条；	（28）谭家菜葵花鸭子；	（45）洼里油鸡；
（12）丰泽园葱烧海参；	（29）谭家菜酒烤香肠；	（46）芫爆散丹；
（13）丰泽园烩乌鱼蛋汤；	（30）谭家极品鲍；	（47）煨牛肉；
（14）丰泽园锅烧肘子；	（31）谭家菜蟹柳扒鱼肚；（48）红烧牛尾；	
（15）丰泽园炸脂盖；	（32）京酱肉丝；	（49）葱爆羊肉；
（16）砂锅居砂锅三白；	（33）庆丰包子；	（50）醋熘木须。
（17）砂锅居砂锅吊子；	（34）炒肝；	

三、我们直接感受到的京菜

作为普通消费者，我们接触不到国宴，国宴也不能算京菜的代表，但是我们有机会到北京，还是能够感受到非常明显的地道北京风味的。我年轻的时候在北京求学，工作之后又有一段时间经常在北京出差，对北京菜有深刻的感受，对北京砂锅居的砂锅白肉、砂锅吊子、老醋蜇头印象深刻。

北京风味有一个特点，就是它的地方老字号相对来说比较完整，而且有代表性，自 20 世纪 90 年代恢复"地方老字号"之后，想尝到北京风味菜的话，可以找到很多相应的餐馆，大小都有。贵的有御膳房、丰泽园等；中端的有砂锅居、烤肉苑、全聚德、便宜坊、东来顺等；大众化的有柳泉居、庆丰包子铺等。到这些地方吃到的菜肴，跟外地的都不大一样。

北京菜系给人一种大气磅礴的感觉，它包容各地的菜，向外输出时也毫无保留，在对外输出的各地菜系中，我们觉得唯一能在外地吃到比在本地还地道的菜的，就是北京菜，比如在西安的东来顺和内蒙古包头的东来顺（包头市东来顺我十几年前吃过），我们觉得它们的风味甚至比北京东单的东来顺风味还要好，也可能是肉品更加丰富、更加新鲜所致，但是烹饪技法也很好，东来顺调的涮羊肉的料碗，是我吃到的所有火锅中最好吃的，以至于我在吃别的火锅时，也仿照东来顺的料碗来调配，但总是跟东来顺店里的料碗有差距。

当然，有些菜也还是只有在北京才能吃到，比如砂锅居。西四的砂锅居曾是我们多次光顾的餐馆，印象中它在 20 世纪 80 年代后期就已存在，而且那时候全国各地没有砂锅，直到现在也没有像它那样的砂锅，我在外地还没有见到砂锅居开分店，所以想吃砂锅居的话，还是只能到北京去。

四、北京地产白酒

北京历史上产白酒，从酒体风格来讲是清香型白酒，工艺上属于大运河酒系工艺，根据资料记载是以砖窖为发酵容器，以老五甑的方法配料蒸馏。所谓二锅头是指天锅冷凝器在换第二次冷凝水时开始接的那段酒，酒质最好。现在的二锅头就只是一个称呼了，种类多样，是各种工艺都曾经使用过的酒，也可能现在还在并行使用。生产地除北京本地之外，红星二锅头在山西、天津还有生产基地。因此在喝二锅头时，要想喝北京本地产的酒，还得注意酒标上数字符号所标示的产地。红星二锅头我感觉只有在北京市场上才能喝到北京本地产的酒，在外地喝到的红星二锅头，产地要么是山西，要么是天津。牛栏山二锅

北京红星股份有限公司厂区大门（摄影／李寻）

头的品种也很多，号称 20 年或 30 年陈酿的酒，酒质还不错。

北京二锅头现在有大曲清香酒、麸曲清香酒，还有其他新工艺酒。我喝的最多的酒可能就是麸曲清香酒，曾经一度把二锅头当作麸曲清香的代表酒，香气低沉、清淡，微微有中药香，口感刚烈、清脆、爽劲。市场上还有很多其他品牌的二锅头，如一担粮、老北京等，不一而论，我自己比较钟情的是红星牌二锅头。

二锅头可能是我平生喝过的最多的酒，留下了深刻的印记。我在四川食品发酵工业研究设计院参加专业品酒师培训时，经过多轮各种酒品的盲品测试和训练，在闻香时其他香型酒都有过失误，唯有二锅头，不管以什么方式来进行盲品，我都能准确地把它识别出来。我想这不是我水平有多高，而是这种酒喝得太多、印象太深刻所致。

二锅头，特别是麸曲二锅头，确实是种特征非常明显的酒，以至于在我写"京菜和白酒搭配示例"的过程中，每一道菜首选的酒就是红星二锅头，搭来搭去，其他的酒都只能作为这些风味变化的一个尝试或者备选方案。如果不去刻意追求风味变化的话，还是在二锅头系列里选择一款酒最妙。

京菜与白酒搭配示例

1. 砂锅三白

麸曲清香型白酒：红星二锅头青花瓷酒 52%vol、红星二锅头小二（北京产） 56%vol

北京砂锅居的砂锅三白，是我们能吃到的京菜中的典型代表菜品，迄今为止在外地我还没有吃到过这道菜，由酸菜（类似东北的酸菜）加上五花肉、肥肠和猪肚炖煮而成。酸菜去腻，所以吃起来香而不腻，而且它的保温时间比较长，也适合喝酒。搭配这道菜最好的酒是麸曲清香的红星二锅头，高端的酒是青花瓷二锅头，如果没有这种酒，从砂锅居店里买二两装的红星小二锅头也可以。麸曲清香红星二锅头香气低沉清淡、微有药香，药香和肉香、酸菜香很容易融为一体，若有若无之间，酒的凛冽又可以让吃肉和肥肠的感觉稍微停顿一下。

2. 砂锅居老醋蜇头

清香型白酒：汾酒青花瓷 20 53%vol

老醋蜇头是一道百搭的下酒菜，砂锅居的老醋蜇头是我吃过最好吃的，包括在沿海地区吃的一些蜇头都没有砂锅居的蜇头好，其特点是脆、硬、干爽，醋又搭配得恰到好处。配这道菜，什么酒都可以，除了红星二锅头之外，汾酒也很不错，我会选择汾酒里的青花瓷 20，因为它更清淡一点。老醋蜇头用的醋，我推测来自山西，只有山西的醋才有那种香气，再搭配上山西的酒，使同产地物产在"异地"实现酒菜融合。

3. 天福号酱肘子
麸曲清香型白酒：红星二锅头青花瓷酒 52%vol

天福号酱肘子是北京的特产，先要在烹饪方法上分清楚酱肘子和卤肘子是两回事情。卤法是将原料水焯或油炸之后，放入配有多种香料、调料的特制卤汁中，先用大火烧开，再用小火慢炖，使卤汁滋味逐渐渗入原料内部，直至熟烂制成菜肴的一种烹调方法。酱法的技法多样，是将原料先用酱和各种调料腌制入味，再通过蒸、煮、煨等技法制成，如酱肘子、酱猪蹄、酱鸡、酱鸭等，香味和卤制的肘子也大不一样（关于酱法和卤法烹饪技术的差别，可参照本书附录"中餐烹饪工艺术语总汇"）。

酱肘子有酱味，但是它倒不太适合搭配酱香型的茅台酒，当你拿了茅台酒和酱肘子对比时，会发现茅台的酱香和酱肘子的酱味有比较大的差别，茅台酒更多是一种焦香，如果非要让茅台酒搭配肘子的话，我会选择卤肘子而不是酱肘子。搭配天福号酱肘子最好的白酒还是红星二锅头青花瓷酒。也许是我每次吃这道菜时都喝的是二锅头，形成了一种深刻的生命记忆，它们已经密切地关联在了一起，不可分离了。

4. 北京蒜肠
浓香型白酒：五粮液 52%vol

除了二锅头之外，别的白酒在北京能不能找到合适的下酒菜呢？当然也能找到，只是可能不如二锅头那么协调，比如最著名的浓香型白酒五粮液，如果在北京菜里要给它找一道菜，我想来想去，最好的还是北京蒜肠。北京蒜肠的蒜味相当高亢，如此高亢的蒜香，大概也只有浓香型白酒那么高亢的香气才能与之匹配。

5. 东来顺涮羊肉

麸曲清香型白酒：红星二锅头青花瓷 52%vol、牛栏山二锅头 30 年陈酿 52%vol

迄今为止我吃过的最好的涮羊肉火锅，还是东来顺，特别是使用传统的炭烧火锅、肉品丰富的那些店（也有些东来顺店肉品不丰富，比较一般）。木炭燃烧时也是有香气的，炭火的香气和涮肉的香气融为一体，让你恍惚中进入了一个古老的传统世界，农耕民族和游牧民族融为一体的气息扑面而来。

吃东来顺火锅，选来选去还是得选二锅头酒，红星二锅头可以，牛栏山二锅头也可以，只是都要选它们的高端酒，饮后体感比较舒适。吃东来顺涮肉能满足健康饮酒的要求，首先可以先吃主食，东来顺里特制的芝麻烧饼非常好，在喝酒之前可以先上烧饼，就着涮肉先把烧饼吃了，基本上就能达到半饱的状态。然后再慢慢地就着涮肉，一点一点地喝酒，中途还可以加炭火，聊天喝酒，想喝多长时间就喝多长时间。别的香型的白酒我试过几种，比如茅台试过，五粮液试过，国窖 1573 试过，汾酒也试过，但都没有二锅头和东来顺涮肉匹配出来的那种天衣无缝的感觉。

6. 北京烤鸭

酱香型白酒：飞天茅台酒 53%vol

北京烤鸭是闻名世界的一道菜，分为挂炉和吊炉两种，我们常吃的都是挂炉烤鸭，焦香、油香突出，鸭皮的口感酥脆，肉的部分鲜嫩，两者结合在一起，再加上葱丝卷饼，主食和副食同时食用，也是一道下酒好菜。搭配北京烤鸭，倒是可以选择酱香型白酒，如飞天茅台酒。茅台酒有焦香和油脂香，跟烤鸭这种滋味丰富的菜肴搭配，还是比较协调的。

7. 干炸丸子
清香型白酒：汾酒青花瓷 30 53%vol

干炸丸子各地都有，但是我觉得京菜做得最为地道，丸子炸得酥、糯、鲜香，是道下酒的好菜。吃这道菜，我选择清香型白酒的汾酒青花瓷 30，青花瓷 30 不止有果香，陈香、曲香也比较明显，和干炸丸子的油脂香能更好地融合。

8. 谭家菜酒烤香肠
酱香型白酒：茅台酒 53%vol

这道菜我其实没吃过，只是根据书上的描述，推测它搭配酱香型的茅台酒应该是非常合适的。这道酒烤香肠，需要用封存五年以上的茅台酒调制，口感醇香。既然在烹饪过程中加入了茅台酒，那么吃的时候搭配茅台酒就更没有问题了。

谭家菜据说创始于清朝，创始人是谭宗浚。谭宗浚是晚清的官僚，官职不算太高，做过翰林院编修，当过四川学政等，他热衷于在同僚中宴请，由于他是广东南海人，就在家里把广东的粤菜和北京的地方菜融合了起来，形成了独特的谭家菜。民国时期，谭家菜已经成名，1958 年后，谭家菜全部并入了北京饭店，成为北京饭店拥有的川、广、淮、谭四大名菜之一；2014 年，谭家菜的制作技艺被列入了北京市非物质文化遗产名录。

谭家菜的特点是选料精细，为高端宴席菜，著名的菜品有黄焖鱼翅等，酒烤香肠也是它的一道著名冷菜。因为谭家菜比较昂贵，我还没有机会去体验，仅先根据相关资料介绍，预设这种酒菜搭配，以后再找机会去验证。

第十节
晋菜与白酒的搭配

一、晋菜概述

晋菜即山西菜。

山西得名于"山"，这个山指太行山，山西省地处太行山和黄河中游峡谷之间。因为处于黄河东部，古代有段时间也被称为河东。山西东部是太行山，西部是吕梁山，中部是汾河谷地，西南部是汾河和黄河交汇形成的宽阔平原，东南部是太行山台地，即晋东南的长治和晋城地区，北部是黄土高原。

山西历史悠久，汾河谷地是中华民族古代文明的发源地之一。传说中的尧、舜、禹都在这一带活动过，考古也发掘出了丁村人遗址等史前人类文化聚落遗址，山西北部是游牧民族和中原农耕民族的交界线，游牧民族的文化也成为晋北文化的一部分。

作为内陆省，山西没有沿海地区的海鲜、水产，但是农耕文明和游牧文明的家畜和蔬果使得山西的食材依然丰富。山西人擅做面食，善酿酒、醋，具有悠久的酒文化、盐文化、醋文化和面食文化历史。

历史上，晋菜也曾经很有影响，那是在明清时期晋商称雄天下的时候，他们把晋菜和晋酒带到了全国各地。随着历史不断地发展，晋商衰落，现在晋菜在全国远不如当初的影响，但在山西省内还保留着很多独具特点的菜肴和烹饪方法。

2013年由山西省烹饪餐饮饭店行业协会主编、山西省商务厅主审的《中国晋菜》出版，这是由省政府权威部门组织编写的晋菜专业工具书，对晋菜的风格、特点和流派都有专业而且权威的介绍。本书这一节的资料主要来自这本权威的《中国晋菜》工具书，另一部分是笔者及团队多年以来在山西走访的实际感受。

根据《中国晋菜》介绍，晋菜的特点如下：

访酒天下

遍访天下美酒，尽尝人生百味，融入岁月山河。

绝妙下酒菜

已介绍过国内外数百种下酒菜，还在不断更新中，关注它，可获得最新的下酒菜知识。

本节主要参考文献：

[1] 山西省烹饪餐饮饭店行业协会.中国晋菜[M].太原：山西经济出版社.2013：5–12，175–307.

[2] 颜辉.味道山西[M].太原：北岳文艺出版社.2009：12–30，63–69.

1. 选料广泛

传统晋菜的烹制原料不仅选用当地丰富的特产资源，更有晋商大贾走南闯北从全国各地带回的各种海鲜干货原料，包括高档翅、鲍、鱼、虾、贝类等。

2. 味浓色重

晋菜味浓色重，是因为北方气候干燥寒冷，人体盐分消耗多、热量消耗大，故在烹饪时味浓色重，以满足人体的实际需要。

3. 善用醋烹

晋菜讲究醋烹技法，使用醋：一可以去腥保嫩、二可以提鲜增香、三可以软化水质。传统风味菜过油肉和熘腰花是在烹调过程的前期放醋。为避免醋味蒸发，突出醋香、咸辣、酸甜口味的菜肴是在烹调后期加醋。

4. 口味咸香

晋菜讲究原汁原味，以求浓而不腻、淡而不薄、味浓咸香、回味留香。特别是大量的蒸菜、炖菜，口感软、嫩、酥、烂，但又不失其形，突出咸、香、辣、酸、甜搭配的特色。

二、主要流派和代表菜品

晋菜文化体系分为"四大板块，六大流派"。

四大板块有：晋中板块、晋南板块、晋东南板块和晋西北板块。

1. 晋中板块——以省城太原为中心的晋中菜为代表

山西中部的晋中地区，是晋商的发源地和聚集区，平遥古城是国务院公布的"历史文化名城"，世界教科文组织将其列入了"世界文化遗产"。早在明清时期的晋商就形成了吃苦勤俭、坚韧进取、聪明诚信的人格。表现在日常食俗上，精致而不奢华，讲究而不浪费。但在官本位的封建社会，晋商为接待官府和皇家，耗费巨资，大摆宴席，其菜肴中的代表流派是"商贾菜"，又称"庄菜"，制作十分精细、豪华，延续至今。当地的菜肴受"庄菜"的影响，烹饪用料广泛，讲究选材，注重刀工火候，擅长海鲜与当地原料的结合。口味要求原汁原味，有香、有辣、有酸、有甜，但又不至太浓太烈，口感醇厚绵软，回味余香不绝，且精致而讲究。晋中厨师多来自山西的寿阳县。

2. 晋南板块——以临汾、运城菜为代表

山西南部的晋南地区，地处黄河中游，与陕西、河南隔河相望，古称河东地区，是晋文化的发源地。晋南地区河流纵横，水利发达，物产丰富，素有"鱼米之乡"之称。晋南菜的口味与晋中菜相比，偏重于辣。临汾烹饪协会会长李德富先生在《临汾地方菜综述》中对晋南菜的口味界定是"咸香、咸酸、咸辣等为主要味型……以'清汤'取其鲜味，用'烹醋'取其酸香，以炒酱调味定色，辣味取自葱、蒜、辣椒，拔丝、蜜汁挂霜则是甜菜的渊源。"当地名吃曲沃羊杂、吴家熏肉等驰名全国。被称为"厨师之乡"的临汾浮山县有6000多名厨师在外工作。北京百年老店"都一处"烧麦馆，就是浮山北井村王姓人在清乾隆三年开张的。

3. 晋东南板块——以长治、晋城菜为代表

山西晋东南地处黄河中游，与河南省为邻，古称上党地区，当地物产丰饶，盛产小麦、玉米、谷物和各种豆类作物，有晋东南小米、黄梨、山楂、蜂蜜、花椒、柿子、核桃、黄花、五花党参、襄垣手工挂面、黄土蛋、黑酱等特产。长治市委宣传部史耀清先生在《美食寻香》一书中概括晋东南菜的口味是"偏酸甜、酸辣、鲜咸、干酥、五香，成菜油少、色重、汤多、芡薄……"晋东南厨师烹制菜肴擅长熏、卤、烧、焖等技法。长治名吃有五香腊驴肉、壶关羊汤、潞城甩饼等。晋城的烧大葱、烧豆腐，长治的长子炒饼、长子猪头肉、襄垣腥汤素饺等美食都别有风味。

4. 晋西北板块——以大同、朔州、忻州为主要代表

晋西北地处山西高原的西北边缘，与河北、内蒙古接壤，历史上属半耕半牧地区，是少数民族与汉民族聚居融合的地方。大同古城是国务院公布的"历史文化名城"，云冈石窟是"世界文化遗产"。当地气候干燥，温差较大，无霜期短。鹿、牛、猪、羊、兔、鸡等畜牧养殖发达。特产有阳高大接杏、大同

黄花、恒山黄芪、应县紫皮蒜、野生沙棘等。晋西北的烹调以烧、烤、焖、涮为主。大同市有 6000 多家餐馆，大同的烤羊排、烤羊脊、烤羊腿色泽金黄、口感酥软、味道醇厚，大同羊杂汤油厚、汤浓、酸辣、咸香、味醇。曾被人遗忘的"老大同什锦火锅"也开始重放光彩。在晋西北民间百姓家的灶台上，都用直径一米多的大锅烩菜、蒸菜。如五寨黑肉烩菜和定襄蒸肉就是用当地特有的大锅烹制的特色美味。

晋菜六大流派分为官府菜、庄菜、行菜、素斋、民间菜、清真菜。

1．"官府菜"——达官显贵的宴请称为"官府菜"

中华历史上第一道御膳是尧帝的"粝粢之食（谷类烙制的饼）、藜藿（豆叶）之羹"。山西有我国最早的专供周天子食用的"八珍"宫廷食单；大同有北魏王朝的"北魏全鹿宴"；晋城有清康熙年间，著名宰相陈廷敬的"皇城相府宴"；近代史上，有山西督军的"阎锡山家宴"，等等。

2．"庄菜"——富商巨贾的菜肴称为"庄菜"，又称"商贾菜"

历史上，山西商人日常生活的菜肴，婚丧嫁娶的宴席，买卖来往的应酬，官府上门的招待，都有各自的专职厨师和特别看馔。庄菜有浓郁的地方饮食文化特色，其菜肴可与官府菜媲美。晋商现留存的 10 多个传统菜谱为晋菜研发奠定了坚实的基础。

3．"行菜"——市井酒楼的菜肴称为"行菜"，又称"市肆菜"

春秋时期，山西南部为晋国范围，当时城郭整齐，列肆成行，酒旗招展，饭铺飘香。明清时期，在晋商故里的榆次、平遥、祁县、太谷、灵石、太原等地，票号、钱庄、商铺林立，商业市场十分繁荣，酒肆茶楼的"行菜"借鉴南北各地菜系之长，也给后人留下许多传统名吃，如平遥牛肉、平遥曹家熏肘、六味斋酱肉、太谷饼、清徐孟封饼等。

4．"素斋"——佛家寺院的斋饭称为"素斋"，又称"释菜"

素斋分为僧众日常吃的"斋堂"、办道场的"桌斋"和招待贵宾的"斋僧"等。有 2000 多年历史的五台山寺庙林立，其僧尼所用的斋饭和民间百姓的素食忌用荤腥材料，多采用当地特产的台蘑、台参、台耳、蕨菜、金针、苦菜、百合、黄芪、地皮菜、五谷杂粮、豆制品、面筋、蔬菜等为主料。素斋菜肴不起荤名，菜品命名寓意佛教圣言，用木鱼度僧、佛山仙丹、开花献佛、慈航普度、观音春笋、山丹台蘑等菜名，寺院僧众的"释菜"，对素菜的发展及体系的形成有一定的贡献。

5. "民间菜"——民间百姓人家的饭菜称为"民间菜"

辛勤劳作的百姓人家，在重大节庆日和人生的重大事件时会宴请宾客，从一个人诞生起，满月、周岁、12 岁、结婚，到不同年龄的生日，直至离开人世的丧事都会宴请亲朋好友，表达情怀。逢年过节、家人团聚、亲戚串门也需设家宴招待。"十里不同风，百里不同俗"，山西民俗民风不同，食俗食风也各不相同。如"高平十大碗"是我国传统水席的支脉、"汾州八八席"是晋中民间的特色菜肴。

6. "清真菜"——人们习惯将伊斯兰民族菜称为"清真菜"，又称回族菜

唐朝伊斯兰教东传，元朝回族逐渐形成，明朝回族"大分散、小集中"的分布格局形成。山西省长治、太原是回族的主聚集地，清真菜的口味偏重咸鲜，汁浓味厚，肥而不腻，嫩而不膻，烤全羊最负盛名。太原清真饭馆"清和元饭店"迄今已有 390 多年的历史，地方名吃"头脑""帽盒""稍梅"营养丰富，有益气调元、活血健胃、滋补虚亏的功效，是明末清初山西著名思想家、政治家、医学家傅山先生给母亲配制的药膳。"认一力"餐馆是因伊斯兰教义"认主独一，主力无穷"而得名，其羊肉蒸饺最有名。伊清园的酥皮醋浇羊肉别有风味。长治伊和轩的"清真十大碗"宴席深受回汉民族群众的青睐。

晋菜各板块代表菜品如下：

1. 晋中板块：太原附近地区

（1）沁州黄小米辽参（太原五洲大酒店）；

（2）平遥牛肉（山西会馆）；

（3）徐沟猪头肉（晋韵楼大店）；

（4）六味斋酱肉；

（5）香拌羊脸、羊肚（街头小店）；

（6）老醋花生米；

（7）山西过油肉（太原迎泽宾馆）；

（8）猪肉卤蛋（山西味道园）；

（9）锅烧羊肉（太原清徐人家晋韵楼）；

（10）羊汤辽参（太航大酒店）；　　（13）羊杂割；

（11）太原头脑（清和元饭店）；　　（14）剔尖面；

（12）羊肉烧麦；　　　　　　　　　（15）糖醋丸子（太钢花园国际大酒店）。

2. 晋南板块：临汾、运城两市

（1）万荣黄牛筋（山西会馆）；　　　（4）芥辣焖子（临汾唐宫面来香）；

（2）晋南四扣碗（临汾十全席）；　　（5）王剑羊肉泡馍；

（3）黄芪煨羊肉（临汾金都花园酒店）；（6）上党驴肉包子。

3. 晋东南板块：长治、晋城两市

（1）上党手撕驴肉（全晋会馆）；　　（5）晋城过油肉（阳城美韵花园大酒店）。

（2）党参卤云蹄（长治宾馆）；　　　（6）晋城小酥肉（阳城美韵大酒店）；

（3）长治猪头肉（山西会馆）；　　　（7）白起豆腐（晋城大酒店）。

（4）阳城烧肝（晋城）；

4. 晋西北板块：大同、朔州、忻州

（1）红油鹿肉（大同天贵国际大酒店）；（9）葱爆羊肉（大同永和美食城）；

（2）五香扎蹄（大同永和美食城）；　（10）应县土豆煎羊肝（大同永和美食城）；

（3）台蘑过油肉（大同永和美食城）；（11）鸿运牛蹄（朔州圣厚源大酒店）；

（4）霸王肘子（同和大饭店）；　　　（12）大同烤兔（大同市丞鑫外婆桥）；

（5）酸汤羊肉（大同永和美食城）；　（13）葱烧台蘑（海外海大酒店）；

（6）烤羊脊（大同兴茂大饭店）；　　（14）五寨黑肉烩菜（五寨会馆）；

（7）大同羊杂（大同花园大饭店）；　（15）巧手腰片（大同贵宾楼）；

（8）胡萝卜炖羊肉（大同花园大饭店）；（16）黄焖丸子（大同市花园大饭店）。

三、我们直接感受到的晋菜

　　山西和陕西紧邻，仅一河之隔，这里是我们常去的一个地方。因为访酒，我们在山西跨纬度进行过多次旅行，北到应县的黄土高原，南到晋东南的长治

以及太行山山谷里隐藏的美丽的晋道酒庄，对山西的白酒有深入的了解，同时也感受到了山西各个地区极有特色的地方菜肴。我们感受更多的倒不是那些载入工具书的高端大菜，而是能在市井街头感受到的市井酒楼菜，也就是书中所说的"行菜"。就我们自己亲身经历感受到的山西菜有以下几个特点：

（1）菜品本身不酸，但配有醋碟。

山西的陈醋和山西汾酒一样知名，山西人也善用醋。烹饪的时候，比如过油肉，就要放一些醋，但实际上吃这个菜时并没有明显的酸感，倒是鲜咸微甜。标志着山西人嗜醋的是很多饭馆不管你吃什么菜，都配一碟陈醋，什么菜都可以蘸着吃。这种习惯渗透到街边的排档、餐馆中，彰显着一个名醋产地特有的古雅和奢华。

（2）菜品基本不辣，即便是加有辣椒的菜也不辣，我们在陕西吃的不能算太辣，但是如果到山西长期生活一段时间，就会怀念陕西的辣。

（3）晋菜的味不咸，口味相对来说咸鲜合适。

（4）有些有特点的菜只在山西能见到，比如太原的头脑、羊杂割，运城的羊肉泡馍等。运城离西安的距离比离太原的距离都近，但是运城的羊肉泡馍跟西安的不一样，运城的羊肉泡馍肉多、汤鲜。

（5）同一道菜，在不同地区有不同的做法，比如过油肉是山西的名菜，但是晋北大同的过油肉，和晋中地区如太原和清徐的过油肉就不一样，晋东南的晋城过油肉几乎像河南水席那样是汤里面的菜。再比如猪头肉，太原附近的清徐猪头肉和长治的猪头肉也不一样。细细品味同一道菜的不同做法，才能更深刻地感觉到风土对美食无声而有力的影响。

四、山西地产白酒

山西是我国产酒的重镇，著名的清香型白酒代表酒汾酒就产于汾河谷地的汾阳市杏花村。汾酒这个名称历史悠久，北齐时就有了，从清代一直到民国时期，是国内最有影响的白酒。随着晋商在全国的活动，汾酒被带到了全国各地，其生产工艺对全国各地的酿酒业有重要的影响。如今汾阳市的酿酒厂更多了，除汾酒集团外，有品牌影响力的就有汾阳王酒厂、汾阳市酒厂、金杏花酒厂，等等，

潞酒厂老厂区大门（摄影／李寻）

大大小小有近百个品牌。这一带的酒的总体特点是和汾酒风格相近的大曲清香型白酒。

山西的其他地区也生产白酒，长治市的潞酒在历史上曾经是和汾酒同样有影响的一种白酒。民谚有"潞酒一过小南天，香飘万里醉半山"之语。潞酒的产地位于晋东南的长治市，地处太行山的高台，平均海拔为 1000 米。长治市比位于汾阳的杏花村降水量大、空气湿度高，气候温暖一些，夏季清凉，冬季温暖。这里酿的酒，尽管也是清香型大曲酒，但是跟汾阳的清香型酒还略有不同。晋南的运城有桑落酒，晋中的祁县有六曲香酒。北京红星二锅头的生产基地之一就设在祁县，和六曲香是同一个酒厂。雁门关以北，有应县的梨花春酒。

长期以来，山西本地人习惯于喝汾酒，外地的酒进入市场的并不多，近些年随着酱酒热的突起，酱香型白酒也进入了山西市场，在晋东南不仅有酱香型白酒销售，甚至有些酒厂也采用了酱香型白酒的工艺，在山西试产酱香型白酒。

在山西为晋菜配酒的话，山西地产白酒就足够了，但是，如果我们想尝试多种风格、了解晋菜本身具有的扩张力和开放性的话，也可以搭配一些外地产的其他香型的白酒。

晋菜与白酒搭配示例

1. 太原清和元头脑

代县黄酒

清香型白酒：汾酒青花瓷 30 53%vol

太原"头脑"可谓太原独有的特色美食，据说是明末的学者、医学家、书法家傅山先生为他母亲配制的一道药膳。是用长山药、莲菜、黄芪、黄酒、羊肉、羊油、羊汤蒸制的煨面，和羊肉炖在一起，吃的时候还搭一碟小韭菜。直观上看，就是面糊里炖羊肉，微微有黄酒和中药的气味，具有滋阴补阳、强壮身体、抵抗寒喘的保健功能。每年十月才开始上市，是冬季进补的一种特色美食，以清和元饭店的最为正宗。有些当地人会办理月票，一个冬季吃上三个月。

在清和元饭店吃"头脑"早餐是很壮观的，我第一次去吃的时候，看见每张大圆桌都坐满了一圈人，彼此还聊着天，我以为是一家人在聚餐，问过后才知道并不是家庭聚餐，都是办了月票常来吃的食客，有些人本来彼此都不认识，是通过吃"头脑"成了朋友。除了一碗"头脑"之外，还可以点一笼烧麦，配一壶二两左右的产自山西代县的小米黄酒。吃"头脑"的多是中老年人士，年龄小的有四五十岁的，老的有七八十岁的，我观察到有很多老人早晨喝了黄酒后，面色红润地离开饭店。搭配"头脑"喝黄酒，算是山西太原特有的一个早酒习俗。

"头脑"里的肉块比较大，烧麦的肉馅分量也比较足，如果白天没有工作、早晨可以喝点白酒的话，我建议也可以搭一点清香型的白酒，如汾酒青花瓷 30，青花瓷 30 的香气除了清香型白酒标志性的苹果香之外，还有曲香、陈香，跟"头脑"里的黄酒的发酵香混在一起的时候，已经分不清是黄酒的香气还是白酒的香气了。青花瓷 30 的酒劲比黄酒更大，喝完一碗"头脑"，再加上一两白酒，浑身热乎乎的，出门行走在太原冬季的寒风里，也不觉得冷了。

2. 太原拌羊脸

清香型白酒：汾酒（二两装）53%vol

拌羊脸就是拌羊头肉，是在太原大街小巷中常见的一种小吃店羊杂割店里提供的凉菜。羊杂割是羊肉汤里面加粉条、羊肉、羊杂等，也有放羊头肉、羊肝的，如果不要羊杂，只要羊肉也可以，放上葱花等配料，在冬天吃非常好，一般要搭配两个油酥饼。最有名的羊杂割店在太原柳巷。

很多地方都有羊肉汤，青海西宁的叫羊肉粉汤，山东单县也有单县羊肉汤，各地的羊肉汤的风格略有差别，太原的羊杂割给我留下了极其深刻的印象。有一段时间我去山西出差，到太原的时候都是晚上九十点钟，大店基本都关门了，街头小巷里的羊杂割店是亮着灯的，大冷的天，进去喝一碗羊杂割汤，吃两个油酥饼，一下就饱了，吃完之后再喝点酒，要一个拌羊脸，搭配的是什么酒呢？就是小饭馆旁边小超市里常卖的二两装的汾酒，那个酒我记得最初是 12 元一瓶，后来涨到 15 元一瓶。这款酒在汾酒里属于中低端产品，不会比玻盖汾酒好到哪去，但是在羊杂割小店里，这个酒的香气、口感和气质，跟羊杂割和拌羊脸十分匹配。这是太原普通街巷中的寻常烟火气息，也是浪迹于江湖的游子风尘。

3. 长治猪头肉

清香型白酒：潞酒天青瓷窖藏 30 52%vol

山西各地都有猪头肉，我能感受到明显差别的是太原地区的猪头肉和长治猪头肉，太原的猪头肉更加酥烂一些，长治的猪头肉要干爽脆滑一些。两地的猪头肉都适合喝白酒，太原的猪头肉就配汾酒青花瓷20。我去过长治多次，每次都用长治猪头肉搭配潞酒天青瓷窖藏30，感觉是天衣无缝的妙搭。

4. 台蘑过油肉

清香型白酒：汾酒青花瓷30 53%vol

山西五台山地区产一种蘑菇叫台蘑，不知道是在旅游区的缘故，还是野生的蘑菇比较稀缺的缘故，价格昂贵。台蘑有各种做法，常见的是葱烧台蘑，台蘑比肉都贵，算是奢华。山西的过油肉也有各种做法，在晋北就是台蘑过油肉。这道菜其实是一道下饭菜，下酒的话，时间稍长，菜就凉了，但是快速吃口感也不错，特别是能感受到台蘑那种浓郁的野生气息。这道菜搭配汾酒的青花瓷30极好，而青花瓷20的果香气太突出了，有时候和台蘑的香气相杯葛，不够协调，而青花瓷30没有那么强的果香气，有浓郁的发酵香气，跟台蘑炒肉浓重的山野味融合在一起，把台蘑的野生香气衬托得更加突出。

5. 烤羊脊

酱香型白酒：飞天茅台酒 53%vol

我们在阅读《中国晋菜》这本权威工具书的时候发现，提供菜品最多的是大同地区，这实际上是经济发展水平的映像。大同的煤炭产业发达，城市的生活水平比较高，是山西除了太原地区之外最发达的城市。20多年前我们到大同时，就觉得那里的生活消费水平高。大同的菜系比较发达，烤羊肉有各种各样的做法，分为各个部位，烤羊脊是当地极有特色的菜，烤肉的油香、焦香把羊肉的膻气全盖住了，而且外酥里嫩、口感极佳。

山西运城盐池 （摄影／李寻）
山西是中国古代对盐业有重要影响的地方，也是清香型白酒的发源地，对白酒产业也有深远的影响。

　　大同古称"塞外之地"，是古代的九边重镇之一，是抵御游牧民族的前线。对历史产生重要影响的盐运其实跟大同的边防有密切的关系，明代的"开中法""折色法"最初就起源自给大同一带的边塞运粮。"开中法"就是让商人运粮食和其他军需物资到北方边疆，以所运的物资换取"盐引"，然后凭借"盐引"到指定盐场支取食盐，再到指定区域销售。"折色法"是在明中期以后将纳粮开中改为了纳银开中，简单地说就是交银子换盐引。山西的运城产盐，山西历来又有经商的传统，晋商在这个过程中迅速发展壮大，山西的盐商渗透到全国各地，特别是西南少盐地区，盐的供应在很长一个阶段是由山西的盐商垄断的，山西的盐商也把酿酒的传统和工艺带到了西南地区，茅台酒的起源和山陕盐商密不可分，茅台酒是古盐道上产生的名酒之一。

　　由于有盐业这个深刻的关联，所以在大同吃到烤羊肉，搭酒时就想起了茅台酒，而茅台酒和烤制得油香四溢的羊脊非常搭配，因为茅台酒本身的焦香和烤制菜品的油香有天然的协调性。

第十一节
陕菜与白酒的搭配

一、陕菜概述

陕菜即陕西菜。

陕西菜在全国知名度不高，无论"八大菜系"还是"十大菜系"里面都没有陕菜，但陕菜确实自成一体，至少它的小吃羊肉泡馍、肉夹馍在全国有很高的知名度，而且各地都有肉夹馍店，甚至肉夹馍店已经开到国外。

陕西省位于中国的腹部，境域地跨南北：陕北处于中温带气候区，关中处于暖温带气候区，陕南处于亚热带气候区。总体来讲，陕西物产丰富，家畜和蔬果自古以来丰盈，关中平原与四川盆地一样有"天府之地"的美誉。陕西历史悠久，是十三朝古都，中华民族历史上最辉煌的时期，周、秦、汉、唐的政治中心均在长安（西安）。追溯唐代以前的名菜名吃，陕西——特别是关中地区是绝对不能忽略的。

但是自唐朝以后，中国的政治中心向东部迁移，陕西渐趋落后，经济不复兴旺，餐饮业亦随之一蹶不振。今天名满天下的陕西小吃，在某种程度上折射出区域生活水平的低下：这些小吃大多是普通的家常食品，陕菜里并没有像鲁菜、苏菜、粤菜那么多华丽高端的菜品。

陕西当然有美食，但作为提到台面上讲的菜系来说，它不仅不如著名的"八大菜系"，甚至不如"不那么著名"的鄂菜、晋菜，当然也不如现在的政治中心的京菜。之所以如此，除了政治中心东移和海洋文明时代内陆地区经济相对落后这两点因素之外，也和古秦地遗留至今的传统有关。唐代大诗人杜甫有诗曰："况复秦兵耐苦战，被驱不异犬与鸡。"尽管自秦以来，两千多年过去，陕西这片土地上的人口也经历过高频度的流动和变化，但秦人耐苦战、有纪律感和秩序感这种地域文化属性确实是能够明显感受得到的。陕西人刻苦耐劳、守纪律、有天然的秩序感，同时对享乐主义有着自觉的抵触。从广泛的对比中可以发现：凡是对享乐主义、享乐文化有所抵触的地方，其菜肴相对来说也就不那么发达，未繁衍出富丽堂皇乃至奢靡的名菜佳肴。

访酒天下

遍访天下美酒，
尽尝人生百味，
融入岁月山河。

绝妙下酒菜

已介绍过国内外
数百种下酒菜，
还在不断更新
中，关注它，可获
得最新的下酒菜
知识。

本节主要参考文献：

[1] 《陕菜正宗》编辑委员会.陕菜正宗——西安饭庄[M].西安：三秦出版社.1990：49–60.

[2] 张西昌.关中食话[M].北京：电子工业出版社.2018：109–161.

[3] 程鹏，宿育海.陕人陕菜[M].西安：西北大学出版社.2018：53–83.

二、主要流派和代表菜品

按照自然地理条件，陕西从北到南依次分为三个区域：

陕北地区（包括榆林、延安两个地区，位于铜川以北）：地处黄土高原，曾经是经济落后的地区，但现在石油、煤炭等能源产业的发展使其成为近20年以来陕西经济发展速度最快的地区。

关中地区：以西安为中心，西安的东面是渭南地区，习惯上称为"东府"；西安的西面是咸阳和宝鸡地区，习惯上被称为"西府"。东府、西府以及西安的菜在风格上略有不同，但我们把它笼统地称为"关中菜"。

秦岭以南有三个市——汉中、安康、商洛，被称为"陕南地区"。汉中、安康与四川、重庆比邻，饮食上深受川菜的影响；商洛与湖北、河南毗邻，饮食风格和关中比较接近。

1. 关中菜

（1）葫芦鸡；
（2）温拌腰丝（牡丹腰丝）；
（3）海两样；
（4）煨鱿鱼丝；
（5）酿金钱发菜；
（6）西安饭庄小吃宴；
（7）西安烤肉串；
（8）羊肉泡馍；
（9）葫芦头泡馍；
（10）梆梆肉；
（11）肉夹馍；
（12）水盆羊肉；
（13）大荔带把肘子；
（14）西府臊子排骨；
（15）油泼面；
（16）辣子蒜羊血；
（17）合阳红烧黑乌鳢（黑鱼）；
（18）潼关古渡烧鲶鱼。

2. 陕北菜

（1）清炖羊肉；
（2）铁锅炖羊肉；
（3）榆林烩菜；
（4）猪肉翘板粉；
（5）洋芋擦擦。

3. 陕南菜

（1）汉中竹园火锅；
（2）汉中褒河鱼；
（3）安康石泉水库小河虾；
（4）安康香煎小鳜鱼；
（5）汉中菜豆腐；
（6）紫阳蒸盆子；
（7）竹笋炒腊肉。

秦岭之上长江水系和黄河水系分界线 （摄影/李寻）

三、我们直接感受到的陕菜

　　算起来，我们在陕西已经生活了 35 年，这是我们这一生中居住和生活时间最长的地区，我们熟悉这里的土地，陕西每个县和大多数乡镇都去过。这30 多年来，我们经历了从改革开放初相对匮乏的物质生活一直到现在丰衣足食生活的历史变迁，感受变化最明显的是延安。1990 年，我在延安农村调研，居住的几个村庄当时还不通电，照明使用煤油灯；一年吃不上几次肉，能吃上白面条就是待客的"高级饭"；喝酒更谈不上，酒是"奢侈品"，村里人家过年时都难得一喝，在县城里待客和过年时候才能喝到一点酒。当时延安的支柱产业是烟、羊、果、杏（烟草、养羊、种苹果和杏子），2000 年以后，延安、榆林的石油产业、煤炭产业迅猛发展，成为陕西经济发展最快的地方，当地生活迅速改善——电已经通到每个乡村。再到乡村里去，大米饭已经是家里日常的主食。

由于气候物产的不同，陕西菜肴中陕北、关中、陕南有明显的不同。陕北当地适合下酒的菜有炖羊肉和大烩菜。我曾经在神木一个叫"兔兔盖"的小村口的国道上，吃过一种大烩菜——猪肉块炖粉条，用的是宽粉条，甘香诱人，此后再没吃过那么好的大烩菜。当时吃这顿饭的地方正对着一条暴土扬尘的乡间道路，几乎是就着灰尘在吃香气高亢的烩菜、喝当地的特产白酒（好像是"老榆林"），那种大漠风情的感觉，永远难忘。到了陕南就是青山绿水了，我在后文餐酒搭配示例当中介绍了陕南安康石泉水库特产的小河虾，是只有在当地才能尝到的美味。那时候秦岭还没有修通高速公路，有多条国道可以翻越秦岭，在沿着国道的小村庄里面，经常能找到有野味的小饭馆。在秦岭里面，我吃到过野猪、山笋、小野鱼等天然的野味。后来高速公路修通，这种享受就难得一见了。在西安附近，有机会也可以吃到野味。西安附近的翠华山可以开车上到山顶天池，天池周围是一个规模不小的村庄，有几十户人家，家家都有农家乐。十来年前，我经常带朋友在雨后开车上翠华山，在山上农家乐吃地道的野味，如现杀的活蛇等。现在仍然记得现杀活蛇的场景，取出蛇胆之后，将其滴入酒里，喝晶绿的蛇胆酒，欣赏着一湖碧绿的天池水，乘醉漫步山间，眺望白云缭绕下的长安城。

近些年来，西安市的面积急剧扩大，人口急剧增多——印象中我来到西安的时候，西安市才 400 万左右人口，现在已经 1400 万多了。城市的快速扩张给城市带来前所未有的包容性，在城市里，几乎可以找到我们想要找到的任何菜系的主题餐厅。在写作本书过程中，有些菜肴在外地吃过但忘了，想再感受一下，于是在网上一搜，居然能在西安找到这个菜系的餐馆。不仅著名的八大菜系——鲁菜、苏菜（淮扬菜）、川菜、粤菜、闽菜、浙菜、徽菜、湘菜，连不太著名的京菜、滇菜、上海菜、晋菜在西安也有主题餐馆。粤菜主题餐馆还是分成流派的，有广州菜、潮汕菜。同时还有多种西餐厅、日本料理馆，东南亚的泰国菜、越南菜，中东的土耳其菜，南亚的印度菜，等等。大概本书中涉及菜系的百分之七八十在这座城市里都能找到。当然了，西安餐馆和该菜系原产地餐馆的菜系菜品是有所差别的。

这里是西安，这是一座历史悠久的城市，同时也是一个极具包容、日益开放的国际化大都市。

四、陕西地产白酒

陕西省的白酒独具特色。关中地区有凤香型的代表酒——西凤酒，还有同为凤香型酒的柳林酒、太白酒，三家酒厂均位于陕西宝鸡市境内；西安市鄠邑区有龙窝酒（清兼香型），西安市长安区有长安老窖；渭南地区有白水杜康酒。关中地区西凤酒、太白酒以及龙窝酒的产地处于秦岭—淮河过渡带的范围内，这一带酿造生产的酒有明显的气候过渡带的特征，与其北边的清香型白酒以及秦岭以南的浓香型白酒都不一样，加之工艺上有一些区别，由此形成了独特的风格。

陕北的榆林、延安地区也有白酒厂：榆林地区有麟州坊、老榆林等品牌；延安有轩辕圣地酒业。

陕南也有独立的酒厂和品牌：汉中城固酒业生产城古特曲；安康有泸康酒业，生产泸康牌白酒。

在陕西，除了关中地区的凤香型白酒之外，陕北、陕南生产的酒目前都是浓香型白酒。陕南地区生产浓香型白酒有一定的合理性，因为它的气候跟四川比较接近；陕北地区生产浓香型白酒就和当地气候条件不太匹配，依气候条件来看，当地生产清香型白酒可能更天然一些。

其实陕西菜的品种也是地兼南北，在某种程度上比酒的品种还要丰富，所以到陕西旅行、品尝陕西的菜和美食，有必要带一点外地的白酒——特别是清香、酱香这些陕西所没有的香型的白酒，有些陕菜是适合搭配清香型白酒或酱香型白酒的。

龙窝酒厂　（摄影／李寻）

陕西省西凤酒厂　（摄影／李寻）

陕西柳林酒厂制曲车间　（摄影／李寻）

陕西省太白酒厂　（摄影／李寻）

陕菜与白酒搭配示例

1. 葫芦鸡

凤香型白酒：西凤酒·红西凤 52%vol

葫芦鸡是"西安老字号"西安饭庄的名菜。烹饪方法是：选用1千克重的当年优生嫩母鸡一只，粗加工后用麻丝将鸡捆成葫芦形状，投入沸水煮约20分钟捞出盛入蒸盆，加入各种调料鸡汤上笼蒸烂入味，去掉麻丝，将整鸡投入油锅炸至表皮呈金黄色，装盘上桌。其风味特点是形似葫芦，色泽金黄，筷触骨离，皮酥肉嫩，香醇可口，回味长久。这道菜不仅西安饭庄有，甚至有专做这一道菜的菜馆，也是宾客盈门。吃这道菜最合适搭配的酒，我觉得是西凤酒。西凤酒的高端产品是红西凤，如果有西凤的原酒更好。西凤酒浓而不艳、清而不淡，既有清香型白酒的果香气，也有浓香型白酒高亢的冲击力，还有酒海熟陈过的"海子味"，口感甘爽劲挺。葫芦鸡是油炸过的菜，油脂比较丰富，用西凤酒这种爽劲的酒来搭配它，所产生的爽口效果比较好，而且酒体香气的"海子味"和炸鸡的鸡肉味相互融合得也非常好。

2. 牡丹腰丝

清兼香型白酒：龙窝酒 65%vol

牡丹腰丝也叫温拌腰丝，是把猪腰子切成细丝，入沸水中氽至腰丝发白，捞出后控干水分，和氽过的水粉丝一同加料酒、酱油、盐、醋、香油、白胡椒粉拌匀入味，在碗中心放韭黄、蒜泥，炒锅放入芝麻油烧熟，投入花椒炸出香味，将花椒油泼在蒜泥上，搅匀即成。这道菜主要是考验刀工，要切出极细又均匀的腰丝；其次是入水氽制的时候必须控制好水温和时间，稍一疏忽则失其鲜嫩。这道菜原先在菜谱上叫温拌腰丝，现在取名优雅，改叫牡丹腰丝。这道菜从资料上看，是受到唐代食谱《玉食批》里"酒醋白腰子"启示而研制成的。这道菜里的腰丝虽然刀工很好，口感也非常好，但多少还残留一点腰子的臊味。搭配这道菜，我觉得比较好的酒是鄠邑区产的龙窝酒原酒。龙窝酒为清兼香型酒，有清香型白酒的一些特点，但不完全一样，它还有一点发酵的酸味，这种发酵酸味和腰丝的臊味融在一起之后抵消了臊味，留下来的是酒的清香和腰丝的脆爽。

3. 梆梆肉
酱香型白酒：茅台酒 53%vol

陕西梆梆肉是猪大肠经煮熟加工和熏制之后制成，和川派肥肠不太一样，它有一股烟熏味，当然也有大肠本身的那种微臭。搭配这道菜，选择同样有丰富滋味以及发酵酸臭味的茅台酒是比较匹配的，因为它们那些不愉快的气味加在一起会产生混合抑制效应，呈现出大肠的油香和茅台酒的酱香以及花果香，把一道市井小巷的大肠菜吃出高级的优雅感。

4. 石泉水库小河虾
浓香型白酒：国缘四开 42%vol

安康石泉县位于秦岭以南山区。石泉县的水库出产一种小河虾，比较稀少，外地难得一见。我们去吃小河虾是专门守在水库边等着，它只有中午才有，现捞出来活的小河虾。水库的水质非常好，小河虾很干净，肉质饱满鲜嫩。在我吃过的各地小河虾里，我觉得它不啻太湖的白虾。这么新鲜的虾的加工办法也简单，或油炸或清水煮，成菜后口感极其清淡，搭配它的酒也不能刺激感太强，我选择的是浓香型的国缘四开 42 度。在搭配太湖白虾的时候，我选的也是这款酒。因为两种虾的肉质都细嫩鲜美，国缘 42 度这款低度酒能够更好地衬托出小虾的质感和滋味。

5．臊子排骨

凤香型白酒：太白酒 52%vol

　　臊子排骨是陕西西府的一道特色菜，有一种特殊的酸香口味，相比南方的红烧排骨、糖醋排骨，陕西臊子排骨的口味、口感更加清爽，不会让人觉得发腻。用预先制好的酸辣肉臊子烧制的排骨，除了有排骨的肉香和油炸香之外，还有特有的臊子酸香和酸辣口感。这道菜不太辣，当作下酒菜没有问题。搭配这道菜，我选择的是凤香型白酒：西凤酒的红西凤固然可以，宝鸡眉县生产的太白酒也不错，也是凤香型。无论是西凤酒还是太白酒，它们跟臊子排骨确实是同产地的菜酒搭配。凤香型白酒酸、辣、苦、鲜、甜五味俱全，用它来搭配酸辣香咸兼具的臊子排骨，更能体会到凤香型白酒五味俱全这一特点。

6．海两样

清香型白酒：汾酒青花瓷 30 53%vol

　　"海两样"是把鱿鱼和海参在一起烩——也叫"双海烩"，是西安饭庄的一道高端菜，我推测可能来源于鲁菜。20 多年前，在西安饭庄吃到海参和鱿鱼，已属高级的菜，至今也是非常上档次的，但它多多少少带有一点海鲜的腥气。搭配这道菜，我觉得去腥效果最好的是清香型的汾酒。"海两样"的原料比较高级，是历来的高端菜，我选择的酒也是汾酒高端产品青花瓷 30。青花瓷 30 的香气比较复杂，它除了清香之外，还有曲香和陈香；"海两样"是烩制菜，香气同样复杂。菜也复杂，酒也复杂，二者香气混合之后的效果更佳。

7．合阳红烧黄河黑乌鳢

酱香型白酒：飞天茅台酒 53%vol

　　陕西渭南的合阳县位于黄河岸边，当地有一处巨大的黄河湿地,是鸟类越冬的栖息地,也盛产各种各样的河鲜。我在那里吃过野生的甲鱼、野生的鳝鱼、野生的泥鳅,都是难得一见的美味。当地最有名的一道河鲜美食是红烧黑乌鳢(黑乌鳢就是乌鱼),但其做法跟湖北的柴鱼(同样是乌鱼)以及有些火锅里氽的柴鱼片、黑鱼片不一样,是红烧而成,烧的时候调料放得比较重,有大蒜、豆腐乳等,成菜后味道极佳,有黄河岸边那种浑浊却又丰富的气质。这道菜只能在合阳的黄河湿地附近吃到,在合阳吃这道菜时,我会带上酱香型白酒的茅台酒或者习酒的君品天下。因为这道菜比较稀缺,和茅台酒是一样稀缺的;同时它的丰富性和茅台酒很接近,调料里加了豆腐乳,腐乳的发酵气味和茅台酒的发酵气味浑然一体。

8. 西安烤肉串

啤酒

清香型白酒:潞酒天青瓷窖藏30 53%vol、汾酒青花瓷20 53%vol

　　西安的烤肉串现在全国有名,其实风格各异。鼓楼一条街上的清真烤肉就和户县机场的烤肉以及遍布在西安大街小巷的老兰家烤肉、三宝烤肉等都不大一样,各有特点。很多外地朋友对西安的烤肉串评价很高,但根据我自己的记忆,20世纪80年代初的青海西宁街头已经有烤肉串,而同时期的西安还没有,西安路边出现烤肉串是20世纪80年代中期之后的事,所以在我心里一直觉得西安的烤肉串是后来者居上。现在西安的烤肉串是难得的下酒菜,特别是夏天,总要吃上几次。搭配烤肉最好的选择是啤酒;除啤酒外,也可以选择清淡点的白酒,比如汾酒青花瓷20和潞酒天青瓷窖藏30。烤肉串有多种类型:清淡的、辣的、不辣的、原味的。如果吃辣的,就喝点啤酒;吃清淡的,就喝点清香型的白酒。

第十二节
豫菜与白酒的搭配

一、豫菜概述

豫菜即河南菜。然而，今天之河南菜与彼时之豫菜不可同日而语。河南在古代被称为"中原"，有些古文献里所说的"中国"即现今河南及周边区域。在历史上，河南是商朝和东周的政治中心区域；洛阳是东汉以及曹魏、西晋和北魏的首都；开封是北宋的首都。历史上所谓的"中原"或"中国"，主要是指河南的平原地区。从现今的地图上看，河南的56%是平原、河谷和盆地，只有北部、西部和南部有一部分山区。由于地势平坦，河流众多，物产丰富，历来是兵家必争之地，定鼎中原即意味着掌控天下。有道是"欲成天子，必居中国，居中国才能聚天下至味、四方之美食"。故凡中国之中心，皆为烹饪之中心，便是此理。当其为国都时，统治阶级金盏玉盘，水陆杂陈，日食万钱，犹叹无下箸处。也就是说，只有庞大帝国的国都才能有如此的财富和力量支持餐饮向精细化、奢靡化的方向发展，也就有无数的庖工厨匠殚精竭虑、精益求精，创造出各种奢华的菜肴。任何城市一旦成为都城，即成为全国政治中心和全国交通枢纽，从而出现"八荒争凑，万国咸通"，西北之牛羊，东南之海味，岭南之异果，川黔之香料，车载船装，肩挑背驮，齐聚中原，一展其味。干的、湿的、腌的、泡的、老的、韧的，形态万千。燕窝、鱼刺、熊掌、鲍鱼、驼蹄、象鼻、鹿筋、鱼唇、竹荪、口蘑、猴头、干贝、鳖裙、广肚、鲥鱼、河豚、海参、海蜇、山八珍、海八珍、禽八珍、草八珍不一而足，寰区异味，均在宫廷、酒肆、庖厨。因此，河南历代食谱，从周代宫廷的到汴京酒楼的，均包含四面八方的奇珍异味。而河南厨师也历代以善治干货、腌货闻名，涨发之技，独步天下，即是得居中之力。豫菜宴席，头菜多用广肚（亦称鱼肚），不论扒、烧、炖，首功在涨发，河南厨师先浸后炸，先油后水，把握物性，巧施手段，成品洁白，入口柔软，便是一例。

访酒天下

遍访天下美酒，
尽尝人生百味，
融入岁月山河。

绝妙下酒菜

已介绍过国内外数百种下酒菜，还在不断更新中，关注它，可获得最新的下酒菜知识。

本节主要参考文献：

[1] 河南省烹饪协会.中国豫菜[M].郑州：河南科学技术出版社.2003：14–24，31–269.

[2] 河南名菜编写组.河南名菜谱（增订本）[M].郑州：河南科学技术出版社.1995：1–8.

[3] 王颖.寻味河南[M].北京：北京出版社.2020：178–190.

历史上的豫菜对其他菜系有深远的影响。北宋灭亡，都城南迁，也带去北方的士族豪门和烹饪技法。在南宋之前，风味是"北甜南咸"；南宋之后，北方贵族南下，把北方嗜甜的习惯带到南方，变成"南甜北咸"。南宋王朝的建立对后来名扬天下的苏菜和浙菜影响深远，而北宋以前已有烹制海产干货的传统，其实也影响到后来北方曾占首位的鲁菜，所以，今天的豫菜里面既有对传统古法的继承，也有对源自古豫菜风格的二次学习和借鉴。

南宋以后，河南走向衰落，特别是近代以后，河南的经济发展落后于东南地区，豫菜对外的渗透能力和古代不可同日而语；但是，豫菜也顽强地保留了很多古代宫廷菜和都市菜的豪华色彩，这在现代豫菜里是能看见其明显影响的。

豫菜的风格可以概括为：容纳四面八方，恪守中和之道。这句话意义非常深刻："容纳四面八方"是指菜肴的原料来源广泛，除本地产的原料之外，四面八方的物产都有，北方的牛羊肉、沿海地区的干鲜海货，甚至闽浙一带的蛇肉都进入豫菜的菜谱；"中和"是豫菜大师们总结出来的中国传统烹饪的核心精神，"中"指有居中央之国、中心地位的自信，用菜要讲究高端。另外，"中和"还有"中庸"之意，用味要不偏不倚、不咸不淡。按照古文献所说："食能以时，身必无灾。凡食之道，无饥无饱，是之谓五脏之葆。"不偏不倚，才能求中。"大干，大酸，大苦，大辛，大咸，五者充形则生害矣"。因此要"甘而不浓，酸而不酷，咸而不减，辛而不烈，淡而不薄，肥而不腻"（《吕氏春秋·季春纪·尽数》），这正是中国烹饪数千年的治味之道，也是豫菜所遵守的准则。据北宋朱彧《可谈·说郛·宛委山堂本》记载：当时是"大率南食多咸，北食多酸，四边及村落人食甘，中州及城市人食淡。"历史上是这样，至今仍是这样。

在风味上，河南菜讲究咸淡合一、酸甜合一，具有城市菜肴的清淡中和之味，不像村落居民那样追求过于甜或者过于咸。豫菜当中的东坡肉，居然能做成清汤东坡肉，淡而不薄。

二、主要流派和代表菜品

在写作豫菜这一节内容时，我们参考的最重要的一本权威工具书是《中国豫菜》，由河南省贸易促进会管理办公室和河南省烹饪协会编著，河南科学技术出版社于 2003 年出版。（时间已经过去 20 年，但在检索文献时并未看到同类题材的新书，这本资料里面反映出来的仍然是豫菜里的经典菜品。）这本书没有对豫菜进行具体的流派划分，而是把豫菜按照传统的发展历程分为三类：经典菜、风味菜、时尚菜。我们根据自己切身的实际考察和体验，简略地把豫菜划分成两大流派：一是中原流派，包括郑州、洛阳以及郑州以北的新乡，郑州以东的开封、安阳等，都笼统地归为中原菜，其实这两者之间地理环境是有区别的，但在烹饪技法和原料上都较为接近；二是豫南流派，主要是信阳地区和南阳地区，这一带处于淮河流域，一部分位于鸡公山区域，有山珍和河鲜，风味特点明显。我们对这两大流派的菜品，除了参考《中国豫菜》这本经典的烹饪菜谱之外，也结合其他资料和自己切身考察的感受而增添了一些菜品，详情如下。

1. 中原流派

（1）糖醋软熘鲤鱼；

（2）软钉雪龙（清蒸白鳝）；

（3）洛阳燕菜（洛阳水席系列）；

（4）清汤东坡肉；

（5）糖醋软熘鲤鱼焙面；

（6）蟹黄扒广肚；

（7）炸八块；

（8）红烧鲨鱼皮；

（9）花子鸡；

（10）雪山猴头油爆虾；

（11）清汤鱼翅；

（12）菜胆扒牛脸；

（13）蟹黄煨刺参；

（14）乌龙扒象鼻（古法，录此存照）；

（15）菜心竹荪烧官燕；

（16）煎扒鲭鱼头尾；

（17）酒煎鳜鱼；

（18）真煎丸子；

（19）扒广肚；

（20）清汤牡丹燕菜；

（21）汴京烤鸭；

（22）烤方肋；

（23）决明兜子（鲍鱼丁为原料）；

（24）炸紫酥肉；

（25）葱烧鹿筋；

（26）炸核桃腰；

（27）栗子扒白菜；

（28）烧酿猴头干贝；

（29）炒肉丝带底；

（30）清汤菊花干贝；

（31）白扒豆腐；

（32）白扒鱼翅；

（33）道口烧鸡；

（34）河南烩面；

（35）河南胡辣汤；

（36）淇县缠丝鸭蛋；

（37）龙虾牡丹鱼；

（38）银丝龙虾；

（39）金蛇蝎山；

（40）柴把鸭爆腰丝；

（41）腐衣藏珍；

（42）红烧牛肉丸子；

（43）虢国羊肉汤；

（44）洛阳豆腐汤；

（45）洛阳不翻汤；

（46）洛阳咸甜牛肉汤；

(47) 鲁山揽锅菜;	(49) 新乡红焖羊肉;	(51) 开封小笼包;
(48) 陕州糟蛋;	(50) 老庙牛肉;	(52) 开封稻香居锅贴。

2. 豫南流派（信阳、南阳地区）

(1) 萝卜丝炖鲫鱼;	(8) 固始旱鹅;	(15) 龙马精神;
(2) 银杏炒凤节;	(9) 干烧南湾白条鱼;	(16) 甲鱼泡馍;
(3) 蒜子焖鲶鱼;	(10) 毛尖虾仁;	(17) 唐河火腿;
(4) 南阳扒肘子;	(11) 罗山大肠汤;	(18) 信阳热干面;
(5) 信阳南湾鲢鱼头;	(12) 蛇炒银杏;	(19) 南湾鱼杂。
(6) 紫酥熏鹅;	(13) 双味烤鲈鱼;	
(7) 信阳旱千张;	(14) 红扒鱼头带面;	

三、我们直接感受到的豫菜

河南与陕西省毗邻，是历史文化大省。对于河南，我们的熟悉程度仅次于陕西，去的次数比较多，各个地区都去过，瞻仰过安阳的殷墟，岳飞的家乡汤阴，南宋和辽的古战场"澶渊之盟"发生地濮阳，古都洛阳以及豫南的南阳和信阳，其中的历史文化典故太多，无法一一细说。

《中国豫菜》上所记载的豪奢级大菜——燕窝、鱼翅、鲍鱼等在现在寻常生活中并不易见，另有一些菜也仅仅是作为历史资料留存的，如"乌龙扒象鼻"，须知大象现在是保护动物，它的鼻子根本吃不到，但历史上确有这道菜，可以证明豫菜往日的豪奢。我们能够品尝到的是小吃和家常菜，如三门峡的虢国羊肉汤、郑州的烩面、信阳的清炖鱼头等，即便如此，我们依然能感受到历史上宫廷豪华菜对民间日常小吃的影响。以烩面为例，河南有羊肉烩面，也有海鲜烩面——用鱿鱼和海参作为配料做成的烩面。20多年前我第一次吃到海鲜烩面的时候觉得超级豪华，因为那时候海参算是豪华宴席菜的代表，而在河南却是老百姓用于果腹时可以吃到的日常食品，当然它高级一点。豫菜能摆上台面的都是奢华级的海货大菜，烹饪方法之精美不输鲁菜。在我们实际的感受中，豫

洛阳水席名店"真不同"水席门面（摄影／李寻）
洛阳水席名店"真不同"餐馆的墙上，挂满了各种其所获得的荣誉牌匾。

菜对海货干发以及南方食材的应用，远远超过和它临近的陕菜和晋菜。

我常常在思考：陕西也是文化古都，但就菜系来讲，陕菜比豫菜要简朴得多。这究竟是什么原因？我的思考还不够深入，目前的认识是：陕西作为政治中心的历史地位结束得比河南要早，陕西以西安为核心的全国中心历史地位自唐朝就结束了。政治中心的东移始于东汉，在唐朝时期洛阳具有重要的地位；宋朝以后，政治中心再也没有回到过西安；金元以后，政治中心在北京。河南距新政治中心北京要比陕西近得多，同时河南也是大运河流经的省份——河南的黄河和淮河水系都是大运河的水源之一，相应地，运河经济也进入河南境内与运河有关联的地区，运河经济带动起来的新的奢华菜系——鲁菜、苏菜（淮扬菜），由此进入河南地区，这种传统一直延续到民国以及现代。

行走在河南，能够明显地感觉到河南平原地区跟西部山区、南部山区的区别，我们直观感受到西部的洛阳跟郑州就不大一样：洛阳有水席，郑州水席就很难找到；在信阳吃到的河鲜，郑州也比之不及，尽管加工工艺上甚至比信阳还要复杂、高级一些，但鲜味不如信阳本地，说明各地形成的风味和原材料的新鲜程度密不可分。这也让我们能够清晰地感受到豫菜是分为不同流派的，如果清晰地加以划分，可以大致分为三个流派——中原、豫西、豫南，只不过我们对豫西的了解远不如豫南那么直观和深入，所以用比较粗略的原则简单划分为两个流派。

四、河南地产白酒

河南是白酒生产大省，也是白酒消费大省。历史上，河南产过国家 17 大名酒中的两种——浓香型的宋河粮液、清香型的宝丰酒。目前河南省酿酒业的龙头企业是三门峡市渑池县的仰韶酒。仰韶酒把自己命名为"陶融型"白酒——2020 年通过团体标准，2024 年团体标准得到修订（T/CBJ 2018-2024 仰韶陶融型白酒）。这种酒以小麦、高粱、大米、糯米、玉米、大麦、豌豆、小米、荞麦九种粮食为原料，以陶屋制作的大曲、小曲、麸曲为糖化发酵剂，经浸泡、蒸煮、糖化，多种糟醅混合配料堆积后，进入陶泥窖固态发酵，陶甑固态蒸馏，陶坛储存、组合、勾调而成。简单说就是以九种粮食原料、三种酒曲酿造，以陶器作为发酵、蒸馏和储酒容器的白酒。河南还有颍川和汝阳生产的杜康酒（两个酒厂现已合并为一个酒厂）、南阳赊店镇生产的赊店酒，还有一度做广告影响很大的商丘宁陵县张弓酒（广告语是"东南西北中，好酒在张弓"）。河南各地还有数不清的小作坊，生产各种具有当地特色的酒，包括黄酒。在河南旅行就餐，河南本地的酒足以和豫菜相搭配，各个流派风味的酒都有。

河南也是白酒消费大省。郑州百荣批发市场在中国白酒市场具有风向标的意义，它历来有包容四面八方美食美酒的胸襟和传统，所以各种香型的白酒都把争夺河南市场作为一个重点的方向。贵州茅台镇酱酒销售行业中有人经常说，如果能拿下河南和山东市场，基本上等于拿下了天下的白酒市场。全国各地不同风味的酒涌入河南，而在豫菜的菜品里，也可以找到适合不同香型白酒的具体菜品。

豫菜与白酒搭配示例

1. 糖醋软熘鲤鱼

陶融型白酒：仰韶酒（高端） 52%vol

豫菜中的糖醋软熘鲤鱼是传统名菜，滋味咸甜酸适中，火候到位。鲤鱼在各地已经不算是主要的烹饪品种，但河南的糖醋软熘鲤鱼是非常值得品尝的，而且让人流连忘返。搭配这道黄河特产的鲤鱼，用同为黄河岸边的渑池县生产的、目前也是河南销量最大的地产白酒——仰韶酒是最合适不过的。仰韶酒的发展比较复杂，一度是以浓香型白酒为主体风格，经过这些年坚持不懈的探索，现在发展出拥有自己独有风格的陶融型白酒——原料是多种的，用曲也是多种的，酒体的风味口感比较复杂、独特。渑池是仰韶文化的考古发现地，仰韶彩陶世界知名，这也是酒厂把酒体命名为"陶融型"的文化基础。仰韶酒的品种非常多，在不同时期有不同品种，不清楚现在市场上哪一款是最高端的品种，总之搭配这道名菜糖醋软熘鲤鱼要选择目前的最高端品种。我曾经用来搭配这道菜的酒是当时仰韶酒的高端品种"天时"——其彩陶的陶瓶，设计古朴，酒体醇厚丰满，香气高亢。糖醋软熘鲤鱼已经把鲤鱼的土腥气处理得若有若无，加上仰韶酒的高亢香气，更是把那种土腥气压制得几乎感受不到，只感受到了丰富的滋味和油香、鱼香。

2. 洛阳水席

清香型白酒：宝丰酒 1989 54%vol

洛阳水席是在洛阳才能吃到的独特的宴席菜——有几十种之多，其中著名的菜有牡丹燕菜、焦熘丸子、洛阳肉片，等等。水席是汤菜，实际上不算是下酒菜，也不算下饭菜，是可以单吃的菜，它能依稀流露出来《洛阳伽蓝记》里洛阳古都的繁华。当然，这道菜可以配点酒，因为里面也有肉菜，比如水席里的酥肉用来下酒也不错。搭配水席，要选择香气清淡的酒，河南本地产的宝丰大曲清香酒就比较合适。宝丰酒的品种非常多，我曾经品尝过的感觉最好的一款酒是宝丰1989，这款酒是为纪念酒厂1989年获得全国名酒称号而推出的产品。这款酒香气清醇淡雅，口感醇厚和谐。和水席各菜搭配，适量饮用，小口慢饮，不夺水席本身的清淡和鲜美，又可以调节吃菜的节奏。水席完全品尝下来，菜品实在太多，中间要么加点主食调节一下，要么喝一点酒调节一下。

3. 蟹黄扒刺参

凤香型白酒：西凤酒（红西凤）52%vol
酱香型白酒：飞天茅台酒 53%vol

要想体验豫菜，一定要品尝一下代表豫菜水平的扒海参或扒鱼肚——高端的是蟹黄扒海参和蟹黄扒鱼肚。不管哪种做法，豫菜里的扒海参都是极有特点的：其一是火候处理得恰到好处，海参滑糯，又入味；其二是滋味调制得也恰到好处，咸甜鲜诸味和谐，尽显中庸之道。这道菜严格说来也只是吃的，不是下酒的。但是这道菜的影响和蕴含的文化含义太强大，所以我还是要给它选上两种酒作为搭配：一种是凤香型的西凤酒——红西凤。选酒搭配这道菜的时候实在有些感慨，同样是古都，为什么陕菜里的海参和鱼肚做得不如豫菜这么精致？就菜品来说，陕菜中也有海参，但不如豫菜的海参；但就酒来说，我觉得陕酒中的西凤酒相比目前河南各大白酒企业是只强不弱，多多少少给现在作为陕西人的我找回了一点面子。

而给这道菜搭配酱香型的茅台酒，也主要是想感受一下斗转星移、沧海桑田的历史变迁。我深信在摆放着扒海参、扒鱼肚的古代大宴上是看不见茅台酒的，古人也不知道茅台酒为今日的"王者之酒"。茅台酒既然现在已经成为"王者之酒"，用它和昔日的"王者之菜"碰撞一下，感受两者之间的共同特点，比如中和——茅台酒尽管滋味丰富，但其境界也是诸味协调，和扒海参、扒鱼肚的慢火细功有内在的相通之处。这种餐酒搭配属于"文化优先"的搭配，而非"风味优先"。

4. 信阳南湾清炖鱼头

清香型白酒：汾酒青花瓷20 45%vol、潞酒天青瓷窖藏30 53%vol

从南到北，在盛产鱼头的地方，我吃过各种鱼头。信阳南湾的清炖鱼头给我留下了极其深刻的印象，它的主要特点是鲜，炖出的肉是雪白细腻的，汤也是天然鱼汤的乳白色，滋味确实也是豫菜的中和之道，咸鲜谐调度恰到好处。吃这道菜，适合喝的是清淡的清香型白酒，所以我搭配这道菜，要么选汾酒中比较清淡的45度青花瓷20，要么选潞酒中口感醇厚绵软的潞酒天青瓷窖藏30（2012年灌装的一款老酒）。这道菜主要是吃鱼，酒只是调节吃菜节奏的一种佐餐饮料，鱼才是主角。亲自跑到南湾去吃炖鱼头的机会可能对每个人来讲都不多（当地人除外），所以如果有机会吃的时候我每次都会吃得很慢，珍惜每一口的感受。

5. 固始旱鹅

浓香型白酒：宋河粮液 50%vol

固始旱鹅是信阳固始县的特产，在信阳市区也能吃到。大致做法是用铁锅炖，里面还有鹅血块、豆腐块，还加了鹅油，鹅块有嚼劲，血块滑糯，香气高亢，滋味复杂、浓郁、丰富。搭配这道菜，我选择的是宋河粮液。宋河粮液曾经是 17 大名酒之一，被划为浓香型白酒，但实际是产于淮河流域、大运河区域，在工艺上应该属于大运河酒系的酒，风味带着秦岭—淮河过渡带的天然兼香的特点，不是四川浓香酒那么强的窖香，但又比清香型白酒的香气要高亢，有兼香型白酒的复杂，其高亢的香气能驾驭固始旱鹅的香气，两者香气口感的复杂性结合后仍比较谐调。这道餐酒组合不仅在风味的复杂性方面谐调，而且也能够反映出当地风土特征和历史积淀。

6. 道口烧鸡
麸曲清香型白酒：红星二锅头（小二） 56%vol

道口烧鸡是天下烧鸡中的一款名吃，闻名遐迩。据资料记载，它于 1661 年创立，特点是香烂可口、一抖即散、香气扑鼻、久放不腐。烧鸡是流行于民间的一道百搭的下酒菜，道口烧鸡尤其如此。搭配这道名菜，也得有名酒。曾经有一个阶段，我坐绿皮火车从北京经过河南，经常在站上买道口烧鸡，喝的酒是红星二锅头（二两装，俗称"小二"）。那时候的红星二锅头可能主要是麸曲清香酒，有麸曲清香的典型特征，香气清淡、微有中药味，和香烂可口的烧鸡搭配，在拥挤的绿皮硬座车里，打工的农民、出差的干部、假期回家的大学生，大家不分彼此地交换食品、喝点小酒，那种旅途中的时代气息永久地留存在我的记忆之中。

第十三节
鄂菜与白酒的搭配

一、鄂菜概述

鄂菜，即湖北菜。在先秦时期曾经被称为楚菜，在汉代至南北朝时称为荆菜，近代才被称为鄂菜。鄂菜入选十大菜系是在 1979 年，当时被写进全国烹饪学院、烹饪技校统编教材《烹调技术·菜系》里，1983 年全国烹饪名师技术表演鉴定会前夕，新华社向海内外发布专稿，正式确认鄂菜是全国十大菜系之一。

湖北位于华中地区，大巴、武当、桐柏、大别诸山组成向南敞开的半圆形屏障，护卫坦荡肥美的江汉平原。长江、汉水贯通全境，洪湖、洞庭镶嵌东南，渠港交织，水网密布，是名副其实的"千湖之省"和"千河之省"。湖北又地处北亚热带湿润季风气候区，四季分明，日照充足，雨水丰沛，适宜农、林、牧、副、渔等各业全面发展。这种自然地理条件使得湖北成为全国最大的淡水鱼生产中心，人均食鱼量是全国平均数的五倍以上，还盛产肉畜、禽蛋粮豆和蔬果，有着众多土特产品。如东部，"萝卜豆腐数黄州，樊口鳊鱼鄂城酒，咸宁桂花蒲圻茶，罗田板栗巴河藕"；西部，"野鸭莲菱出洪湖，武当猴头神农菇，房县木耳恩施笋，宜昌柑橘香溪鱼"。"湖广熟，天下足"，烹饪原料充裕。

湖北历史文化积淀深厚。湖北是楚文化发祥地，秭归与兴山分别是屈原和王昭君的故乡，荆江河曲是三国群雄逐鹿的主战场，西汉绿林军威震江陵数郡，明末闯王旗插上襄阳古城；陶潜、李白、苏轼、袁枚等文坛旗手在湖北留下过千古绝唱；武昌首义，推翻清朝，北伐和抗战，武汉都是政治中心，毛泽东等伟人数十次来此，运筹革命进程。这些人物和这里发生的一些事件，对全国有重大影响，这种文化影响，也推动了湖北菜在全国的知名度。

湖北菜尽管分为五个流派，但是有共同的特征，这些共同特征如下：

（1）水产为本，鱼菜为主。以"武昌鱼"（含团头鲂和槎头鳊）、鮰鱼（长吻鲩）、鳜鱼、鳡鱼、鳢鱼（乌鳢、财鱼）、青鱼（黑鲩）、鲫鱼、鳝鱼、春鱼、甲鱼（鳖）等"十大名鱼"为代表的上千种淡水鱼美食驰誉全国。与此相关联，

访酒天下

遍访天下美酒，
尽尝人生百味，
融入岁月山河。

绝妙下酒菜

已介绍过国内外
数种下酒菜，还
在不断更新中，关
注它，可获得最新
的下酒菜知识。

本节主要参考文献：

[1] 湖北省商务厅，湖北省烹饪协会.中国鄂菜[M].武汉：湖北科学技术出版社.2008：14-22，31-297.
[2] 张延年.中华家乡菜之湘鄂赣篇[M].北京：中国纺织出版社.2015：035-060.

湖北数十种全鱼席、野鸭席、皮蛋席、全藕席等，也构思奇巧，为食界津津乐道。这得益于湖北的地理和物产优势，有取用不竭的优良鱼鲜原料作为坚强后盾。

（2）擅长蒸、煨、炸、烧、炒，习惯于鸡、鸭、鱼、肉、蛋、奶、粮、豆、蔬、果合烹。鱼丝、烧鱼、煨汤、蒸菜精细，菜品重本色，重质地，汁浓芡亮，口鲜味醇而微带香辣。湖北的蒸，以"沔阳（今仙桃市）三蒸"为代表，名曰"三蒸"，实乃"无菜不蒸"，蒸菜多达300余种，还有乡土味极浓的"大笼席"。湖北的煨，主要指武汉煨汤，可煨原料数十种，包括奶汤、清汤、浓汤等，已形成一种民俗，是武汉家宴代名词，可与广东煲汤比美。湖北的炸，分为清炸、干炸、软炸、酥炸、松炸、卷炸、纸包炸种种，盘饰漂亮，工艺细腻。湖北的烧，以红烧见长，普遍用于制作鱼菜，有名的"红烧鮰鱼"，大、中、小火轮番使用，可烧出红亮、滑润、鲜香的"自来芡"，使鱼品软嫩、肥美。湖北的炒，有生炒、热炒、水炒、滑炒、软炒之细别，讲究手法与配料，菜色清秀，功力颇深。至于鸡、鸭、鱼、肉、蛋、奶、粮、豆、蔬、果合烹，主要体现在制作肉茸、鱼茸、酿菜、蒸菜和煨汤中，由于是多种食材自然融合，营养搭配比较合理，所出的鱼圆、肉糕之类，不仅口感鲜美，滋补身体，而且能够"吃肉不见肉""吃鱼不见鱼"，展示厨师巧技。特别指出的是，包括人民大会堂在内的各地高级餐馆的鱼圆制作工艺，几乎都是湖北厨师所传授。

（3）以米豆制品为代表的江汉小吃。它既不同于北方的面制品，又不同于南方的米制品，独树一帜，知名度高。像老通城三鲜豆皮、武汉苕面窝、老谦记枯炒牛肉豆丝、红安绿豆糍粑、荆州散烩八宝饭、云梦什锦烫饭、来凤油磲墩等，都是这方面的杰作。此外，武汉糊汤米粉、孝感糊汤米酒、东坡饼、黄州甜烧梅、江城热干面、四季美汤包、望旺瓦罐鸡汤、谈炎记水饺（实为馄饨）、沙市圆豆汤泡糯米、巴东五香豆腐干、张三口羊肉面、郧县高炉饼、老河口马悦珍锅盔、黄梅桑门香（炸桑叶）、浠水糍粑鸡汤、沙市牛肉抠米饺子、秭归清水粽、宜昌冰凉糕、恩施玉米松糕、土家酥饼，在中国传统小吃中也十分引人注目。

（4）善于学习借鉴，师承百家，以己之长，奋发图存。鄂菜虽然长期处于四大菜系的包围圈中，但它仍然能够游刃有余，保持"九省通衢"的市民饮食文化特色，雅俗共赏，南北咸宜。荆楚饮食文化是长江流域区域文化和中国烹饪文化的凝聚，是一个时空交织的多层次、多维度的文化复合体。一方面，它有宽容的博爱精神，具有"海纳百川"的气度，在保持自身特色基础上，大胆借鉴鲁、苏、川、粤等菜的长处，不断发展自身；另一方面，它在"取经"的同时，还能绵绵不绝地输出自己的"养分"，助推其他菜系发展，产生深远影响。

二、主要流派和代表菜品

鄂菜以武汉为中心，包括汉沔、荆南、襄郧、鄂东南和恩施土家族山乡风味五大支系。

1. 以古云梦泽为中心的汉沔风味

汉沔风味包括武汉、黄陂、孝感、仙桃（即沔阳）等地的菜肴，以陂沔乡土菜为基础，吸收省内外各菜系之所长，融会贯通，自成一格，系鄂菜之精华，武汉三镇集其大成。汉沔风味擅长调制山珍海味和大水产（指青鱼、草鱼、鳜鱼、乌鳢等产量较大的水产品），工艺大菜、粉蒸、花拼、红烧与煨汤精湛，注重刀工和火候，讲究配色与造型，口感鲜嫩柔滑微辣，菜品汁浓芡亮，档次高，营养好，保健功效显著。"汉味米豆制品小吃"和"沔阳三蒸"，保持荆楚文化古韵，食界评价甚高。代表菜品如下：

（1）清蒸武昌鱼；
（2）葱烧武昌鱼；
（3）珍珠鮰鱼；
（4）奶汤鮰鱼；
（5）黄陂三合；
（6）海参青鱼；
（7）冬瓜鳖裙羹；
（8）武汉灌汤鱼圆；
（9）清炖脱骨甲鱼；
（10）排骨煨藕汤；
（11）清炒菜苔；

（12）沔阳老三蒸
　　　（五花肉、鲩
　　　鱼片、白萝卜条）；
（13）沔阳新三蒸（五
　　　花肉、财鱼片、
　　　白萝卜、莴苣丝）；
（14）甲鱼烧鱼翅；
（15）红烧鮰鱼肚；
（16）刺参焖肉圆；
（17）墨鱼大烤；
（18）鸽蛋裙边；

（19）鲟龙鱼汤；
（20）手撕烘鳡鱼；
（21）红煨金口鮰鱼；
（22）竹荪江鮰狮子头；
（23）手撕鳜鱼；
（24）清炖甲鱼；
（25）辣酒煮盘鳝；
（26）扇贝珍珠圆；
（27）葱香鸭；
（28）武汉鸭脖；
（29）五福素拼；

（30）酒黄蒿芭；　　　　（34）老通城豆皮；　　　　（37）武汉大麻团；

（31）油酥萝卜圆子；　　（35）冷菜组拼　　　　　　（38）归元寺什锦豆腐脑；

（32）油炸臭干子；　　　　　　——鱼米之乡；　　　（39）孝感米酒。

（33）武汉热干面；　　　（36）武汉小面窝；

2. 以荆江河曲为中心的荆南风味

包括荆州、荆门、天门、宜昌、巴东等地。它是鄂菜发祥地，以烧制野味和小水产（指鳝鱼、泥鳅、鳖、龟、蟹、虾等产量较小的水产品）著称，鱼糕、鱼圆、鱼片、鱼丝闻名遐迩，鱼米之乡情调浓郁。荆南风味微带香辣，用茨薄，味清纯，注重原汁原味，淡雅爽口。这里还有较多的荆楚古菜和满蒙菜，能引发思古幽情；枝江市肆素菜造型逼真，清宫传留的米制品小吃令人齿颊留香。近年来，随着仿古菜的盛行，人们"礼失求诸野"，纷纷来此探宝。不少荆楚老式菜重登都会大雅之堂，荆南风味又风靡一时。代表菜品如下：

（1）荆沙古法乌鱼；　　（8）财鱼焖藕；　　　　（15）金钱魔芋；

（2）潜江二回头；　　　（9）菊花财鱼；　　　　（16）酥炸菱鱼排；

（3）天门义河蚶；　　　（10）香煎青鱼唇；　　　（17）沙市牛肉抠米饺；

（4）钟祥蟠龙菜；　　　（11）鱼圆米粑夹；　　　（18）沌水鱼头；

（5）荆州芙蓉鱼片；　　（12）素三鲜煨江鲢；　　（19）松滋莲藕；

（6）油爆洪湖大虾；　　（13）洪湖野鸭炖鱼面；　（20）公安鱼杂。

（7）荆沙财鱼；　　　　（14）三峡黑珍珠；

3. 以汉水流域为中心的襄郧风味

包括随州、枣阳、襄樊、老河口、十堰等地。它是湖北菜的北味，有中原食风历史烙印，口感偏重，多用葱、姜、蒜提香，与豫、陕菜比较接近。襄郧风味习惯以猪、牛、羊为主料，杂以淡水鱼鲜和神农山珍，红扒、熟烧、生炸、回锅、凉拌等技法娴熟，入味透彻，汤汁少，软烂有回味。这里的鱼鲊、扎蹄秉承古风，武当山全真道菜明清时冠绝中华，北味面制品小吃亦有好评。近年来，襄郧一带是南北菜式交流窗口。豫、陕、川、渝等菜在此汇集，产生积极影响，当地菜口味介于南北东西之间，比较微妙。代表菜品如下：

（1）江陵千张肉；	（7）大烧丹江雄鱼头；	（13）荷花三黄鸡；
（2）襄樊夹沙肉；	（8）柴灶小龙虾；	（14）房县银耳羹；
（3）应山滑肉；	（9）襄阳腊肉粑；	（15）鳝鱼糊面；
（4）香煎大白鱼；	（10）鄂西北马齿苋烧肉；	（16）襄阳牛杂面；
（5）干烹大白刁；	（11）襄阳缠蹄；	（17）十堰三合汤；
（6）鱼头鱼丸汤；	（12）十堰车城卤乳羊；	（18）十堰红薯包子。

4. 以鄂东丘原为中心的鄂东南风味

包括麻城、黄冈、黄石、咸宁、蒲圻等地。这是鄂菜东南支，保留较多的"三楚"土菜，有些菜品的风韵与赣、皖、湘接近。它以加工粮豆蔬果见长，烧、炸、煨、烩亦见功力，主副食结合的肴馔尤具特色，山林甜食花样繁多。鄂东南风味用油宽，火功足，擅长大烧、油焖和干炙，口味略重，经济实惠。五祖寺禅宗斋菜是中国素菜主干之一，东坡菜和东坡席人文掌故众多。近年来，随着"红色旅游热"的兴盛，红（安）麻（城）农家菜很受欢迎。当地推出不少"绿色菜点"，充实了鄂菜阵容。代表菜品如下：

（1）黄州东坡肉；	（4）金包银、银包金；	（7）油栗焖大雁；
（2）干贝宝塔肉；	（5）大冶酥鲫鱼；	（8）大冶金牛千张卷；
（3）罗田油栗烧仔鸡；	（6）大冶炖鹅；	（9）黄州东坡饼。

5. 以鄂西南山地为中心的土家族山乡风味

包括长阳、鹤峰、恩施、利川等地。此乃鄂菜中的少数民族肴馔，与湘西、渝东土家族菜区别不大，有2000余年的历史积淀。它重用山珍野味和杂粮，习惯熏腊，工艺古朴粗放，调味品一般是盐、酱、辣椒与浆水，多用吊锅制作，菜式奇异，装盘丰满，重视筵间歌舞，带有原始宗教食风遗痕。近年来，随着"恩施民俗风情旅游线"的开发，返璞归真的土家族菜品，已大举进入宜昌等地的高级酒楼，用来接待政要与外宾，愈来愈受到青睐。代表菜品如下：

（1）小米羊肉；	（5）土家懒豆腐（张关	（8）神农架野菜；
（2）柴把野猪肉；	合渣）；	（9）恩施广椒炒腊肉；
（3）香炸土腊肉；	（6）神农架腊肉玉米粑；	（10）薇菜烧腊肉。
（4）干炒野兔；	（7）神农架香菇炖土鸡；	

俯瞰湖北恩施土司城九进堂
（摄影／李寻）

三、我们直接感受到的鄂菜

湖北最吸引我们的首先还是它的历史文化，30多年前，我们第一次自驾出行就是顶风冒雪前往襄阳卧龙岗，瞻仰诸葛亮的隐居之处。那时没有高速公路，过襄阳一座铁路和公路两用桥时，我第一次领略到了南方冬天雨雪交加的情景。当时还没有数码照相机，用的是胶片照相机，拍摄的照片有限，现在要找到当时的胶片，要翻箱倒柜半天，冲洗店也比较难找。回首起来，不禁感叹自己已经历过时代的巨变。

此后多次去湖北进行历史文化考察，比如沿引发辛亥革命的川汉铁路旧址，寻访其路基和涵洞遗迹，拍下了很多珍贵的照片；还曾经去宜昌考察过地质金钉子；也曾经去松滋、通城和武汉采访各地的酒厂。近十来年到湖北去，一部分工作是访酒，自然也就关心了当地的美食。《中国鄂菜》这本权威的专业书籍里面所介绍的湖北的菜式，多以鱼为主，我也在湖北吃过各种鱼，但是，当我想起湖北的美食，印象最深的倒不是鱼，而是热干面。我最初不太能接受热干面，没觉得好吃，后来去湖北的次数多了，吃的热干面次数多了，回到西安后隔一段时间不吃，就开始想念。我生活在以面食著称的陕西，这样想念一种我们习惯上以为是南方的面条，可见它是多么的耐吃。

湖北的酒与菜一样，初食无奇，渐觉有趣，了解深入了便觉得血肉相亲。

四、湖北地产白酒

湖北是一个隐藏着的白酒大省，它没有四川那么大的产量，也没有贵州茅台那么大的名头，但是无论白酒的产量、品种以及消费量，都居全国前列。湖北有国家名酒：清香型的黄鹤楼酒，现在在南派大清香里还是稳居龙头。湖北有兼香型的代表酒白云边酒，其独特的工艺和风味，是兼香型酒的代表酒之一。湖北还生产覆盖面非常广的稻花香白酒，属浓香型白酒，分布在湖北的城乡各地，酒精度比较低，价格也便宜。一度在全国知名度比较高的湖北酒是枝江大曲，那时候广告做得多。现在广告做得少了，但酒厂依然存在。湖北襄阳石花酒业生产的霸王醉酒，是市场上销售的成品酒里度数比较高的酒，酒精度高达72度，是清香型白酒，该酒厂也生产浓香型白酒，如石花老窖。

湖北咸宁地区的通城县是一个产酒大县，全县大小酒厂，包括小作坊有5000家左右，有品牌影响的是百丈潭酒厂和千里境泉酒业，百丈潭生产一部分浓香型白酒，也生产一部分清香型白酒，千里境泉生产全系列的大曲清香型白酒。通城还有一个中国酒业中独特的现象：通城人遍布全国各地开设前店后厂零售酒作坊，据说有20000余通城人在全国各地开设这种前店后厂的小酒坊，我曾经到通城做过深度采访，获得了一份他们的联络图，按图去追寻，真的在不少地方发现了这些小作坊。在外地从事小作坊酿酒的这些人，在通城当地被称为"放酒的"，他们每年过年回家，过完年又接着出去"放酒"。

湖北黄石的劲牌酒业生产各种酒，但最有影响的是全国各地都可以见到的劲酒，这是一种配制酒。劲牌酒业的销量极大，销售额超过百亿元，在神农架、茅台镇还建有酱香型酒厂。

湖北的酿酒传统悠久，米酒有著名的孝感米酒和房县的黄酒。

到湖北来品鉴鄂菜，搭配酒的话，湖北本地的酒资源已经足够了，除非你想要拿某种香型的酒来比较，可以带一些外地酒，否则没有必要。

川汉铁路遗址之"上凤垭山峒" （摄影／李寻）

鄂菜与白酒搭配示例

1. 洈水鱼头

兼香型白酒：白云边（高端酒） 53%vol

洈水水库位于湖北松滋境内，面积 37 平方千米，盛产麻鲢。这种鱼的鱼头在松滋本地烹饪出来，独具风格，全国各地的鱼头各有特色，洈水鱼头的风味特点是鱼头比较大、肥、嫩、鲜、香。我不知道这种香是鱼头本身的香气，还是烹饪技法和别的地方不同带来的，总之不大一样。鱼头的鱼肉也比较多，是一道下酒的好菜。

在松滋吃洈水鱼头，搭配本地产的白云边酒，堪称妙配。白云边酒的产量和销量都不小，市场有各种各样的品种，我在酒厂里买过一款没有在市场上大规模流通、只是在开年会时招待经销商用的酒，该酒相当于原酒了（兼香型的白云边酒和酱香型白酒一样都是轮次勾调的酒，严格来说没有原酒的说法），酒质非常好，装在塑料桶里，大约 3.8 斤一桶，平均算下来要 600 多元一斤。我当时喝了以后觉得非常好，在公众号发了文章，前前后后帮几十位酒友买过这款酒。纯粹给酒友带货，没赚过一分钱差价，尝到这款酒的酒友对其无不称赞。在我看来这款酒代表了兼香型白云边酒的风格，比市场上的白云边成品酒要更典型，口感也更醇厚。白云边是浓酱兼香型白酒，酱香型的风味比较明显，但又不像纯酱香酒那么强烈，也不像浓香酒那么高亢。我觉得这款酒兼有清香型白酒、浓香型白酒和酱香型白酒的风味，尤其这是一款年份比较老的酒，口感醇厚，搭配洈水鱼头细嫩的肉质，恰到好处，不会影响鱼头细嫩感的享受和品鉴。酒里酱香型白酒的焦香气跟鱼头本身出来的香气也融合得非常好。

2. 松滋莲藕

孝感米酒

劲酒 35%vol

湖北盛产莲藕，各地莲藕也大不一样，我最难忘的是在松滋吃到的白莲藕。在白云边大酒店里我头天晚上吃了一份白莲藕，觉得不过瘾，又点了一份，第二天中午离开时，又在酒店点了两份，服务员笑着说："你都点了四份了。"我是觉得离开那儿再也吃不到这么好吃的莲藕了，索性多吃点。莲藕酥脆清香，调料也放得恰到好处，可以当下饭菜吃，不喝酒也行，如果要喝酒的话，适合搭配一点清淡的酒，比如孝感米酒，或者劲牌小酒，少喝一点，有些许酒意就够了。

在松滋吃这道菜，让我一下就感受到了宋代大诗人陆游诗中的意境："船头一束书，船后一壶酒。新钓紫鳜鱼，旋洗白莲藕。"

3. 丹江口干烹大白刁

兼香型白酒：白云边（高端酒） 53%vol

丹江口水库的干烹大白刁极其美味，大白刁鱼比较大，吃这道菜要和熟悉的菜馆事先约一下，鲜鱼要腌一段时间，腌好了干烹出来，滋味已经完全进到鱼肉里，同时鱼肉又是鲜的。大白刁鱼肉质细嫩鲜美，但是刺多，要细心地吃，适合浅酌慢饮。搭配这道菜，适合的酒依然是松滋产的那款装在塑料桶里的白云边高端酒，干烹的鱼香气比较浓郁，兼香型白云边酒的香气也是比较浓郁的，适合搭配油炸或者经过腌制的鱼。

4. 丹江口醉虾

清香型白酒：百里境峰 75%vol

我平生第一次吃醉虾是在湖北十堰市，当地的朋友请吃的。醉虾可能醉的程度不到，活蹦乱跳的，放在嘴里还在跳，朋友告诉我放心吃，这是丹江口水库里的活虾。丹江口水库是南水北调的水源地，水质干净，虽然如此，我的心里还是有点儿忐忑。席间搭配的酒是湖北房县的一款黄酒，新酿出来的，当地俗称"白马尿"，酒色浅黄，酒里面有像啤酒一样带着杀口感的气泡。由于是吃醉虾，心里有点儿忐忑，就大口地喝酒，那酒又好喝，一不小心两大杯就下去了，大约 500 毫升，结果是虾没醉到位，人倒醉到位了。

现在如果要再吃丹江口醉虾，我会搭配湖北通城千里境泉酒厂生产的 75 度的百里境峰酒。这款酒是大曲清香酒，酒精度足够高，已经跟医用酒精的酒精度一样了，什么样的虾也会彻底醉倒的。这款酒尽管酒精度比较高，但是入口比较醇和，酒体的滋味也丰富，香气清淡，不会让你感受不到醉虾的鲜美。

5. 公安鱼杂火锅
清香型白酒：黄鹤楼酒 楼 20 53%vol

湖北公安鱼杂是用鱼头、鱼籽、鱼泡、鱼肠混在一起，加上其他配料，像火锅一样炖出来的。鱼泡脆，有些韧性，鱼头糯，鱼籽也有独特的香气，是一道香气、口感都非常复杂的菜，也是一道适合下酒的好菜，在火锅里慢慢炖着，一直是热的，尤其适合冬天吃。搭配这道菜，我觉得最合适的酒是武汉产的清香型黄鹤楼酒，黄鹤楼酒在不同时期有不同品种，选择它当下高端的品种即可，目前楼 20 是主力销售的一个品种。清香型白酒抑制腥气的能力比较强，吃鱼杂喝清香型白酒，一定程度上抑制了鱼的鱼腥味。同时，还能感受得到鱼泡的脆嫩和鱼籽的鲜美。

第十四节
赣菜与白酒的搭配

一、赣菜概述

赣菜，即江西菜。

江西省位于华东地区，北部与湖北、安徽、浙江接壤，东部与福建接壤，西部与湖南接壤，南部与广东接壤。环顾其四周，安徽的徽菜、浙江的浙菜、福建的闽菜、广东的粤菜、湖南的湘菜五大菜系林立。从地形上看，江西北部是开阔的鄱阳湖盆地，东部是雄伟的罗霄山脉，南枕九连山、大庾岭等山脉。北部赣江、鄱阳湖、长江水域盛产鱼、鳖、虾、蟹等水产和鸭、鹅等水禽；南部山高林密，盛产香菇、竹笋以及其他山珍野味。但是令人奇怪的是，被五大菜系环绕、本省又物产丰富的江西，赣菜的概念却出现得很晚。唐、宋时期，江西餐饮文化很发达，但是在现代，赣菜这个概念的提出，却是在1983年。1983年11月，全国名厨师烹饪技术表演鉴定会在首都人民大会堂举行，江西组织了20多位一流厨师组成代表团进京参会，30多道赣菜随团首次集体亮相北京，其中有乡土风味的家乡鸡、家乡肉，还有久负盛名的三杯鸡等，受到了广泛好评。表演结束后，又继续在北京鸿兴楼饭店展销，代表团人员还受到了老一代中央领导人的接见，品尝菜品后，老一代中央领导人对赣菜给予了高度的评价。三杯鸡、海参眉毛丸等赣菜也被列入了国宴菜谱。1988年，南昌市与北京市合作，在北京开设了第一家赣菜风味餐厅，赣菜品牌逐渐在北京打响。

还是那条不成文的规则：某省某地的菜，只有在北京获得了认可，才能称其为一个菜系。

赣菜主要有以下几个特点：

（1）就地取材，食材新鲜，有鲜明的地方特色。

（2）嗜好辣味，很多菜肴以鲜辣为主。

（3）小吃和家常菜众多，豪华的官府宴菜较少。

访酒天下

遍访天下美酒，尽尝人生百味，融入岁月山河。

绝妙下酒菜

已介绍过国内外数百种下酒菜，还在不断更新中，关注它，可获得最新的下酒菜知识。

本节主要参考文献：

[1] 南昌市餐饮（烹饪）协会，江西省菜肴故事餐饮发展有限公司.赣菜有故事[M].南昌：江西科学技术出版社.2011：1–62.

[2] 郑汉明，谢帆云.美食宁都[M].南昌：江西人民出版社.2015：72–156.

[3] 走遍中国编辑部.走遍中国·江西[M].北京：中国旅游出版社.2016：6–19.

二、主要流派和代表菜品

赣菜目前被分为六个流派，分别是：

1. 南昌及附近地区的南昌菜，代表菜品如下：

（1）南昌瓦罐汤；

（2）藜蒿炒腊肉；

（3）南昌板鸭；

（4）柴把鸭；

（5）黄豆炒虾仁；

（6）南昌米汤饭馆农家烧肉；

（7）洪都鸡；

（8）冻米肉丸；

（9）酸菜手撕羊肉；

（10）永丰宸肉；

（11）炭火煨元蹄；

（12）银鱼肉丝；

（13）酱香肘子；

（14）炒双层肉；

（15）原笼船板肉；

（16）海参眉毛丸；

（17）白菊珍珠鸡；

（18）可乐煮花蛤。

2. 九江沿鄱阳湖地区菜（包括庐山的九江菜，也有学者称之为浔阳菜），代表菜品如下：

（1）浔阳鱼席（系列）；

（2）鄱阳湖胖头鱼头；

（3）白浇雄鱼头；

（4）清蒸白鱼；

（5）红烧黄丫头；

（6）水浒肉；

（7）柴桑鸭（小乔炖白鸭）；

（8）湖口酒糟鱼；

（9）清蒸鄱阳湖蟹；

（10）共青城板鸭；

（11）庐山脆皮石鱼卷；

（12）庐山鲜笋；

（13）青龙卷（鳝鱼卷）；

（14）糟香河虾；

（15）芙蓉蟹羹；

（16）明月鱼。

3. 上饶菜，代表菜品如下：

（1）弋阳国道鱼；

（2）酱香鹅；

（3）葛源豆腐；

（4）铅山炒米粉；

（5）余干辣椒炒肉；

（6）婺源糊豆腐；

（7）景德镇板鸭；

（8）乐平狗肉。

4. 袁州菜（包括现在宜春、新余、萍乡三市，属于古代袁州府管辖的范围，现在袁州是宜春的一个区），代表菜品如下：

（1）宜春慈化鸡；

（2）宜丰松肉；

（3）仙女湖特色青鱼；

（4）萍乡麻辣鱼；

（5）萍乡小炒肉；

（6）辣炒田螺；

（7）蕨根粉煮鳝鱼；

（8）如春带皮牛肉；

（9）长丰黑山羊肉；

（10）武功山小河鱼；　　　　（11）莲花血鸭。

5.吉安菜，代表菜品如下：

（1）文山肉丁；　　　　　（7）井冈山泥鳅钻豆腐；　　　（13）东固霉鱼；

（2）永丰状元鸡；　　　　（8）墨鱼冬笋肉丝；　　　　　（14）坛子煨鸡；

（3）庐陵解缙豆花；　　　（9）永新血鸭；　　　　　　　（15）橘香肉丝；

（4）三杯乌鸡；　　　　　（10）万安鱼头；　　　　　　　（16）松菇豆腐；

（5）井冈山烟笋炒腊肉；　（11）安福火腿；　　　　　　　（17）双鱼过江；

（6）莴麻炒鳝鱼；　　　　（12）遂川板鸭；　　　　　　　（18）古城肚包狗。

6.赣南菜（主要是客家菜），代表菜品如下：

（1）宁都三杯鸡；　　　　（5）定南酸酒鸭；　　　　（9）火烧拌辣椒；

（2）宁都肉撮；　　　　　（6）赣南小炒鱼；　　　　（10）宁都酶豆腐水嘟杂杂。

（3）兴国四星望月；　　　（7）信丰萝卜饺；

（4）瑞金牛肉汤；　　　　（8）酿豆腐；

三、我们直接感受到的赣菜

江西，我们曾多次行走、探访过，曾到九江寻访过陶渊明的故里；也曾登上庐山，追忆近代史的风云；还曾深入行走在罗霄山脉腹地，从安源到井冈山，再到瑞金，探索红色文化的起源；也曾经到宜春的樟树、南昌附近的进贤县走访参观过四特酒厂和李渡酒厂。实际感受中的赣菜，最有特点的是三类菜：一是鄱阳湖区和赣江流域的河鲜；二是罗霄山区、江西东部武夷山区的山珍；三是赣南客家菜。赣南的客家菜跟广东的客家菜有相似之处，但也有不同的地方，在行走中能感受到两地明显的差别，一过赣南山区进入广东省境内，就感觉地势开阔了，经济也发达了，而在江西境内的赣州市及各县，经济还是相对落后的，尽管与广东就一山之隔，但经济生活和文化有很大的不同。

相对来说，江西比较封闭，所以其菜肴也保留了明显的地方特色，印象最深的是萍乡小炒肉，跟咫尺之遥的湖南小炒肉就很不一样，有一种奇妙的异香，

鄱阳湖风光 （摄影／胡纲）

也不太辣。江西各地都爱吃鸭子，鸭子的做法有很多种，这是河湖分布丰富地区的一大特点。

江西各地都保留着朴实的本色，各种菜肴货真价实，分量足。我们在南昌米汤店吃过一份农家烧肉，分量大，两个人根本吃不完，肉质极好，极其好吃，鲜美肥嫩，里面除了有大块的烧肉之外，还有6个完整的卤鸡蛋。在江西吃到的鱼头，都感觉比其他地方的鱼头要大一码。

还有一个感受是真辣，比湖南和四川还要辣。如果饭馆的服务员问你能不能吃辣，你最好说你不太能吃。以前我以为我还算是能吃辣的，有次在南昌吃饭，就说可以吃辣，结果差点给辣哭了。后来请教南昌当地的出租车司机，得知现在一些时尚菜肴为了追求辣，有点走极端，老南昌菜并不是这么辣的，司机给我推荐了一些老南昌的菜馆，吃过后感觉确实辣得比较谐调。

尽管在江西本地感受到的是质朴、封闭、原汁原味的特色菜，但实际上江西也是一个很早就接受外来文明的地方。我们在庐山上看到了各种各样的外国人建的别墅，如美国著名作家赛珍珠的别墅也在那里，在那里，我才读到了她曾获过诺贝尔文学奖的作品《大地》。也就是在江西南昌，我吃到了非常美味的现代牛排。

我到江西铅山寻访辛弃疾遗迹时，曾经拜访过当地博物馆馆长钟文良先生，后来钟馆长到西安来回访时，邀集了一帮老乡，我请他们吃饭，结果得知他的这帮老乡是在西安做寿司的。他们告诉我，西安的寿司几乎全是他们江西人做的，全国有好几个地方的寿司，也主要是上饶铅山人做的。由这个小小的事例可以看到，江西人也有着开放的性格，他们不仅走出了江西，而且走进了一个异国菜肴的领域，我以前一直以为寿司都是在日本人的指导下做的。

四、江西地产白酒

江西本地产酒，而且历史十分悠久，在南昌进贤李渡发掘的元代白酒酿造遗址，可能是目前考古资料最确凿的古代白酒酿造遗址。李渡酒厂近几年的营销做得非常成功，高端酒李渡高粱酒 1955 是光瓶酒，单瓶价格在 1000 元以上，被称为"最贵的光瓶酒"。离李渡元代酿造遗址不太远就是樟树的四特酒厂，四特酒是极具江西风格的白酒，以大米为原料，以面粉和酒糟为大曲，固态发酵，固态蒸馏，形成了独特的香型特香型。

江西赣南有白酒章贡老酒。赣南盛产脐橙，现在瑞金有一家公司在用脐橙酿造蒸馏酒，脐橙是水果，水果蒸馏的酒属于白兰地一类，江西脐橙白兰地是极具特色的地方新酒种。

赣菜与白酒搭配示例

1. 鄱阳湖鱼头

清香型白酒：汾酒·青花瓷 20 45%vol

鄱阳湖鱼头比较讲究的做法是白浇雄鱼头，也叫白浇鳙鱼头，从书上看，是因蒋经国喜食而闻名。其做法是将鳙鱼头洗净，剞刀，抹上封缸酒、盐，将榨菜末、色拉油盛入碗中，和鱼头一起旺火蒸 15 分钟。之后，将蒸鱼汁加各种酱、酒、糖、豉油，浇到鱼头上。然后再以锅烧热麻油，炸入葱花，浇在鱼头上。简单地说，是蒸鳙鱼头浇汁。鱼头通常的做法是清炖，有时配上豆腐，还有当地一种名叫豆冲的配料，是一种豆制品。清炖能反映出鱼头的本味，鱼头又大又鲜又糯。吃这两道菜，我习惯喝的酒是清香型白酒中 45 度的汾酒青花瓷 20，酒的香气清香纯正，比较淡雅，口感柔和，能压腥，又不夺鱼的鲜味。

2. 南昌米汤饭馆农家烧肉

特香型白酒：四特酒 20 年陈酿 52%vol

我是在南昌米汤叠山路店吃到这道菜的，点菜时没看见多大，菜端上来之后愣住了，分量太大了，鼓起勇气，把大部分吃完了。这道菜中肉块大而鲜美，感觉很长时间都没有吃到这么有肉味的肉了，可能真是农家土猪肉，还有 6 个完整的卤鸡蛋在菜里，吃这道菜不用吃主食就顶饱了。为了把它全吃完，我得配点酒，选的是江西本地的四特酒，幸好我随身携带有四特酒的 20 年陈酿，这款酒是四特酒里的高端酒，能反映出典型的四特酒的特征，有面粉香和水泡蘑菇的香气。在这家米汤店吃农家烧肉时，我也要了米汤。米汤是一种炒过又加工制作的米糊糊，其香气让我感到四特酒里也有米香气。四特酒是以大米为原料的酒，以前品鉴时我对酒里大米的香气没有突出的感受，这次搭配米汤和农家烧肉喝，一下子就感觉出来了。这种本地菜、米汤和四特酒的互相激发，能感受到它们之间水乳交融的风土气息。

3. 宁都三杯鸡

特香型白酒：李渡高粱酒 1955 52%vol

宁都三杯鸡是江西名菜，做法是用香葱、姜块和菜籽油、酱油、甜米酒倒在砂锅内，再把处理好的鸡放进去烧焖，色泽红亮，质地酥烂，汁浓醇美。搭配这道菜一定要选江西本地的酒，李渡高粱酒 1955 香气丰富、高亢，口感醇厚，滋味丰富，搭配这道同样滋味丰富、口感酥烂的菜是极为谐调的。

4. 金榜题名鸭

特香型白酒：四特酒陈酿 20 年 52%vol

江西的鸭子有很多种做法，这道金榜题名鸭先用油炸至金黄，然后再加上香料和封缸酒等，用小火焖到酥烂再捞起，特点是色泽红亮，鲜香适宜，质地酥烂，适合下酒。鸭子通过油炸之后又加上小火焖炖，油炸的香气和小火焖出来的香气融合一体，香气浓郁，四特酒陈酿 20 年也一样香气浓郁丰富，酒菜结合起来，小酌慢饮，非常谐调。

5. 莲花血鸭

清香型白酒：百里境峰 75%vol

莲花血鸭所取的嫩活鸭比较小，宰杀好之后，放入少量封缸酒搅匀，加入干红辣椒和葱白小段待用，把宰杀好的鸭子先用 65℃的热水浸泡一下，然后洗净，剁成 1 厘米见方的肉丁，放入碗中，放料酒、酱油抓拌，待用。烹饪时取锅在旺火上烧热，用油滑锅之后再舀入色拉油，将干辣椒、生姜、蒜籽、葱白煸炒出香，盛出，然后将锅洗刷干净，上火烧热油滑锅，再倒入油烧热，加入鸭块，煸炒到水即将干时，调好味，放适量水稍焖片刻，再放入煸好的配料，等水分即将干时，淋入鸭血，淋的时候要用炒勺不断地炒动，让鸭血均匀地附着在小鸭丁上，然后再淋入麻油，撒上胡椒粉，装盘上席即成。在这道菜里，鸭血的特点是并非成块状的，而是呈糊状裹在鸭丁上。

这道菜很有名，当地有名言说："途经莲花不尝鸭，简直让人笑掉牙。"我也曾经慕名专门到莲花县去品尝这道名菜，说实在的，没有觉得它好吃，因为鸭丁里面是带着骨头的，经常硌牙，还有就是太辣了，我感觉吃这道菜时好像没吃到肉，就是噙住鸭丁吮了一下辣味。莲花县归萍乡市管辖，处于罗霄山脉腹地，这一带是红色革命的发起地，从安源罢工到井冈山根据地的建立，留下了很多革命故事。我觉得这道菜唯一让我能感觉它好的地方就是血鸭的"血"字，它让我们联想到血与火的岁月，因此搭配这道菜，我选的是一款酒精度高达75度的烈酒——湖北通城千里境泉酒业生产的百里境峰大曲清香酒。通城位于幕阜山区，和罗霄山是同一个山脉，那里也是革命老区，也就是从通城开始，我才理解山地和平原在中国历史地理上所具有的特殊含义。这道莲花血鸭算不上一道好吃的菜，但是它是到江西必须吃的一道菜，这款百里境峰酒也不是可以经常喝的酒，但是人生也必须尝过几次这种烈酒。这套酒菜搭配，是让你真正走进现代历史的一本入门教科书。

第十五节
黔菜与白酒的搭配

一、黔菜概述

黔菜是指贵州菜。

贵州位于云贵高原的东半部，是我国由第二阶梯的高原山地向东部第三阶梯丘陵平原过渡的地带。它耸立在四川盆地与广西丘陵之间，仿佛一堵高墙将四川和广西分隔开来。横贯贵州的苗岭是长江水系和珠江水系的分水岭——贵州的苗岭北部属于长江水系，苗岭南部属于珠江水系。贵州地貌中的山地和丘陵占贵州全部面积的97%，只剩下3%的平地——山间盆地或河谷平地，古籍上一般称之为"溪峒"，当地人称为"坝子"。简单来讲，贵州因为山地、丘陵较多，形成了相对隔离的众多人口居住单元；山区小气候也各有不同，气候的垂直变化特征明显。众多的相对隔离的人口群居单元，形成了贵州省内不同区域在饮食上有着不同原料和不同风味的特点。

贵州有苗、侗、布依、土家、仡佬、毛南、水、白、瑶等49个少数民族，约占全省人口的35%，被称为"不是自治区的自治区"。不同民族的不同饮食习惯也为黔菜带来了丰富多彩的特征。

贵州北接四川、重庆，西部与云南毗邻，南部与广西壮族自治区接壤，东部邻省是湖南省。受周边地区的文化影响，贵州的饮食文化中，北部有浓郁的川菜特征，西部受云南的影响比较明显。

贵州经济相对落后，但贵州白酒业在全国居首屈一指的地位。仅茅台酒一个酒厂的销售额即占全国白酒行业的1/7左右，其利润相当于全国白酒行业利润的四成。在茅台酒的带动下，贵州众多的其他酒厂也具有很强的竞争实力。和贵州的白酒相比，贵州的黔菜显得过于低调，在外地极少能见到贵州的菜肴。即便当地有关

绝妙下酒菜

已介绍过国内外数百种下酒菜，还在不断更新中，关注它，可获得最新的下酒菜知识。

威士忌世界

深入介绍世界各国威士忌的风味、历史、工艺。

本节主要参考文献：

[1] 走遍中国编辑部.走遍中国·贵州[M].北京：中国旅游出版社.2017：6–21.

[2] 吴茂钊，刘黔勋，杨波.黔菜标准（第一辑）黔菜基础/传统黔菜[M].重庆：重庆大学出版社.2023：85–223.

[3] 吴茂钊，刘黔勋，杨波.黔菜标准（第二辑）时尚黔菜/新派黔菜[M].重庆：重庆大学出版社.2023：1–65.

[4] 吴茂钊.黔菜味道[M].青岛：青岛出版社.2020：27–129.

[5] 吴茂钊，杨波.贵州风味家常菜[M].青岛：青岛出版社.2020：134–161.

[6] 吴茂钊，张智勇.贵州名厨经典黔菜[M].青岛：青岛出版社.2020：48–85.

权威部门介绍黔菜的专业工具书里面所能看到的黔菜代表菜也没有鲁菜、苏菜那样豪华的宫廷和官府大餐，更多的是带有乡土气息和民族风味的地方特色菜肴。

二、主要流派和代表菜品

目前我们还没有在相关资料上看到比较系统地介绍黔菜流派和风格的文献，以下仅仅根据我在贵州考察体验的感受，从菜系的角度上讲，把黔菜分为三个流派：

黔中、黔北风味，包括贵阳、遵义、安顺等地区。这一带菜肴的风味跟四川接近。在历史上，遵义曾经划归四川省管辖，是贵州比较发达的地区；川菜的典型风味，比如嗜辣，也进入了贵州菜的体系。（也有文献认为辣椒是从贵州开始率先接受的。不管是从哪里先接受的，贵州北部地区饮食嗜辣是比较明显的。）

黔西南风味，包括六盘水市、兴义市。这一区域处于云贵高原的崇山峻岭之中，饮食风味和云南接近，烧烤类饮食富有特色。

黔南和黔东南地区，包括都匀、镇远等地。这一带主要是苗族、侗族、布依族聚集区，饮食风味上有独特的民族特色，以嗜酸为特点。

根据现有资料和我们自己的考察体验，将贵州的代表菜罗列见下。需要说明的是：我们所参考的资料是由贵州旅游协会发布的吴茂钊教授领衔编制的《黔菜标准》，书中罗列出了"传统黔菜""新派黔菜"和"贵州小吃"三方面的烹饪技术规范。由于资料上有些菜没有明确标明是哪个地区的，只能笼统标注罗列出来，其中最能反映地方特色、最能区分地区属性的可能是小吃，例如各地的羊肉粉和牛肉粉，虽然都叫羊肉粉、牛肉粉，但各地有着不同的风味。代表菜如下：

（1）白酸汤鱼；	（6）贵州辣子鸡（阳朗风味）；	（11）酸菜炖牛腩；
（2）红酸汤鱼；	（7）贵州杀猪菜；	（12）青椒油底肉；
（3）盗汗鸡；	（8）羊瘪；	（13）糟辣肉酱；
（4）古镇状元蹄；	（9）烧椒茄子；	（14）黔城凤尾虾
（5）糟辣鱼；	（10）山菌肉饼鸡；	（15）黄焖三穗鸭；

（16）贵州风味烤鱼；

（17）烧椒小炒肉；

（18）酸菜折耳根；

（19）水城烙锅；

（20）扎佐蹄髈；

（21）青椒河鱼；

（22）风肉炒莴笋皮；

（23）苗家酸剁鱼；

（24）黔香鸭；

（25）火腿焖洋芋；

（26）布依酸笋鱼；

（27）怪噜饭；

（28）贵州腊肉（风肉）；

（29）贵州香肠；

（30）贵州筒筒笋；

（31）贵州带皮羊肉火锅；

（32）赤水竹荪；

（33）赤水竹毛肚；

（34）臭酸火锅；

（35）虾酸牛肉干锅；

（36）酸酢肉；

（37）三都酸肉；

（38）侗家腌鱼；

（39）老干妈鳜鱼；

（40）擂椒乌鸡；

（41）贵州羊肉粉（遵义风味）；

（42）贵州羊肉粉（兴义风味）；

（43）贵州羊肉粉（水城风味）；

（44）贵州牛肉粉（花溪风味）；

（45）贵州牛肉粉（安顺风味）；

（46）贵州牛肉粉（兴仁风味）；

（47）贵州牛肉粉（布依风味）；

（48）贵州牛肉粉（贵阳风味）；

（49）贵州牛肉粉（遵义风味）；

（50）贵阳肠旺面。

三、我们直接感受到的黔菜

不到贵州，也许不知道还有"黔菜"这个说法；到了贵州，你会明显感觉到贵州菜肴的风味和各地都不一样。感受最明显的是各种米粉，一般叫牛肉粉、羊肉粉，但贵阳的羊肉粉、遵义的羊肉粉、兴义的羊肉粉、六盘水的羊肉粉大不一样，而且都非常好吃，直到现在，我们也没有在贵州省外吃到在贵州省内这么丰富的羊肉粉和牛肉粉，它和广东的粿条、牛河以及云南的米线、湖南的米粉都不一样。我一直很奇怪：为什么在全国各地没有看到开贵州米粉店的？这么好吃的米粉为什么没有扩散到国内其他地方？同样好吃的还有贵州的肠旺面以及贵州的香肠、腊肉、风肉。如果时间允许多品尝，会感受到贵州更多比较正式的菜肴——比如各种酸汤鱼、带皮羊肉的火锅，等等。

我感受最深的是贵阳和遵义地区在冬季时节家宴上常见的一种家常菜，有些饭馆也有，是一个比较大的像方桌似的炉台，底下有个炉子提供加热，冬天

贵州遵义虾子镇街景　（摄影／胡纲）

做好的菜放在方桌上一直是热的。守着方桌，吃着各种家常菜，慢慢喝着酒，有时候可以从中午一直喝到晚上，菜也不凉。如果说本书前面章节所介绍的各个菜系都有各种豪华大菜的话，贵州则是以独特的街边小吃、丰富的家常菜、独特而丰富的辣（包括糟辣、胡辣、酸辣）进入人们视线的。人们可能不知道贵州菜，但都知道老干妈辣椒酱，老干妈辣椒酱仅仅是黔菜的冰山一角。极为丰富复杂又具有各地特色和不同民族特色的黔菜，是一座尚未被世人了解的神秘宝库。

　　其实贵州的菜和贵州的白酒一样有气势磅礴的力量。我在遵义的虾子小镇就感受到了辣椒的力量——这个小镇被称为世界"辣椒之都"，每年举办全球性的辣椒交易大会，建有一个规模宏大的辣椒交易市场。在这里，我才知道辣椒有各种品种——香辣的、鲜辣的、微辣的，也有各种做法。同样鲜为人知的还有贵州的竹荪和竹制品。我在贵州茅台镇吃过几道菜，都是用竹荪及其系列产品，如竹荪、竹荪蛋、竹毛肚加工的，我在蜀南竹海也吃过竹宴，但感觉竹荪的大小和竹毛肚的厚度都不如赤水。我专门托深入了解贵州文化的历史文化学者韩可风先生到赤水去帮我找了几家提供竹制品的供应商，从他们店里采购到西安来，请不少嗜好美食的朋友品尝，大家都赞不绝口。以前，我们在西安能吃到的竹制品多半来自四川，了解到贵州竹制品的情况还不太多。

从实际体验的感受来看，贵州菜和茅台酒一样保持着非常珍稀的原生态的状态，在国内诸菜系中是独树一帜的。

四、贵州地产白酒

贵州是白酒生产大省，赤水河流域被称为"美酒河"——两岸分布着茅台、习酒以及河对岸的四川郎酒等巨型企业，整个赤水河流域白酒行业的总销售额已经超过2000亿。在茅台镇上，分布着六七百家酒厂，知名企业有钓鱼台、国台、京华酒业、中心酒业、夜郎古酒业，等等。人们都传说"茅台酒是不可平替的"，这其实是一个商业上的"神话"。在茅台镇上至少不下20家酒厂可以拿出来不次于飞天茅台酒的产品。就目前我们的知识和实际经验的了解，世界上可能没有像茅台镇这样的酒企分布密度这么大、优质产品这么多的名酒产区。除赤水河之外，在遵义地区还有曾经被评为"国家名酒"、同时也是董香型代表酒的董酒，茅台酒厂移植到遵义的珍酒，兼香型的鸭溪窖酒，湄潭生产的湄窖浓香型白酒、酱香型白酒，毕节的金沙酒、毕节大曲，等等。黔东南地区有镇远的青酒，黔南都匀地区有匀酒，黔西南六盘水有清酱香型的人民小酒，兴义有贵州醇酒。在传统上，贵州酒业的风格是千姿百态的，有董香型的董酒，有兼香型的鸭溪窖酒，还有代表黔派浓香的湄窖酒。近五六年以来，受酱酒热的影响，贵州其他地区的酒厂也都在生产酱香型白酒，如金沙酒、湄窖酱香型白酒宝石坛，以及铜仁新开设的一些酱香型白酒厂。由于贵州山地分割出的局部小气候不同，各地的酒体风格是不一样的，传统上知名的那些酒的风格——如董香型和兼香型都会顽强地存在下去。

到贵州去，是不用再带其他地方白酒的，当地白酒的风格已经足够从中做出选择，而且搭配贵州的美食，当地的酒无疑更有先天的优势。

黔菜与白酒搭配示例

1. 贵州香肠

酱香型白酒：飞天茅台酒 53%vol

在我目前吃过的国内的香肠里，贵州香肠是最好吃的，它的好吃倒并不在于香肠里的调味，而在于肉质非常好，能感受到那种久违了的传统土猪肉的香气。当然也不是所有的能买到的贵州香肠都这么好，但有些餐馆以及为当地朋友所熟悉的一些制造香肠的小企业里确实能提供这么好吃的香肠。只要碰到这么好的香肠，我一定会请出目前中国白酒中的"王者之酒"——酱香型的茅台酒来做搭配。这种香肠和茅台酒都有那种"天香自成"的境界和气质，相互搭配可谓天作之合。茅台酒的价格现在很贵，我前面讲过，可以平替茅台酒的酱香型白酒还有很多，起码钓鱼台的高端产品、习酒的高端产品并不比茅台"次"多少，如果想找更有性价比的酱香型白酒，这两个酒厂的产品作为平替产品是当之无愧的。茅台镇上还有很多优秀的酒厂，如中心酒业、京华酒业、夜郎古酒业、国台酒业，等等，也都能拿出不输于飞天茅台品质的产品。这和全国酒厂的情况是一样的，每个酒厂都有优质产品，也有比较差的产品，就优质产品对比优质产品的话，并没有市场价格相差那么大的酒质悬殊。如同香肠一样，如果真正用精心饲养的土猪肉而不是工业化饲养的猪肉作为原料，各地做出的香肠也都跟贵州香肠一样好吃。我们之所以能够在贵州品尝到这么优质的香肠，很可能就是由于当地经济还不够发达，猪肉没有那么多对省外输出，只是满足于小范围之内需求的情况下才出现这么优质的香肠，如果规模化放大产量，质量可能也就一般般了。

2.贵州筒筒笋炖腊肉

酱香型白酒：2005年飞天茅台 53%vol

贵州的筒筒笋是被烟熏过的干竹笋，有一股烟熏味。在贵州茅台酒的历史上，曾经有一个工艺叫"烧窖"，是用木材在下沙之前烧一遍发酵窖池，据说主要功能是杀灭杂菌。"烧窖"工艺现在已经不用了。从网络资料看，现在仅有少数小酒厂出于宣传目的在用这种工艺做一些对外演示，但在规模化生产过程中估计是淘汰了，因为烧一次窖需要一吨半左右的木材，消耗的木材太多。但是我在一瓶2005年的茅台酒里感受到一种烟熏味，像炕洞烟灰的那种气味，我觉得它里面可能是有当年使用过烧窖工艺的酒，它的这种味道有点像威士忌的泥煤味，跟同样烟熏味极强的贵州筒筒笋炖腊肉组合起来，让人意识到在白酒中已经消失的古老工艺在筒筒笋炖腊肉里还一直顽强地存在着。顺便说一句，贵州筒筒笋炖腊肉配重泥煤味的苏格兰威士忌也是绝妙的搭配组合。

3.竹毛肚炒肉片

酱香型白酒：知己酒 53%vol

竹毛肚炒肉片，我最早是在茅台镇一个酒馆"茅台镇印象"里吃到的（韩可风先生带我去的）。当时我们喝的是茅台镇中心酒厂董事长周杰明先生酿造的知己酒。竹毛肚炒肉片是非常清淡的（竹毛肚可以用各种办法做，也可以凉拌）。知己酒是储存期超过十年的老酒，口感醇厚柔和，搭配清淡的菜十分谐调。竹毛肚的香气是非常丰富的，仔细品，有一股竹荪的香气，还有些脂粉的香气，跟香气同样复杂的酱香型白酒匹配起来，氤氲出茅台镇特有的酒香和菜香，这种氛围让我们更深入地记住了茅台镇以及茅台镇上那些坦诚的朋友。

4. 普通家宴

酱香型白酒：湄窖宝石坛 53%vol

浓香型白酒：湄窖金 70 52%vol

　　20 年前我在贵州的时候，数次吃过前文提到的那种方桌下点着火炉的家常菜，一直对此念念不忘。现在有这种风格的菜馆越来越少，在遵义前往重庆的山路上时不时地还能碰到一些。湄潭县湄窖酒厂的董事长助理胡伟先生，他在家里就是这么吃的。2023 年春天，我到湄窖采访，小

湄窖酒厂董事长助理胡伟先生为我们准备的贵州"春天的美食"（摄影／朱剑）

胡邀请我们到家里做客，准备了一桌普通又奢侈的家宴，让我尝一尝贵州春天的味道，就是用那种带方桌的炉子，摆上精心准备的菜肴——凉拌野生蕨菜、香椿炒腊肉、豌豆炒肉末、蒸腊肉／腊肠、野葱炒瘦肉、带皮羊肉火锅，还沏了一壶汤色犹如上好威士忌酒体那样的老鹰茶。在这次家宴中，我们喝的是湄窖酒厂的两款好酒，最高端的酱香型白酒宝石坛和浓香型白酒湄窖金70。吃不同菜肴的时候，换一种酒喝，能感受出不同的风味，比如吃带皮羊肉火锅的时候，喝的是酱香型白酒湄窖宝石坛；吃香肠和蕨菜的时候，喝的是浓香型白酒湄窖金70。就餐环境轻松，喝同一个酒厂的两款酒，但饮用量不大，即便混着喝也没有身体上不舒适的感受，留下了非常难忘的美好记忆。

5. 酸酢肉（酢鱼）

董香型白酒：董酒国密 54%vol

贵州董香型白酒是大小曲合用，以小曲出酒、大曲生香，串蒸后形成独特的风格。原来因为曲药里加了多种中药，故有轻微的药香，曾经被命名为"药香酒"，现改为"董香型"。其实董酒的药香还不太明显，更明显的香气是小曲酒带来的那种臭味，当然不同的产品里面臭味的程度也不一样——最高端的佰草香，臭味若有若无，是清晰的水果糖香；中高端的国密酒还保留着招牌性的臭味。喝董酒的话，要喝有一点点臭味的，否则它就不叫董香。佰草香的香气算是过于"惊艳"了，国密倒是还有一点传统的痕迹。喝董香型酒，搭配的菜也是要有一点臭味的好。贵州有最著名的臭酸火锅，风味过于浓郁，可能一般人无法接受。酸酢肉或酸酢鱼是发酵出来的，有一点点发酵的微臭，但不明显，这道菜跟董酒相匹配是比较合适的，而且臭味叠加起来产生气味的抑制效应，让人不知其臭，反倒感受到发酵过的鱼或者肉的香气以及酒中千变万化的香气。

第十六节
桂菜与白酒的搭配

一、桂菜概述

桂菜指广西菜。

广西在秦代时期属于新设的桂林郡管辖，故简称"桂"。

广西壮族自治区地处亚热带，位于我国大陆的南端，南临北部湾，西南部与越南交界，西北和北部连接云南、贵州，东北部同湖南相接，东南部与广东毗邻，是一个以壮族为主体的多民族自治区，除汉族外，还聚集着壮、瑶、苗、侗、仫佬、毛南、回、京、彝、水和仡佬族等 11 个少数民族。

广西是全国唯一一个以"调料"名称命名的省级行政区。"桂"是指桂树——玉桂树（肉桂树）和桂花树，统称"桂树"。秦设桂林郡，即因附近桂林茂密而得名。桂树中的肉桂是著名的调料，广西现在仍为我国最大的肉桂产地。桂皮是肉桂树的皮，不是桂花树的皮。在植物学分类上，肉桂属于樟科植物，桂花树属于木樨科。再细致地区分，桂皮和肉桂皮也不一样，桂皮来源于天竺桂、川桂、细叶香桂和阴香等树上的皮，肉桂来自肉桂树上的皮。可以简单地理解：肉桂皮是桂皮里最好的，广西产的桂皮基本上都是肉桂皮。

还有一种著名的调料——八角，也叫"大料"或"大茴香"，同样是广西盛产的调料，从古代时即名闻天下。现在，广西出口的八角占国际市场的 85% 以上。

广西地处云贵高原的东南边缘，地势由西北向东南倾斜，四周山地围绕，呈盆地状，有"广西盆地"之称；盆地边缘多缺口，桂东、桂南沿江一带有大片谷地。说是盆地，其实广西的地表溶蚀严重，石灰岩地貌占 40% 以上；境内山脉林立，桂东南有云开大山，桂南有大鹤山、六万大山和十万大山——听这些山名，就知道这是一个被山地切割成非常零碎的、由众多山谷和盆地构成的地理单元。广西南部临南海北部湾，大陆海岸线近 1600 千米；沿海岛屿有 697 个，涠洲岛是沿海最大的岛屿。北回归线横穿广西，两侧气候差异明显，按照天文气候带的划分方法，北回归线北面属于温带，南面属于热带。在我国的气候区划图上，整个广西

绝妙下酒菜

已介绍过国内外数百种下酒菜，还在不断更新中，关注它，可获得最新的下酒菜知识。

访酒天下

遍访天下美酒，尽享人生百味，融入岁月山河。

本节主要参考文献：

[1] 桂菜丛书编委会.桂菜春秋[M].南宁：广西民族出版社.2009：12-77.

[2] 鲁煊，唐成林，文歧福.桂菜制作实训教程[M].北京：北京理工大学出版社.2023：3-201.

[3] 走遍中国编辑部.走遍中国·广西[M].北京：中国旅游出版社.2017：6-13.

被划为南亚热带气候区划带。这里气候温暖，雨量充沛，加上山地和谷地的分割，形成了极其丰富的当地物产，食品原料十分丰富。广西当地的特产奇异，有香菇、木耳、桂林马蹄、荔浦芋头、火麻苗、山冬笋；有各种蛇类，包括海蛇和体型巨大的蟒蛇，据说海蛇的肉味比陆地的蛇更为鲜美；有果子狸、穿山甲、蛤蚧（可以泡酒、做菜用）、鹰嘴龟、金头龟、山瑞鳖、鲴鱼、没六鱼、三黄鸡、巴马香猪、陆川猪、隆林黄牛、富川水牛、芝麻剑鱼、合浦珍珠；有海参、鱿鱼、蟹肉、沙虫、鱼翅、鲍鱼、带子、大蚝、石斑鱼、对虾等。在水果方面，广西有沙田柚、荔枝、龙眼、柑橘、菠萝、香蕉等热带水果。在当地的物产基础上，广西人发明了很多有当地特色的调料，如南宁黄皮酱、桂林辣椒酱、乌石酱油、榄角等。

但是长期以来在中国的餐饮界，无论划分为八大菜系、十二大菜系、十六大菜系甚至二十大菜系，其中都没有"桂菜"这一系，这和广西实际存在着的丰富菜肴和小吃相比，地位是不匹配的。

为什么一个物产丰盈而且以调料作为简称的省级行政区，广西菜没有成为一个独立的菜系呢？

原因很多，但最重要的原因不是广西的物产不够丰盈，也不是它的菜品不够丰富，而是由复杂的历史地理和政治地理因素所导致的。

广西在明代开始建省，但当时只是一个内陆省份，直到1949年中华人民共和国成立后才逐渐变为了一个沿海省份。1951年，原属于广东的钦州、防城港、北海等地被划给广西，后在1955年又划回广东，直到1965年钦州等地再次被划给广西并且以后再没有变化，这样才使广西有了大西南地区最方便的出海口，存在600多年的内陆省份才变成了沿海省份。在没有出海口的600多年期间，广西实际上仅是广东背后的一个山区腹地，经济始终处于落后封闭的状态，当地美食也就封闭在了多个以"万"为名的大山里。1965年以后广西拥有了自己的出海口，但它与越南毗邻，是一个沿边省区，由于20世纪七八十年代中越两国边境关系紧张，广西作为战备地区，它的经济发展也受到一定影响。一个省区经济发展相对落后，由于种种原因导致对外开放的程度也不够，这使广西菜尽管山珍海味丰富、烹饪技巧高超、风味特点明显，但一直没有进入人们所熟知的各大菜系名单里面。

天生丽质自难弃——独特而丰富的物产、独特的气候条件加上各民族人民勤劳智慧的烹饪方法，已经把广西菜料理得风情万种、自成体系。随着改革开放的深入，相信总有一天，广西菜会和粤菜一样成为名满天下的大菜系。

二、主要流派和代表菜品

广西菜由五个流派构成。

桂北风味菜，由桂林、柳州地方菜组成；桂西风味菜，由百色、河池地方菜组成；桂东南风味菜，由南宁、梧州、玉林地方菜组成；滨海风味菜，由北海、钦州地方菜组成；民族风味菜，由广西各地的少数民族风味菜组成，就地取材，讲究实惠，制法独特，富有民族气息。由于民族菜分布在广西各个地区，本书按照地理区划，只介绍四个区域的菜品（桂北、桂西、桂东南、滨海），每个区域里面都有民族菜的存在。

1. 桂北风味：包括桂林、柳州、来宾、贺州地区的菜肴

桂林地方风味菜淳朴自然、口味浓郁、酸甜兼容，有着浓浓的草根情怀。桂林的本地风味集酸辣的湘菜和清淡的粤菜风味于一体，家常小炒深受湘菜影响，几乎餐餐离不开酸辣。柳州也是多民族聚集地，具有深厚的民族传统文化积淀。柳州的饮食偏辛辣，口味重，擅长融汇各种外来风味，自成一派，别具一格。柳州螺蛳粉最为有名，它有一种很特别的"臭"，让不少人敬而远之，但闻起来臭、吃起来香，如今已经成为柳州美食的一张名片。来宾盛产甘蔗，糖业资源影响了当地的饮食。由咸到甜，由粗到精，由单一到复杂，来宾人的饮食习惯也悄然改变。贺州与广东接壤，饮食习惯与之相仿，以粤菜为主。

代表菜有：

（1）全州醋血鸭；

（2）阳朔啤酒鱼；

（3）荔浦芋扣肉；

（4）酸辣禾花鱼；

（5）桂林黄焖鸡；

（6）螺蛳鸭脚煲；

（7）酸笋黄豆焖鱼仔；

（8）螺蛳鸡；

（9）长安芙蓉酥；

（10）红糟酸炒猪肚；

（11）黄桃豆腐酿；

（12）贺州三宝酿；

（13）黄田扣肉；

（14）富川糟腊鱼；

（15）桂林米粉；

（16）柳州螺蛳粉；

（17）恭城油茶。

2. 桂西风味菜：包括河池、百色、崇左地区的菜肴

河池的粉，种类丰富，味道绝佳，在广西各市的粉类美食中堪称一绝；猪血肠也非常有名，是用糯米和猪血灌入猪大肠里制作而成，口感软糯，吃起来既有糯米的清香，又有猪血的鲜味，让人百吃不厌；河池的包肝采用非遗工艺，将猪网油与猪肝完美融合在一起，吃起来鲜而不俗、肥而不腻。

百色风味具有口味厚重、制作精细的特点，博采川、粤、湘等菜系之长，兼具壮、瑶等少数民族风味，具有鲜明的地方特色，民族风情浓郁，饮食风味独特。当地壮家三夹是用猪小肠、葱头、糯米、薄荷叶等制作而成，煮熟后蘸上酱料食用，味道绝美让人称赞。羊瘪汤选料独特，用羊肚子未消化完全的草料与羊杂一起熬制而成，汤汁浓郁，味道独特，吃起来苦中带酸、菜肴久有回甘，是一道融合了少数民族特点的佳肴。

崇左有 28 个民族，饮食文化丰富多彩，当地特色食材——天椒、八角、蔗糖都很出名。酸粥是崇左壮族传统食品佐料，为壮族人所创造，代表了崇左的城市味道，展现了崇左人的烹饪智慧。崇左五色饭十分有名，因制成的糯米饭呈白、黄、黑、红、紫五种颜色而得名，是吉祥如意、五谷丰登的象征。

代表菜有：

（1）豆腐肴；
（2）鸭把；
（3）油包肝；
（4）环江香牛扣；
（5）笋干焖巴马香猪肉；
（6）芒叶田七鸡；
（7）栗香猪手；
（8）牛肉炸弹；
（9）十里荷香鸡；
（10）靖西腊鸭煲；
（11）酸粥猪肚；
（12）散扣；
（13）凭祥春卷；
（14）大新粉蒸肉。

3. 桂东南风味菜：包括南宁、梧州、玉林、贵港等地的菜肴

南宁的饮食取粤菜之精华，得东南亚之异韵，讲究鲜、嫩、爽、滑及营养科学，富于季节变化，山珍海味、野菜山花皆可入肴，自成一派。

梧州人的饮食以粤菜为主，粤味极浓；香芋鸭传承了经典的老梧州风味，将香芋、烧鸭裹上面粉油炸而成，里面可以加入花生碎；葱油鱼酸甜入味，做工精细、工序繁复，皮酥肉嫩，味道香醇；豆腐酿融入岭南与中原的饮食文化，清爽嫩滑的豆腐与鲜美香浓的肉末交织在一起,成就一道独树一帜的美味佳肴。

玉林牛巴是当地最负盛名的美食,也是广西最著名的美食特产之一,有800多年的加工历史,南宋时期便已成型。生炒牛料也是玉林的特色美食,玉林人食用牛肉牛料的时间最早可以追溯到秦汉时期。

贵港具有鲜明的地域特点,当地菜肴选料讲究、制作精细、在烹饪技法上深受粤菜的影响,口味以鲜、香、麻、辣为主;著名的桂平浔江鱼是贵港最具代表性的佳肴,味道特别鲜美,有"不吃浔江鱼,就没有到过贵港"的说法。贵港莲藕上品,质地松软清甜,俗话说"很粉",可用赤砂糖入口即化来比喻其质地。

代表菜有:

(1) 假蒌牛肉夹;	(9) 梧州纸包鸡;	(17) 覃塘酿莲藕;
(2) 柠檬鸭;	(10) 岑溪豆腐酿;	(18) 博白白切(系
(3) 灵马鲶鱼;	(11) 梧州葱油鱼;	列菜);
(4) 马山红扣黑山羊;	(12) 柚皮渡笋扣;	(19) 玉林香肉(狗肉系
(5) 鸡茸宴;	(13) 酸甜扣肉;	列);
(6) 邕城甜酒鱼;	(14) 沙田柚皮酿;	(20) 梧州龟苓膏;
(7) 老友鱼;	(15) 玉林炒牛料;	(21) 梧州冰泉豆浆;
(8) 南宁老友粉;	(16) 红旭糟炒大肠;	(22) 横县鱼生。

4. 滨海风味:包括钦州、北海、防城港等地的菜肴

钦州是四大名海产的"家乡",也是海鲜爱好者的"天堂"。如果说柳州是躺在"螺蛳壳"上的城市,那钦州就是躺在"蚝壳"上的城市。钦州是中国南方最大的天然蚝苗采苗和人工养殖基地。猪脚粉是钦州名气最大的名小吃,民间流传着"钦州猪脚粉,神仙也打滚"的俗语。大寺猪肚巴是钦州大寺特色食品,选用优质土家猪肚肠,加糖、盐、香料等腌制,经切、晒、炸、焖等工序,用柴火铁锅烧制,制作出的特色猪肚巴色泽金黄、味香醇美、香而不腻、软而有劲、油滑爽口,营养丰富,美味可口。

钦州代表菜还有香炸大蚝、瓜皮炒螺肉、蟹黄扒鱼肚、清蒸豆腐圆、蚝油柚皮鸭等。北海濒临盛产海鲜珍品的北部湾,改革开放吸引四面八方的外来人员，形成了当地丰富多彩的饮食文化。北海人无所不吃，"天上飞的、地上跑的、水里游的"皆可入馔。风味上随气候而变化，讲究新鲜、滑嫩、脆爽，带有浓厚的南国特色。沙蟹汁豆角、杂鱼豆腐汤、蒜蓉蒸沙虫、盐花煎沙箭鱼、姜葱炒花蟹等菜肴，颇负盛名。

防城港以海鲜最有特色，受近邻越南菜的影响，许多菜品颇有东南亚风味。"一餐无鱼味不香，三日无虾心中慌"，足以证明防城港人对海味的情有独钟，也是这里饮食文化的真实写照。富贵杂鱼汤、盐水对虾、爆炒风肠、沙姜焗八爪鱼、越式炒香螺、鸡丝蜇皮、椒盐濑尿虾、葵花扣鲜鱿、水鱼炖翅、东兴榄子焖沙箭鱼等，均是当地有代表性的特色菜肴。

代表菜有：

（1）酥炸大蚝；　　　　（9）盐花煎沙箭鱼；　　　（16）清蒸海腊鱼；

（2）瓜皮炒螺肉；　　　（10）韭菜炒蚬肉；　　　　（17）白灼大蚝；

（3）蟹黄扒鱼肚；　　　（11）姜葱炒青蟹；　　　　（18）车螺青芥汤。

（4）清蒸豆腐圆；　　　（12）爆炒风肠；

（5）蚝油柚皮鸭；　　　（13）沙姜焗八爪鱼；

（6）沙蟹汁豆角；　　　（14）越式炒香螺；

（7）杂鱼豆腐汤；　　　（15）椒盐濑尿虾（皮

（8）蒜蓉蒸沙虫；　　　　　　皮虾）；

三、我们直接感受到的桂菜

由于种种机缘，我们曾经多次前往广西去旅行，印象最为深刻的有四次。

第一次是走通210国道。210国道北边起点是内蒙古二连浩特，南边终点是广西防城港，全长3000多千米。20多年前，我那时候正在主编《服饰与化妆品》杂志，了解了一点服装知识。同时，也是一个狂热的自驾游发烧友。在自驾过程中，我发现市场上没有一套系列的适合跨纬度自驾旅行穿戴的、实用性又好的服装（那时候沿途要用纸币交过路费）——可以方便地从口袋拿取过路费、过路卡，下来拍照留影"打卡"的时候也显得时尚的服装（那时候还没"打卡"的概念），当时便想自己设计这种适合旅行穿戴的服装系列，同时感觉一般自驾车辆没有房车那么大（多为轻型越野车或者轿车），长途驾驶期间车内应该有一些适合承载水杯、零食、纸巾之类小日用品的车内收纳装置，所以也想要设计出来长途旅行车内可拆卸的临时搁置杂物的装置。我们邀请一位服装设计专业毕业的大学生做了一次跨纬度长途旅行——从二连浩特一直开车到达广西的防城港。出发的时候是冬天，二连浩特下着大雪，到了防城港的时候，就可以赤着脚在海滩上散步。一路的美食也是从内蒙古的蒙餐开始，一直吃到北部湾的鲜活海鱼。在广西的北海买了当地一个特产——漂亮的玳瑁手镯，回到西安后放了半年，没戴几天它自己就断了，可见西安和北海空气的潮湿度相差有多么大。顺便说一句，那位服装设计师后来只给我们设计了一套工作服，计划中的旅行服没有设计出来，用乔布斯的话说，一个好的想法变成市场事实要经历极多的工程与专业细节，不是有一个好的想法就能成功。设计一套完善的旅行服装和车载杂物架，所要投入的精力极大，如果再去要求美观的话，还需要非常高的个人才华。直到现在，尽管市场上已有"始祖鸟""探路者""狼爪"等品牌的众多户外产品，但依然没有我们心目中理想的、兼具实用和美观特点的自驾游服装，特别是适合跨纬度旅行的服装。从凛冽的冬天一直到炎热的夏天，行程也就十来天时间，一路上从内到外不断更换的完整系列服装目前也没有。从美食的角度来讲，北海各种各样的鱼倒是给我们留下了深刻的印象，当时只知道吃，也搞不清楚是什么品种。个头不大的小鱼有不同的颜色，有银色发亮的和粉红色的，反正都挺好吃。

第二次旅行是10多年前，当时在研究基础地质学。广西有两个著名的地质"金钉子"：一个是柳州的长塘镇梳桩村碰冲屯的石炭纪维宪阶"金钉子"；另一个是在来宾市蓬莱滩二叠系乐平统底界的"金钉子"。当时还没有现在这么发达的手机导航系统，我们所去的目的地又是人迹罕至的地方，只能依靠纸质的地图以及到当地的乡（镇）政府去问路。沿途遇到的当地干部都非常热心，给我们手画了各种各样的地图。在行进的路上，我们不时地停下来向当地群众问路，才找到要去的两个地方。柳州的碰冲屯"金钉子"掩映在竹林之中，下面是个水塘，村民正在洗衣服，环境非常优美，即便冬天也是翠竹环绕。来宾的"金钉子"位于红水河滩上，要穿过辽阔的甘蔗林，几乎荒无人烟，整个地层界面暴露得非常完整，能够显示出这是一次天塌地陷的巨大的历史灾变。我在河滩里收集了一些漂亮的鹅卵石，回到家里放在玻璃器皿里，里面又放入一些常见的水培绿植，半个月过后，那些不同的鹅卵石渗出来黑色的物质，在玻璃器皿里平时活得很好的绿植居然都被毒死，可见那次自然地质灾变在矿物质里留下的毒性有多大。二叠系是导致全球生物大灭绝的一次重大历史事件，现在到这个地方去，从所能收集到的矿物标本或者现场观察到的岩层断裂剖面观察，都能够感受到那次巨大灾变令人惊骇的力量。在上述两地间的行走，同为冬季，我们感受到了广西境内的桂北和桂南的区别：在桂林感觉比较冷，要穿上薄羽绒服。到了来宾就有点热，而到了南宁最多穿个薄外套即可。同时也感受到了广西美食的丰富——桂林米粉、柳州螺蛳粉、南宁老友粉，风格各有不同。

第三次广西之行发生在 2020 年 11 月，这仍是一次跨纬度的旅行，此行目的旨在深入了解米香型白酒桂林三花酒的生产工艺。我们从河北衡水出发，一直行驶到广西桂林，体验到了"从冬走到春"的感觉。也正是那一次，我才尝到桂林的特色美食油茶，了解到了三花酒的生产工艺，还在三花酒厂位于漓江上知名景点象鼻山的山洞里存了两坛各重 50 斤的三花酒（现在算来已经第四个年头了），在美丽的南方给自己留下念想，预留了一个再去广西的理由。

第四次旅行是 2024 年 9 月 27 日至 10 月 16 日，其时，本书已经杀青，正在进行第三次校对。在写作桂菜这一节时，我们主要参考的文献是《桂菜春秋》和《桂菜制作实训教程》两本书，在阅读文献的过程中，我们感觉这两本书的内容过于专业，和我们日常感受到的桂菜有所差距，于是利用国庆长假前往广西，专门做了一次美食体验和餐酒搭配实践之旅。历时半个多月，行经北海、防城港、玉林、南宁等城市，收获极多，简列如下：

（1）修正了参考文献中的一些说法，比如书上说"酥炸大蚝"和"酥炸沙虫"是桂菜中滨海菜的代表菜品之一，我们也原文照录。但在实地考察中，发现大蚝和沙虫的实际烹饪方法中，酥炸已经很少，大多数的大蚝为蒜蓉烤蚝，这和全国其他沿海地区的做法差不多。而沙虫多用于褒粥和蒜蓉粉丝蒸，几乎没有油炸的菜品。可能油炸是那些书出版时的流行烹饪方法，如今，已经变了。

（2）发现了书上没有提及的菜品，如清妙绝伦的博白白切和争议丛生的玉林狗肉（为尽量减少争议，当地餐馆将狗肉改称"香肉"，当地人说到香肉馆，都知道是去吃狗肉的地方）。每年夏至（公历 6 月 21 日）是当地自发的民俗活动"荔枝狗肉节"，饮用荔枝浸泡的酒，食用各种方法烹饪的狗肉。关于博白白切和玉林香肉，在后面的餐酒搭配示例中有详细的介绍，这里就不赘言了。

（3）深度考察了肉桂皮、八角的加工基地，考察了国际知名的香料市场——玉林福达国际香料交易市场，真正体会到广西以调料（一般正式的说法叫香料，调料是烹饪领域广泛使用的俗称）名称"桂"作为简称的深厚内涵，感受到玉林国际香料市场的气势磅礴。香料，是各国菜肴必不可少的调味品，香料的品种、新陈比例，造就出了各国、各派菜肴不同的风格。在玉林福达国际香料市场上，我们见到了多达数百种的香料，每种香料有不同产地、不同品级，需要一本厚厚的香料百科全书才能介绍明白。本书限于篇幅和主题，不能多写，只是想强调，对于香料的选择和组合是未来餐饮创新升级的重要方向。

（4）深度享受餐酒搭配的乐趣。在广西的沿海城市北海和防城港，我们深度享受了餐酒搭配的乐趣：守在渔港等待着刚卸货的海鲜，转身就拿到旁边的饭馆现场加工，当地鱼市老板的服务周到而娴熟，从水里捞出的活鱼不用杀死就刮去鱼鳞、去掉内脏，提在袋子里前往饭馆的路上，鱼还在活蹦乱跳。开始还是买了海鲜请饭馆代为加工，后来觉得不过瘾，干脆买了个电饭锅，在宾馆里插上电，自己亲自加工享受"野炊般"的乐趣，好在很多海鲜的加工办法极其简单，不用加任何调料，下水白煮即可，根据喜好控制火候及老嫩程度，鲜活的虾蟹肉都略有咸味，不用加盐，那个鲜美，真是无与伦比，食用过自煮的鲜活海鲜，再看饭馆中的海鲜，不禁有"六宫粉黛无颜色"之感。广西沿海的三个城市，酒品供应极其完备，不仅能买到茅台、五粮液、汾酒，各种干邑XO白兰地、知名的苏格兰威士忌，还有各种在外地见不到的本地白酒，如只有22度的天龙泉米香型白酒，只有这么低度的白酒才好搭配口感极其细腻的白灼花蟹。

（5）深度感受边贸小城的风情。广西与越南接壤，有多个边贸口岸，如东兴、凭祥、友谊关、爱店、龙邦等。友谊关是最大的水果进出口口岸，爱店口岸是东南亚最大的中药材边贸市场。限于时间，我们这次只是考察了东兴口岸。第一次去是国庆长假期间的10月5日，人潮如涌；收假后的10月9日，再去盘桓了一整天，人少了很多，充分领略到边贸城市的日常生活。这里最多的越南产品是咖啡和拖鞋，咖啡的品种之全、价格之低令人惊叹。在宁静的北仑河畔，静静地品饮各种手冲滴滤的越南咖啡，真是难得的享受。

（6）对广西的"新发现"。所谓对广西的"新发现"只是针对我们自己而言，以前来广西的次数少，逗留时间短，没有发现这些特点，这次逗留时间较长，又存心观察饮食方面的情况，所以就有了"新"的发现。对广西人民来讲，那就是他们久已存在的日常生活，是"古老、永恒"的。

我们对广西的新发现是：广西是名副其实的"水果之都""糖水之都""凉茶之都"。广西盛产各种水果，玉林市有些街道的绿化树居然是芒果树，一位快车司机告诉我们，在芒果成熟的季节，满街皆是落果，一不小心，甚至可能把汽车挡风玻璃砸碎，不过园林部门会予以赔偿。水果店遍布每一个城市，水果新鲜程度是任何北方城市难以相比的（当然，原产地是北方的水果例外）。甘蔗汁摊、柠檬水果茶等果汁店种类繁多，都是鲜榨，尽显天然风情。糖水店举目皆是，所谓"糖水"，其实不是水，而是以水果、蔗糖以及其他原料混和调制出的饮品，品种繁多，让人感觉到这里的生活是"甜蜜"的生活。

有甜就有苦，遍布大街小巷的凉茶摊铺所销售的凉茶绝大多数都是苦的，其实就是有各种功能的中药汤，有清火的，有暖胃的，还有治痔疮的，不一而论。"甜"与"苦"这两种对立的口味在广西就这么奇妙地共生共存着。

当然，也有令人惆怅的发现：当年在北海市多家店铺可以见到的玳瑁饰品如今踪影全无，代之以各种牛角制品。也许玳瑁已经很少见了。

四、广西地产白酒

广西在我国气候区划上属于南亚热带地区，盛产大米，酿酒以当地大米为原料，历史悠久，酿制的白酒是著名的米香型白酒，代表酒是三花酒和全州湘山酒。这两款酒都曾经在第三、四、五次全国评酒会上被评为国家优质酒。米香型白酒的工艺特点是用小曲，里面加一部分中药和当地的辣蓼花；香气清新淡雅，有一点玫瑰花香和蜜香，还有一点中药香，口感清纯；产品以前是以低度酒为主（30 度左右），现在也研发出了 50 度左右的高度酒产品。米香型白酒风味独特，目前主要销售区域是广西境内，在广西本地的销售量很大，在全国其他地方难得一见。我到广西各地采访，跟当地酒行业的专家们交流才知道——广西各地生产米香型白酒的企业超过数百家，不同地区、不同品牌的酒

防城港市企沙镇的企沙渔港渔船正在卸鱼 （摄影／李寻）

均有自己的一些技术特点，如果仔细比较，同为米香型白酒，它们的香气口感是各有不同的。在广西境内享用桂菜美食，很多情况下会感觉非广西的米香型白酒不可，米香型白酒跟当地的菜确实搭配融合。对于喝惯其他香型白酒的外地酒友来说，也不妨带一些外地其他香型的酒到广西去品尝当地的美食，广西的美食适合搭配的酒种谱系更宽——相比较而言，米香型白酒"挑"菜，而桂菜不太"挑"酒。2019 年以来，随着"酱酒热"的出现，广西的酒企也开始酿造酱香型白酒，在全国有一定影响的是丹泉酱酒、天龙泉酒业的桂酱系列等，为桂菜的配酒提供了更多的选择。

广西甘蔗种植面积稳定在 1100 万亩以上，连续 32 年位居全国第一位。2011 年，广西农垦集团成立了朗姆酒业有限公司，是中国大陆第一家生产朗姆酒的企业，目前已经形成年产三万吨朗姆酒原酒的生产能力，拥有多套塔式蒸馏器和釜式紫铜蒸馏器，以及近万个橡木桶，已经成功推向市场三个系列的朗姆酒（甘纳黑盒系列、甘纳蓝盒系列、甘纳 G 系列）。经过橡木桶熟陈的广西朗姆酒，质量优异，具有国际名酒风范，为搭配滨海风味的桂菜，提供了新的选择。

桂菜与白酒搭配示例

1. 博白白切
酱香型白酒：飞天茅台 53%vol

在广西防城港的企沙镇，意外地看到了一家店，店头是"郑千白切"，正宗博白风味。博白是个地名，我望文生义地以为这是与博白地名谐音的白切鸡店，但店名很有意思，在这个渔港小镇，有点武侠小说的味道，于是便踅了进去。店里果然有白切鸡，但除了白切鸡之外，还有白切鸭、白切猪脚、白切猪头肉，全是"白"的，没有任何调味料染色的痕迹。卖法也奇特，无论鸡、鸭、猪肉、猪蹄都是一个价格，我选了几样，第一位服务员分别剁下我想要的大小，放到一个盒子里上秤称量计价，另外一个服务员再把鸡、鸭、猪头肉、猪蹄分别放在不同的盘子里，配上不同的蘸汁，交给我，全过程一丝不苟，颇有仪式感。我本以为这些全是卤货，我知道卤货分白卤、红卤，白卤不上色，是"白"的，显示的是食材的本色。但一入口才发现，这些白切不是卤货，没有卤货必然有的调料味，甚至没有盐味，全是食材的本味：鸡就是鸡味、鸭就是鸭味、猪头肉和猪蹄就更奇怪了，没味！既没有卤货的调料味，也没有常见的猪头肉和猪蹄的异味，仔细观瞧，那真是一个白呀，可用"洁白"二字形容之。猪头肉和猪蹄是常见的下酒菜，我平生吃过各地的猪头肉、猪蹄，还从来没有见到过如此干净、洁白、清丽脱俗的猪头肉。这些白切不是卤制的，而是清水煮的，我拿出手机上网一搜，果然搜到了博白白切,烹饪方法就是清水白煮。虽然网上信息完整，但在我此前读的桂菜书中并没有见到此菜，而博白所在的玉林市，以拥有全国最大的香料市场而著称，一个香料荟聚之地，竟然发展出什么香料也不放的清水白煮的烹饪方法，令我感到惊奇。返回防城港的路上，就在寻思给这些白切配什么酒呢？到防城港去沃尔玛超市搜罗到了飞天茅台、五粮液、汾酒、轩尼诗 XO，这座看起来并没有那么繁华的小城居然有这么完备的酒品，真让我惊喜。带着各种酒，我在防城港中心区去寻找有没有博白白切店，还真找到一家大店，名字同样具有武侠色彩：七刀切！品种如同"郑千"一样齐全，其猪脚较长，从蹄尖可长至小腿，流程一样一丝不苟，具有仪式感。店里还免费赠送白粥和米饭，太合我的心意了，我就着蘸汁先吃了多半碗米饭，加了几片猪头肉垫底。然后逐一对比品尝所携带的各种酒，比来比去，觉得最适合搭配博白白切的酒居然是酱香型的飞天茅台。

众所周知，酱香型的茅台酒是中国白酒中香气最丰富、口感最浓郁的酒种，一般做餐酒搭配时我们也会选择香气丰富、口感浓郁的菜肴，如贵州的带皮羊肉火锅等。博白白切如果不蘸料汁，就是食材的本味，猪头肉与猪蹄甚至没有味，但是搭配茅台酒，却产生了奇特的效果：各是各的味，但又那么谐调，呈现出一种差异到极大时、又趋同一致的哲学意境，即所谓"离形去知，同于大通"也。茅台酒的花果香、酱香、焦香清晰可辨，次第绽放，白切的油润时不时滋润茅台酒带来的涩感，使酒的饮用如丝绸般顺滑，而肉质本身的香气也极谐调地与酒香融为一体，仿佛多种乐器合奏中的和声，既能清晰地听到不同乐器的音声品质，又谐调成为一个整体，尽显天然之妙。

2. 椒盐皮皮虾
浓香型白酒：五粮液 52%vol

2024 年 10 月在广西沿海城市北海和防城港盘桓多日，品尝了各种海鲜，此行最大的收获之一是知道了皮皮虾也是分为多种的,以前找以为它们都是一样的。这里的皮皮虾(书上叫濑尿虾)品种不同,有的尾部粗短,有的尾部细长,头尾甲片数量不一。在生物学上的详细分类我们无暇查询,只是记住了市场上的商品分类方法,简单,就是按大小分类,大的价格高些,小的便宜些。另外,按是否有籽分为有籽和无籽的,有籽的贵些,无籽的便宜些。从是否好吃的角度来看,越活蹦乱跳、越生猛的越好吃,肉质紧实、细腻、鲜美,和虾肉的香气与口感皆有所不同。在烹饪方法上,以椒盐风味最佳,具体口感视各家厨师水平也有所不同。

给椒盐皮皮虾配酒,比较了多种香型的白酒,觉得浓香型的五粮液最为合适。椒盐这种烹饪方法有高亢的油香,滋味也浓郁丰富,五粮液香气高亢,和椒盐皮皮虾的油香相谐调,口感也同样丰富。

有籽的皮皮虾的虾籽较虾肉要硬些,有如吃螃蟹时的蟹黄,是道上好的下酒菜,只是在内地难得遇到如此品质的皮皮虾。

这次广西沿海之旅,在几位饭馆老板的指导下,学会了剥皮皮虾,从身体侧边的胸甲开始一片片剥开,但尽管如此,还是有时被扎手。这里想做个呼吁:既然市场上这么多皮皮虾,皮皮虾又这么好吃,怎么没有人发明出专门剥皮皮虾的工具呢?强烈呼吁有发明家发明出剥皮皮虾的工具(以及剥小龙虾的工具)。大闸蟹已经有专门的食用工具包,皮皮虾、小龙虾也应该有,相信这类小工具在市场上会大受欢迎。

3. 白灼生蚝

清香型白酒:汾州印象原酒 66%vol

干邑白兰地 XO 40%vol

在北海和防城港的海鲜市场，有店家现场开蚝，将蚝肉卖给顾客，价格极其美丽，品质又好，看着那刚剥开的蚝，我都想生吃，但店家建议还是回去煮一下再吃，那样卫生。馋得不行，我专门买了个电饭锅。在摊边看着逐个取出生蚝肉，到了一斤多时，拎着一路小跑回到宾馆，急忙烧开水下锅，从开蚝到下锅不到十分钟，蚝一下锅，汤色即变得乳白，水一开即可捞出，即刻食用鲜美得接近生吃。吃这道菜适合搭配香气清雅的清香型白酒。要是生吃现剥开的蚝，我会选择66度的汾州印象原酒；用开水氽了一下（不能煮的时间太长，使蚝肉变老），就选用40度的干邑白兰地 XO，口感醇和，香气优雅宜人。

4. 白灼花蟹

米香型白酒：天龙泉酒 22%vol

黄酒：古越龙山·花雕十年 15%vol

在内地，很少吃到花蟹，有限的几次在内地潮汕粥店中吃到的花蟹腿肉几乎是空的，肉少且懈，以致于我误认为花蟹天然就肉少。在广西北海和防城港吃到的花蟹让我改变了看法，原来花蟹的肉如此丰厚、饱满、鲜美，难怪成为这里的畅销品种。这里的花蟹外观不同，有青色蓝脚的、有壳脚都是红色的，还有三个点的青壳三眼蟹。店家说都是花蟹，只是颜色不同。我无暇细究这些蟹是否真的一样，只是寻找活跃生猛的。当地烹饪的方法多样，有姜葱炒等多种方法。我的方法简单，就是放在电饭锅里，用清水煮熟即可，不加盐，蟹肉本身微咸，连蟹钳里的肉也是微咸，鲜咸均恰到好处。

吃这道菜，本来是不用配酒的，配酒只是为了调节一下食用的节奏，使食用过程略微停顿一下，以延长享用这道美食的时间。选酒自然要选用口感最淡的，因为蟹肉鲜美细腻，口感刺激性强的酒会破坏那种细嫩感。

和吃大闸蟹一样，最适合白灼花蟹的酒也是黄酒，常见的古越龙山·花雕十年即叫。白酒中有没有合适搭配吃白灼花蟹的呢？外地可能没有，广西却真有，这款米香型的天龙泉酒只有 22 度，比花雕高不了几度，口感足够柔和的了。据厂方的宣传资料介绍，这款酒还加了 0.8% 的酱香酒调味，所以，香气上和传统的米香酒还有所不同，更为丰富，这种搭配，可能是只有在广西沿海才能体验到的享受。

5. 清蒸海腊鱼

清香型白酒：汾酒青花瓷 20 42%vol

记不清在什么地方看到广西滨海菜中有一道叫清蒸海腊鱼，当时以为"腊鱼"就和两湖地区腊制的鱼一样，没想太多。到了北海才发现这里的海腊鱼不是腊制过的干鱼，而是海中的一种活鱼，它的名字就叫腊鱼。在海鲜市场见到的海腊鱼个头不算大，七八两左右，长相漂亮，在水中游动得欢实，买了三条，老板不用先把鱼杀死就刮鳞去肠，动作娴熟麻利，装入袋中后，我提着向离鱼摊不到 20 米的加工饭馆走去，袋里的鱼一直在蹦跳。饭馆厨师的动作同样麻利，不到十分钟，一道标准的清蒸鱼上桌了，造型漂亮，调的油汁有大饭馆的高级感，鱼肉洁白，有难得一见的鲜活鱼才有的肉感，滋味鲜美、细腻、微甜。这道菜是只能在海边才能吃到的奢侈佳肴。鲜鱼并没多大腥气，不配酒，干吃也可以，但我还是选了一款口感比较清淡的清香型白酒，汾酒青花瓷 20，42%vol，主要是想起"暂停"作用，延长享受这么鲜美的海腊鱼的时间。

6. 辣炒皇帝螺片

米香型白酒：桂林三花酒 38%vol

来北海之前，在书上看到，爆炒螺片是北海一道特色菜。在北海越侨小镇上的多家海鲜餐馆中，果真见到了个头硕大的皇帝螺，点了一只，有两斤半重。老板说常见的做法是辣炒（书上说是瓜皮炒），那就辣炒！成菜后端上来觉得螺片很大，像薯片似的，口感脆嫩，能咬动，在内地吃螺片时，有时螺肉太硬咬不动。但是，这道名贵的皇帝螺片，给我感觉最大的长处就是脆嫩好咬，本身没有什么滋味，要靠烹饪时的油汁入味。配酒时选择了香气、口感都比较清淡的 38 度的低度桂林三花酒。三花酒的香气和炒螺调制的料汁香气有相通之处，口感又清淡，不伤螺片的脆嫩感。

7. 玉林脆皮香肉

酱香型白酒：飞天茅台 53%vol

老白干香型白酒：衡水老白干 67%vol

广西玉林地区吃狗肉的习惯不知起源于何时，当地每年的 6 月 21 日（夏至）为民间自发的荔枝狗肉节，其时，食用各种方法烹饪的狗肉，饮用用荔枝浸泡的白酒，成为一种民俗。食用狗肉的习惯引起了爱狗者们的抵触，以往有新闻报道过，但当地的狗肉节依然举办。平时，专做狗肉的饭馆生意依然红火，只是为了避免不必要的麻烦，专做狗肉的饭馆改名为香肉饭馆。

脆皮香肉是狗肉的一种做法（另外还有清水涮锅等吃法），大致流程是先将整只狗洗净在水中煮至皮熟，取出后在狗身上刷饴糖上色，并在大锅上用烧开的油反复淋浇，使狗皮焦香，然后将整只狗剁成小块，入锅再次炖烧五六十分钟后淋油。成菜上桌时以干锅的形式呈现，依然可以加热。我按当地司机的指点，找到了最有名的位于江滨路与新民路十字路口的宁大姐第一家香肉馆，门面很大，同一个老板、同样的店名，路口一边一家店，都是一个老板的。右边路口的店门旁有另一家高佬脆皮香肉馆，一位大厨正在剁狗肉，刚把狗头剁下来，狗肩脖处露出鲜红的肉，让我一下子想起汉代屠狗出身的大将樊哙，就站在那里给这位大厨录了一段视频。宁大姐第一家店门口招呼我的大叔看着我的表情，机敏地说："你到对面的店面里吃吧，都是一家店，那边人多好招呼。"其实是怕目睹剁肉的场景影响我的就餐感觉。我心领神会，移步到对面店内，果然人很多，一桌桌十几个人围满了，仿佛在吃席，我们只能上二楼，找了一张小点的桌子，二楼人略少，但也有几桌，多是二十几岁的年轻人。狗肉上来之后，香气扑鼻，确实也可以叫做香肉，毫无异味，我能识别出来的香味只有油香，从颜色和辅料上看，加了各种调料，但不是我们习惯的五香味。玉林是闻名世界的调料之都，这里厨师使用的可能是我们平常不知道的调料，故香气复杂且独特。我随身携带汾酒和茅台酒，还带了一小瓶法国的人头马干邑白兰地。比较下来，白兰地极不合适，虽然香气也高，但是太文雅了，与狗肉不搭。汾酒也太弱，镇不住脆皮香肉的香气。唯有飞天茅台，香气高亢华丽，滋味强烈丰富，方镇得住这道香气高亢的脆皮香肉。在饮用时，我想到对面大厨剁下狗头的场景，觉得在气质上，这道菜和 67 度衡水老白干更为契合。

8. 玉林炒牛料

董香型白酒：董酒国密 54%vol

炒牛料是玉林名菜，其实就是炒牛杂，资料上介绍："玉林传统的牛料中的牛肠都是不挤牛油的，这就是玉林牛料的特点，玉林人认为牛肠油是一种美味，特别有营养，如果处理干净了就没有牛料的灵气了，牛油还能助消化，吃饱不胀人。"我在玉林品尝了两家牛杂，感觉其下水味确实较重，而且嚼劲大、费牙。吃玉林牛杂得有口好牙，否则咬不动。配酒呢，我以为最合适的是董酒中的国密董酒，这种酒有招牌性的"臭味"，完全可以压制住牛料中的下水味，使人更充分地感受到牛料中的油香和筋道。

9. 车螺青芥汤
清香型白酒：汾酒青花瓷20 42%vol

十月初的北海，气温依然高达30℃，在户外活动两三个小时，汗水湿透了衬衣，这时进入饭店，点一道最常见的车螺青芥汤。所谓车螺，实际上是一种贝类，肉质肥厚细嫩；青芥是芥菜，颜色青翠。车螺煮汤，不用放其他调料，只少放一些盐，汤色自然乳白，味道极鲜，青芥散发着青草般的香气。大热天喝这道汤，解乏开胃，还能补充因出汗太多流失的电解质，真是舒服。所以，我们几乎每顿饭都要点这道菜。汤菜一般不是下酒菜，但如果遇到品质极其好的车螺、老板给的料也足的话，在喝汤吃完饭后，汤里余下的肥嫩车螺肉也足以陪伴你小酌两杯，更解乏。搭配这道菜，只适合选择口感清淡、饮后又体感舒适的大曲清香型白酒，汾酒的青花瓷20，42%vol，可做一个代表。

10. 桂林油茶
米香型白酒：桂林三花酒（老桂林） 45%vol

2020年11月到桂林访酒，到的时候已经是晚上九、十点，需要吃晚饭。酒店服务员推荐说附近有油茶店，这个点也只能到那里去吃。油茶在北方一般是早餐吃的食物，还没见过晚餐吃油茶的。到了油茶店发现，它们不只有油茶，还可以点其他菜——炒菜、鱼肉都有。当地的油茶是以糯米和老叶红茶为主料，用油炒至微焦而生香，再放入食盐加水煮沸，多数加生姜同煮，味浓而涩，涩中带有微辣。油茶分很多流派，有恭城油茶、灌阳油茶、三江侗族油茶等，以恭城的油茶名气最大。"一杯苦，二杯呷，三杯、四杯好油茶"，这是恭城瑶族自治县流行的顺口溜。恭城油茶里面还要加一点磨碎的花生粉。吃的时候是一大锅煮好的油茶，里面放着花生碎之类，另外还有多种辅料放在旁边可以随时往里面添。喝上两碗油茶，一路的疲乏已经消解一大半；肚子有食，就可以开始喝酒。同时店里还有各色小炒，种类很丰富。油茶的香气一下就让我们能接受米香型白酒的香气，而且喝酒只能喝低度的米香型白酒。二者香气和口感的融合，可谓天衣无缝。就在喝酒吃油茶的同时，我发现旁边一桌两男两女的年轻客人也在吃油茶，喝的像是饮料，容器类似于我们北方人平时喝凉茶的大水杯；他们看我们在喝白酒，跟我们搭话说他们喝的也是酒。我好奇他们喝的是什么样的酒，倒过来尝了一下，是用王老吉凉茶加二锅头自己勾调出来的"鸡尾酒"。四位年轻人很能喝，一大壶的容积，我推测有1500毫升，他们能喝两壶。二锅头酒至少放了一瓶在里面，酒跟王老吉凉茶兑在一起之后，如果不细心去感觉甚至察觉不出来酒的辣味。我不知道这是不是当地普遍的一种喝法，但由此可见当地人善于饮酒，而且也饮用得十分时尚。

广西的花蟹 **（摄影 / 楚乔）**
活的花蟹（左图）蟹壳为青色，蟹脚是蓝色，很是漂亮；煮熟后都变成鲜亮的红色，同样漂亮；花蟹名为"花"，实在得当。

第十七节
滇菜与白酒的搭配

一、滇菜概述

滇菜，即云南菜，云南省简称滇。

滇菜能成为一个菜系，是因为它有独特的特点，无论是在外地的云南餐馆，还是到了云南本地，都会感受到云南菜与众不同的特征，具体说来有以下五个方面的特征：

（1）民族风味浓郁，特色鲜明。云南生活有多个少数民族，每个民族都有自己独特的餐饮文化，而且都体现了绿色、文化、民族、旅游的特征。

（2）味型多样，适应性强。滇菜味型较多，可以满足各民族、各阶层人群的口味。这是千百年来云南物产、气候、民族结构及变迁、民族食俗等多因素影响形成的。云南省调味品非常丰富，家种、野生都有。滇菜厨师运用这些调味品，因人因地制宜，或加或减，可烹制出多种单纯和复合口味的菜肴。

（3）取材广泛，讲究鲜嫩。中国传统菜肴讲究色、香、味、型，滇菜用料更加独特，多以花、菌、竹、虫、药、果、珍（山珍）为料，其造型、色泽、香味及滋味，别具一格，新鲜独特。特别是由于云南时鲜蔬菜四季常有，滇菜常将蔬菜引入筵席，常做素菜或用于点缀，体现出清淡纯朴、原汁原味、鲜嫩回甜的风味。

（4）烹调方法多样，古风犹存。秦汉以来，汉民族不断地进入云南，他们带来了先进的烹调技艺，与云南各民族朴实而古老的烹调方法相结合，使得滇菜的烹调技法更为丰富多彩，既有汉族的技艺，又保留了传统少数民族的烹饪方法，古风犹存。尤其是少数民族的饮食器具和烹调方法，如傣、白、纳西、彝、佤等民族的饮食器具大都用竹、陶、瓦、木、叶等天然器具，虽然简单，但适应环境、顺应自然，有天然之美、自然之味。

本节主要参考文献：

[1] 杨艾军.经典传统滇菜暨精品创新滇菜选[M].昆明：云南美术出版社.2011：8-162.

[2] 丁建明.岁月的味道——非物质文化遗产目录中的云南饮食[M].昆明：云南人民出版社.2018：1-3.

[3] 杨晓东.保山美食风情[M].昆明：云南美术出版社.2011：9-106.

[4] 《走遍中国》编辑部.走遍中国·云南[M].北京：中国旅游出版社.2014：6-36.

[5] 要云.酒行天下[M].北京：电子工业出版社.2017：88-90.

[6] 云南省烹饪协会.滇菜文化——滇人食俗与饮食百味[M].昆明：云南大学出版社.2008：3-36.

绝妙下酒菜

已介绍过国内外数百种下酒菜，还在不断更新中，关注它，可获得最新的下酒菜知识。

酒的世界地理

介绍世界各地各种酒的生产和品鉴知识。

（5）由于滇菜品种丰富，民族特色鲜明，但是也非常分散，目前虽然有关滇菜的文献非常多，但是还没有明显的流派划分，每个地区、每个县，甚至每个乡镇、每个民族都有自己的特色菜肴，这是我们在全国各菜系中所发现的唯一没有划分流派的大菜系。

滇菜之所以能呈现出这种丰富多彩、品种众多以至于没有流派的特点，主要是由于自然地理条件和人文地理条件所决定的。

云南省位于祖国的西南边陲，东邻贵州省、广西壮族自治区，北连四川省，西北接西藏自治区，西部与缅甸接壤，南部和老挝、越南毗邻，总面积39万多平方千米。云南坐落在云贵高原和青藏高原结合部，西部高山峡谷相间，印度板块和欧亚板块碰撞，形成了青藏高原的隆起，构成在150千米内相间排列的高黎贡山、云岭、怒江、澜沧江、金沙江等巨大的山脉和大江，山岭和峡谷相对高差超过1000米。东部为滇东、滇中高原地形，为起伏和缓的低山和丘陵，海拔多在2000米上下，从山中镶嵌着的1平方千米以上的坝子有1442个，以陆良坝子和昆明坝子为最大坝子，占全省面积的6%。总体上以山地为多，山地面积占总面积的94%。众多山脉由西北向东南呈扫帚状分布，主要山脉有横断山、高黎贡山、怒山、云岭、哀牢山、无量山、乌蒙山、雪盘山、老别山、斑马山、绵绵山、三台山、拱王山、五莲峰、白草岭等。有山就有河，云南境内的河川纵横交错，主要河流有180多条，高原湖泊40多个，著名的湖泊有滇池、洱海、抚仙湖、泸沽湖等。云南最高海拔是6740米，最低点为河口县南溪口，海拔76.4米。云南地处低纬度高原，北回归线横贯南部，气候总体上比较温暖，昆明冬季不冷，夏季不热，被誉为春城。但是在其山区，气候垂直分布明显，从山顶到山脚，常有几种不同的气候类型，素有"一山有四季，十里不同天"之说。

如此多的高山、峡谷、河流、坝子，实际上形成了一个又一个相对独立封闭的居住单元。正是由于这种地理条件，使得云南在很长时期没有纳入中原王朝的直接管理之下，直到元代才正式在云南建立行省。相对隔绝的自然地理条件也给多民族相对独立的生活提供了物质基础，我国有56个民族，云南就有52个民族，其中，超过5000人的民族有26个，云南独有的少数民族有15个，彝族、白族、傣族、纳西族、拉祜族、独龙族、景颇族、佤族、哈尼族等。这些民族都有自己独有的生活方式和独特的饮食文化。

二、主要流派和代表菜品

云南菜品种丰富，各地菜品特征强，没有形成线索清晰的流派，但关于云南的美食著作、文献非常丰富，厚可盈尺。2009 年后，由云南省商务厅和云南省餐饮与美食行业协会牵头主编的"云南省饮食文化系列丛书"中，介绍了云南每个地州的美食佳肴，数量太多，不可尽列，我们从这套丛书里选择了杨艾军先生主编的《经典传统滇菜暨精品创新滇菜选》，这些精选过的菜谱，基本上可以代表云南的经典菜和比较时尚的创新菜，主要是餐馆里正餐吃的菜。同样列入这套丛书的丁建明先生所著的《岁月的味道——非物质文化遗产名录中的云南饮食》，详细介绍了进入国家级非物质文化遗产名录和省级非物质文化遗产名录的云南特色美食。这些美食反映出了独特的地方特点，更多的是原料（如火腿和腊肉），以及街巷常见的小吃，如各种米线、饵丝等。以上文献所罗列的云南菜主要代表菜品，可以作为了解云南菜的基本索引，要想详细地了解和体验云南菜，有厚达盈尺的文献可参考，更需要前往无法言说其美的云南去实地探访和体验。

1．传统经典滇菜

（1）金钱云腿；　　　　（15）黑芥炒肉丝；　　　（29）过桥米线；

（2）冷片壮牛肉；　　　（16）宣威小炒肉；　　　（30）大救驾；

（3）夹沙乳扇卷；　　　（17）栗子粉蒸肉；　　　（31）小锅米线；

（4）酥炸云虫；　　　　（18）冬菜扣肉；　　　　（32）小锅卤饵丝；

（5）清蒸金线鱼；　　　（19）芭蕉叶包烧牛肉；　（33）鳝鱼米线；

（6）锅贴乌鱼；　　　　（20）炸牛干巴；　　　　（34）都督烧麦；

（7）大理砂锅鱼；　　　（21）炊锅；　　　　　　（35）摩登粑粑；

（8）汽锅鸡；　　　　　（22）白油鸡枞；　　　　（36）烧饵块；

（9）香茅草烤鸡；　　　（23）炭烤松茸；　　　　（37）铜锅火腿豆焖饭；

（10）甜藠头炒剁鸡；　　（24）宫爆牛肝菌；　　　（38）香竹饭；

（11）白花酥鸭；　　　　（25）酿小瓜；　　　　　（39）菠萝紫米饭；

（12）宜良小刀鸭；　　　（26）酥红豆；　　　　　（40）五色花糯米饭。

（13）云南春卷；　　　　（27）金钱洋芋饼；

（14）汤爆肚头；　　　　（28）锅贴乳饼；

2. 精品创新滇菜

（1）苍洱冻鱼；

（2）松露鹅肝；

（3）松露千层肚；

（4）冰封山珍芥蓝；

（5）冰镇山椒鲜鱿鱼；

（6）滇香香酥豆；

（7）凉拌鲜花；

（8）玫瑰乳球；

（9）金丝乳扇卷；

（10）汽锅松露；

（11）松茸五福盅；

（12）石锅金线鱼；

（13）松露牦牛排；

（14）银鱼虎掌菌；

（15）菌香酱辽参；

（16）椒香江鱼皮；

（17）折骨鱼头烩饵丝；

（18）粉蒸海鲜；

（19）砂锅鱼头煲；

（20）虫草鲍参菌；

（21）茶王菌皇普洱鲜；

（22）山官牛头；

（23）腊味小刀鸭；

（24）野花炒山鸡；

（25）云岭小炒腊肉；

（26）山珍双鲜饼；

（27）爆炒羊肚菌；

（28）彩云时蔬煲；

（29）七彩天麻时蔬鲜；

（30）锅仔自磨豆腐；

（31）牛肝菌忌廉汤；

（32）约园养生汤；

（33）鸡枞牛肉烧卖；

（34）山珍双饺；

（35）任亚大包；

（36）翡翠蚕豆包；

（37）鲜花酥饼；

（38）滇式桂花糕；

（39）水牛奶炖皂仁；

（40）五味上上签。

3. 进入非物质文化遗产名录的云南美食

国家级：

（1）蒙自过桥米线；　（2）宣威火腿。

云南省级：

（1）宜良烧鸭；

（2）建水汽锅鸡；

（3）曲靖蒸饵丝；

（4）巍山耙肉饵丝；

（5）云县鸡肉米线；

（6）建新园过桥米线；

（7）诺邓火腿；

（8）无量山火腿；

（9）哈尼族腊猪脚；

（10）纳西族猪膘肉；

（11）寻甸牛干巴；

（12）鲁甸牛干巴；

（13）石屏豆腐；

（14）建水西门豆腐；

（15）倘塘黄豆腐；

（16）吉庆祥云腿月饼；

（17）丽江永胜水酥饼；

（18）永香斋玫瑰大头菜；

（19）酱油酿造（妥甸酱油、拓东甜酱油）；

（20）酿醋技艺（禄丰香醋、剥隘七醋、下村麸醋）；

（21）开远甜藠头；

（22）七甸卤腐；

（23）昭通酱；

（24）云泉豆瓣酱。

云南省州（市）级

昆明市：

（1）官渡粑粑；　　　　（3）呈贡豌豆粉；　　　　（4）昆阳卤鸭。

（2）官渡饵块；

曲靖市：

（1）辣子鸡、圆子鸡；　（5）文火砂锅羊肉；　　　（9）富源酸菜猪脚火锅；

（2）烟辣鱼；　　　　　（6）会泽羊八碗；　　　　（10）曲靖（沾益）小粑粑；

（3）黑皮子；　　　　　（7）会泽稀豆粉；　　　　（11）姜子鸭。

（4）珠街老鸭子；　　　（8）富源全羊汤锅；

保山市：

（1）下村豆粉；　　　　（7）昌宁傣族民间　　　　（12）傣族牛肉松；

（2）河图大烧；　　　　　　　 菜肴系列；　　　　（13）施甸年猪饭；

（3）潞江土司食谱菜肴；　（8）傣族竹筒饭；　　　（14）施甸干栏片；

（4）蒲缥甜大蒜；　　　（9）傣族糯米粑粑；　　　（15）腾越镇大薄片；

（5）金鸡"火瓢"牛肉；　（10）傣族牛撒撒；　　　（16）腾越镇饵丝；

（6）金鸡口袋豆腐；　　（11）傣族烧鱼；　　　　（17）腾越镇稀豆粉。

大理州：

（1）白族生皮；　　　　（3）弥渡卷蹄；　　　　　（4）永平黄焖鸡。

（2）喜州粑粑；

丽江市：

（1）丽江粑粑；　　　　（2）鸡豆凉粉；　　　　　（3）三川火腿。

西双版纳州：

（1）青苔；　　　　　　（2）傣族酸笋；　　　　　（3）傣族"喃咪"。

德宏州：

（1）阿昌过手米线。

红河州：

（1）斗姆阁卤鸡。

三、我们直接感受到的滇菜

我们最早对云南菜的了解是在 20 世纪 90 年代初，那时候我们还没去过云南，西安解放路上开了一家云南过桥米线馆，当时一位经商的朋友告诉我，他吃了一碗最贵的米线，55 块钱一碗，我觉得那是天价，因为当时街边的米线才 1.5 元一碗。后来还是忍不住诱惑，到解放路那家云南过桥米线馆吃了几回米线，后来我也开始创业，有机会招待客人时，多次去吃这家米线。

等到我有机会到云南时，在昆明发现很多米线店的米线还不如西安的那家好吃。

但是，在云南发现了很多在西安没有见过的云南美食，印象深刻的有瑞丽的香辣蟹、腾冲的铜锅饭、永胜县他留乡的乌骨鸡，等等。每次在当地尝到这样的特色菜，都是一场美丽的邂逅，回来之后到处找都找不见。很多地方都有香辣蟹，但是像瑞丽的香辣蟹个头那么大、肉那么多、做得香辣咸鲜那么合适的，我在全国任何地方再也没有吃到过。现在西安有一家云南饭馆名叫米店，很热闹，吃饭都要排队，店里有云南的铜锅饭，但我尝过之后，觉得跟腾冲的铜锅饭相差甚远。

滇菜在全国的渗透是非常强的，最著名的就是过桥米线，几乎全国各地都有。当然，云南本地的米线有多种类型，在全国任何一个地方都吃不到云南本地那么丰富美味的米线。

自从西安建了高铁站，我几乎再也没有去过西安的老火车站，解放路那家米线馆是否还在营业，我已经不知道了。但是在西安其他地方吃到的云南米线，真的远不如当年解放路云南过桥米线馆的米线好吃。

西安新开的云南菜馆也越来越多了，比如SKP的"一坐一忘"、中大国际的"西南夷"等等，但是这些滇菜过于时尚，有些菜品不错，但缺乏经典的滇菜的神韵。最简单的就是火腿，云南有各种各样的火腿，以前知名的有宣威火腿，近年来知名的有诺邓火腿、无量山火腿等。我非常想把各个地区不同的火腿放在一起进行比较，但在西安还找不到这样的滇菜餐馆。我希望未来会有把云南各地的米线或者火腿放在一起进行细腻比较的滇菜餐馆出现，就像把各种香型的酒放在一起品尝一样。

四、云南地产白酒

云南当地也生产白酒，当地人民善于饮酒，但实事求是地说，云南没有国家优质酒，更没有国家名酒。云南本地产的白酒主要是小曲酒，在云南各个地县都有小曲清香型酒，代表酒如鹤庆乾酒，以小曲为糖化剂、大麦为原料酿造而成；云南有一种有影响的酒，名叫杨林肥酒，以小曲酒为基酒，泡制中草药而成，属于配制酒；云南的香格里拉生产青稞酒，但是在全国影响不大；其他还有各地少数民族酿造的发酵酒，不一而论。

小曲酒的酒质不如大曲酒，这可能是云南白酒尽管有一定产量，但是没有在全国推广的一个原因。

20 世纪 70 年代，水富县从四川宜宾划归云南。当时四川要建钢厂，选址在攀枝花，攀枝花原来的行政区划属于云南永仁。云南要建天然气化工厂，也没有合适的地点。于是，作为交换，云南把攀枝花划给四川，四川将水富划给云南，各得其所。这样云南得到了一个地理和气候条件与宜宾一样适宜生产浓香型白酒的地方。水富现在生产的浓香型白酒品牌名叫醉明月，不过影响也不太大，似乎只是在昭通一带的市场上才能见到。

因为工作的原因，我多次前往云南，云南的主要地区都走遍了，但很少喝小曲白酒，只是有时为了品尝地方风味尝一点。在写作本书时，因为云南没有生产优质白酒，原本没有将滇菜作为一个配酒的菜系来介绍，但是滇菜的内容实在太丰富了，特别是它的文献资料，是我目前了解的各大菜系里最丰富的，因为有好菜，所以专门写了"滇菜"这一节来介绍。

云南本地没有白酒名酒，这是事实。2024 年 5 月，云南当地的酒业协会以及相关企业召开会议，讨论怎样发展云南的白酒产业。希望未来云南会有优秀的地产白酒出现。

滇菜与白酒搭配示例

1. 金钱云腿

酱香型白酒：郎酒青花郎 53%vol

云南多地生产火腿，以宣威的火腿名气最大。火腿中，猪脚腕骨以上、猪大腿以下部分称为金钱腿，这是宣威火腿中的极品，肉香味浓。宣威火腿的加工方法有很多，最好的方法是炖和煮，其中有一种炖法是下锅后放清水没过肉，猛火催汤，把头道汤倒掉不用，然后用甘蔗切成两半垫在锅底，加清水漫过火腿，小火慢炖，煮上两三个小时，熟透后再切片装盘。这种方法烹饪出来的金钱云腿，入口鲜、咸、甜、糯，确实是美食的上品。搭配这道菜，我们觉得酱香型白酒最为合适，因为火腿的风味非常浓郁，适合用风格同样浓郁的酱香型白酒来配合饮用。酱香型白酒选择的是青花郎，青花郎的香气比茅台酒要"干净"些，花果香气更强。充分炖煮后的火腿，不仅有肉香，还有清香气，和青花郎酒里那种比较明显的果香匹配起来，整体上既干净又典雅。

2. 酥炸云虫

酱香型白酒：飞天茅台酒 53%vol

食用昆虫也是云南菜的一个特点。酥炸云虫包括鲜柴虫、虾巴虫、蚂蚱、蜂蛹、竹虫、蝎子等。油炸后上盘，和花椒盐一起蘸食。油炸后昆虫的蛋白质发出独特的香气，茅台酒的香气里也有曲虫虫蛹在高温大曲里被烧焦后蛋白质的焦香味，用飞天茅台酒搭配酥炸云虫，有天然的风格相似性。既能感受到酒香，也能够唤起对茅台酒的生产工艺细节的兴趣。

3. 香茅草烤罗非鱼
小曲清香型白酒：鹤庆乾酒 52%vol

云南的烧烤，很多都用香茅草做辅助的配料。我在云南多地吃过烧烤，印象最深刻的是烤罗非鱼，明火的木炭盆上面搭着铁网，将香茅草和罗非鱼在铁网上慢火烤着。边烤边喝酒。这种烤鱼和其他地方的烤鱼不大一样，吃着吃着就快烤成鱼干了，越嚼越香。

在云南的街头吃烧烤，基本上都要买一点当地的地产酒，有些是我已经记不起名字的小曲酒，名气大一点的小曲酒是鹤庆乾酒。小曲酒的香气比较清淡，做曲时基本都加了各种中药材，所以小曲酒喝起来多多少少会有些中药味，这种中药味跟烤鱼里面的香茅草以及其他调料香味混合在一起，非常谐调，整体好像都是鱼中调料带来的香气一样。鱼在明火的持续烤制下，散发出的焦香、香茅草和其他调料香味，洋溢出独特的地方风味，让你闭着眼睛都感觉出这是在云南。这种美妙的搭配也只有在云南才能找到，出了云南，尽管也有香茅草烤鱼，跟云南当地已不可同日而语了。

4. 松露鹅肝
酱香型白酒：飞天茅台酒 53%vol

鹅肝和松露本是法国的美食。我国云南现在也生产名贵的松露，鹅肝也在我国的内蒙古、安徽、山东等地生产。这些本来是法国顶级的美食，也成了滇菜中的创新菜品。鹅肝中常见的吃法是香煎，油香比较明显。这道松露鹅肝是把鹅肝做成茸，再把松露混合进去，可能是来自法国鹅肝酱的做法。这道菜最大的特点是口感细腻，有松露独有的香气。搭配这种王者之菜,我们还得请出中国白酒里的"王者之酒"——飞天茅台酒。飞天茅台酒的香气复杂，口感细腻，最重要的是口感细腻，跟同样口感细腻的鹅肝组合在一起，会更深刻地理解中国白酒的细腻口感是一种什么样的感觉。

5. 腾越牛肉火锅

青稞香型白酒：阿拉嘉宝青稞酒小阿宝 52%vol

随着年龄的增长，我逐渐地不能再空腹喝酒，每次喝酒前一定要先吃点主食。不过，绝大多数的中餐馆里的习惯是：先上凉菜、再上热菜、最后上主食，喝酒从凉菜就开始喝起；即便点了主食，也是姗姗来迟，上得慢。

两年前（2022 年），我在西安 SKP 商厦的一坐一忘餐厅吃饭，发现这个地方可以满足我喝酒前先吃主食的要求。这是一家云南餐馆，主食里有米线。我到餐馆点份米线、再点份热菜，把米线吃完之后再慢慢开始喝酒。米线吃完基本已是八分饱，如果两个人喝酒，点一个菜就够了。我去的时候是冬天，只点了一道腾越牛肉，是架在小燃气灶上的一个牛肉砂锅，牛肉品质极好，搭配的菜品也好，有萝卜、蛋饺、山药、豆腐皮。端上来之后再点火，没有烧开的时候可以再下一份新鲜的薄荷。砂锅下面的燃气量不太大，在这个寒冷的冬天，吃过米线之后慢慢地佐酒，炉火之下这道菜可以一直吃上两个小时，菜里的山药、萝卜越煮越烂，也越来越入味。

这家店的位置极佳，坐在窗前，映入眼帘的是西安古城墙的大南门，也叫永宁门。坐在窗前，我会从落日熔金的黄昏时刻，一直喝到华灯璀璨的夜晚。看着车水马龙的街道和苍老的古城墙，默默地想起很多、很多。由最初的"落日楼头，断鸿声里，把吴钩看了，栏杆拍遍，无人会，登临意"，一直喝到"坐忘"的境界。

一坐一忘，这个名称可能来自庄子《大宗师篇》里"坐忘"

风雪中的西安南门城楼　（摄影/李寻）

段落。大意是：孔子的学生颜回跟孔子交流自己的学习思考心得，说自己已经忘掉仁义了。孔子说你有进步，但还没到境界，还得再学、再思考。过了一段时间颜回又说，我已经忘了礼乐，孔子说是有些进步，但还是不够。最后，颜回告诉孔子说"回坐忘矣"，孔子问他什么是"坐忘"？颜回解释了什么是"坐忘"。孔子认为颜回的学问到境界了，甚至已经超越自己，他要转而跟随颜回去思考、学习。

至于何谓"坐忘"，我们就直接引用庄子的原文吧——任何现代语言的翻译都会失去原文的神采！

仲尼蹴然曰："何谓坐忘？"

颜回曰："堕肢体，黜聪明，离形去知，同于大通，此谓坐忘。"

仲尼曰："同则无好也，化则无常也，而果其贤乎！丘也请从而后也。"

第十八节
沪菜与白酒的搭配

一、沪菜概述

沪菜即上海菜。

上海在元代的时候才设县，是一座位于长江三角洲的滨海小县城。鸦片战争之后，清政府被迫和英国签订了近代历史上第一个不平等条约——《中英南京条约》，条约规定开放广州、福州、厦门、宁波、上海作为通商口岸，即"五口通商"。在这五个通商口岸中，英国把上海作为倾销商品的市场和掠夺原料的基地。开埠后上海有了很大的发展，到1852年，上海就已经拥有了50万人口，街道达到100多条。洋务运动时，李鸿章又在上海建立了江南制造总局，上海逐渐成为中国最大的工业城市，还形成了独特的海派文化。

在餐饮方面，17世纪以前上海菜只有本帮菜，源于当时农村人在乡镇或者进城途中摆卖的"饭摊"，就像现在吃饭的排档，这些摆饭摊的人陆续进城开小饭店，卖的都是老上海家常菜，只做小菜，没有宴客大菜，"炒几道小菜"是上海人的口头禅。开埠之后，异地移居上海的人员增多，为上海带来了川菜、浙菜、粤菜、鲁菜等各地的菜肴。

上海是一个国际化的大都市，来自世界各国的餐厅，如意大利餐厅、法国餐厅、西班牙餐厅、土耳其餐厅、日本餐厅、印度餐厅等在上海的分布数量居中国之冠。各式酒吧、咖啡厅更多，是国内体验西餐等外国菜的胜地。

今天的上海菜是本帮菜和外来菜的混合。本帮菜的特点是多油、味浓、重糖、色泽浓艳，采用红酱油做成红烧菜式，也就是人们常说的"浓油赤酱"。

酒的世界地理

介绍世界各地各种酒的生产和品鉴知识。

二、主要代表菜品

沪菜的代表菜品如下：

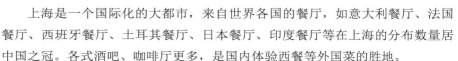

绝妙下酒菜

已介绍过国内外数百种下酒菜，还在不断更新中，关注它，可获得最新的下酒菜知识。

本节主要参考文献：

[1] 方晓岚，陈纪临.品味上海菜[M].香港：香港万里机构出版有限公司.2020：16-138.

[2] 姜波.会吃上海菜[M].哈尔滨：黑龙江科学技术出版社.2018：85-139.

[3] 上海日报.上海味道[M].桂林：广西师范大学出版社.2018：12-150.

[4]《走遍中国》编辑部.走遍中国·上海[M].北京：中国旅游出版社.2016：6-50.

味噌昆布蛏子冻　（摄影／楚乔）
上海长乐路帅帅精致家常味饭馆的创新菜品：
味噌昆布蛏子冻，是道下酒的好菜。

（1）四喜烤麸；　　　（8）糟猪爪；　　　（15）真如白切羊肉；

（2）响油鳝糊；　　　（9）枫泾丁蹄；　　　（16）草头圈子；

（3）双菇面筋；　　　（10）糟鸡；　　　　（17）味噌昆布蛏子冻；

（4）油酱毛蟹；　　　（11）排骨年糕；　　　（18）葱油拌面；

（5）墨鱼大烤；　　　（12）奶酪焗鳜鱼；　　（19）南翔小笼馒头；

（6）松江鲈鱼；　　　（13）虾子大乌参；　　（20）上海菜饭。

（7）葱油鲳鱼；　　　（14）糟肉；

三、我们直接感受到的沪菜

上海，我们曾经去过多次，也没少吃饭喝酒，但是当我们写作这本书、查阅资料并且搜索自己在上海喝酒吃菜的记忆时，竟然感觉非常贫乏。能想起的上海美食多半是小吃，比如南翔小笼包子、阳春面、葱油拌面等。记忆深刻一些的上海菜，如响油鳝糊、红烧蹄膀也主要是下饭菜。在上海也喝过很多酒，只是下酒的菜肴可能和外地菜混合了，想不起来有特点的菜。各地的上海餐馆也很少，作为一个菜系，上海菜尽管有海纳百川、融汇各家名菜的胸襟和气度，但是对上海以外的渗透，似乎力度不够。

上海是一个处于文明前沿的城市。在餐饮方面，我印象最深的是在上海展览馆附近吃过的一次饭，那也是20多年前了，第一次"中餐西吃"，分餐制，一道一道地上菜，吃的什么已经忘了，只是记得那种吃法很高级、很先进。

也就是在写作本书沪菜这一节时，我才抱愧，对上海了解得还太少。在本书初稿完成之后，2024年7月上旬，我们又专程前往上海，进行了为期一周的餐酒搭配体验，随车携带了各种香型的酒品，两套专业品酒杯（共12只）。要实地体验不同香型白酒与菜肴的搭配效果，只能将不同香型的酒比较起来品鉴，而餐馆里提供的白酒酒杯五花八门，形制不一，大多数是小酒杯，不利于稳定比较酒体的色、香、味、格，所以我们只能自己携带专业标准品酒杯。就这样，我们提着大包小包，冒着酷暑，穿梭于上海的各家酒楼餐馆之间。好在现在的餐厅服务都比较好，不仅允许顾客携带酒品，还提供了清洗酒杯的条件，一路下来，收获良多。

在传统本帮菜馆中，我们体验了一家传统的老字号餐馆——老正兴菜馆，和一家新创办的时尚上海菜馆——帅帅精致家常味。老正兴菜馆的招牌菜油爆河虾和糟三样是上好的下酒菜，而有些菜品尽管也是很有特色的本帮菜，但更适宜下饭，而不是下酒，如老正兴菜馆的草头圈子，其实是以苜蓿作为绿菜打底，上面覆盖了四段红烧煨制的大肠，有些像鲁菜的九转大肠，只是和绿色的苜蓿搭配摆盘，效果变为清新格调。帅帅精致家常味则体现出了强烈的创新色彩，食材非常精致，菜品既有传统神韵，又有时尚气息，比如一款味噌昆布蛏子冻刷新了我们对皮冻与海鲜的概念，每个蛏子肉裹着皮冻（不知是鱼皮还是肉皮熬制的，但遇热则化，说明是熬制的，而不是冻粉制作而成），味道又是来自日本的味噌酱，可谓中外合璧。

这次到上海，一个重要的目标是体验上海的西餐，随身携带了一本由《上海日报》编辑的《上海味道》（广西师范大学出版社，2018年3月第一版），其中介绍了六七十家上海知名的西餐厅，各个国家风味都有，准备"按图索骥"，

上海city'super生活超市墙上悬挂着产自西班牙不同省区的火腿 （摄影/楚乔）

选择几家有代表性的餐厅品尝。不想到了上海之后，连打了五家餐厅的电话，要么是无人接听，要么提示音为"号码已不存在"，看来有些餐厅已经不存在了。没有办法，只能在没有资料线索的条件下自己"扫街"了。几天下来，在各大商场的西餐厅里品尝了多种西餐，虽然不算西式正餐，只是相当于日常快餐，但品质风格均佳，最大的特点是食材新鲜，烹饪风格地道。

上海的西餐品质好，从其超市中的食材原料也可见一斑。上海有多家经营进口食材的 city'super 生活超市，其中的牛排、牛肉品种丰富，价格比西安超市要便宜。在西安的高端超市里，西班牙火腿多是以小袋装为主，偶尔有一条完整的火腿作为形象展示，上海的 city'super 生活超市中，西班牙火腿按照西班牙不同的产区挂在墙上，有 20 多条，货柜里也有多条整只火腿，可见在上海有较大的整只火腿购买力。傍晚，在华润时代商厦门前的小摊上，居然有专门现切西班牙火腿售卖的小摊点，昂贵的西班牙火腿是这里的大众消费之一。

上海，是一座深不可测的城市，是中国最早的现代化大都市，至今也在引领着时代发展的潮流。

四、上海地产白酒

上海也是有地产白酒的。1958 年建厂的七宝大曲酒厂，起初生产酱香型白酒，后又改为生产清香型白酒，存续的时间还比较长，2000 年酒厂倒闭。在奉

上海锦江饭店　（摄影／李寻）
这家饭店记录着很多历史故事，附近有很多饭店、酒吧。

贤区还有一个神仙大曲酒厂，从网上的资料看，也是 1958 年始建，目前神仙大曲还在销售。另外还有一款"上海老窖"，是上海老窖酒业公司的品牌。两款酒都是浓香型白酒，具体怎么样，我没有品尝过，现在无法评价。

我在上海喝过的两种酒：一种是石库门的黄酒，感觉比绍兴的花雕要清淡一些；还有一种是崇明岛的老白酒，其实也是一种小曲黄酒，当地把它叫"老白酒"。从资料上看，这种老白酒一年销售上万吨，但也只限于崇明岛和上海境内，在外地是难得一见的。

值得一提的是，上海的白酒消费能力并不弱，各个香型的白酒企业都把上海作为重要的市场。我了解的上海白酒经销商，他们的销售量也是非常大的。

上海，不仅是一个现代文明城市，也是一个善于饮酒的城市。

沪菜与白酒搭配示例

1. 四喜烤麸
清香型白酒：汾酒青花瓷 20 45%vol

烤麸就是面筋，面筋蒸熟定型后切片，和花菇、木耳、蚕豆等拌成凉菜。有调酱油颜色深红的烤麸，也有不调酱油、浅色的烤麸，四喜烤麸是浅色的。烤麸是拌制的凉菜，非常适合下酒。这道菜调制时没有加酱油，比较清淡，适合搭配清淡一点的清香型白酒。45 度的汾酒青花瓷 20，香气清香纯正，口感也醇和淡雅，搭配这道菜，浅酌慢饮，比较合适。

2. 糟肉
浓香型白酒：五粮液 52%vol

以糟做菜是江浙以及上海一带的特色。糟就是酒糟，是酿酒取得酒液之后留下来的固态渣滓，含有一定的酒精。现在有预制好的香糟，由小麦加工而成，把小麦磨碎加工发酵成麦曲，再酿制而成。香糟的酒精度能够高达 20 度，是江南地区一种特殊的调料。香糟加水和姜、葱煮成浓汁，再经过几次过滤和沉淀出来的香糟汁，用盐和糖调味后就是用来做糟鱼、糟鸡等糟货的材料。糟菜很多都适合下酒，如糟鱼、糟肉、糟猪爪、糟鸡。

糟肉的做法：将猪肉洗净之后放到锅中，加清水煮到肉八成烂熟，捞起去骨，在精肉上撒上盐，擦匀待用；然后将汤倒入锅内，加入葱段、姜块、八角、桂皮、花椒、味精、糖、盐，烧开后把汤盛出锅，在盆中冷却；把香糟料酒放入晾凉的汤中拌和，装在布袋中滤去渣滓，做成香糟卤；然后把肉切成比较大的块，放到糟卤中，置于贮存熟食的冰箱内，将糟卤和肉冻结，以便改刀；吃时取出米切成小方块装盘，再浇上卤汁即成。

糟肉的特点是肉嫩，酒香浓郁，是下酒的好菜。因为糟肉本身的酒香就比较浓，搭配这道菜，我们选择的也是香气比较高的浓香型白酒五粮液。五粮液是浓香型多粮香的代表酒，香气高亢且丰富，八代五粮液的发酵味也很明显，和糟肉的香糟味浑然一体。

3. 糟三样
浓香型白酒：国窖 1573 52%vol

在上海的下酒菜中"糟菜"非常广泛，可谓"无物不可糟"。多家本帮菜馆中都有糟三样这道菜，只是三样的内容不一样，有糟肉，也有糟虾、糟鱼、糟鸡、糟鸭舌等，不可尽数。上海老正兴菜馆的糟三样是：糟猪舌、糟猪肚、糟毛豆，酒糟香明显，猪舌口感脆，滋味淡雅。我们比较了几种酒后，觉得泸州老窖酒厂的国窖 1573 最为合适。

其实，糟三样里的糟香更接近黄酒的香气，本来可能也就是搭配黄酒食用的，但对我们这些白酒爱好者来说，要在本来搭配黄酒的菜肴中选择时，就得让酒的香气在和菜的香气碰撞融合时，能够产生"忘记黄酒"的效果。国窖 1573 是川派浓香中单粮香的代表产品，高粱酒的香气高亢明亮，既能与"糟三样"中的"酒香"融为一体，又能将黄酒中低沉的黄酒味压制于无形，搭配起来比较谐调。

4. 油爆河虾
浓香型白酒：苏酒头排酒 52%vol

油爆河虾是上海本帮菜老正兴菜馆的头牌菜，特点是虾个头较大，肉多肥美，皮又油炸得酥脆，口味较甜，是道下酒的好菜。唯一的不足是得趁热快吃，放凉了虾皮就不够酥了。搭配这道菜，我们选择了江苏双沟酒业的顶级产品：苏酒头排酒，两个"头牌"搭在一起，甚是般配。苏酒头排酒的口感绵甜、香气适度，并不抢夺油爆河虾的油香，和菜里的甜味也能衔接得上，只是这时饮酒的感觉不是在增加菜里的甜味，而是在降低菜里的甜味，使之不再腻，有清爽回甘的感觉。

5. 味噌昆布蛏子冻

酱香型白酒：飞天茅台酒 53%vol

2024 年 7 月上旬，在上海进行餐酒搭配体验时，反复比较下来，最适合搭配上海菜的是浓香型白酒。那么，比较"挑菜"的酱香型白酒在上海能否找到合适的下酒菜呢？找了半天，还真找到了一道菜——上海帅帅精致家常味的味噌昆布蛏子冻。这是一道时尚的创新菜，造型漂亮，像一个裹着一条蛏子肉的"松花蛋"。"蛋清"部分实际上是皮冻（也可能是鱼冻），香气是浓郁的日本味噌酱的味道——酱香，和飞天茅台酒相遇之后，能减弱茅台酒的焦香，强化突出了其中的酱香。口感清凉滑糯，蛏子肉鲜嫩，有效地缓解了茅台酒带来的复杂刺激感，使饮用过程变得柔和顺畅。

第十九节
冀菜与白酒的搭配

一、冀菜概述

冀菜，即河北菜。

河北省简称"冀"，其得名来自古冀州：相传大禹治水的时候，天下被分为九州，九州之首便是冀州。当时的冀州比今天河北的区域要大，除今天河北境内之外，还包括今天的天津、北京、河南、山西以及辽宁部分地区。

河北的自然地理条件非常优越：北部是山区和高原，坝上高原海拔1500～2100米，西部是太行山区，中部和东部是华北大平原，东部边缘面临渤海，海岸线有近500千米，是真正的"依山傍海"之地。河北境内河流纵横，主要有滏阳河、卫河、南运河、滹沱河、子牙河、大清河、永定河等，分别属于海河、滦河、内陆河、辽河四个水系，区域内有白洋淀、衡水湖等湖泊。从自然地理条件来看，这是一个有山、有水、有平原、有海，各种自然条件都具备的省区，物产丰富。

河北是华东、华南和西南地区连接"三北"——东北、西北、华北地区的枢纽地带和商品流通的中转地，是"三北"地区的重要出海通道，经济比较发达。

但奇怪的是，物产丰富、经济发达的河北，其地方菜（冀菜）却一直没有作为一个菜系出现在中国饮食文化的文献当中。中国菜系有多种概括说法，有"四系"说、"五系"说、"六系"说、"八系"说、"十系"说、"十六"系说、"十八"系说、"十九"系说、"二十系"说——即便在"二十系"的名单里面，也未见冀菜的身影（当然，也没有前面我们介绍过的桂菜）。

关于河北菜系以及饮食文化的文献也非常少。在写作本书的过程中，我们刻意去收集有关河北的美食文化的资料，花了不少时间，但找到的只有两份：一份是由河北省饮食服务公司编写的《河北菜点大全》（上、下），属于内部资料，1988年7月编辑印刷，作为30多年前的老资料，反映的是当时河北菜的品种；

访酒天下

遍访天下美酒，尽尝人生百味，融入岁月山河。

绝妙下酒菜

已介绍过国内外数百种下酒菜，还在不断更新中，关注它，可获得最新的下酒菜知识。

本节主要参考文献：

[1] 孔润常.寻味燕赵[M].保定：河北大学出版社.2023：22–386.

[2] 《走遍中国》编辑部.走遍中国·天津[M].北京：中国旅游出版社，2017：3–51.

[3] 河北省饮食服务公司.河北菜点大全(内部资料)[M].1987：1–10.

另一本是最新出版的、由河北学者孔润常先生所著的《寻味燕赵》。两本书的出版时间跨度较大，但是内容丰富，反映出河北菜肴原料和加工都有自己的特点。结合在河北大地行走时感受到的冀菜风味，我们认为冀菜作为一个菜系是完全可以成立的，只是由于种种我们现在还不完全清楚的原因，以往的餐饮文化文献没有给予它足够的重视。

二、主要流派和代表菜品

冀菜分为三个主要流派，分别是冀中南菜（包括直隶官府菜），分布在保定、石家庄、邢台、邯郸、衡水；冀北塞外菜，分布在张家口、承德；冀东沿海菜，分布在唐山、秦皇岛。

1. 冀中南菜

（1）炸烹虾段；
（2）荷包里脊；
（3）鸡里蹦；
（4）酱驴肉；
（5）锅包肘子；
（6）金毛狮子鱼；
（7）海参扒肘子；
（8）烧烤雏鸡；
（9）五香凤爪；
（10）河北豆腐；
（11）油爆肚；
（12）冀酱鸭丝；
（13）红星包子；
（14）鱼头泡饼；
（15）金山熏酱；
（16）水渣沟腌肉；
（17）古栾八大碗；

（18）正顺饸饹；
（19）槐茂酱菜；
（20）李鸿章烩菜；
（21）官府六味骨；
（22）白运章包子；
（23）牛肉罩饼；
（24）牛肉馅饼；
（25）石家庄安家卤煮鸡；
（26）骨渣丸子；
（27）神仙鸡；
（28）白洋淀石锅嘎鱼；
（29）大名府小磨香油；
（30）邯郸二毛烧鸡；
（31）邯郸全驴宴；
（32）广府酥鱼；
（33）香煎血肠；
（34）冀南豆沫；

（35）武城乡甘薯小火煨鲍鱼；
（36）磁州红烧岳城大湖鱼；
（37）磁州莲藕炖小排；
（38）磁州卤面；
（39）磁州煎灌漳；
（40）香河肉饼；
（41）大骨头炖鸡蛋；
（42）文安县小鱼一锅鲜；
（43）固安熏乳鸽；
（44）京南炖吊子；
（45）文安县靳记熏鱼；
（46）里坦薛家窝头；
（47）沧州火锅鸡；
（48）驴肉火烧；
（49）葱爆驴肉；
（50）辽参驴胶；
（51）河间包肉；

（52）炒合菜；　　　　（56）故城龙凤贡面；　　　（60）辛集黄韭肉丁

（53）青县合碗子；　　（57）定州新宗熏肉；　　　　　　饺子；

（54）衡水黄金甲（叫　（58）定州中山头一腰；　（61）白洋淀全鱼宴

　　　花土元鸡）；　　（59）定州卤猪头肉（鸿　　　　　（系列菜）；

（55）香炸金蝉；　　　　　　运当头）；　　　　　（62）保定烧鸡。

2. 冀北塞外菜

（1）金银燕菜；　　　（8）承德杏仁茶；　　　（13）口蘑牡丹虾；

（2）扒熊掌；　　　　（9）承德五魁园　　　　（14）香满楼百花烧麦；

（3）烤全鹿；　　　　　　　改刀肉；　　　　　（15）宣化朝阳楼涮锅；

（4）承德满汉全　　　（10）承德平泉羊汤　　　（16）蔚州糊糊面；

　　　席宴（系列）；　　　　（八沟羊杂汤）；　　（17）怀安柴沟堡熏肉；

（5）满汉全家福；　　（11）张家口烧南北　　　（18）怀安豆腐皮；

（6）一品鹿唇；　　　　　　（口蘑烧玉兰片）；　（19）马市口一窝丝饼。

（7）八旗羊汤；　　　（12）张家口口蘑宴（系列）；

3. 冀东沿海菜

（1）芙蓉燕菜；　　　（8）河鲀馅水饺；　　　（16）山海关浑锅（荤锅）；

（2）糖醋饸饹；　　　（9）红烧河鲀；　　　　（17）经典黏豆包；

（3）水晶鸡片；　　　（10）唐海饸八带；　　　（18）秦皇岛蒸焖子；

（4）蚶子米饭；　　　（11）曹妃甸螃蟹豆腐；　（19）黄骅虾酱；

（5）唐山鸿宴海参席；（12）秦皇岛烤鱼；　　　（20）小葱虾酱圈饼。

（6）棋子烧饼；　　　（13）官烧鳎目鱼；

（7）唐山东方红鳍河　（14）薄切活海参；

　　　鲀（涮火锅）；　（15）梓椤叶饼；

三、我们直接感受到的冀菜

对于河北的美食，我们有着极其深刻的记忆。1991 年我们旅行结婚，到北戴河度蜜月，这也是我们第一次见到大海。当时在北戴河住了三天，连吃带住，三天预算总费用是 100 元。在海边看见卖盐水大虾的，一只大虾就要 5 元，我们犹豫再三之后，只买了两只虾，放在一个大盘子里被端上来。虾并没有多大，也没有点别的菜，我们两个年轻人就坐在饭馆一张桌子上吃了这两只虾，那时候也没有喝酒，这次经历的印象十分深刻。如今已经过去 30 多年，检点平生，什么"财务自由"之类的梦想都没有实现，大概唯一实现的就是"吃虾自由"，再到北戴河去，可以要一盘虾了，还可以喝点酒。这也是这 30 年来中国经济在改革开放政策引领下发展进步的结果，不然恐怕连去一趟海边都困难。

后来因为工作之便，去河北的次数多了，曾经为采访北方的箱包聚集市场——河北白沟，专门去过两次，也顺便去了我向往已久的白洋淀旅游；还曾经到位于河北唐山的冀东油田去推广"幔源油气"理论。

除了正式的工作出差之外，更多的时间是找机会到河北去喝酒。河北自古以来就是个喝酒的好地方。唐代诗人李贺有诗写道："买丝绣作平原君，有酒唯浇赵州土。"更早的战国时期，河北是燕国和赵国所在的区域，留下很多传奇般的历史故事。当时易水（河北现在还有易水县）是燕国和赵国的界河，燕国刺客荆轲赴秦刺秦王前，与燕太子丹以及燕地另一位侠客高渐离饮酒悲歌、慷慨告别于此地，留下"风萧萧兮易水寒，壮士一去兮不复还"的名句。平原君是著名的赵国公子，平生留下很多故事，他善养门客，著名成语故事"毛遂自荐"中的毛遂就是他帐下门客。春秋时期"三家分晋"之际，著名的刺客豫让也在河北地界一带活动，河北邢台现在还有古迹"豫让桥"。邯郸是赵国的国都，这里现在还保留着平原君墓。唐代名人韩愈有句话"燕赵古称多慷慨悲歌之士"流传至今，原因就在于这片土地上涌现过荆轲、高渐离、豫让、毛遂、平原君赵胜等一大批豪杰人物和英雄传说。到这些地方去，不得不喝一杯酒！

喝酒，自然就要吃菜。在我的印象中，河北比较有特点的菜首数白洋淀里的各种鱼。20 世纪 90 年代中期，我来到白洋淀的时候，淀上划船招揽游客的船民，有些人的年龄超过了六十岁，都自称曾是抗日战争雁翎队的儿童团员。划完船后，我请他们吃饭，老先生说："菜点个嘎鱼就行，但酒不能少。"这是我第一次吃炖嘎鱼（这种鱼在四川俗称"黄鸭叫"），专门买来一瓶二锅头，一边吃着炖嘎鱼，一边听老先生讲雁翎队的故事。后来到邯郸，吃到当地著名

剥下外皮的东方红鳍河鲀与外皮（摄影／楚乔） 切好片后摆盘的河鲀（摄影／楚乔）

的驴肉。驴肉按各个部位售卖、品种众多，吃驴肉时，也得喝点酒，我觉得度数比较高的烈性酒才能够压得住驴肉的那股气味。

如果说在白洋淀、邯郸所感受到的是乡土风味菜肴的话，在唐山感受到的就是海滨和开放前沿的气息。我在唐山吃过几次牛排，感觉这里的牛排又便宜又好，比西安的牛排品质要高很多。后来著名水产专家何足奇先生又给我寄来唐山生产的东方红鳍河鲀，这种河鲀主要是向日本出口的，要不是何先生给我寄来，我还一直以为它是在日本生产的。拜何先生之力，我品尝到了河鲀这种极其鲜美的珍贵鱼品，也反映出冀菜的原料已经悄然走向世界。

在写作本书的过程中，笔者于2024年6月8日至10日专程前往石家庄，体验冀菜的风味，在三天时间里品尝体验了孙掌柜鱼头泡饼、金山熏肝、盐焗鸡、刘大正驴肉火烧、酱驴肉等冀菜名品。尤其河北的驴肉火烧，感觉真是冠绝天下，和在外地吃到的驴肉火烧大不一样——火烧酥脆，其中夹的并不只是驴肉，还有驴皮冻（或许也可以称为"阿胶"），口感滑糯鲜美。刘大正店家的酱驴肉外形干净漂亮，肉质鲜嫩，是上好的下酒菜。

四、河北地产白酒

河北是一个喝酒的好地方，也是一个传统的酿酒产区。目前河北最有影响的酒是衡水老白干，它是老白干香型的代表酒，也是创立老白干香型的企业。

衡水老白干酒厂（摄影／李寻）

本来，由于在餐饮文化文献当中没有"冀菜"这一提法，写作本书时就没想写冀菜这一节，但由于有老白干香型代表酒的存在，从白酒的角度看，河北省是绝不能忽略过去的，于是我们又搜集资料写作了本节。老白干香型白酒采用地缸发酵，但使用老五甑法的配料和蒸馏方法，以高粱作为主要酿酒原料，以小麦为原料制曲（属于中温曲中的偏高温曲）。这种酒初闻跟山西的清香型白酒有点像，但是细品，特别是对储存时间长的老酒加以细品，它跟清香型白酒如汾酒还是有比较明显差别的，香气有明显的麦香，还有一点像豉香型白酒坛浸后的那种腊肉香气。在市场上，老白干酒广为人知的一个特点是酒精度较高，为67度。"老白干"是当地称呼白酒的传统名称，自古以来就有"烧酒""烧刀子"等称呼在这一带流行。

除了衡水老白干之外，河北还有多个地区产酒，当前销量较大的有邯郸的丛台酒、保定的刘伶醉，承德有板城烧锅酒和山庄老酒，张家口有沙城老窖酒，南部的沧州地区有十里香酒、三井小刀酒。以上这些酒的酒体风格都是浓香型白酒。我个人认为浓香型跟河北中温带的气候条件并不匹配，按照自然条件来看，它应该生产的是偏清香型的酒。上述浓香型的酒很有可能是有一部分来自四川的原酒勾兑的，或者是为追逐浓香型风格而在工艺上做了很多刻意的努力使然。

除了衡水老白干，河北省另一有独到特点的酒是廊坊的迎春酒，是当时搞麸曲推广的时候使用高温麸曲发酵酿造的麸曲酱香型白酒。北方原先

衡水湖畔的衡水老白干古法 20 年和衡水老白干原浆原液 18 年（摄影／李寻）

没有酱香型白酒，迎春酒可能是北方最早一批生产出的酱香型白酒，在第四届和第五届全国评酒会上连续被评为国家优质酒。当时河北地区一同被评为国家优质酒的还有燕潮酩酒，是河北三河生产的麸曲浓香型白酒。我没有喝过燕潮酩酒，但喝过迎春酒，其酒体倒是有独特的酱香型白酒的风味。

从目前网络资料看，河北的白酒年销量应该是 300 亿元以上，其中地产名酒所占比例为一半左右，另一半是各地其他品牌名酒所贡献的，据此可见当地市场是开放的，相对来说也是均衡的。冀菜本身也是丰富且开放的一个菜系，跟各种白酒都可以形成比较好的搭配。不过，受慷慨悲歌的燕赵古风影响，我在河北选酒搭菜的时候，选得最多的是衡水老白干酒，它的度数足够高，性子足够烈。

冀菜与白酒搭配示例

1. 铁锅炖杂鱼

老白干香型白酒：衡水老白干 67%vol

河北的白洋淀和衡水湖生产各种淡水鱼，是当地人餐桌上常见的食材，比较简单的一种做法是铁锅炖杂鱼——大大小小各种鱼类一锅炖在一起，做法粗犷，味道略咸，但很有乡土气息。讲究一点的饭馆有用石锅炖的，也有把鱼分类炖的，如石锅嘎鱼等。这些不同种类的炖鱼，其实吃起来差不多，就是"江湖乱炖"的感觉。搭配这种极具乡野风味的、真正的江湖边的菜，最合适的河北酒是衡水老白干。67 度的衡水老白干，尽管度数一样，但有不同的品种。我曾经比较过衡水老白干古法 20 年（陶瓷瓶装）和衡水老白干原浆原液 18 年（玻璃瓶装），当时感觉玻璃瓶装的 67 度原浆原液最好。酒厂产品可能隔几年就会翻新一下，在实际选择的时候，要根据最新的产品进行选择。

2. 保定烧鸡

老白干香型白酒：衡水老白干 67%vol

河北多地产烧鸡，很多地方做的熏肉、卤肉也非常好。现在河北有一家地标美食餐馆——"孙掌勺鱼头泡饼"，店里烹饪的金山熏酱（前文的菜单里有列入）就十分适合下酒。我在保定遇见过一款河北烧鸡，在当地影响很大，也是一个下酒的"百搭菜"。搭配熏肉或者烧鸡，河北的衡水老白干 67 度是上好的选择。保定烧鸡是预制好的，可以随身携带。有一次我们携带保定烧鸡，行至河北易水，在易水河畔打开烧鸡、举起衡水老白干，向荆轲和高渐离致敬。顺便说一下，衡水老白干酒厂也生产低度酒（有一个系列叫"18 酒坊"，是低度酒），但是如果要在河北喝酒，我觉得还是要喝点高度的老白干，喝低度的感受不到"慷慨悲歌"的燕赵之风。

3．全驴宴
老白干香型：衡水老白干 67%vol

驴肉是河北的传统菜肴。我印象中在 30 多年前到河北，在邯郸的驴肉店吃到各种驴肉——有驴肉火烧，也有凉切的，还有爆炒的。如今河北当地已经发展出来一些高端的全驴宴。但是不管怎么烹制，驴肉总还是有驴肉特殊的一种气味，所以吃全驴宴的时候还是要喝点烈性酒，衡水老白干又是不二之选，而且还是要 67 度的。现在不止在河北，在全国很多地方也都有全驴宴。河北之外的有些商家说自己是用本地的驴，比如我们在西安看到的据说是用陕北的驴肉，但在我的印象中，西安出现驴肉宴远比河北的全驴宴要晚得多。现在，驴肉在烹饪和食用方法上借鉴了潮汕火锅的一些做法，各大菜系就是这样在交融中得到发展的。

4．金毛狮子鱼
麸曲酱香型白酒：迎春酒 53%vol

金毛狮子鱼是河北一道高大上的名菜。这道菜的主要特点是刀工好，一般选用三斤以上的新鲜鲤鱼，用复杂的刀工技术把鱼切剪成二百多根细丝——细丝要求蓬松交错、粗细均整、不断不粘。通过刀工处理之后，用鸡蛋、面粉调糊，将鱼均匀挂浆；旺火起油锅，温油入鱼，边炸边抖，使鱼鳃和鱼身的细丝盛开定型，炸至金黄色的时候，整条鱼像狮子金毛竖起；摆入鱼盘内，加上葱姜蒜末等，将烹饪好的调料汁浇在鱼上。这道菜成菜后外形金黄，像一头威武的狮子，刀工细腻，入口质地酥软、鲜嫩香醇、酸甜可口。

搭配这道菜，我首选河北廊坊生产的麸曲酱香型白酒——迎春酒，酒体酱香风格突出，焦香明显。金毛狮子鱼的香气里面，除了调料香，还有油炸香，油炸的焦香气和麸曲酱香酒的焦香气，二者水乳交融。酱香型白酒，不论麸曲酱香还是大曲酱香，是白酒里香气最复杂的香型，而从前面介绍的金毛狮子鱼烹饪过程就知道它的香气滋味也是非常复杂的，香气、口感复杂的酒配香气、口感复杂的菜肴，是风味上相互协调的一种搭配。

5. 河鲀火锅
清香型白酒：汾酒青花瓷 20 53%vol

产自河北唐山的东方红鳍河鲀体型较大，约有一斤半。这种鱼在冰冻后片成鱼片，可以当作刺身吃，也可以下火锅（下火锅最好），鱼片一进到火锅里即成嫩白色，像象牙白，火锅汤在目视之下随即亦变成乳白色。河鲀鱼片极其鲜美，吃这种鱼不能喝度数太高、刺激性太强的酒，也不宜喝酱香型这种风味过于复杂的酒。搭配这道菜，我选择清新、典雅的清香型白酒——汾酒青花瓷 20，青花瓷 20在清香型酒里属于口感比较清淡的一款酒。美食作家孔润常先生在《寻味燕赵》中说"吃了河鲀，百鱼无味"。事实的确如此。跟其他鱼相比，河鲀的鲜味之强烈是非常突出的，吃河鲀的时候多少得喝点酒，喝酒可以起调节的作用，让吃鱼的鲜味中断一下，然后再持续地享用。如果大口喝酒，就会破坏对河鲀鲜味的感受，但不喝的话，河鲀鲜味又带来过强的持久刺激，酒在中间主要起着控制吃河鲀节奏的作用。

第二十节
东北菜与白酒的搭配

一、东北菜概述

东北菜指我国东北部黑龙江、吉林、辽宁三省的菜系。

东北处于中国的最北端，其中最北部的漠河县（北纬 52°10′～53°33′）有极昼和极夜现象。东北气候一年之中四季分明，冬季漫长而严寒，夏季温暖而短促。漫长寒冷的冬季使东北人民擅长冬季腌菜，如酸菜、咸菜等。

东北的地貌可以概括为"三面环山，平原中开"，大致可以分作半环状的三个带：最外一环是黑龙江、乌苏里江、兴凯湖、图们江和鸭绿江的界河（湖）与低地；中间一环是山地、丘陵，包括西部的大兴安岭，东部的长白山地、北部的小兴安岭；最内侧就是广阔的东北平原。

东北有全国最重要的林区，有 1700 万公顷的自然林区，占全国森林总资源的 60%。东北是全国最重要的农业产区，粮食总产量占全国的 20%。东北也是沿海大区，辽宁省总海岸线 2200 千米，名列全国第四位。得天独厚的自然地理条件，为东北菜提供了丰富而独特的原材料，有珍贵的林产品，如林蛙、木耳、蘑菇，外地没有的珍稀鱼类如体型巨大的鳇鱼、鲟鱼、大马哈鱼，以及丰富的海产品、农产品以及猪、羊、鸡、鸭、鹅等家畜家禽产品。

东北古代时是东胡、肃慎、鲜卑、契丹、女真等少数民族聚居区，19 世纪后才逐渐与内地融为一体，其饮食习惯保留着质朴简单的传统。19 世纪后，又受到俄、日等外国的侵略，客观上，给东北地区的饮食文化带来了外国元素，例如哈尔滨保留下来的俄式建筑与俄式西餐厅、长春保留下来的日式建筑等。丰富的资源和独特的历史使东北菜形成了粗犷实惠的风格，形成了市民菜、百

访酒天下

遍访天下美酒，
尽尝人生百味，
融入岁月山河。

绝妙下酒菜

已介绍过国内外
数百种下酒菜，
还在不断更新
中，关注它，可获
得最新的下酒菜
知识。

本节主要参文献：

[1] 郑昌江.中国东北菜全集[M].哈尔滨：黑龙江科学技术出版社.2007：1-26.

[2] 赵成松.大厨家常菜·东北菜[M].成都：成都时代出版社.2009：2-5.

[3] 走遍中国编辑部.走遍中国·黑、吉、辽[M].北京：中国旅游出版社.2014：6-55.

[4] 王建中.东北地区食生活史[M].哈尔滨：黑龙江人民出版社.2004：64-269.

[5] 韩树群.东北熏酱菜[M].沈阳：辽宁科学技术出版社.2003：3-8.

[6] 阿城.舌尖上的东北[M].武汉：武汉大学出版社.2003：8-108.

辽阔的东北原野（摄影／李寻）

姓菜的形象。改革开放后，东北成为人口净流出省区。随着人口的流动，东北菜如今也走向全国各地，遍布天涯海角。

东北菜有以下几个特点：

（1）菜码大，粗犷豪放，实诚；

（2）以炖、酱、炸、烧为特点，如铁锅炖、酱肘子等颇有特色；

（3）味型较丰富，仅一个咸味就有咸鲜味、咸甜味、咸香味等，有时还一菜多味；

（4）在技法上擅用上浆，明油亮芡，如锅包肉、熘肉段等。

（5）东北擅做带馅的面食，如饺子、馅饼、包子等。

二、主要流派和代表菜品

按大的地理范围来看，东北菜分为黑龙江菜、辽宁菜和吉林菜三个流派。

辽宁菜以脂厚偏咸、汁浓芡亮、鲜嫩酥烂、形佳色艳见长。因其海岸线长，海鲜菜肴在辽宁菜中占有重要地位。吉林菜选料珍奇，多用本省名贵的动植物特产，如人参、松茸、锦鸡、木耳、黄花菜等。黑龙江菜以清煮、清炖、余、炒、生拌、凉拌为主，吸收京鲁、西餐烹调技术精华，以"奇、鲜、清、补"见长。

在长期的发展中，东北菜逐渐形成了自己的味型，使其具有不同于其他地方菜的风味特点，具体味型如下：

（1）咸鲜味。

咸鲜味在东北菜中运用最为广泛，且相对于南方地区而言，咸味较重，按其浓重程度不同，大体分为两种。

清淡咸鲜味：咸鲜适度，清淡宜人，突出原料本味。

浓厚咸鲜味：口味浓厚，咸鲜可口，香味宜人。

（2）咸辣味。

咸鲜香辣，开胃可口。

（3）咸甜味。

咸甜可口，汁稠色艳，味道浓郁。

（4）咸香味。

在咸鲜味的基础上，再添加某种或几种有较浓烈香味的调味品，使菜肴风味突出，即所谓咸香味。由于所突出的香味不同，咸香味又有很多种，主要有葱香味、酒香味、椒香味等。

（5）甜酸味。

甜酸味浓、香味扑鼻、爽口宜人。

（6）甜辣味。

咸辣带甜、味浓可口。

（7）香辣味。

咸辣甜酸、香气浓郁、味美可口。

东北菜的代表菜品如下：

（1）红烧鳇鱼唇；

（2）红烧鳇鱼肚；

（3）肘花海参；

（4）三吃大虾；

（5）酥海带；

（6）盐爆海葵；

（7）酱焖鲳鱼；

（8）葱烧大马哈鱼；

（9）得莫利炖鱼；

（10）赫哲族生鱼丝；

（11）香酥鳌花鱼（鳜鱼）；

（12）煎焖鳊花鱼；

（13）红烧鲟花鱼；

（14）油浸哲罗鱼；

（15）油炸黄瓜鱼（池沼公鱼）；

（16）鲇鱼炖茄子；

（17）锅包肉；

（18）熘肉段；

（19）杀猪菜；

（20）酸菜汆白肉；

（21）酸菜白肉血肠；

（22）小鸡炖榛蘑；

（23）木耳炒肉；

（24）香煎鹿肉；

（25）红烧鹿筋；

（26）烧鹿尾；

（27）酱鹿心；

（28）爆鹌鹑；

（29）土豆炖林蛙；

（30）脆皮蕨菜卷；

（31）干炸刺嫩芽；

（32）葱香叶赫白蘑；

（33）拌桔梗；

（34）拌山胡萝卜；

（35）尖椒干豆腐；

（36）地三鲜；

（37）排骨炖豆角；

（38）凉拌大拉皮；

（39）蚕皮白菜丝；

（40）大丰收；

（41）猪皮冻；

（42）拌白肉；

（43）熏肉大饼；

（44）朝鲜族辣白菜；

（45）哈尔滨红肠；

（46）哈尔滨松仁小肚；

（47）水晶肘子；

（48）盐水肝；

（49）拌明太鱼丝；

（50）肉丝拌腐竹；

（51）铁锅炖大鹅；

（52）烤鹅蛋；

（53）酱腔骨；

（54）酱大棒骨；

（55）酱猪手；

（56）卤猪蹄；

（57）丁香猪头肉；

（58）阿婆蒸肘花；

（59）熏大肠；

（60）鸡汤豆卷；

（61）水豆腐；

（62）小豆腐；

（63）松花湖小虾；

（64）吉林煎粉；

（65）炸茄盒；

（66）烤毛蛋；

（67）黄瓜蘸酱；

（68）干豆腐卷大葱蘸酱；

（69）腌蒜茄子；

（70）把蒿炖鱼；

（71）东北烧烤（系列）；

（72）满族火锅。

三、我们直接感受到的东北菜

如今的东北菜早已溢出东北了，全国各地都有东北菜馆，由于东北菜的菜码大，滋味均衡平和，所以是各地的市民菜和百姓菜。东北菜就像赵本山的小品一样，在各地家喻户晓，但是它没有八大菜系那样的历史背景，尽管它的影响很大，但在烹饪界中没有像八大菜系那样受到重视，有关东北菜的专业研究文献相对较少。

以我们在东北的感受来讲，在其他地方吃到的东北菜，在某种程度上是"伪"东北菜，因为差距实在太大了。以东北名菜"锅包肉"为例，在东北，无论是长春、吉林还是哈尔滨，吃到的锅包肉都是酥脆而鲜嫩，在全国其他地方吃到的"锅包肉"要么不够酥脆，要么肉质不好、汁水少。像小鸡炖蘑菇、酸菜汆白肉等，那就更不用提了。白酒行业都说茅台酒是不可移植的，其实真正的地方美食也是不可移植的。东北菜也一样，如果想要真正感受东北菜的魅力，还是要到东北去才行。我们印象最深的是在 20 多年前，驾车从齐齐哈尔前往大庆，中途遇大雨，车开在路上像驾船一样飘忽不定，穿越雨区后阳光普照，就在一个大水泡子旁边，有家农家乐式的小店，卖野生的大鱼，鱼极大，我们要了一条，有四五斤重，吃不了，又带不走，十分可惜。像鳇鱼、鲟鱼那样的大鱼，在东北，基本就是铁锅炖，得五六人以上才能吃完。这可能也是东北菜的一个"不足"，为什么不能做成像香煎鳕鱼或低温蒸三文鱼那样一小块一小块地卖呢？那样附加值高，且有高级感，更有利于东北菜形象的升级。

当东北菜改变一些其过于粗犷豪放、走向精细化的情况时，其在餐饮界的价值将获得重新评估。

东北并不是一个封闭保守的地方，改革开放前，是中国的重工业基地；改革开放之后，大量的东北人移居到沿海和内地发展，也将老家的菜肴带向了各地。同时，各地菜肴的做法被东北人迁徙时带到别的地方，也造成了很大的声势，比如烧烤，在我的印象中，东北原来是没有烧烤的，30 多年前去东北时，几乎看不见烤肉串。而现在，全国各地几乎都有东北的烧烤摊，而且有的规模很大，颇有影响。

四、东北地产白酒

东北的酿酒传统较为悠久，根据考古记录，金代时就已有小型蒸馏器，还有清代的储酒容器——酒海。东北是产粮大省，水质也好，按照传统酿酒观念，具有好粮好水酿好酒的条件，直到现在，全国各地酿酒的高粱，有很大一部分都是东北生产的。但遗憾的是，在中华人民共和国成立后的五次全国评酒会上，东北的酒都没有被评为全国名酒，这导致了东北好粮好水无名酒的现状。

东北的白酒品牌非常多，有影响的有黑龙江的玉泉酒、富裕老窖、北大荒酒、老村长酒，辽宁的三沟酒、凌塔酒、凌河酒、道光廿五年酒，吉林的德惠大曲、榆树钱酒、洮儿河酒、洮南香酒、大泉源酒，等等。除了黑龙江玉泉酒是浓酱兼香型白酒之外，其他酒多是浓香型白酒，这与依据本地气候条件酿出的天然风格的酒也有所差异，从自然气候条件看，东北更适合酿造清香型白酒。

东北各地也有遍布城乡的小烧，也就是小作坊酒。小作坊酒的品质不一，有用玉米为原料的，有用高粱为原料的，有用纯大曲酿制的酒，也有用麸曲、糖化酶、纯种菌为糖化、酒化剂酿成的酒，在寻找的过程中要仔细辨别，要选择那些历史较悠久、在当地口碑好的作坊，同时记着索要产品的质量检验报告，碰到比较好的小烧，尽管香气低沉，但是饮后舒适感很好。

和东北菜相比，东北酒不如东北菜那么普及，搭配东北菜还是需要适当选择一部分国内其他优势产区的国家名酒。

吉林省榆树钱酒业公司厂区内的草坪像辽阔的草原一样（摄影／李寻）

东北菜与白酒搭配示例

1．锅包肉

兼香型白酒：玉泉方瓶 42%vol

　　锅包肉是东北名菜，但这道菜既不是下饭菜，也不是下酒菜，它是适合单吃的菜，得趁热快吃，如果凉了就不够酥脆了。不过吃得快一点，少喝一点酒，也是可以的。搭配这道菜，我们建议用黑龙江的玉泉酒，常见的是玉泉方瓶，也可以选择这个品牌新出的更高端的产品。玉泉酒是浓酱兼香型的代表酒之一，但总体风格像浓香型白酒，一般消费者难以区分其与玉泉酒其他浓香型白酒的差别。锅包肉挂浆后过油炸，香气很大，匹配这种香气比较高亢的酒，毫不违和。玉泉方瓶酒 42 度，酒精度比较低，喝起来较为清淡，适合搭配这种独立干吃的菜品，就像比较清淡的豉香型低度白酒搭配广东汕头的蚝仔烙一样。

2．小鸡炖蘑菇

优质东北小烧 50%vol ～ 60%vol

　　小鸡炖蘑菇是一道东北名菜，是道下饭菜，选用当地的土鸡炖榛蘑，颜色不是太漂亮，有些发黑，但确实有榛蘑炖鸡后形成的独特香味，这种野蘑菇的香气和鸡肉的香气融为一体，全国其他地方的蘑菇和鸡都无法与其相比。虽是道下饭菜，但喝点酒也可以，搭配这道菜，我们建议最好选择一款优质的东北小烧。东北小烧有高粱烧、玉米烧，玉米烧的香气略淡，口感更甜柔一些，高粱烧香气略高一点，总体来讲，纯正的东北小烧都接近清香型。清香型白酒搭配小鸡炖蘑菇这道菜，酒的香气显得若有若无，可以让我们尽情享受难得的野生蘑菇带来的山野芬芳。

3. 哈尔滨红肠

伏特加 40%vol

清香型白酒：红星二锅头·青花瓷 52%vol

哈尔滨红肠，其制作技术由俄罗斯人带来。与内地香肠相比，它不油腻而易嚼，带有异国风味，是一道百搭菜，最合适搭配的酒是俄罗斯的伏特加，没有伏特加的话，选择清香型白酒也较为合适。北京红星二锅头是一款搭配哈尔滨红肠较好的酒，二锅头在俄罗斯有很高的知名度，俄罗斯人也常用二锅头来佐红肠下酒。

4. 东北大拉皮

浓香型白酒：老村长酒 42%vol

东北大拉皮是全国人都知道的一道凉拌菜，粉皮加上萝卜丝、黄瓜丝、黑木耳等，调上盐、醋、香油、蒜泥等拌制而成。这是最为常见的百姓下酒菜，搭配这道菜就尝一尝也是常见的东北老村长酒吧，老村长酒酒质一般，但普及度比较高，这种酒菜搭配呈现出浓浓的寻常百姓生活气息。

5. 皮冻

清香型白酒：汾酒·青花瓷 30 53%vol

浓香型白酒：五粮液 52%vol

皮冻这道下酒菜，在我心底有十分重要的地位，它是我少年时期记忆中的高级下酒菜。这道菜一般采用猪肉皮熬制而成，熬汤要熬至足够长的时间，冷凝之后形成了肉冻，切成块搭上蒜泥、酱油、醋、香油等凉调。这道菜说起来简单，但做起来挺费时间的，我记得小时候母亲做这道菜，肉皮要炖一宿才能完成，讲究的话，皮可以和冻分离，只吃冻；节约些的话，就连肉皮一起吃了。这种充分炖熬出来的皮冻，与用皮冻粉做的皮冻或某种"速成法"做出来的皮冻大不一样，它协调、细腻、醇厚。我父亲过年时喝酒，母亲常常会给他准备这道菜。等我成年之后，家里就没有那么长时间的火去做皮冻了，小时候烧煤火可以炖制一晚，如今烧天然气或液化气，就没有那种条件了，成本过高，而且一宿也不能好好睡觉，得及时起来添汤，生怕熬过头而熬糊了。这道菜能唤起我对少年生活的记忆，唤起我对普通人家在物质匮乏的岁月里追求有滋有味生活的那种努力精神的怀念。每次吃到地道的皮冻的时候，我一定要喝最好的白酒，一般会选两种，一种是清香型的汾酒青花瓷30，另一种是浓香型的五粮液。皮冻有猪肉皮的香味，加上蒜汁的调味，对各种酒的香气都能适应，但为什么我只选这两种酒呢？因为青少年时期的我们，就没怎么喝过茅台，我父亲喝的就是清香型白酒和浓香型白酒，酱香型白酒极为罕见。在我的记忆中，皮冻也就和这两种酒的香气协调，即便现在可以选择酱香型的茅台酒，我也总觉得中间隔了一些什么东西。

6. 蜇皮拌白菜丝
天佑德青稞酒：零号酒样 52%vol

　　海蜇皮拌白菜丝（或黄瓜丝）也是常见的一道东北百搭下酒菜。小时候过年，母亲也会为父亲做这道菜，做法是海蜇皮在开水里焯一下后捞出切丝，鸡蛋摊成薄饼后切丝，白菜心切丝，加上蒜泥、香菜、酱油、醋、盐、香油，拌匀后装盘上桌。那时没有多少海蜇皮，一张海蜇皮可以拌几盘菜，鸡蛋一次也只用一个。这道菜酸爽可口，间或有蜇皮的韧劲和脆劲，下酒极其畅快。那时候我父亲喝的酒多是散装白酒，贵的 1.35 元一斤，俗称"135"；便宜的 1.3 元一斤，俗称"130"。待客时喝 135，自己喝时 130。那时我小，还不能喝酒，但这道菜的香气口感以及酒的香气深深地印在我的心底，以至于我后来一端起酒杯，就想起这道菜。现在餐馆把这道菜做"豪华"了，有的加黄瓜丝，有的还加滑炒过的肉丝。但在我小时候的青海，冬天的黄瓜比肉还贵很多，是吃不上的。有点按肉票买的猪肉，也要熬成大锅菜，舍不得拌入下酒菜。现在搭配这道菜，什么酒都可以。要是让我自己选，我一定会选天佑德青稞酒中最好的零号酒样，以表示对童年时关于酒的记忆的怀念。那时西宁的散白酒不知是什么原料，推测可能也是就地取粮，用的是青稞，本地不产高粱和玉米，小麦要做主粮，舍不得用来酿酒，当地最常用的酿酒原料就是青稞。青稞酒香气清雅，一度被划为"清香型"之列，其实，它和高粱为原料的内地清香型白酒相比，香气略有不同，粮香、麦香略明显，更为浑厚质朴。这种酒菜搭配也是极具边塞风情的搭配。

7. 干炸青林子（小鱼）

兼香型白酒：榆树钱壹号 41.8%vol

青林子是松花江中的一种野生小鱼，类似两湖地区的小野鱼，有些地方称之为小白条子。水产专家何足奇先生告诉我，它们其实是同一种鱼，只是东北地区纬度高、气温低，野生鱼的生长周期长，鱼本身蓄积的肌肉和脂肪就多，所以看起来鱼背很厚，个头也比两湖地区和汉江的野生小鱼要大很多。这种鱼的做法也是干炸，但没有两湖地区和汉江的小鱼那么酥脆。小鱼刺硬，要小心翼翼地吃，但肉多且厚实，滋味鲜美，适合小酌慢饮。搭配这道菜，我选择吉林省名酒榆树钱系列中的高端酒——榆树钱壹号。低端的榆树钱是浓香型白酒，有些酒还标明了是固液酒。这款高端的榆树钱壹号标明是兼香型白酒，推测其中有很大一部分是本地酿造的固态酒，能反映出本地的风味，本地菜配本地酒，天然协调。

8. 卤猪蹄 + 凉拌山胡萝卜或凉拌桔梗
清香型白酒：大饮复得 50%vol

下酒菜最好是荤素搭配，荤菜的油脂会增强对胃黏膜的保护，而凉菜的清爽可口会使酒更顺滑。东北菜中的卤猪蹄和凉拌山胡萝卜（或凉拌桔梗）就是这样一组上好的组合。

卤猪蹄各地菜系都有，是常见的下酒菜，但东北的卤猪蹄有其特点，五香味略重，显得干净，口感咸鲜适宜，软硬度适中，耐吃、有嚼劲，适合小酌慢饮。凉拌山胡萝卜是种野菜，只有夏天才能吃到，要先腌制一下，再加上有朝鲜族特色的料汁拌匀上盘。桔梗也是朝鲜族特色的腌拌菜，更易保存，产量也大，各个季节都能见到。两者外形上比较像，外地人一时难以区别，仔细观察还是有所不同的：山胡萝卜根须较多，而桔梗表面光滑。山胡萝卜的野菜味更重，我个人是更喜欢吃山胡萝卜的，感觉享受到了天然森林的气息。朝鲜族的腌拌菜都会放些辣椒，但其辣度不高，和湖南、江西的辣菜相比较，只能说是微微辣，下酒没有问题。

搭配这两道乡土气息浓郁的荤素组合下酒菜，一定要选择同样能反映出当地风土特征的当地白酒，我这里介绍的是著名美酒、美食作家要云先生分享给我的一款他本人的定制酒——大饮复得，是清香型白酒，是佳木

斯一个小酒厂生产的，酒体浑朴天然，用最简单的一个
降度比例 50%vol。说是清香型，但和市场上喝到的瓶装
酒如汾酒的香气有所不同，香气低沉自然，汾酒的香气
有明显的苹果香，而这款大饮复得则有明显的甘蔗甜香，
这是高粱酒特有的天然香气，储存一段时间后，有更丰
富的变化。这款酒的口感柔顺醇甜，饮后体感舒适，是
难得的能反映出当地风土特征的上品佳酿。要云先生是
位读万卷书行万里路的美食、美酒作家，著有《酒行天
下》《寻味中国》《食客笔记》《辣味中国》等多部著作。
他曾长期在黑龙江省工作，熟悉那里的酒厂，他所定制
的酒，自然是好酒。这款酒灌装于 2020 年 2 月，3 月分
享给我，那正是第一次封城后解封的时刻，将酒命名为"大
饮复得"，灵感来自陶渊明的诗句"久在樊笼里，复得
返自然"，通俗些说，又能放开喝大酒了！流露出的快
乐溢于酒标。

9. 阿婆蒸肘花
榆树钱酒原酒 65%vol

这道阿婆蒸肘花是在吉林省榆树市老城区一家滋道老
阿婆餐厅吃到的，看样子是先将整个猪肘子煮至八分熟，
然后用刀切成片，但没有脱骨，与骨头仍是连着的。再复
上锅蒸至全熟，出锅时淋上料汁、葱花等。这是我平生吃
过的最好吃的猪肘子了。首先是原料品质好，新鲜、肉香
纯正；其次是煮、蒸之火候恰到好处，虽然连皮带骨，但
肘片入口鲜嫩、汁水饱满；第三是滋味咸淡中和，既可下饭，
又可下酒。猪肘子各地都有，各有不同的做法，但这道吉
林榆树市的阿婆蒸肘花做法简单，却美味惊艳，堪称天花
板级。离开榆树后，在吉林市、长春市我又寻找过多家菜
馆，想再找到与此类似的猪肘子，但始终没有找见。

搭配这道菜肴当选择当地著名酒企榆树钱酒业公司的最高端产品。我当时前往该酒厂参观，品尝了酒厂最早的酒海里（据介绍是清末民初时期生产的，一吨左右的容量）储存的榆树钱原酒，口感醇厚，滋味丰富，讲解员介绍说酒龄约有 10 年，灌入酒海时约 70%vol，现在可能也就 60%vol 左右。我感觉其言不虚，这款酒的口感醇和，也就 60 来度，但饱满圆润，搭配阿婆蒸肘花这道好菜，可谓珠联璧合。

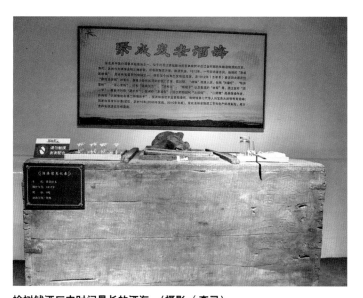

榆树钱酒厂内时间最长的酒海　（摄影／李寻）
此酒海于 1812 年制成，材质为黄花松木，能装 2000 斤酒，到目前已有 200 多年的历史，现在还在使用中。这个酒海属于文物级酒海，酒厂内还有 200 多个容量为 5 吨级的酒海。

第二十一节
牧区菜与白酒的搭配

一、牧区菜概述

牧区菜是指传统的畜牧业地区、以牛羊肉为主要原材料制作的菜肴。

在目前我所阅读到的餐饮文献中，还没有"牧区菜"这个说法，但有"西北菜"的提法，西北菜指的也是以牛羊肉为主要原料的菜系，包括甘肃、宁夏、青海、新疆等地的菜肴，但我觉得这种划分方法不够准确。从地理上看，我国的传统畜牧业地区，分布在华北、西北和西南，华北有内蒙古，西北有新疆、青海、甘肃、宁夏，西南有西藏。处于西北地区的甘肃省，自然地理条件比较复杂，河西走廊一带属于传统上的畜牧业地区，但现在也有一部分已经农业化，兰州、天水、平凉一带属于传统的农业区，陇南的秦岭山区也是农业区，甘南地区多草原，属于畜牧业区。如果单从以牛羊肉为主要食材的区域来看，我觉得用"牧区菜系"这个称谓要比西南、西北这样以地区分类命名要准确。

在辽阔的畜牧区，除了牛羊肉这种主要食材之外，也有水产类食材，无论是草原湖泊、高原湖泊，还是黄河沿岸的牧区，都盛产淡水鱼，青海还盛产高原咸水湖特有的鱼种——湟鱼。在青海、西藏的牧区，原住藏民不吃鱼，但如今经济进一步发达、多民族融合后，牧区的鱼类也进入了牧区菜系之中。

牧区菜系保留着两个质朴的传统：一是烹饪方法比较简单，以清炖、烧烤、手抓为主；二是主副食合一，以面食为主。和其他菜系相比，牧区菜系没有那么复杂华丽的烹饪方法，但也有强大的扩张能力，牛羊肉以及原产牧区的各种

本节主要参考文献：

[1] 赵成松.大厨家常菜·西北菜[M].成都：成都时代出版社.2009：2–6.

[2] 《走遍中国》编辑部.走遍中国·内蒙古[M].北京：中国旅游出版社.2014：6–68.

[3] 《走遍中国》编辑部.走遍中国·新疆[M].北京：中国旅游出版社.2014：6–21.

[4] 《走遍中国》编辑部.走遍中国·青海[M].北京：中国旅游出版社.2016：6–40.

[5] 《走遍中国》编辑部.走遍中国·甘肃、宁夏[M].北京：中国旅游出版社.2016：8–65，228–253.

[6] 《走遍中国》编辑部.走遍中国·西藏[M].北京：中国旅游出版社.2014：6–75.

[7] 内蒙古自治区标准化院，内蒙古自治区餐饮与饭店行业协会.蒙餐·中国第九大菜系[M].北京：中国标准出版社.2018：12–295.

[8] 楼望皓.新疆美食[M].乌鲁木齐：新疆人民出版社.2006：11–88.

[9] 西藏自治区旅游局.中国藏餐食谱[M].北京：五洲传播出版社.2003：2–96.

[10] 银川市新闻传媒集团.寻味宁夏[M].银川：宁夏人民出版社.2018：71–132.

威士忌世界

深入介绍世界各国威士忌的风味、历史、工艺。

绝妙下酒菜

已介绍过国内外数百种下酒菜，还在不断更新中，关注它，可获得最新的下酒菜知识。

面食，在全国普及度极高，比如兰州牛肉面、新疆拌面、大盘鸡等。

二、主要流派和代表菜品

　　传统的畜牧业地区有六个省及自治区，分别是内蒙古自治区、宁夏回族自治区、甘肃省、新疆维吾尔自治区、青海省、西藏自治区。由于各个省区内的气候条件不一样，有以牧业为主的，也有以农业为主的，还有工业化的城市，所以实际的菜系品种也非常多。我们只是按照省区来做一个粗略的划分，把每个省区中符合牧区菜特征的菜肴简单罗列出来，从菜名上看有些重复，比如各省区都有手抓羊肉、烤全羊等，但实际上是有具体差别的，因为不同省区的羊的品种不一样，在烹饪的时候，具体的方法也略有差别，所以仔细体会，还是能感受出其中差别的。美食爱好者们常常争论哪个地方的羊肉好吃、哪个地方的牛肉好吃，各地烹饪的牛羊肉有各自的特点，但是各地的牛肉和羊肉好吃不好吃，还是主要跟新鲜老嫩的程度有关，越新鲜的越好吃，越嫩的越好吃。

　　牧区菜的代表菜品如下：

1. 内蒙古

（1）烤全羊；　　　　（5）卓资山熏鸡；　　　　（9）阿拉善沙葱；

（2）扒羊肉；　　　　（6）磴口三盛公黄河鱼；　（10）呼伦贝尔蒙古馅饼；

（3）风干肉；　　　　（7）巴盟烩面；　　　　　（11）赤峰对夹；

（4）小肥羊火锅；　　（8）巴盟面精（酿皮）；　（12）巴彦淖尔黄河野生鱼。

2. 甘肃

（1）火锅羊脖子；　　（5）张掖卤肉炒炮仗；　　（9）临夏凉皮；

（2）兰州牛肉面；　　（6）黄焖羊肉；　　　　　（10）天水烤肉；

（3）敦煌驴肉黄面；　（7）油爆驼峰；　　　　　（11）平凉红焖肘子；

（4）东乡手抓肉；　　（8）驼蹄羹；　　　　　　（12）甘南藏餐。

3. 宁夏

（1）宁夏手抓羊肉；　（5）羊杂碎；　　　（9）固原烧鸡；

（2）糖醋黄河鲤鱼；　（6）扒驼掌；　　　（10）碗蒸羊肉；

（3）沙湖鱼头；　　　（7）涮羊肉；　　　（11）盐池羊肉；

（4）金钱发菜；　　　（8）莜面窝窝；　　　（12）黄渠桥羊羔肉。

4. 青海

（1）手抓羊肉；　　　（5）锟锅馍馍；　　　（9）酥油糌粑；

（2）羊杂汤；　　　　（6）烤羊肉串；　　　（10）酸奶；

（3）酿皮；　　　　　（7）羊肠面；　　　　（11）青海湟鱼。

（4）互助炕锅猪肉（或羊肉）；（8）干拌面；

5. 新疆

（1）新疆烤肉串；　　（5）清炖羊羔肉；　　（9）博斯腾湖烤鱼

（2）抓饭；　　　　　（6）羊肉焖饼；　　　　　（五道黑鱼）；

（3）新疆大盘鸡；　　（7）烤包子；　　　（10）清蒸赛里木湖

（4）新疆拌面（系列）；（8）烤馕；　　　　　　高白鲑鱼。

6. 西藏

（1）虫草羊排；　　　（11）酥油煮胶奶；　　（21）香寨；

（2）虫草牛排；　　　（12）红花鱼丸；　　　（22）酸奶；

（3）虫草牛肉丸；　　（13）牛筋贝母；　　　（23）酥油茶；

（4）酥油黄菇；　　　（14）雪域灌肠；　　　（24）甜茶；

（5）藏式烧蛋；　　　（15）奶酪肉片；　　　（25）糌粑；

（6）藏北羊腿；　　　（16）藏式粉汤；　　　（26）鲁朗石锅鸡；

（7）红花羊排；　　　（17）手抓牦牛肉；　　（27）石锅鱼；

（8）生牛肉酱；　　　（18）烤羊头；　　　　（28）清蒸雅江鱼；

（9）麻辣秋秋；　　　（19）藏式汤包；　　　（29）林芝菌菇火锅；

（10）酸奶煮秋瑞；　　（20）风干肉；　　　　（30）烤藏香猪。

三、我们直接感受到的牧区菜

其实牧区菜已经和东北菜一样，遍布天下了，最有名的就是兰州牛肉面，中国各地都有兰州牛肉面馆，已经数不清有多少家了。手工的拉面，现熬的骨头汤，想要再吃得饱一点，还可以搭配一盘切好的牛肉，自己倒入牛肉面汤里，一顿饭一个碗，面、肉、汤都有了，顶饱，也耐吃，天天吃也不至于腻烦。喜欢面食的朋友们也在争论，哪一种面是天下第一面，我想如果按照分布的广度和深度来看，可能兰州牛肉面是名副其实的天下第一面了。

我从小在青海生活了十五六年，算是吃着牧区菜系长大的，对牧区菜系很有感情，对青海的牛羊肉以及清真菜，再熟悉不过了。工作以后，或是出差，或是旅行，先后多次去过这六大畜牧业地区。从地图上看，这六个省区所占的国土面积约为祖国的一半，幅员辽阔，地广人稀，有沙漠、戈壁、草原，天宽地广，多民族文化保留较好，有丰富的旅游价值。有人说此生旅行，必去西藏，其实这牧区的六个省区都是此生必去的，有机会一定要去亲身感受一下。

和其他菜系一样，在外地感受到的牧区菜和进入牧区之后感受到的是大不一样的，还是拿全国各地都可以吃到的兰州牛肉面举例子，外地的"兰州牛肉面"和在兰州本地吃到的牛肉面，那是有明显区别的。畜牧地区的一些小吃，比如酸奶、酿皮等，也和在外地吃到的不一样，能喝到正宗牛奶做的酸奶，在现在是奢侈级的享受。

但也不是所有牧区的菜都比在外地吃到的好，比如在内蒙古，在省会城市和地区级城市吃到的牛羊肉，可能比在乡村小镇上吃到的牛羊肉要好。这是市场发展的客观事实，人口聚集多的地方消费能力强，食材就更加丰富，周转的速度也快，小的偏远乡镇，流动人口少，食材的新鲜程度不如大城市。

由于吃着牧区菜长大，我从小便学会了烹饪羊肉的方法，也是因为这些方法简单好学，很容易掌握。现在物流发达，我在牧区又有同学、朋友，所以现在已经习惯从牧区购买新鲜的牛羊肉食材，在家里自己烹饪，这样既能享受到最新鲜的牧区菜风味，也能唤起对牧区环境的怀念。

四、区域地产白酒

这六大传统畜牧业省、自治区，每个省区都有地产的白酒。内蒙古有宁城老窖、蒙古王。宁夏有老银川酒、宁夏红。甘肃的酒企最多，几乎每个地区级城市都有酒厂，现在有影响的是陇南的金徽酒，河西走廊地区武威的皇台酒、张掖的滨河粮液、酒泉的汉武御酒，甘南有临夏的古河州酒，平凉有崆峒酒。青海的酒是最有牧区特色的，因为它是用牧区的传统作物青稞为原料酿造，青海的青海互助天佑德青稞酒股份有限公司（以前叫互助酒厂），生产青稞白酒已经有近700年的历史。青海互助天佑德青稞酒股份有限公司2012年还在西藏的拉萨投资建立了一座青稞酒厂——西藏阿拉嘉宝酒业有限公司，这是西藏的第一家白酒厂，现在已经开始销售酒龄9年以上的青稞酒了，酿酒使用的是西藏的青稞，完成了西藏酒业发展的一个突破。西藏原先有传统的藏族发酵酒，也有藏白酒，藏白酒是小曲和藏曲合酿的一种酒，大曲酒是西藏阿拉嘉宝酒业有限公司带来的。新疆有伊利特酒、肖尔布拉克酒、古城老窖等，这些品牌曾经在全国很有影响。

畜牧区的人们，把饮酒当成一种自然而然的生活习惯，因为饮食以肉食为主，饮酒有助于消化，也有驱寒气的作用。这些地区的人均白酒饮用量居于比较高的水平，但是由于地区虽广但人口稀少，所以总体的销售量不像人口集中的东部地区如山东、河南等地的白酒销售量那么巨大。

在这六个省区，吃牧区菜都可以找到合适的地产白酒，这也是因为牛羊肉是一种百搭的下酒菜，跟什么样香型的白酒都能形成较好的搭配。

青海湖畔的牧场（摄影／李寻）

牧区菜与白酒搭配示例

1. 手抓羊肉

青稞香型白酒：天佑德青稞酒·零号酒样 52%vol

　　手抓羊肉这道菜在牧区菜系里十分普及，各个牧区都有，但如果你感觉在各个牧区吃到的羊肉不一样，千万不要简单地归结为各地羊的品种不一样，其实主要的差别还是在于羊肉的老嫩和羊肉储存的时间，与是否新鲜密切相关。在各牧区是否能够碰上好的手抓肉，也是看运气的，我吃过多次，有的极其好吃，有的也很一般。我是非常喜欢吃手抓羊肉的，正好还有一些在牧区生活的朋友，每年冬天春节前后，便都会托新疆或青海的朋友给我买上一两只羊羔，这种小羊羔宰杀好了冰冻寄过来，可以自己在家现做。烹饪方法非常简单，把羊肉分成大块洗净，放在冷水里煮，等水沸腾后，把浮沫撇掉，然后再加上葱、姜等简单调料，不加大料、桂皮等其他味重的料，添上一小平勺盐，盐要少放，这是烹饪技法中最关键的一点，大概2500毫升的水放10克盐，就够了。之后，连汤带肉放进高压锅里焖煮50到60分钟，根据自己的牙口来判断炖煮的时间，煮的时间长，肉就会更烂，好嚼。另一个烹饪小诀窍是，一定要准备几根青蒜苗，切成丝放在碗里，肉煮好后开锅，先把汤面上的浮油撇掉，这时汤已经是非常优美的淡黄色了，舀一勺汤浇到放有新切好的蒜苗丝的碗里，就把蒜苗丝烫熟了，蒜苗的香气烹出，可以压制羊肉的膻气，蒜苗香和肉香混为一体，让我感觉到地道的牧区味。吃的时候，先喝点汤再吃肉，这种羊汤极其鲜美，比任何加过味精的汤都鲜美，是肉和骨头本身带出来的鲜味。为什么要强调少加盐呢？盐放多了就体现不出汤的原鲜了，加盐的量只需要能将鲜味呈现出来就好了，千万不能压过鲜味。吃这道菜，当然要吃点主食了，最好的主食是青海的锟锅馍馍，没有的话用普通的白面馒头也将就。羊肉也极其鲜美，小羊羔又嫩，肉是甜甜的，如果觉得有点淡，可以再蘸一点盐粉，如果不觉得淡，这么吃就行。这么鲜美的手抓小羊羔肉，我一年也只能吃上那么两三回，一只寄来的小羊羔也不经吃，生肉一次炖上三斤半左右，两个人一顿就全吃完了。这道菜其实不下酒也可以单吃，搭一点主食就已经很美味了，但是我一定会喝点酒，喝点酒有助于消化。吃这么高级的手抓羊肉当然也要配同样高级的酒，我配的酒是青海天佑德青稞酒里的零号酒样52度，这款酒是目前天佑德系列里最高端的酒，酒体醇和轻柔，青稞酒的香气、蒜苗的香气、羊肉的香气混在一起，这就是我童年记忆里十分熟悉的香气。微醺间，又恍惚回到了天高气爽的高原。

2．卤牛腱子
青稞香型白酒：西藏阿拉嘉宝青稞酒A7 52%vol

卤牛肉或酱牛肉是全国各地最常见的下酒菜。但是卤法和酱法其实是不同的烹饪方法，很多食客对这两种烹饪技法并不太清楚，也分不清卤牛肉和酱牛肉的区别。酱牛肉和卤牛肉大致区分是：酱牛肉在煮前就要用酱料腌制，而卤牛肉不用腌制，直接放到调好的卤汁里煮熟，卤制即可。这道菜也因为食材和烹饪方法的不同，制作出的成品千差万别，我认为最好的还是自己做的。同样是请青海、新疆和西藏的朋友帮助买当地牦牛肉的牛腱子，腱子肉紧实且肉筋丰富，卤制好切片也漂亮，吃的时候筋和肉的韧性和嚼劲非常美味，是卤牛肉或酱牛肉中的上品。没有牦牛肉，选优质的黄牛肉腱了也行。卤牛腱子的方法和做手抓羊肉的方法有很大不同，最重要的不同就是手抓羊肉尽量少放调料，而卤牛腱子，调料要多放，卤汁里要放盐、白糖、料酒（黄酒、白酒都可以，我经常选择青稞白酒）、各种香料（八角、桂皮、茴香、香叶、花椒等）、酱油（酱油是用草果和豆蔻先泡制过的酱油，想要颜色重一点可以放老抽，颜色浅一点放生抽）。把牛肉洗好放在清水里先煮一下，把浮沫煮出撇掉，然后把肉捞出来放到卤汁里，再加一点汤水，配好后上火煮就可以了。普通的锅要小火慢炖，时间就长一些，可以煮到一个半小时左右，高压锅一般不到一个小时就好了。煮卤牛肉不能时间过长，如果太长了，肉过烂了，就无法切片盛盘了。卤牛腱子有两种吃法：一种就是刚卤出来时，温度降到可以用手拿了，就热着现切，不用加任何佐料，就是卤汁入味的香气，这样当作一道热菜来吃；还有一种就是可以将它放凉切片，这时就可以调一些料汁，蒜泥、酱油、醋等调成汁，喜欢吃辣椒的加点辣椒油，将筋肉分明的肉片蘸汁吃，也是一道美味的凉菜。卤牛腱子的好坏，首先在肉质，其次是卤汁，不同地区调制卤汁所用调料和香料的习惯不同，在基础的配料上，有些会放陈皮或多加糖，就呈现出南方风味，但我个人还是喜欢偏咸的北方风味。卤牛腱子是什么时候都可以吃的下酒菜，有时正餐吃完了没喝酒，晚上读书时想喝几杯，平慰一下读书时波动的情绪，切几片卤牛腱子肉，又方便又美味。搭配的酒中外咸宜，威士忌、白兰地、伏特加和中国白酒都可以。我最近常喝的是西藏阿拉嘉宝的青稞酒A7，这款酒的酒龄有9年了，是西藏的第一款青稞白酒，酒体风格和青海的青稞酒略有不同，感觉更加湿润温和一些，这款酒饮后的身体舒适感非常好。卤牛腱子和阿拉嘉宝小包装酒，都可以作为日常的零食了。

3．互肋炕锅猪肉

互助天佑德中国威士忌 43%vol

青海西宁所在的河湟谷地，其实是农耕区和畜牧区的交界处，这里生活的人们有一部分的畜牧业生活习惯，也有定居的农业生活传统。互助县当地有一种猪叫八眉猪，用八眉猪做的炕锅猪肉极有特色，外地难得一见。我吃过后觉得是极为惊艳的一种猪肉，而且颇有异国风情。它的烹饪方法也比较简单，先将卤制好的猪肉盛到一个像烤盘似的平底锅中，在火上加热，加热到一定程度就端上桌，上桌时平底锅还是热的，已经卤好的猪肉在锅中被慢慢烤得香气四溢，吃的时候，猪肉可以蘸点调料，同时搭配一盘生切的洋葱，当地的洋葱非常好，甜而不辣，肉吃腻了就吃两片洋葱。搭配这道菜，天佑德酿造的中国威士忌是十分合适的，中国威士忌是以青稞为酿造原料，青稞的学名是高原裸大麦，这款酒是酿造原料、技术和西方威士忌接近度最高的中国传统白酒，但又有中国传统大曲固态发酵、固态蒸馏酒风味丰富的优势，在橡木桶里陈熟 6 年以上才出厂。我们现在能喝到的这几款瓶装中国威士忌酒，分别是在雪莉桶陈熟的 Nara、法国橡木桶陈熟的 Joolon，还有在法国橡木桶、美国波本桶、西班牙雪莉桶三桶陈熟后又混合起来的三桶重酿威士忌 Sulongghu，酒精度都是 43 度，橡木桶的香气明显优雅，又有着传统固态大曲白酒的丰富滋味。搭配这道极具异域风情的卤制兼烤制的炕锅猪肉，真是美妙极了，我想如果苏格兰人发现了这道炕锅猪肉，也会引入到苏格兰，去搭配他们的威士忌的。

4. 新疆烤肉串

浓香型白酒：肖尔布拉克 52%vol

新疆烤肉串天下有名，特点是块大肉嫩、孜然味浓郁，新疆地产的白酒肖尔布拉克是浓香型白酒，但又和四川浓香型白酒不一样，有着干爽的大漠风情。肖尔布拉克的名字来自20世纪80年代著名作家张贤亮的一篇短篇小说《肖尔布拉克》，肖尔布拉克是个地名，意思为碱水泉，那部小说写了一个在当地的知青的生活际遇，故事的结论是：人的一生在哪里过并不重要，和什么人生活更为重要。每当喝到这款酒，我就想到那些飘零的人生经历。在街边的烤肉摊喝肖尔布拉克，其实也是处于一种飘零的生活状态，好在有肉有酒，人生的哪一种飘零都是美好的。

5. 巴彦淖尔黄河野生鱼

酱香型白酒：湄窖铁匠（老铁） 53%vol

内蒙古十分辽阔，内蒙古的西部和东部虽然都是畜牧业区，但风光不一样，处于中部的巴彦淖尔在黄河岸边，黄河盛产各种野生鱼类，但当地人不太吃。我有幸在寒冬的黄河边碰到一户渔家撑着船在卖鱼，鱼就放在船舱里，那个情景让我想起李逵在江州放走了张顺船舱里的野生鱼。渔家船舱里摆放的野生鱼品种很多，有的是白鱼，有的是红鱼，我都不太认识，当时不管大小，我买了三条，准备和擅吃鱼类的同事、湖北人施总一起品尝，这几种鱼他也没有吃过。我俩拿着鱼想找一个饭馆给做，但找了好几家饭馆都不会，总算有一家会做，但是所谓会做，也就是会把鱼杀了，混在一锅里给炖熟。施总连连懊恼，这么珍贵的鱼，不能这么吃，可在那个条件下，也就只能这么吃了。好在我们带的酒不错，是贵州湄窖酒业公司生产的酱香型白酒湄窖铁匠（老铁）。这款酒是一款酒龄达到9年的老酒，香气芬芳，口感醇厚，饮后舒适，有天高云淡之感。野生鱼的鱼味确实要比平时吃的饲养鱼的鱼味重多了，炖的时候加了酱油，味道就更浓了，还就得搭配味道也同样浓郁的酱香型白酒。内蒙古的黄河沿岸其实有不少吃野鱼的地方，在磴口地区的三盛公引黄灌溉闸口处，就有专门吃鱼的鱼宴酒楼，但这种鱼可能就是当地鱼塘养的鱼，和黄河岸边船上的野生鱼是大不一样的。美食往往只是一次惊艳的邂逅，后来我多次去黄河边，再也没有遇见过那个卖鱼的船家。

6. 兰州羊脖子火锅
浓香型白酒：汉武御酒 52%vol

兰州做羊肉火锅的非常多，我在农民巷附近吃过一种很特别的羊肉火锅，虽然忘了店名，但食物的特点却记忆犹新，厚切的羊肉，特别是羊脖子很厚，几乎完整的一个羊脖子，被剁成一片片还连着的，就下到火锅里。我开始都怀疑这种肉能不能煮熟，但没用多长时间，就发现不仅煮熟了，而且十分鲜美，肉质水嫩多汁，带着甜味，吃这种羊脖子火锅，会感觉这才是吃肉，那种薄如纸的涮羊肉片，只能称作尝尝肉。这家火锅非常好吃，我有时出差在这里待三天，就要吃两次，因为回到西安就再吃不到了。在当地配酒，选的是汉武御酒，汉武御酒酒厂在酒泉，我曾经去参观过这个酒厂，喝过那里的原酒，可惜当时是坐飞机往返，没法携带，如果能携带的话，那里售卖的塑料桶装的原酒极其好，比市场上的各种成品汉武御酒都好。在兰州就找不到这么好的原酒了，那就在汉武御酒的系列里找其最新产品中的高端产品即可。

第二十二节
西餐与白酒的搭配

一、西餐概述

西餐是个笼统的概念，通常是指以欧美国家为代表的外来餐饮的总称，一般以欧洲菜为代表，中国人比较熟悉的是法国菜、意大利菜、俄国菜、英国菜、美国菜等。尽管西方文化的历史远溯及古希腊，甚至更久远，但现代西餐的历史却不太长，17世纪时才结束了手抓食物的进餐史，出现了刀叉，现代西餐仪式是从文艺复兴以后才形成的。

西餐在19世纪中叶就进入我国了，但是发展的范围不是太大，因为众所周知的历史原因，一度离普通人的生活很远。改革开放之后，西餐大范围地进入我国、深入普通老百姓的生活之中。最常见的西餐是各种快餐，如麦当劳、肯德基、比萨，这些快餐店在不断地升级、翻新。水平再高一点，就是正规的西餐店和牛排餐厅。这是我们看到的成品菜以及食用西餐的场所，我们看不到的是大量的美国、澳大利亚、新西兰等国生产的餐饮原材料的进口，比如牛肉，我国现在已经是世界上最大的牛肉进口国，2023年进口牛肉274万吨、牛杂3万吨，约占消费总量的25%左右。这些进口牛肉，除了进入西餐店，还有一大部分进入了中式餐厅，比如肥牛火锅店，等等。

总之，西餐已经是人民生活中密不可分的一部分了，和中国人传统上习惯饮用的白酒搭配，也是实际餐饮中普遍存在的现象了。

威士忌世界
深入介绍世界
各国威士忌的风
味、历史、工艺。

酒的世界地理
介绍世界各地各
种酒的生产和品
鉴知识。

绝妙下酒菜
已介绍过国内外
数种下酒菜，还
在不断更新中，关
注它，可获得最新
的下酒菜知识。

二、西餐的菜品组合及配酒方法

1. 西餐的菜品组合

正规的西餐菜品一般是按照五个部分来组合的，大致情况如下：

本节主要参考文献：

[1] 汪珊珊.西餐与服务[M].北京：清华大学出版社.2019：2-20.

[2] 刘训龙，刘居超.西餐烹饪工艺[M].北京：科学出版社.2017：3-18，55-80.

[3] 林莹，毛永年.西餐礼仪[M].北京：中央编译出版社.2006：75-175.

[4] 张洁.世界牛肉指南[M].北京：中国轻工业出版社.2023：48-173.

[5] 王永贤.完美牛排烹饪全书[M].郑州：河南科学技术出版社.2016：95-111.

（1）开胃菜（烟熏三文鱼、牛油焗田螺、生蚝芥汁、鹅肝酱、海鲜冻等）。

（2）汤品类（法式洋葱汤、意大利蔬菜汤、俄式罗宋汤、牛肉清汤等）。

（3）副菜（榛子焗海鲈、莳萝烩海鲜、焗菜花、焗牡蛎等）。

（4）主菜（肉眼牛排配红酒汁、德式咸猪手配酸菜、香煎鸭胸配橙柳松仁汁等）。

（5）甜品（巧克力冰激凌、奶酪卷、红酒冰雪梨等）。

上菜同时配有面包、黄油、果酱、果汁、咖啡，以及与菜肴相对应的酒品（开胃酒）等。

2. 西餐的配酒方式

西餐用餐时喝的酒分为三类：

（1）开胃酒（Aperitif）

顾名思义，就是用来开胃的酒。基本上不要选太烈（会麻痹味蕾）或太甜（容易腻）的酒，最好选酒精度较低、较清爽的酒，以刺激味蕾，增进食欲。例如：干白葡萄酒、气泡酒、玫瑰红酒、雪莉酒、香槟等。但不会喝酒的人则不必勉强，可喝矿泉水或其他饮料。

（2）餐酒（Table Wine）

用餐时不喝甜酒，真正佐餐时喝的酒是红葡萄酒、白葡萄酒、玫瑰红酒、香槟等。用餐时间选择两种以上的葡萄酒饮用时，先选口味清淡的，再选口味浓郁的。先喝白葡萄酒，再喝红葡萄酒。如果开胃菜是肉类，而主菜是海鲜，仍不宜先喝红葡萄酒再喝白葡萄酒。白葡萄酒比红葡萄酒容易消化、吸收，因此先喝白葡萄酒可以减轻内脏的负担。

（3）餐后酒（Digestif）

饭后喝一小杯餐后酒不但可以帮助消化，也可以助使整个气氛愉悦。

①餐后配甜点饮用的甜点酒，有波特酒、马德拉酒、雪莉酒等。

②酒精度高的烈酒（白兰地或威士忌）或利口酒（Liqueur）。

餐后烈酒，一般都是纯饮，不加冰或水，多以一小杯（约1盎司）为限，不宜连续多饮。

3. 西餐怎样搭配白酒

有朋友说，既然西餐已经有了成熟的餐酒搭配方案，我们还有什么必要搭配白酒？再者吃着西餐这种"洋气"的菜喝白酒，是不是有点老土啊？其实不是这样的，入乡随俗，各国的餐饮是互相交融的。即便是在西方各国之间，就餐搭配的酒也是不一样的，多半都是本国的酒搭配本国的菜。在中国，我们习惯于喝白酒，在这个环境下，以中国白酒作为西餐佐餐酒进行搭配，也是顺理成章的事情。

根据我们的餐酒搭配经验，我们觉得吃西餐搭配白酒是非常有必要的，主要原因有以下几个方面：

第一，在饮酒习惯上，吃正式菜的时候，我们习惯了饮用中国白酒，直到现在我们还没有习惯用西方的葡萄酒（也包括在中国生产的葡萄酒）来作为佐餐酒，感觉它的口感，干型的过苦、甜型的过甜，搭配肉类食物，刺激性不够强，不能缓解肉类食物带来的油腻感。尽管西方人已经习惯了以葡萄酒作为佐餐酒，但是这种美妙的感受我们始终没有充分感受到。

第二，西餐的主菜牛排，一般都强调成熟度不要太高，这样才能保证肉的汁水丰富，一般都是五分熟，即便是七分熟，有的时候我们也能看到肉心是红色的，而且渗出来"血水"。尽管专家们解释说，烤牛排中渗出的红色液体不是血，是水和肌红蛋白的混合液，但是我们看到这个东西心里还是有点不安，因为我们吃惯完全煮熟的牛肉了，喝一点高度的烈性白酒，有助于增加心理上的安全感。

第三，西餐的食用流程是比较科学的。先要吃一点开胃菜，量不多，开胃酒量也很少，就一小杯，比茅台酒的标准小杯大不了多少。在国内有些西餐厅，如果顾客不特意点的话，不提供开胃酒。吃完开胃菜后要喝汤，喝汤时可以搭配一点副菜或者面包，基本上就吃到三分饱，到吃正餐牛排时，就可以配烈性酒了，不必等餐后再喝烈性酒。如果搭配白酒的话，对我们来讲吃西餐更省事了，省了餐前酒、餐后酒的流程，只需一款酒，从主菜开始喝，一直到用餐结束，这样就有更多的时间来享受菜肴的美味。

需要注意的是，西餐所有的主菜基本上都属于要趁热吃的，牛排如果放的时间长就凉了、硬了，不好吃了，所以食用主菜的时间并不长，能喝的酒其实也不多。但如果要聊天，喝酒时间长的话，就得按照白酒的饮用习惯，再加上两道下酒的小菜，常点的是西班牙火腿或者是任何一个国家的香肠。这些是冷菜，不怕时间长了变凉不好吃，主菜吃完之后，还想小酌慢饮时，就点一些这类小菜。

广西南宁市东盟·盛天地的西餐厅——屋顶法料酒馆（摄影／李寻）

当时，点了一份蘑菇汤，主菜是肉眼牛排，副菜为香煎鹅肝，牛排煎至五分熟，全程饮用烈性酒轩尼诗 XO。

三、主要国家菜品风格和代表菜品

1. 法国菜

法国菜以原料丰富、烹饪技巧高超和餐酒搭配成熟、丰富而著名。典型的法国菜有洋葱汤、牡蛎杯、焗蜗牛、鹅肝酱、烤牛脊、煎牛排等。法国还有一些著名的地方菜，如阿尔萨斯的奶酪培根蛋挞、勃艮第的红酒烩牛肉、诺曼底的诺曼底烩海鲜、马赛的马赛鱼羹，等等。

2. 意大利菜

意大利三面临海，物产丰富，擅长使用番茄酱、橄榄油等制菜，典型的意式菜有佛罗伦萨烤牛排、意大利菜汤、茴萝烩海鲜、米兰式猪排、罗马式炸鸡、撒丁岛烤乳猪、比萨饼、意式馄饨等。

3. 英国菜

英国人在饮食方面不像法国人那样崇尚美食，所以菜肴相对来说比较简单，但是英国的早餐比较丰富，主要品种有燕麦片牛奶粥、面包片、煎鸡蛋、水煮蛋、煎培根、黄油、果酱、火腿片、香肠、红茶等。此外，下午茶也是英国菜的一个特色。典型的英式菜有煎羊排配薄荷汁、煎鸡蛋、土豆烩羊肉、烤鹅填栗子馅、牛尾浓汤等。此外，苏格兰的猪血布丁（其实是猪肉血肠）也比较有名。

4. 德国菜

德国菜肴以丰盛实惠、朴实无华著称。典型的德国菜有柏林酸菜煮猪肉、酸菜焖法兰克福肠、烤猪肘、汉堡肉扒、鞑靼牛扒等。德国的香肠非常丰富，有资料说，德国的香肠有 1500 多种。

5. 西班牙菜

西班牙有山有海，而且是多种文化交融的区域，他们的菜系在世界上非常有名，西班牙的下酒菜 Tapas 现在已经成为全世界最受欢迎的开胃小菜，在西班牙随处可见 Tapas 小酒馆，随时都可以看见吧台旁边挤着满满的人群，一杯酒、几个小菜，可以悠闲地消磨很多时光。典型的西班牙菜有西班牙火腿、西班牙香肠、大蒜面包汤、巴塞罗那风味鳕鱼排、美味扒鲈拌蔬菜橄榄、扒肉眼牛排配蒜味香草汁、西班牙海鲜饭等。

6. 奥地利菜

奥地利曾经是奥匈帝国的核心地区，奥匈帝国的辉煌痕迹深刻地保留在了人们的气质、品位和美食方面，维也纳小牛肉（Wiener Schnitzel）是奥地利最负盛名的菜肴之一，这是选用只有 3 个月大尚未断奶的小牛，肉色白、肉质嫩、毫无腥膻味，取小牛里脊部位的肉，略拍扁后裹以面粉、蛋汁、特制面包粉，然后用油炸或油煎再烤的方式烹调，配上该国特有的醋渍色拉，并佐以啤酒或白葡萄酒，令人惊艳。奥地利的代表菜还有大蒜奶油浓汤、面卷牛肉清汤、嫩煎牛肝配水煮土豆、奥地利农家菜、维也纳脆皮鹅、维也纳水煮牛肉等。

7. 俄罗斯菜

俄罗斯菜肴深受西方文化的影响，也有它自己的特点，典型的菜肴有鱼子酱、罗宋汤、黄油鸡卷、罐焖牛肉、莫斯科烤鱼等。

8. 瑞士菜

瑞士大部分位于阿尔卑斯山区，除了手表和银行闻名世界外，也是著名的美食天堂。其国内分为法语区、德语区、意大利语区，饮食和这些国家有的类似，也有所不同。常见的菜品有瑞士风干牛肉、腌渍珠葱、腌渍橄榄、瑞士腊肉肠配土豆大葱、瑞士炒小牛肉等。最有特色的是瑞士奶酪火锅，在专用奶酪火锅里放入 2 ~ 3 种奶酪，用白葡萄酒烧热使奶酪融化，然后用切成小块的面包蘸上融化的奶酪，略凉一下食用，口感特殊浓郁、齿颊留香。但吃奶酪火锅时绝对不可以同时饮用碳酸类饮料，如啤酒、汽水等，它会使奶酪在胃里凝固，情况严重者可能还要送医急救。

四、关于牛排的基本知识

牛排是西餐里的主菜，牛排的种类（在牛身体的分布位置）、口感和熟度，是到西餐厅吃饭必须了解的基本知识。国内西餐厅常见的牛排主要有几类：

1. 菲力牛排（Filet Mignon）

菲力牛排其实就是牛的里脊，是比较嫩的，油脂也比较少，除了和牛里脊有轻微的大理石花纹之外，其他品种的牛里脊没有肌间脂肪，所以不太香。吃菲力牛排，一般建议三到五分熟即可，熟度太高肉质容易过于干柴，如果是和牛，有肌间脂肪在其中，熟度可以适当提高。我国现在（2024 年及以前）没有正式通关进口的日本和牛，市场或餐馆见到标榜为和牛的，要么是假的，要么是走私的。

2. 肉眼牛排（Ribeye Steak）

肉眼牛排受到很多人追捧，被评为最好吃的牛排。肉眼牛排是处于牛肩到牛腰的第 6 ～ 12 根肋骨之间的眼肉，这个部位的牛排容易产生大理石花纹沉积，肌间脂肪丰富、肉质鲜嫩，肌肉和脂肪平衡得比较好，这种牛排既酥、嫩、好咬，还香。一般不带骨的肉眼牛排，建议三到五分熟，带骨头的牛排，要想在骨头附近获得多汁且鲜嫩的体验，要在五分熟以上。

3. 西冷牛排（steak sirloin）

西冷牛排在美国也叫纽约牛排、堪萨斯牛排，是牛外脊。这种牛排比较有韧性，有嚼劲儿，也有大理石花纹，香，但是筋硬，牙口不好的不太适合吃这个。西冷牛排建议三到五分熟，太生会导致肉质无法软化，难以咀嚼，熟成过高又会让肉变干柴。

4. T 骨牛排（T-bone Steak）

T 骨牛排和红屋牛排都来自牛腰脊，通过 T 型骨头可以轻松辨认，一面是里脊肉，另一面是牛外脊肉。简单地说，这款牛排一半是菲力，一半是西冷，在一块牛排上就可以体验不同的口感。做法一般是先用烤箱烤，快烤熟的时候，放入煎锅煎到焦香，一般建议是五分熟的。

5. 战斧牛排

战斧牛排是因为形状得名的，可以把它理解为一块肉眼牛排加一根长肋骨，肋骨长 10 ～ 20 厘米，这个肋骨手柄看起来像斧头，块头比较大，厚度有四五厘米，重量在 850 ～ 1200 克。这个部位因为比较厚，也是先烤然后再煎。

常见牛肉部位及牛排名称

西餐与白酒搭配示例

1. 牛排

青稞香型白酒：天佑德国之德 G6 52%vol

牛排是西餐的主菜，不管是哪个国家的西餐，主菜基本上都有牛排。对我们来讲，牛排就是西餐的一个代名词。选择牛排，要看自己的状况：牙口好一点的可以选择西冷；要控制脂肪的摄入，就选择菲力；不太控制脂肪摄入，要真正体验牛排的酥、香，就选眼肉。一般情况下做到五分熟即可，这样才可以真正感受西餐牛排的魅力。

搭配牛排，我选择的白酒是青稞香型的天佑德国之德 G6，或者有机会拿到更好的酒——零号酒样就更好了。为什么选择青稞香型白酒呢？因为青稞香型白酒是在畜牧业地区生产的，我国的牧区人民饮食也是以牛羊肉为主，所以这种酒天然地跟牛羊肉的香气比较搭配，搭配西方的牛排是再自然不过的一款酒了。青稞香型白酒的口感要比葡萄酒浓烈得多，酒精度有 52 度，吃这种带着"血水"的五分熟的牛排，要没有点烈性酒，可能很多人真的有点犯怵，烈性酒是十分必要的。

2. 香煎鹅肝

酱香型白酒：飞天茅台酒 53%vol

香煎鹅肝是法国的著名菜肴，尽管现在国内吃到的鹅肝很可能是山东或者安徽等地产的，但是口感据说已经和法国本地产的鹅肝相差无几。香煎鹅肝这道菜的特点是细腻、油香，油煎之后香气更高。我们为这道菜选择的酒是酱香型的飞天茅台酒。茅台酒以香气高亢、复杂为特点，茅台酒还有一个特点是口感细腻，在品尝鹅肝的细腻时，再感受酒体的细腻，能感到这两种著名酒、菜的搭配是有天然基础的。

3. 德国烤猪肘

清香型白酒：汾酒青花瓷 30 53%vol

猪肘和猪蹄是中国人非常喜欢的下酒菜，德国人也是非常善于做肘子的，他们做肘子的香料和中国卤猪肘不一样，比较重，烤后香气比较高，但是猪肘比较大，切开后里面还是有猪肉味，要压制这种猪肉味，还是要喝一点中国白酒，我们选择的就是通常搭配猪蹄的清香型白酒汾酒青花瓷 30，青花瓷 30 在汾酒系列里香气比较复杂，口感也醇厚，它的香气适合搭配气味浓郁的猪肘。顺便说一下，烤猪肘和煎牛排一样，适合快吃，时间稍放长，凉了肉皮变硬，焦脆感就没有了。

4. 法国生牡蛎

清香型白酒：汾酒青花瓷 50 65%vol

法国的生牡蛎就是生吃，最多加一点柠檬汁。对于大多数中国人来讲，生吃牡蛎还是有点心里"没底"，所以一定要配点高度白酒"壮胆"。搭配这道菜，选择的还是清香型白酒汾酒青花瓷 50，65 度。清香型白酒的香气比较低，青花瓷 50 的水果香气明显，压制了牡蛎的腥气，还和其中加的柠檬汁的香气融合得很好，可在清新的气息中体验牡蛎的鲜美滋味。

5. 西班牙火腿或香肠

青稞香型白酒：阿拉嘉宝 A7 52%vol

西班牙的火腿讲究现切，如果预先切下来放在那儿，水分挥发就不好吃了，现切的火腿咸鲜细嫩，是一种百搭的下酒菜。西班牙也有各种香肠，如果餐厅提供的话，也是可以作为下酒小菜使用的。西餐的主菜都得趁热吃，20分钟就得吃完，否则凉了就不好吃了。我们中国人喜欢边喝酒边聊天，吃主菜时是无法聊天的，要快吃，配的餐酒，也喝不了多少，要进一步浅酌细聊，就得吃凉菜，西班牙火腿和香肠就是上好的选择，当然西餐的沙拉也是可以凉吃的，但是沙拉多半是蔬菜，除了加鸡肉或者大虾的，纯蔬菜水果的都不太适合下酒。由于西班牙火腿和香肠是百搭的下酒菜，其实各种香型的白酒都可以搭配，但我还是选择了比较珍贵、稀缺的一款中国白酒——西藏的阿拉嘉宝酒。这款酒是西藏的第一个白酒厂阿拉嘉宝酒厂生产的，目前推出的白酒品质都非常好，高端酒都是9年以上的陈年老酒，口感醇厚，青稞香型，天然地适合搭配牛肉、火腿和香肠。酒厂和西班牙火腿经销商曾做过多次的餐酒组合活动，获得了一致性的好评。

6. 低温慢煮三文鱼佐奶油香草酱
清香型白酒：潞酒天青瓷窖藏 30 53%vol

低温慢煮三文鱼佐奶油香草酱，是我在西安 SKP 商厦 Four-11 地中海式西餐厅吃到的一道菜，点单后等了很长时间，约半个多小时，确实慢，就一小块三文鱼，看来真是低温慢煮了，但口感鲜嫩。和普通的煎三文鱼不同，搭配的胡萝卜泥增添了鲜甜感。搭配这道菜，我们选择的是清香型白酒潞酒中的天青瓷窖藏 30，潞酒的香气和汾酒略有不同，有点青蒿的香气，和这道菜的香草香气有些接近，同时，这款酒是装瓶已 10 年的老酒，口感柔和，搭配细腻鲜嫩的低温煮制的三文鱼，能形成丝绸般的柔顺感。

第二十三节
日本料理与白酒的搭配

一、日本料理概述

日本料理是指日本菜。

日文"料理"本来是"处理"的意思，是动词，相当于中文中的"烹饪"；也可以当名词用，意为"日本菜"。这个术语对中文有一定的影响，一些中餐馆也用"中餐料理"来表示"中国菜"的意思。

日本是岛国，四周临海，渔业资源丰富。岛上有山川平地，盛产稻米。自古以来，日本人有着自己独特的饮食习惯。

日本人是极其善于学习的民族。追溯日本料理的发展史，就是一部日本人不断向其他国家和民族学习的历史：在公元 7 世纪时期从中国唐朝学习到了使用筷子以及酿酒、做酱和拉面；公元 16 世纪以后又从葡萄牙人那里学会了"天妇罗"（一种裹着面糊油炸蔬菜或者鱼虾的烹饪技术）。曾经有一个时代，日本是禁止食肉的——公元 675 年天武天皇颁布一道肉食禁止令，禁止每年 4 月到 9 月之间食用牛、马、狗、猿、鸡肉，其理由是牛用于耕作、马用于骑乘、狗用于护院、鸡用于司晨、猿是人类的近亲，故皆有禁食的理由。这道禁令有各种复杂的背景，最重要的一个原因还是在于生产力不发达，牛马这种作为生产工具使用的牲畜被禁止宰杀主要是要保证农业生产的能力（类似这样的政策在中国历史上也多次出现过）。明治维新以后日本开港，西餐和西方人的饮食习惯进入日本。为了满足西方人对肉类的消费需要，养牛场也建立起来，日本人的观念也随之改变。原先在禁止食牛肉时，日本民间甚至有"吃肉会嘴歪"的传闻。明治维新之后，主张维新的思想家们提倡向西方学习，认为吃牛肉是

威士忌世界
深入介绍世界各国威士忌的风味、历史、工艺。

酒的世界地理
介绍世界各地各种酒的生产和品鉴知识。

绝妙下酒菜
已介绍过国内外数百种下酒菜，还在不断更新中，关注它，可获得最新的下酒菜知识。

本节主要参考文献：

[1] 陈杰，李洁.日本味儿[M].西安：陕西人民出版社.2014：46–107，163–176.

[2] 碗丸，中午十三点.别说你会吃日料[M].青岛：青岛出版社.2017：55–136.

[3] 〔日〕石毛直道.日本的餐桌[M].杭州：浙江人民出版社.2017：67–107

[4] 〔日〕石川伸一.食物与科学的美味邂逅——颠覆饮食常识的分子烹饪[M].北京：中信出版社.2018：162–179.

[5] 〔日〕野崎洋光.日本料理的基础技术[M].北京：中国华侨出版社.2017：103–106.

[6] 〔日〕大田忠道.日本刺身料理进阶全书[M].北京：中国轻工业出版社.2020：038–062.

[7] 〔日〕杉村启.日本酒之书[M].台北：时报文化出版社企业股份有限公司.2016：187.

[8] 〔日〕田琦真也.日本酒：究极之味[M].台北：创意集市出版、城邦文化发行.2017：47.

西安"萤初"日料店 （摄影／李寻）
日料店里以清酒、威士忌搭配生鱼片、煎多春鱼。店中的清酒酒杯专业、讲究，一套可以提供九种不同杯型。

文明开化的标志。当时日本最著名的思想家福泽谕吉就极力鼓吹吃牛肉，他认为日本人之所以矮小，身高体格不如西洋人，归根结底就是因为日本没有吃牛肉的习惯；他甚至表示"不吃肉就体力虚弱，体力虚弱就有亡国的危险"。顺应时代潮流，1871年明治天皇颁布肉食解禁令，且以身作则，在自己的饮食中增加了牛奶和牛肉。随即在日本社会，无论士农工商、老弱男女、贤愚贫富，"不吃牛肉就是不开化、不进取的下等人"的观念蔚然成风，牛肉产业就这样蓬勃地发展起来，直到后来培育出世界闻名的日本和牛品种。二战后，日本官方倡导全民喝牛奶，其效果据说是日本人的平均身高提高了10厘米，被时人赞誉为"一杯牛奶，长高了一个民族"。在当代，日本食品和烹饪界又紧跟西方的潮流，引进"分子烹饪"的概念、技术，发展出一系列创新产品。

日本料理的主要特点如下：

（1）以生吃（刺身、鱼类、虾类等海产品）知名。生吃的食材新鲜，口味鲜美。

（2）以优质的牛肉为原料，形成了烤、煎、涮等一系列的和牛美食。

（3）有独特的调味材料——如味噌酱、山葵、鲣节、酱油等。

二、我们直接感受到的日本料理

日本料理进入中国的历史从清朝就开始了，但由于某些特定的原因，中间有过一段时间的中止。我们这代人接触到日本料理是在改革开放以后，印象中在 20 世纪 80 年代后期在北京出现了"札幌拉面"。对于札幌拉面，直到现在我也不觉得多好吃。我真正对日本料理有感觉是在北京吃到"吉野家"牛肉盖饭（这种牛肉盖饭在日本被称为"丼"，发音"dòng"），感觉非常美味，那时候它的肉质非常好，在搭配了味噌酱之后，整体风格令人有很强的新鲜感。后来国内其他主要城市，如西安等地也相继出现越来越多日本料理餐馆的身影。我们很多人最初对日本料理的印象可能还停留在著名电影《大撒把》里呈现的一些桥段——葛优演的主人公带一位女士去吃日料，煞有介事地拍手示意上菜，结果服务生端上来的菜是一个大盘子里只有一点东西，等了半天之后葛优再次拍手把服务生叫来，询问其他菜怎么还不上来，其实人家把菜已经上完了，就是大盘子里面那一点菜。后来吃日本料理的次数多了，我们发现日本料理并不总是那么秀气，也是非常丰富的。现在日本料理馆吃的生鱼片越来越厚，在吉林长春市的上井日料馆里吃到的厚切生鱼片要比西安日料店里的厚 1～2 倍，种类也越来越多。吃得有经验了，也开始分得清楚什么是山葵、什么是辣根。需要提一句，一度西安街头出现过多家"黑毛和牛"火锅店，后来从书上看到我国没有正式报关进口的日本和牛，所以街上见到的"日本和牛"都是假的。国内各种所谓"日本和牛火锅"，我吃过不少，里面有好吃的，也有不好吃的。可能好吃的是进口肉多一点，是从其他国家（澳大利亚、美国等）进口的牛肉。真正的日本和牛，我迄今为止还没有机会品尝到。

我们在国外有过一次品尝日料的经历。2015 年到俄罗斯去出差，在莫斯科停留十来天，最贵的一顿饭是在一家日本餐馆吃的。当地的俄罗斯朋友告诉我，日本料理在他们这里算是高档的饭馆，消费比较高。这家日料店里的品种跟我们在国内见到的日本料理饭馆差得不太多，但肉质极其新鲜，品质要比国内见到的好很多。

三、日本料理的主要代表菜品

1. **生鱼刺身（生鱼片）**：日本料理里最为知名的是生鱼片，其生鱼的品种非常多，包括三文鱼、金枪鱼、鲷鱼、鰤鱼、竹荚鱼，等等。若是深入追究起来，以上每一种鱼又有很多细分，要把这些区分全搞清楚，得读几本专业书才行，本书在此不做铺叙。能够分享的一个经验是鱼的不同部位的肉质差异，比如金枪鱼的鱼背和鱼腹，鱼腹脂肪较多，像肥牛一样，有脂肪的香气和润滑；背部是肌肉多、肉质要硬实一些。总之，吃日本的生鱼片不仅要区分鱼种、区分季节，还要区分部位。

2. **山葵和辣根**：山葵和辣根是吃日本生鱼片常用的佐料，但它们是不一样的植物，有不一样的加工方法。山葵是十字花科山葵属植物，主体为地下茎，颜色浅绿。在高端的日料店里，山葵都是现磨的。山葵的挥发性比较快，香气在十几分钟后会削弱，现磨才能保证味道。吃的时候，将现磨的山葵泥涂抹在食材一侧，食材另一侧蘸酱油。山葵比较贵，不能把山葵泥混进酱油里。

辣根是十字花科辣根属的植物，颜色淡黄，外形有点像胡萝卜，也被称为"马萝卜"。辣根做的酱本来是浅黄色的，为了模仿山葵，添加色素而染成绿色。辣根的香气非常冲，没有山葵那么柔和。

目前我国云南也在种植山葵，有些在中国餐馆吃到的山葵就产自云南，想必在日本餐馆里有些山葵也是从云南进口的。

至于中餐当中北京菜里的芥末墩或者西餐里面美式的芥末酱，作为其原料的黄芥末是十字花科云苔属的植物，跟山葵、辣根不是一种东西，是另外一种植物。

3. **烤鱼**：在日料中，除生吃鱼之外，很多鱼也能烤。烤的方法和中国街边常见的抹很多酱料来烤的鱼不一样，基本上就是干烤，上面淋的调料汁非常少，烤的鱼一般都不太大。这种鱼有烤制的焦香、油香，也有鱼本身的香气，当然也有腥味。

4. **烧肉**：日文里面是把汉语的"烤肉"写成了"烧肉"。实际上日料里很多字在进入中国之后都是直接引用的，因为意思大致"差不多"，也就"懒得"

去翻译。日文"烧肉"在大多数情况下，是我们汉语所说的"烤肉"。日料烤肉有在炭火上铁丝网烤的，也有串在一起烤成肉串的。

5. **烧鸟**：其实就是烤鸡肉、烤麻雀肉、烤鸭肉，等等，日语里面统一叫"烧鸟"。有整只烤的，也有把肉切成块之后串在一起烤的。

6. **和牛寿喜锅**：有点类似于中国的火锅，但它端上来时原料已经在锅里放好了，肥牛倒是开锅之后再下进去。在中国吃到的所谓"和牛火锅"，和牛食材可能是从澳大利亚或者其他国家进口的，或者根本就不是和牛。如果吃到的是品质好的进口和牛，确实能看到牛肉上有漂亮的大理石花纹，也能尝到那种油润的口感。吃和牛寿喜锅要用到的一个佐料是大多中国人所不太习惯的，是在碗里把生鸡蛋液搅匀，夹出火锅里涮熟的肉或者其他食材之后，蘸一下生鸡蛋浆来吃。

7. **寿司**：寿司就是米饭握成团，但日本的寿司做得千姿百态，有上面覆盖生鱼片或者煎鹅肝、煎牛肉的，也有里面裹着其他食材的。日本的寿司好吃，除了稻米好之外，其煮饭的电饭煲也功不可没，日本电饭煲的进化史是日本科学技术原创发展的一个缩影，值得认真学习思考。

8. **味噌酱**：味噌是日本独特的一种酱，有点像中国的甜面酱，但不太一样。日本味噌酱的种类也有很多，有深色的、有浅色的。用味噌酱加工成的味噌汤，让你一口就能感受到浓郁的日本风味。

9. **盖饭**：日文叫"丼"，是一种方便的主副食合一的食品，有牛肉盖饭、鳗鱼盖饭，还有各种海鲜盖饭，等等。

10. **拉面**：日料有各种拉面，如乌冬面、豚骨拉面等。

四、白酒可以搭配日本料理吗?

日本料理不仅在原料、烹饪、调料等方面自成体系，在餐酒搭配上也自成体系。日本清酒可以说是发酵酒中追求极致的代表产品，他们把只用大米一种原料酿造的酒做得千姿百态。清酒有一项重要工艺是把大米里含蛋白质的糊粉层磨掉，磨掉得越多，留下的淀粉纯度越高，酒质就越好。因为大米的糊粉层里含蛋白质，而蛋白质会产生杂醇油等被认为是对酒体不好的物质。日本清酒有着非常精细的划分，详情可参照下面两张表。

不同日本清酒的价格（单位：日元）

名　称＼容　量	1800ml	720ml
普通酒	1742.5	无统计资料
本酿造酒	1930.4	1144.0
纯米酒	2239.5	1290.0
吟酿酒	2924.3	1764.6
纯米吟酿酒	2923.5	1587.1
大吟酿酒	5447.1	2866.0
纯米大吟酿酒	4939.4	3045.7

不同日本清酒的分类工艺标准

		精米步合			
		50%以下	60%以下	70%以下	无规定
添加酿造酒精比例	不添加	纯米大吟酿酒	纯米吟酿酒	纯米酒	
	10%以下	大吟酿酒	吟酿酒	本酿造酒	普通酒
	10%～50%	普通酒			

　　跟世界其他的著名酒种一样，日本清酒也发展出了系统的清酒品评学，清酒的风格大致分为辛口、甘口、浓醇、淡丽，有其独特的品酒术语。日料里不同的菜肴、甚至不同的鱼种用来搭配不同的清酒，这也是日本餐饮的一门学问。关于日本清酒和美食的搭配已有很多专著出版，有一些已经译成中文。

　　我们对日本清酒的极致工艺追求和非常细腻的品格鉴赏区分十分钦佩。但说实在的，在喝清酒搭配日本料理时，我们总觉得不太如意。可能是长期以来早已习惯了强劲有力的中国白酒，总觉得日本清酒过于清淡，在吃日本菜的时候觉得喝清酒找不到感觉。特别是当我们吃生鱼刺身、寿喜锅蘸生鸡蛋时，它不是我们原来熟悉的饮食习惯，心里总是有点忐忑，喝点高度的白酒才觉得心里踏实。在实际的日料餐酒搭配过程中，我们发现，在品种、口感极其丰富的中国白酒当中，总能找到适合搭配某一种日本料理的酒种。

从进餐形式上讲，日本料理是最适合喝中国白酒的，甚至比传统的中餐更适合喝中国白酒。先吃寿司和小菜，就吃个三分饱，有了食物垫底再喝酒，更为健康。日料中有煎牛肉，跟西餐一样，得趁热吃，其实不太适合下酒。但生鱼片非常适合下酒，它本来就是凉的，放得时间长一点也没关系，适合闲谈时间比较长的下酒聚会场合。还有寿喜锅，是一直加热的，用来下酒更没有问题。

广西壮族自治区南宁市东盟·盛天地的一家日料馆森谷町，有些侘寂风　（摄影／李寻）

日料与白酒搭配示例

1. 金枪鱼刺身

清香型白酒：汾酒青花瓷20 53%vol

　　日本料理店中鱼片的种类非常多，可以在不同的季节吃不同的鱼。我们最早吃到的是三文鱼——三文鱼也分若干种，有海上来的大西洋鲑，也有在中国内地养殖的虹鳟。据资料介绍，现在日本的高端餐馆里，刺身以三文鱼为原料的情况已经比较少，多半是在大排档里能见到三文鱼，高端店里现在是用金枪鱼做刺身。金枪鱼也分很多种类，现在日料店宣传的高端产品是蓝鳍金枪鱼，按不同部位来切割食用。我有幸尝过几次新开的蓝鳍金枪鱼，感受到了不同部位的不同口感。早在我们把三文鱼当高端鱼吃的时候，金枪鱼在餐馆里还不像现在这么贵，而且那时候甚至觉得金枪鱼不好，现在看可能是当时吃的部位不太好，口感太粗、有点发柴。后来吃金枪鱼是按部位区分，吃到了含油脂高的部位之后觉得金枪鱼确实比三文鱼还要好吃一些。搭配生鱼片（无论什么鱼种），我经常选用的还是清香型白酒汾酒青花瓷20，这款酒香气清新、淡雅，借用日本清酒的品酒术语，属于"淡丽"类型；口感绵甜、爽净，既可以缓解我们吃生鱼片的不安感，同时也不妨碍品尝鱼的鲜美和细嫩。特别是在搭配比较肥的金枪鱼腩的时候，这款高度酒的溶脂效果非常明显，会把连续吃几块之后有点腻的感觉给抵消掉，让人可以连续不断地吃下去，调整进食的节奏。

2. 烤鲷鱼

浓香型白酒：五粮液 52%vol

　　我第一次吃日本烤鲷鱼时，喝的就是五粮液，觉得香气很搭配。五粮液的香气高亢,烤鲷鱼的香气也高亢且复杂,二者混合之后五粮液的香气可以压制烤鱼的一些腥气,衬托其烤出来的焦香,更加诱人。我那次吃的鲷鱼,据水产专家何足奇跟我讲,它也不是真正的鲷鱼,应该是鲈鱼一类。后来我又吃过多种日本烤鱼,如烤小竹荚鱼等,我现在还分不清各种鱼之间那种细腻的差别,但它们有共同的焦香和鱼腥气,适合用浓香型的五粮液酒来搭配,以之抑制腥气、衬托焦香,同时不妨碍品尝鱼的鲜味。

3. 寿喜锅牛肉
青稞香型白酒:天佑德国之德 G6 52%vol

无论用哪一种方式吃所谓"日本和牛",也无论日本和牛的真伪(反正它是牛肉),特别是寿喜锅牛肉要用生鸡蛋浆做蘸料,不蘸就好像不正宗,要蘸心里又有点畏惧,所以要喝点烈性酒壮胆。搭配牛肉合适的酒,我首选的是青稞香型的白酒天佑德国之德 G6,这款酒本来就是在高原牧区酿造的,天然地跟牛羊肉有一种亲和力,搭配日本和牛也没有什么问题。蛋清滴到高度酒里之后会凝固,这是高度酒的酒精脱水作用使蛋白凝固产生的。这个实验我亲自做过,在心理上让人觉得生鸡蛋浆放在酒里"由生变熟"了,这也可能是个心理作用吧。

4. 河鲀火锅
清香型白酒:汾阳市酒厂参观纪念酒 42%vol

日本人善食河鲀,现在日本国内食用的河鲀有一部分是在中国养殖、出口到日本的,河北唐山生产的东方红鳍河鲀即是其一。2020 年著名水产专家何足奇先生给我赠送了两箱唐山红鳍河鲀,我才知道其中一些内情。同时何先生也教会我怎么吃河鲀。我们吃的方法比餐馆里要"粗鲁"、也"豪横"得多：整个一条将近两斤的河鲀，把它切成薄片直接下火锅吃，调料选用了日本酱油和日本昆布；汤鲜，肉鲜，极其鲜美。配这道菜要喝点清香型白酒才不夺其鲜味，最好还是低度酒。我选择了山西汾阳市酒厂一款参观纪念酒（42 度）。低度白酒各地都有，但我们都知道，低度白酒里口感饱满又圆润的比较少。这款汾阳市酒厂的纪念酒是参观酒厂的时候购买的，其特点是——虽为低度酒，口感醇和清淡，却仍有非常圆润饱满的感觉；香气也清新、淡雅，用于衬托河鲀的鲜美恰到好处。

5. 日式铁板烧肉

酱香型白酒：飞天茅台酒 52%vol

有一个阶段，我们在西安一家高端日料铁板烧店旺角餐厅里面围着一个铁板台，欣赏一位厨师现场煎制鹅肝、牛肉、各种菜肴，也可以炒一些豆芽等蔬菜。厨师戴着高高的厨师帽，手艺娴熟，仪式感极强，在煎制过程中时不时还要喷上一些白兰地，用火点着之后呼啦一下燃起一阵火焰，然后我们再吃，是很有仪式感的一道菜。吃这道菜，选择酱香型的茅台酒比较合适，因为煎制的肉，香气比较浓郁，配的佐料经常也是酱味明显，跟茅台酒相映成趣。

附录：
中餐烹饪工艺术语总汇

　　经过数千年的积累，中餐烹饪工艺形成了一整套的技术和技术术语，这些术语也出现在菜名中，如果知道这些术语的含义，也就可以明白这道菜是用什么方法烹制出来的，知道了如何烹制，也就能够大概了解它的特点。知道了这方面的相关知识，看着菜谱就会点菜，根据菜名就能知道自己想吃什么、知道聚餐请客时点什么菜，根据菜名里透露出的工艺技法就能选择它适合搭配的酒水。

　　按照现在中餐烹饪工艺的分类方法，大致上是分成热菜和冷菜两大类菜肴。在两种菜肴下，又根据加热方式的不同，热菜分为油加热烹调技术、水加热烹调技术和汽加热烹调技术三类；冷菜分成热制凉吃技法、凉制凉吃技法、发酵技法三类。总体算下米，共有 38 项（大项目）术语，关于这些术语的条目和解释，摘引自杜险峰主编的《中餐烹饪工艺》（科学出版社 2017 年 9 月第 1 版），这是一本权威的烹饪教科书，至 2023 年 4 月已第六次印刷，定义准确，行文简练。

热菜

一、油加热烹调技法

（一）炸

炸是将处理过的原料（包括生鲜加工、熟料预制、上浆挂糊）放入油量较多的油锅中，用不同的油温、不同时间加热，使菜肴内部保持适度水分和鲜味，并使外部酥脆干香，直接成菜的技法。

炸制技法出现于青铜炊具诞生之后。周代"八珍"中的"炮豚"，便采用了炸制技法。炸还称"油浴"，如唐代的"油浴饼"。

根据不同预制和炸法工艺的区别，"炸"可分为清炸、干炸、软炸、板炸、卷炸、酥炸等，具体的操作技法和加工完成的菜肴的风味质感，也有较大差异。

1. 清炸

清炸是指原料不经过挂糊或拍粉的技术处理，只将原料改刀后用调料腌制入味，并直接投入适量热油中加热熟制的技法。

清炸所用原料一般有两类：一类是质地嫩的原料，如鸡胗、仔鸡、里脊等；另一类是蒸煮酥烂的原料，如鸡、鸭、鸽子等。

清炸成品的特点是外焦里嫩，清爽利落，色泽多为枣红色。

代表菜品，如香酥鸭、清炸菊花胗等。

2. 干炸

干炸是将原料改刀腌制后，将淀粉用凉水浸泡，然后再挂到原料的表面，或者将干淀粉挂在原料表面或拌入原料中，下入油锅炸制。

代表菜品，如干炸肉条、炸八块、干炸丸子、干炸鸡块、干炸响铃等。

3. 软炸

软炸是将原料腌制后，挂蛋泡糊或全蛋糊，用温油炸熟的一种方法。这种炸法是将原料改成小片或蓉，油温不宜过低或过高，以防炸焦色深或脱糊浸油。

软炸菜品的主要特点是软嫩味鲜，形状整齐美观。

代表菜品，如软炸里脊、软炸蛋卷、软炸鱼条、软炸鸡柳等。

4. 板炸

板炸是将加工好的主料码味后拍干淀粉、面粉或者其他粒状物如面包糠等原料炸制成菜的方法。行业当中也称之为拍粉拖蛋滚料炸。

板炸菜肴易成型，比挂糊炸的菜品在形态上更整齐、均匀。外酥脆，内软嫩，体积不缩小。

代表菜品，如炸香蕉、炸虾排等。

5. 卷炸

卷炸又称卷包炸，是将加工好的主料码味后，将其他可食用材料卷起或者包起来后炸制。

炸时主料生熟均可，卷包形式多种多样。

代表菜品，如奇妙海鲜卷、松仁鸡卷等。

6. 酥炸

酥炸是将原料先煮熟或蒸熟，再挂上用淀粉和鸡蛋做成的糊油炸成菜的方法。操作要点是一定要用较高油温炸制。

菜品特点为芳香脆嫩。

代表菜品，如香酥鸡翅、锅烧肘子等。

（二）熘

熘是将原料改刀后，挂糊或上浆，用油加热成熟，再倒入兑好的混合汁，加热搅拌使菜肴入味的一种烹调方法。

熘法菜肴使用的是稠汁，稠汁裹在原料外部，由于淀粉糊化后形成的网络可包含住水分，黏性增大，缺少流动性，使原料入口后仍能保持脆、爽的口感。

南北朝时期的"白菹"法和"臆鱼"法，是熘制技法的最初形式。宋代的浇汁"醋鱼"，为后来熘制技法的确立奠定了操作基础。明代开始，熘成为独立的烹饪技法，也称搂。清代的菜谱上出现了熘制菜肴的名称，《随园食单》中有"醋搂鱼"，《调鼎集》中有"醋熘鱼"。

1. 焦熘（或炸熘）

焦熘又称脆熘或炸熘，是将原料改刀后挂淀粉糊，用旺火热油炸至金黄酥脆时，再倒入兑好的混合汁搅拌的一种方法。

焦熘的最大特点是外焦里嫩,一般要过两遍油。

代表菜品,如炸熘松花蛋、焦熘肉段、焦炒肉条、抓炒里脊、浇汁鱼、糖醋排骨、糖醋黄鱼等。

2. 滑熘

滑熘是将加工、切配好的原料,用调料腌制入味,经油、水或蒸汽加热成熟后,再将调制的味汁浇淋于菜肴表面,或将菜肴投入味汁中翻拌成菜的一种烹调方法。

滑熘适用于质嫩、形小的原料,芡汁也比焦熘的稍多。

代表菜品,如醋熘白菜、糟熘鱼片、滑熘里脊海米葱等。

3. 软熘

软熘是将加工好的主料,用蒸、煮或氽的方法预熟后,再用熘制方法成菜。

运用软熘方法成菜的特点是色泽素雅、柔软细嫩、味道鲜美。

代表菜品,如熘鸡脯、软熘绣球虾、西湖醋鱼、软熘草鱼、糖醋软熘黄河鲤鱼、荷花白菜等。

(三)爆

沸油猛火急炒或沸水(汤)急烫,使小形原料快速致熟成菜的烹饪技法,是为爆。

这种技法,由宋代的"爆肉"和"爆腌"演化而来。元代出现汤爆菜肴,如汤肚、腰肚双脆;明代有了油爆菜肴,如油爆猪、油爆鸡;清代推出水爆菜肴,如水爆肚、爆三样。

现代的爆制技法,根据传热介质的不同,一般分为两大类:油爆和汤爆。

爆,既是火候菜,又是功夫菜。爆制菜肴有清鲜脆嫩、爽利适口、本味突出的特点。

1. 油爆

油爆是将原料改刀后,用热油使之成熟,再加入配料,倒入兑好的粉汁快速炒拌即成。

在具体的操作中,有的原料不需上浆,而是先用沸水烫,如鸡胗、腰子、肚仁、鱿鱼等。有的原料需要上浆,不用水烫,而是直接过油,如鸡肉、里脊等。

代表菜品,如油爆双花、火爆腰花、葱爆羊肉等。

2. 汤爆

汤爆是以汤或水为传热介质，与油爆使用的介质不同，但都是用急火速成，菜肴的质地脆嫩，所以将它们归为一类。

汤爆有两种做法：一是先将汤烧沸，再加入原料，调好味连汤一起食用，如鸡汤氽海蚌；二是先将水烧沸，再将原料加入烫熟，随即捞出蘸着调料食用，如汤爆肚。

代表菜品，如汤爆双脆、水爆百叶等。

（四）炒

炒是将小型原料，放入少量油的热锅里，以旺火迅速翻拌，调味使原料快速成熟的一种烹调方法。

北魏《齐民要术》中便有炒制用法的记载。宋代，炒制技法已被广泛应用。

炒制菜肴，旺火速成。采用炒制技法，火要旺、油要热、勺（锅）要滑，动作要快。炒到七八成熟时盛出，让食物在自身的余热中熟透。

从操作技法上，炒制可分为煸炒、干炒、滑炒等。

1. 煸炒

煸炒是一种较短时间加热成菜的方法，原料经刀工处理后，投入较少油量的锅中，中火热油不断翻炒，原料见油不见汁时，加入调味料、辅料继续煸炒，至原料干香滋润而成菜的烹调方法。

代表菜品，如素炒什锦、炒大盘鸡等。

2. 干煸

干煸又称干炒，是一种较短时间加热成菜的方法。原料经刀工处理后，投入较少油量的锅中，中火热油不断翻炒，原料见油不见汁时，加调味料、辅料继续煸炒，至原料干香滋润而成菜的烹调方法。

成菜色黄（或金红）油亮，干香滋润，酥软化渣，无汁醇香。与干烧、小煎、不炒并称为川菜四绝，讲究一锅出，中途不换锅、不洗锅。

代表菜品，如平煸四季豆、干煸菜花等。

3. 滑炒

选用质嫩的动物性原料经过改刀切成丝、片、丁、条等形状，用蛋清、淀粉上浆，用温油滑散，倒入漏勺沥去余油，原勺放葱、姜和辅料，倒入滑熟的主料迅速用兑好的味汁烹炒装盘。因初加热时采用低温油将原料滑散，故名滑炒。

代表菜品，如滑炒鸡丝、滑炒鱼片。

（五）烹

烹是将加工的小型原料稍加腌渍直接拍粉或挂浆糊，放入大量油锅中炸制（或用少油量煎制）定型、定质，成熟后捞出控油，另起旺火热油锅（或原锅留油）下入原料，烹入预先调制好的味汁，用高温加热，使原料迅速吸收味汁，成为香气浓郁的菜肴。

早在2700多年前，"烹饪"一词出现于儒家典籍《易经•鼎》中，"以木巽火，亨饪也。"木指燃料，巽指风。意思是鼎下的燃料随风起火，使鼎里的食物发生变化，变生食为熟食。可见，亨即烹，烹是煮的意思，饪是指食物熟了。宋代至明代，食书中"烹"字渐多，其含义也越来越明确，烹是原料加热和调味的一道重要工序，如码味、油炸、烹汁。烹汁出现于宋代以后，是芡汁中极少不加淀粉的清芡，专门用于烹制菜肴。清代末期，烹成为独立的烹饪技法。

1. 炸烹

炸烹是将加工成形的原料，挂水粉糊或干粉糊，投入急火热油中炸熟取出，快熟烹上清汁入味成菜的一种方法。

代表菜品，如炸烹里脊、炸烹大虾、锅包肉、炸烹螃蟹等。

2. 干烹

干烹菜品制作是将加工的小型原料稍加腌渍直接拍粉或挂浆糊，放入油锅中炸制（或用少量油煎制）定型成熟后，烹入调味清汁，高温加热，原料迅速吸收味汁，成为香气浓郁的菜肴的方法。

代表菜品，如干烹虾仁、干烹马口鱼、干烹鸡块、干烹肉段等。

（六）煎

煎是将经过糊浆处理的扁平状原料平铺入锅，加少量油用中小火加热使原料表面呈现金黄酥脆效果而成菜的一种技法。

煎法用油量较少，一般以不淹没原料为度，使用火力以中火为主，与油炸相比加热时间较长，但煎制食物的时间又往往比水煮食物所需时间要短。煎制既是一种独立的烹饪技法，又是多种烹饪方法加热的第一步。

据《齐民要术》记载，从北魏开始，煎专指"加工原料平摆锅中，用少量油使其加热至熟而成菜的烹调技法"。南宋的《山家清供》记录了"挂糊煎"；元代的《居家必用事类全集》记录了"七宝卷煎饼"；明代有了藏煎；清代出现酥煎、香煎。

煎制菜肴有脆硬表层，又保持了原料内部的水分和鲜味，外松脆而内软嫩，口味主要通过先期的腌渍确定，成菜食用时配料味碟作辅助调味。

代表菜品，如干煎黄花鱼、虾仁煎蛋、煎烧黄鱼、煎闷香干、煎蒸茄盒等。

（七）贴

贴制菜肴，是将几种原料经刀工处理成形后，加入调味料拌渍，粘贴在一起，挂蛋粉浆，垫上一层肥猪膘，只煎一面，呈金黄色，另一面不煎或稍煎，也可以加入汤汁慢火收干。

贴通常要用两种以上原料，一种用作贴底（紧贴锅体的原料），上面再叠合一种以上的其他原料。所用的主配料都要加工成片状，便于叠合时保持整齐，片长约 5 厘米、宽 2.5 厘米、厚约 0.4 厘米，也可用夹刀片。贴法在加热过程中只煎原料底层一面，有"一面为贴，两面为煎"的说法。贴制油量比煎制要多一些，达到原料厚度的一半，不能淹没原料。成熟时浇泼热油，装盘时滗净余油。

贴的特点为：一道菜肴两种颜色，一面金黄，一面白嫩，色彩不同；一面酥脆浓香，一面软嫩鲜香，口感两样，还能品出至少两种原料释放出来的风味。

代表菜品，如锅贴鸡片、锅贴鲜肉、锅贴虾仁、锅贴鱼片、锅贴豆腐、锅贴牛肉盒等。

（八）塌

塌制技法是一种综合性质的烹饪技法。制作塌类菜肴，在选好原料之后，还有七道工序，既不可少，也不能乱，各有妙用。一是塌制菜肴的原料形状，通常要改刀制成方片或卷。例如，去皮、去骨后的鱼肉，片成长方片，用以加工鱼类名菜锅塌鱼片。二是塌制菜肴强调好滋味，备料之时便是入味之始。例如，制作锅塌豆腐，豆腐切成长方形片，摆入盘中，撒上盐、胡椒粉、葱姜末，再淋上料酒，腌渍入味。三是塌制菜肴色好味佳，得益于挂糊。通常选用色彩明显的蛋黄糊、全蛋糊，使菜肴表面呈鲜艳的金黄色。加热后所糊膜大量吸收味汁，从而形成浓厚丰润的滋味。四是塌制菜肴兼用煎制技法。炒勺或平底锅里加入少量油，烧至四成热时，放入挂糊原料，用中火煎至两面呈金黄色。五是塌制菜肴分两次调味，在原料腌渍入味的基础上，煎制之后加入料头、汤汁，进行第二次调味，使菜肴达到"味中有味"的效果。料头，多用葱丝、姜丝、干红椒丝等。加入的少量汤汁，能使菜肴滑嫩，与煎制菜肴的干酥形成对比，同时使汤味浸入菜中。六是塌制菜肴需要煨制成菜。塌制菜肴在采用煎法之后，烹入汤汁，既起到回软作用，又能煨透入味。煨至汤汁收尽或略有余汁时，塌制菜肴完成。七是成菜装盘。集煎法和煨法于一菜，塌制菜肴端上餐桌，讲究"细里见功夫"，形状整齐、色泽亮丽、酥松软嫩、鲜香味浓。

塌制技法，不仅工艺比较复杂，而且技法多样，有锅塌、油塌、汤塌、水塌、精塌、松塌、南塌等。

代表菜品，如锅塌豆腐、水塌里脊等。

（九）拔丝

拔丝又称挂浆、拉丝，是将经过油炸的小型原料，挂上能拔出丝的糖浆的一种烹调方法。先将加工成小块、小片或制丸的原料，经过拍粉或挂糊，用油炸熟，另将白砂糖加少量油（或少量水，或油水各半）用中火熬，直到把糖融化起泡呈米黄色能拔出丝时，把炸好的原料投入糖浆颠翻，挂匀糖浆即成。熬制糖浆的方法主要有油浆、水浆、油水浆三种。

清代，拔丝法被正式写入《素食说略》一书。

拔丝成品菜特点为，色泽美观、香酥脆爽、牵丝不断、甜香适口。

代表菜品，如挂浆白果（酥黄菜）、拔丝地瓜、拔丝山药等。

（十）挂霜

挂霜，是制作不带汁冷甜菜的一种烹调方法。主料一般需要加工成块、片或丸子，然后用油炸熟，再蘸白糖即为挂霜。挂霜的方法有两种：一种是将炸好的原料放在盘中，上面直接撒上白糖；另一种是将白糖加少量水或油熬溶收浓，再把炸好的原料放入拌匀，取出冷却。冷却后外面凝结一层糖霜（也有的在冷却前再放在白糖中拌滚，再沾上一层白糖）。熬制糖浆，是挂霜菜肴成败的关键，取决于锅里糖水化合的浓度、锅下火力的温度。

代表菜品，如怪味花生、挂霜山楂、挂霜莲子、挂霜豆腐、挂霜排骨、挂霜丸子、霜花山药等。

二、水加热烹调技法

（一）熬

熬是指将准备好的原料放入盛器中，注入大量水后，经过较长时间加热制成的菜肴，以汤菜为主。熬制菜肴不勾芡，原汤原味、酥烂不腻、味道鲜香，是一种带汤的菜肴。

熬制菜品所取用的原料多以蔬菜、菌类、肉类和大骨等为主，熬制菜品的料形通常较大，多用整只和块形原料，以适合长时间熬制。主要调味品有盐、味精，也可根据不同的口味需要加入辣椒、胡椒、葱、姜、蒜、香菜等原料增加香鲜口味。

熬制技法，最早出现于唐代。在宋代史籍中，不仅记载了熬鸡、熬肉、熬鹅、熬鳗鳝、熬团鱼、熬木瓜等许多熬制菜肴，还有红熬、白熬、润熬、灌熬、大熬、杂熬、罐熬等不同熬法。至今主要有四种熬法，即红熬、白熬、罐熬、锅熬。

代表菜品，如火腿熬苋菜、原汁牛肉等。

（二）煨

煨是将加工处理的原料先用开水焯烫，捞出放砂锅中加足量的汤水和调料，用旺火烧开，撇去浮沫后加盖，改用小火长时间加热，直至汤变得黏稠，原料完全松软成菜的技法。

煨制技法丰富，有清煨、白煨、红煨、煎煨、汤煨、糟煨、酒煨等。煨制之前，通常要对烹饪原料进行炸、煎、煸、炒等预熟加工，然后放入砂锅、陶罐、陶瓮或坛子里，加入充足的汤水，用旺火烧沸后，改成小火或微火加热。

煨制所用主料都是老、硬、坚韧的原料，辅料也要选择含水分较少的蔬菜，其制法特点：一是珍品原料要用纱布包起来煨；二是原料形状不要过于细小；

三是用慢火长时间加热；四是不必勾芡；五是调味以盐为主。煨制出的菜肴，软糯酥烂，汤汁宽而浓，口味鲜醇肥厚。

代表菜品，如红煨排骨、干贝煨冬瓜等。

（三）焖

焖是将加工处理的原料放入砂锅，加适量的汤水和调料，盖紧锅盖烧开，改用中小火进行较长时间的加热，待原料酥软入味后，留少量味汁成菜的技法。这种技法是在密封和汤水较少的状态下加热，使原料在较长时间内达到酥烂入味。

焖法使用的主料与其他火功菜相似，大都是经得起较长时间用小火加热的坚实原料。焖制时加入鲜汤的数量要准确，并且一次加足，中间不能揭盖添汤。制品成熟后，一般都不勾芡，依靠火力自然收汁，只有少数品种因为原料脂肪少或胶原蛋白少，汤的黏性差，可加少许水淀粉搅匀，以增加汤汁的浓度。焖法按色泽分为黄焖、红焖等；按预熟方法分为原汁焖、油焖等。

最早的焖制技法出现于宋代，从那时开始，焖制技法便开始出现于历代典籍之中。烹饪古籍常用"封锅口、盘盖定、勿走气"等词句，用以表达焖的技法。清代，不仅"焖"字应用已多，还在《随园食单》中开始出现"焖"字："用肥鸭斩大方块，用酒半斤，秋油一杯，笋、葱花焖之，收卤起锅。"从晚清开始，在《调鼎集》《素食说略》《苏造底档》中开始把"焖"和"焖"写入菜名，焖羊肝丝、焖荔枝腰、焖猪脑、黄焖鸡肉焖面筋等。

焖制菜肴，形态完整，汤汁浓稠，质地酥烂，滋味醇厚，吃口软滑。

代表菜品，如红焖全鸡、黄焖羊肉、油焖大虾等。

（四）蜜汁

蜜汁是将原料放入白糖和水兑好的汁中，用小火将汁收浓后加入蜂蜜（也可不加）成菜的一种方法。蜜汁是一种带汁的甜菜，其汁的浓度、色泽、味道均像蜂蜜，故而得名。

蜜汁烹饪技法最早出现于明代，称"蜜煮""蜜煨"。到了清代，又称"蜜炙"。现在普遍称为蜜汁。

采用蜜汁法制作的菜肴，特点鲜明，色泽蜜黄，香甜软糯。蜜汁菜肴，是宴席上的甜味代表菜。

代表菜品，如蜜汁莲藕、蜜汁山药、蜜汁橘子、蜜汁什锦果脯等。

（五）扒

传统扒的技法，是指将加工造型的原料以原形放入锅中加入适量汤水和调料，用中小火加热，待原料熟透后勾芡，用大翻勺的技巧盛入盘内，菜形不散不乱，保持原有美观形状。由于传统扒的技法难度大，有些厨师就改变加热和盛盘方法，但保持菜形不变，也称之为"扒"，从而形成多种扒法。

按加热方法，可分为烧扒、焖扒、蒸扒、煨扒、炒扒、炸扒、煎扒等；按原料体形可分为整扒、散扒、碎扒等；按用料生熟可分为生扒、熟扒；接菜的色泽可分为红扒、白扒等。

扒制菜肴，质地软烂，汤汁浓醇，菜汁融合，丰满滑润，光泽美观，大多使用高档原料，通常用作筵席的主菜。

代表菜品，如海参扒羊肉、红扒羊肉、白扒鸡条、扒猪脸、五香扒鸭、葱扒鱼唇、葱扒牛舌、奶油扒白蘑等。

（六）烧

烧是将预制好的原料加入适量汤汁和调料，用旺火烧沸后，改用中、小火加热使原料适度软烂，而后收汁或勾芡成菜的技法。汤少而浓稠，一般加热的时间在 30 分钟以内，或 30 ～ 60 分钟。烧法要以勾芡来增稠，如果原料中蛋白质含量多，经长时间加热后会自然增稠，行业上称"自来芡"。

烧，最初指食物原料直接放在火上烧烤成熟。这种直接加热成熟的烧制技法最原始，延续的时间也最长。南北朝时，人们把原料放到锅里，在锅底下加热，也称为烧。宋代开始，有了汤汁烧法。元代的《林云堂饮食制度集》，记录了烧猪脏、烧猪肉等菜例。清代，烧制技法被广泛应用，《调鼎集》中记录了红烧、煎烧等烧制技法。

烧制菜肴，按色泽分，有红烧、白烧；按风味分，有葱烧、酱烧、糟烧、奶汁烧、蚝油烧；按初熟处理技法分，有煸烧、煎烧、干烧、软烧。目前，常用的烧制技法，主要有红烧、白烧、软烧、干烧、葱烧。

烧制菜肴的特点为"卤汁少而浓，口感软嫩而鲜香"。

代表菜品，如红烧鱼、东坡肉、干烧鱼、烧二冬、红烧寒菌、软烧肚片、干烧冬笋、葱烧海参、葱烧蹄筋等。

（七）燻

燻制方法，一般是原料下锅后加好调料和鲜汤，用旺火烧开后改用中火收汤，待汤水减少到一定程度时，才用小火燻汁。燻法的关键在于小火燻汁的火候，讲究火力和燻的时间。一般来说，火力越小越好。至于燻的时间，一方面要根据原料老嫩性质而定，另一方面要看汤汁中水分燻干的程度。燻法适用于不易成熟的坚韧原料，燻汁时间一般都较长，少则一两小时，多则几小时。

燻制成品的特点是适度软烂、味汁浓稠、黏附原料、绵糯入味。

代表菜品，如燻大虾、铁锅燻大鹅等。

（八）汆

汆指采用极短的加热时间，以取得突出原料自身鲜味和质感以及汤汁清淡的效果。某些地区直接把这种烹饪方式称作"烫"。制作汆菜时，原料经过刀工处理之后下入沸水锅中，等着水面再次滚起时就要迅速出锅，出锅慢就会影响菜肴的质量。

汆法制品主要是汤菜，具有汤宽量多、滋味醇厚和清鲜、质地细嫩爽口等特点。

代表菜品，如酸菜汆白肉、汆汤发菜鲍鱼、汆鱼丸、汆肉丸子、汆腰片汤、汆豆腐汤、汆鳝鱼段等。

（九）炖

炖是将原料改刀后，放入汤锅中加入调料，先用旺火烧开后改小火，煮至原料酥烂时即好的一种方法。炖菜也是一种带汤的菜肴，它与熬相似，但是炖的原料多是形大、质老的，而且加热时间也较长，菜肴的质地以酥烂为主。

炖，是最古老的烹饪技法之一。自从有了煮，炖便衍生而来。可直到明代，炖制技法还没有明确的文字记载，在古代烹饪技法划分不细的情况下，炖长期被煮所代替。乾隆时期，御膳房档案里开始有了关于炖制菜肴的记载，如冰糖炖燕窝、酒炖八宝鸭子、黄焖鸡肉炖面筋、羊肉炖冬瓜等。

炖制方法根据成菜特点分为清炖和侉炖：清炖是汤汁要清，原料不需要挂糊、油炸等处理；侉炖，原料一般先挂糊再用油进行预熟处理，然后炖制。

炖制菜肴，汤菜合一，汤汁鲜浓，本味突出，滋味醇厚，质地酥软。

代表菜品，如清炖猪蹄、香菇炖鸡、猪肉炖粉条、清炖狮子头等。

（十）烩

烩是将质嫩、形小的原料放入汤中加热成熟后，用淀粉勾成米汤芡的一种方法。烩把几种原料混合在一起，加入汤水，用旺火或中火制成菜肴。烩属于制作汤菜的一种方法，但这种汤菜不同于氽。汤与原料的比例一般为 1：1，或汤多于原料，而汤汁呈米汤芡。

烩，成为一种独立的烹饪技法，是从清代开始的。《居家必用事类全集·庚集》记录了"厮剌葵冷羹"的制法：原料加工制熟后，"用肉汁淋蓼子汁，加五味烧之"。据专家考证，这种技法比较接近现在的烩法。

代表菜品，如烩鸭四宝、三丝烩蛇羹、烩什锦、陕西烩麻食、酸辣汤、烩羊杂、芙蓉三鲜、烩银丝、竹荪丝烩鸡片、河南烩面等。

三、汽加热烹调技法

（一）蒸

蒸制技法指的是利用水沸后形成的蒸汽加热食物的方法。在相对密闭的环境中，原料可以在饱和蒸汽下加热成熟，短时间内原料中的水分不会像在油加热中那样大量蒸发，风味物质不会像在水加热中那样大量溶于水中，保持了一种动态的平衡，蒸汽加热更能保证原汁原味。如果长时间加热，食物内部的水分也会缓慢逸出，使原料脱水失去嫩度，形成酥烂的口感。

蒸制技法已有 5000 多年的历史。它起源于陶器时代，最初的蒸器是陶甑。甑的底部有汽孔，蒸汽升入甑中将原料蒸熟。关于蒸的最早记载，见于《世本》，称黄帝创金甑，"始蒸谷为饭"。北魏的《齐民要术》记载了蒸鸡、蒸羊、蒸鱼等技法；宋代增加了裹蒸、排蒸、糖蒸等技法；清代则出现了干蒸、粉蒸。

1. 清蒸

清蒸是将原料经半成品加工后，加入调味品，掺入鲜汤蒸制成菜的一种方法。清蒸选用质地较嫩的原料，通过旺火沸水快速蒸至熟烂。此类蒸法主料不挂糊上浆、不过油、不用有色调料，尽量保留菜肴本色，质地细嫩或软熟、咸鲜醇厚、成菜清爽淡雅，因而得名。

清蒸蒸法的菜肴具有呈现原色、汤汁清澈、质地细嫩软熟的特点。

代表菜品，如清蒸鲈鱼、清蒸石鸡、江南百花鸡等。

2. 粉蒸

粉蒸是指原料经加工切配，再放入调味汁浸渍，用炒好的米粉拌和均匀，然后放入器皿中码好，上笼蒸制软糯成菜的一类蒸法。

粉蒸蒸法具有色泽金红或黄亮油润、软糯醇香、油而不腻的特点。

代表菜品，如粉蒸排骨、粉蒸肉、粉蒸鱼等。

3. 干蒸

干蒸又称旱蒸，顾名思义就是指不带汤汁的蒸法。是指原料只加调味品不加汤汁，有的器皿还要加盖或用棉纸封口后蒸制成菜的一类蒸法。

干蒸蒸法具有形态完整、原汁原味、鲜嫩或熟软的特点。干蒸菜品的口味鲜香，嫩烂清爽，形美色艳，而且原汁损失较少，又不混味和散乱。

代表菜品，如干蒸活鱼、香酥蒸鸡等。

（二）蒸炖

蒸炖是指将原料放在炖盅内，加入汤水，加盖，用蒸汽长时间加热，调味后成为汤汁清澈香浓、物料软烂的汤菜的制作方法。蒸炖制作的成品一般称为炖品。

蒸炖所具有的特点是汤清、味鲜、香醇，本味突出，原料质地软烂，形状完整，烂而不散，集各种原料的精华，有滋补效果。

按原料炖制时是合盅炖还是分盅炖，蒸炖法可分为原炖法和分炖法两种。

1. 原盅炖

将一个炖品的各种原料合于一盅炖制的方法称为原盅炖，也称原炖法。原炖法制作简便，能保持原料的原味和营养，但不易掌握汤水色泽的深浅，成品中主料易与配料串色、串味，造型稍差。

代表菜品，如苦瓜炖汤、炖鱼羊鲜等。

2. 分盅炖

分盅炖制是指将一个炖品的原料分为几盅炖制，炖好后再合成一盅的炖法。分炖法制作稍烦琐，但它能适应炖品中不同原料受火时间不同的要求，易于掌握汤色，成品汤色明净，肉色鲜明，造型美观。

代表菜品，如冰糖红枣炖燕窝、田七党参牛蛙盅等。

（三）烤

烤是将原料腌制或加工成半成品以后，放入烤炉，利用辐射热能使其成熟的一种方法。根据烤炉的不同，烤分为明炉烤和暗炉烤两种。烤制技法还是冷菜的常用技法。明炉的特点是设备简单，火候较易掌握，但因火力分散，烤制的时间较长，但烤小型薄片的原料或烤大型原料的某一个需要烤透的部位时，明炉烤的效果均比暗炉烤好，如烤羊肉、烤牛肉等。暗炉的特点是炉内可保持高温，使原料四周均匀受热，容易烤透，如奶汁烤鱼、洋葱烤里脊等。

1. 明炉烤

明炉烤，又称明烤、叉烤，是将原料放在敞口的火炉或火池上，不断翻动，反复烤至成熟的一种方法。明炉烤有三种形式：一种炉是有铁架，多用于烤制乳猪、全羊等大型主料；另一种是在炉子上面放架子，适用于形体较小的原料，如烤羊肉串、烤肉；再一种是用铁叉叉好直接在火上翻烤。明炉烤多用木炭做燃料，较少使用明火。

代表菜品，如果木烤鸭、什锦烤串、金陵叉烤鸭等。

2. 暗炉烤

暗炉烤是把原料挂到烤钩上或放到烤盘里，送进封闭的烤炉或烤箱里，利用辐射热能把原料烤熟。暗炉烤，又称挂炉烤，是将原料挂上烤钩或烤叉，放入炉体内，悬挂在火源的上方，封闭炉门，利用火的辐射热将原料烘烤至熟的一种方法。其优点是，温度较稳定，原料受热均匀，烧烤时间短，速度快，成品质量较高。烤箱烤，烤箱大多用电，也有用燃气的。烤箱的火力不直接与原料接触，而是隔着一层铁板，所烤食品放在烤盘里，烤箱既能烤制菜肴，又能烤制糕点。烤箱烤制的菜肴，味甘美而醇香。

代表菜品，如挂炉烤肉、万州烤鱼、香烤仔鸡等。

冷菜

一、热制凉吃技法

（一）煮

煮，是古老的烹饪技法之一，与陶器同时出现。先秦时期的羹、汤，都用煮法制作。周代"八珍"之一的"炮豚"，最后一道工序，便是在鼎中煮制。宋代，煮法有了新发展，除"以活水煮之"的菜肴外，还有先以"水煮少熟"，再用"好酒煮"制菜肴的"酒煮法"。

煮制技法分冷菜煮法和热菜煮法两类。俗语有"蒸咸煮淡"的说法，煮法强调"煮淡"，还要汤宽、水多。煮的原料往往禽类整只，肉类大块，直接放到水里煮，如煮白鸡、煮肚、煮大肠、煮白肉。煮的时候，一般只加入酒、葱、姜等，通常不再放入其他调料，这种煮制方法制作的菜肴通常是冷菜。热菜煮制的菜肴特点是有汤有菜，汤宽汁浓，不经勾芡，口味清鲜，如水煮牛肉、开水白菜等。此外在汤水中加入酒或糟，称"酒煮""糟煮"，如酒煮海螺等。

煮制技法，主要有三种：白煮、汤煮、卤煮。

1. 白煮

白煮，也称水煮、清煮。白煮的操作方法是将加工整理的生料放入清水中，为了去腥，也可适当放一些葱、姜、黄酒，水烧开后改用中小火长时间加热使原料成熟，捞出晾凉，食用时把原料切成片、条、块等形状，整齐地放入盘中，然后用调味品拌食或蘸食。

代表菜品，如蒜泥白肉、四川的口水鸡、广东的白云猪手、上海的小绍兴白斩鸡等。

2. 汤煮

汤煮，用调味汤煮制原料。所用之汤，包括鸡汤、肉汤、白汤、清汤等。这些汤，或清鲜，或浓烈，与主料一起食用。

汤煮用汤通常要经过吊制，但是也有汤底现调的做法，如制作水煮鱼、酸菜鱼等菜肴时，可直接用鱼骨与辣椒、辣酱一同烧制成汤底，再汆烫鱼片成菜。

代表菜品，如扬州的鸡火煮干丝、开封的煮银肺、成都的生烧连锅汤、重庆的水煮鱼、扬州的大煮干丝等。

3. 卤煮

卤煮就是将经过腌渍的原料或未经过腌渍的原料，放入水锅中加入盐、姜、葱、花椒等调味品（一般不放糖和有色的调味品），再加热成熟的一种烹调方法。

对一些形小质嫩或要保持原色的植物性原料，应沸水下锅煮至断生即可；对体大质老坚韧的原料应凉水下锅，煮至七成熟捞出；对事先用盐、硝腌制的原料，应泡洗或焯水后，再放入水锅中煮熟。

代表菜品，如盐水荷叶肝、盐水牛肉等。

（二）卤

卤是将原料水焯或油炸之后，放入配有多种香料、调料的特制卤汁中，先用大火烧开，再用小火慢慢卤透，使卤汁滋味逐渐渗入原料内部，直至熟烂制成菜肴的一种烹调方法。卤制菜肴多用于动物性原料。通常将这种汤汁称为卤水，将卤制的菜肴成品称为卤味品。

卤水是一种放置很多香料和调料并经熬制而成的一种汤水，通常用来制作成品或半成品。卤水香味浓郁、口味浓重，由于汤中放了许多种中草药、香料，使卤水具有较高的食疗作用。按卤水调制的地方风味可分为南方卤水和北方卤水。北方卤水多用于制作半成品，而南方卤水多用于制作成品。按卤水调制的汤色分类，又可分为红卤、白卤两大类，其特点是鲜香醇厚，五香气味扑鼻。

红卤制品油润红亮，白卤制品白洁清爽。

1. 红卤

在一定量的汤水锅中加入酱油、红曲米、糖色、盐、白糖、黄酒及各种香料（如八角、砂姜、草果、陈皮、甘草、小茴香、桂皮等）和其他动物性原料及配料经熬制而成的汁液，呈红色，称为红卤。红卤用于加工一些本身颜色不好的原料，使成菜后的菜品呈现出艳丽的色彩、引人食欲。

代表菜品，如卤水鸭、红卤水等。

2. 白卤

在一定量的汤水锅中加入盐、白糖、黄酒及各种香料（如八角、砂姜、草果、陈皮、甘草、小茴香、桂皮等）和其他动物性原料及配料经熬制而成的汁液，因不放酱油等有色调料，故汁液呈白色，称为白卤。

代表菜品，如白卤汁、白卤三黄鸡等。

3. 油炸卤浸

油炸卤浸就是把原料用热油炸制后，以小火自然收汁入味，或趁热浇上事先兑好的卤汁，或以卤汁浸渍使菜肴入味的方法。其操作方法有三种：一是把炸好后的原料放入卤汁锅中用小火烧至入味，再用大火收稠卤汁；二是把已炸好的原料趁热浇上预制好的卤汁拌匀浸制；三是将原料先用适量的调味品腌渍一下再炸，然后用卤汁浸渍。

代表菜品，如卤浸刀鱼、卤浸草鱼条等。

（三）酱

酱制方法分为普通酱和特殊酱两大类。普通酱多选配酱汁，其参考用料配方之一是：用开水 5000 克，酱油 1000 克，盐 125 克，料酒 500 克，葱、姜各 125 克，花椒、八角、桂皮各 75 克等熬制而成。有的另加糖色，还有的添加陈皮、甘草、草果、丁香、茴香、豆蔻、砂仁等香料。将制好的菜肴多浸在撇净浮油的酱汁中，以保持新鲜，避免发硬和干缩变色。

特殊酱包括酱汁酱法、蜜汁酱法、糖醋酱法等。酱汁酱法又称焖汁酱，以普通酱制法为基础，加红曲上色，用糖量增加，成品具有鲜艳的深樱桃色，有光泽，口味咸中带甜。蜜汁酱法原料多用小块，先加盐、料酒、酱油拌匀腌制约 2 小时，然后油炸，再下锅加汤、酱汁及少量盐煮 5 分钟，加糖、五香粉、红曲、糖色，下原料煮至断生即成。出锅后舀少许酱汁浇在成品上，成品为酱褐色，有光泽，酱汁浓稠，口味鲜美，甜中带咸。糖醋酱法是用清水、糖、醋或番茄酱熬制酱汁，原料经硝腌、油炸倒入酱汁锅中煮熟即成。成品金黄红亮，具有香、鲜、脆、酸、甜、辣等特色，回味深长。

根据酱制菜肴的原料，人们将酱制技法分为两类：酱泡和酱腌，前者多制作动物性原料，如酱香牛肉；后者则是用酱汁腌渍素菜，如酱渍黄瓜。

酱制菜肴的汁，不留陈汁，现用现调。在这一点上，与卤汁正好相反，卤汁是越老越好，特别推崇"百年老汤"。而酱汁里的酱或酱油，属于发酵调味品，带有一定酸味，存放时容易变味，不像"老卤"易于保存。

自宋代有了"酱蟹"这道菜肴之后，酱成为一种烹饪技法——酱制技法。多种多样的酱制技法和酱制菜肴，已被载入《调鼎集》《食宪鸿秘》等烹饪古籍中。

代表菜品，如酱猪手、酱凤爪、酱鸡、酱油鸭、酱渍豆角等。

（四）冻

冻是用含胶质丰富的原料（琼脂、猪皮等）加入适量的汤水，通过煮熬过滤等工序制成较稠的汤汁，再倒入烹制成熟的原料中，使其自然凉却后放入冰箱，将原料与汤汁凝固在一起的一种成菜方法。它能使菜肴清澈晶亮，软韧鲜醇，俗称"水晶"或"冻"。

冻类菜肴要注意两点：第一，冻汁的老嫩，即冻汁的浓度，要根据菜肴的需要调节好冻汁的稠度，以保证凝胶的成形性；第二，皮冻汁的透明程度，即冻汁是否去掉肉皮渣，这也要根据菜肴的需要来决定。

代表菜品，如水晶虾仁、肉皮冻、鸡冻、鱼冻、水晶肴蹄、水晶全鸭、冻鸭掌、西瓜冻、水晶菠萝、水晶荔枝等。

（五）熏

熏是指用茶叶、木屑、白糖、红糖等做熏料，通过加热，使熏料焦糊而产生浓烟，使烟香味附着在原料上，以增加菜肴香味和色泽的一种烹调方法。常用的熏料有各种木的锯末、樟木屑、大米、花生壳、稻草、香料和食糖等，主料广泛，肉、蛋、豆制品均可。目前有一种新的调味汁——熏汁，熏汁是一种预先制成的有熏制食品风味的汁。

熏制技法源于火熟时期，元代以前用于贮藏食品。元代起用于制作菜肴半成品，清代开始成为独立的烹饪技法。

熏制菜肴因原料生熟不同，有生熏、熟熏；因熏制设备不同，有缸熏（敞炉熏）、锅熏（封闭熏）、室熏（房）；因熏料不同，有锯末熏、松柏熏、茶叶熏、糖熏、米熏、锅巴熏、甘蔗渣熏、混合料熏等。

代表菜品，如腊肉、金华熏肉、熏骨架、熏鸡、熏干豆腐卷、糖熏野鸭、"三熏"（熏猪肚、熏口条、熏大肠）、烟熏鲳鱼、樟茶鸭子、五香熏鱼、绍酒熏鱼等。

1. 生熏

生熏就是将未经加热成熟的原料，通过腌渍后直接下熏锅熏熟，生熏适用于肉质鲜嫩、形状扁平的鱼类等原料，如山东的生熏黄鱼、安徽的毛峰熏鲥鱼、上海的熏白鱼。也有生料熏后再经蒸、炸成菜的。生熏黄蚬子和生熏白鱼是典型的生熏制作菜肴技法的代表菜。

2. 熟熏

熟熏是原料经腌制入味和初步熟处理后，再进行熏制成菜肴的烹制方法。此外，有些以熏制命名的菜肴，并不直接经过熏制，而是先制熟后再用熏制的方式制成，突出熏制风味。熏骨架、樟茶鸭子是典型的熟熏熟制菜肴技法的代表菜。

（六）酥

酥是指经热处理后的半成品原料，有序地排列放入大锅内，加入以醋为主的调味品，用小火长时间焖制，煨至骨酥、肉烂、酥香味浓的烹调方法。目的是使骨酥肉烂，特别是骨、刺较多的鱼类，酥制以骨酥、刺软为标准。

酥制菜肴出自清代。袁枚的《随园食单》里曾有记载："通州人能煨之，尾之俱酥，号酥鱼，利小儿食。"

酥制主要有油酥和醋酥两种技法。油酥，将肉类、鱼类、干果类原料用油炸熟，冷却后品质酥脆。油酥的食物，色黄、质酥、味香。醋酥，在原料里加入醋，小火慢煨，使原料的品质变酥，醋酥的食物，色润、质脆、咸香、甜酸。

酥制菜肴的特点是酥脆可口，咸甜酥香，外酥里嫩，皮酥肉嫩。

代表菜品，如酥鲫鱼、酥海带、酥肉、安徽酥鸭面等。

二、凉制凉吃技法

（一）拌

拌，是问世很早的烹调技法之一。在《周礼》《礼记》《齐民要术》等烹饪古籍里，都有关于拌的记载：生食加调味，即是最初的拌。

古往今来，拌制菜肴不断创新，品种繁多。净拌、混拌、杂拌，是因为原料品种不同；生拌、熟拌、生熟拌，是因为原料生熟不同；凉拌、温拌、热拌，是因为拌制时的温度不同；手拌、捶拌、清拌、烫拌，是因为拌制的技法不同。

生拌，生鲜本味，调汁香美；熟拌，有荤有素，荤的软绵香嫩，素的鲜脆滑爽；生熟拌，原料多样，口感混合，层次丰富。

拌制技法的选料范围广泛，主要调味品有盐、味精、糖、香油、酱油、醋，也可根据不同的口味需要加入麻酱、辣椒、胡椒、芝麻、花生、葱、姜、蒜、香菜等原料。

1. 生拌

生拌是指把调味料加入可直接食用的、已经成熟的或腌制后可直接食用的菜肴原料中，通常是在原料中加入调料后拌匀即可凉吃，也就是凉拌。凉拌所取用的原料基本上是可直接食用或经过加热制熟后的半成品，如拌三鲜、凉拌拆骨肉、拌鸡丝、拌芹菜等。

代表菜品，如金钩冻粉拌瓜丝、生拌牛肉丝等。

2. 熟拌

熟拌是将加工成熟的冷菜原料，加入调味品拌制成为菜肴的方法，熟拌的原料在拌制前均要进行热处理，如炸制、煮制、焯水、汆制、烧烤、蒸制几种。

代表菜品，如香菜白宫鱼（炸制凉拌）、孜然兔肉（煮制凉拌）、拌三鲜（水焯凉拌）、芥末肚丝（汆制凉拌）、香麻手撕鸡（烧烤凉拌）等。

3. 生熟混拌

生熟混拌是将可生食的原料和加工制熟的原料，按一定的比例，混合后再加入调味品拌制成菜肴的烹调方法。其生熟混拌的原料比例要协调，熟料必须晾凉，以保证菜肴的色泽和质地。

代表菜品，如炒肉拉皮、怪味鸡片等。

（二）炝

炝是将加工成丝、条、片、丁等形状的小型原料，用沸水烫至断生或用温油滑熟后捞出，沥去水分、油分，趁热加入以盐、味精、热花椒油、香油为主的调味品制成菜肴的一种烹调方法。

炝是在炒和拌之后出现的，它介于炒、拌两种烹饪技法之间。烹饪古籍关于炝制菜肴的记载，有炝荄菜、炝冬笋、炝松菌、炝虾等，最早见于清代的《调鼎集》，而炒和拌早在北魏的《齐民要术》中已有记载。

炝有"生炝""熟炝"之别。由于部分炝菜取用生料，故有"生炝"之说，炝制需静置片刻以入味。炝制菜肴根据原料处理方法的不同，还可分为滑炝、普通炝和特殊炝三种。

1. 滑炝

滑炝是将质地鲜嫩的动物性原料切成丝或片，上浆，用温油滑至断生，沥油后加入调味料，趁热拌和成菜的一种烹调方法。

代表菜品，如炝虾仁、炝海蜇丝、滑炝鸡丝、红油鱼丝等。

2. 普通炝

普通炝就是将原料经过焯水处理后，将调味汁加热，趁热浇在原料上，使之迅速入味的烹调方法。

焯水炝的菜肴，吃起来脆嫩、清口、鲜香。

代表菜品，如炝黄豆芽、清炝莴笋、素炝豆角、炝蓑衣黄瓜、炝土豆丝等。

3. 特殊炝

特殊炝就是选用新鲜或活的动物性原料，不经过加热处理，洗净后，直接加入具有杀菌消毒功能的调味品进行调味制作的一种烹调方法。

特殊炝也称凉炝法，即炝制味汁不加热的方法，以新鲜度高的活料为对象，故又常称为"活炝"或"生炝"。凡用生炝之法，食料皆不需熟烂或预腌，此是与腌法的根本区别，在调味上以葱、姜、酒、花椒、胡椒为标志。

生炝菜一般使用活虾、活鱼、活贝类，必须调以高度曲酒（52度以上）或白醋、芥末、蒜蓉之类具有较好杀菌作用的调料。因此在调味上一般又有酒炝、醋炝、芥末炝与葱椒炝之分。

代表菜品，如腐乳炝虾、酒炝虾等。

三、发酵凉菜技法

（一）腌

腌是将原料用以盐为主的调味品拌和、抹擦或浸渍，以排除原料内部水分和异味，便于原料入味的一种制作方法。

腌的技法多种多样，有只用食盐腌制的盐腌渍法，以食盐为主的加料腌渍法。具体操作时又分为两种技法：加水腌的盐水浸泡法，不加水腌的干盐抹擦法。盐腌还是其他腌制技法的第一道工序。

腌制菜品根据所用的调味品不同，大致可分为盐腌、糖腌、酒腌、醋腌、糖醋腌、糟腌、酱腌、醉腌等方法。有些原料经腌制后，可以直接装盘食用。

代表菜品，如糖醋水萝卜、酸辣白菜、糟腌黄瓜、红糟鸡、酸姜、珊瑚瓜卷、糖醋青瓜条、腌菜头等。

（二）泡

将新鲜蔬菜在一定浓度的盐溶液中长时间浸泡，利用乳酸发酵至熟的方法称泡。成品统称为泡菜。制作泡菜的盛器是特制的坛，为凹槽式小口细颈大肚平底构造，与糟菜坛、醉菜坛不同的是凹口处可用水封口，上加盖碗，具有良好的密封性能。

我国泡菜的历史可以追溯到 2000 多年以前。各种各样的泡菜可以归为两大类：一类是纯种乳酸发酵的泡菜，也就是用纯种乳酸菌发酵；一类是长周期盐渍后调味的泡菜，有野生乳酸菌的参与。泡菜的乳酸发酵风味明显，酸味柔和，醇厚绵长。

泡制菜肴质地清脆、清淡爽口、风味独特。泡菜是四川与延边地区的特色菜品，成菜具有不变形、不变色、咸酸适口、微带甜辣、鲜香清脆的特点。其制作一般分制盐水、初坯、装坛泡制三道工序。

代表菜品，如四川泡菜、汽水泡淮山、泡菜烧鲜笋、泡菜鲈鱼片、泡椒目子鱼、泡豇豆煸鲫鱼、酸萝卜老鸭汤等。

（三）糟

糟是指将原料置于以酒糟、盐为主要原料的浸渍液中浸腌成菜的方法。糟法与醉法原理相近，故有"糟"亦是"醉"之说。酒糟是酿酒后的产物，一般酒精含量在 10% 左右，并且有与酒不同的风味。如红糟，有 5% 的天然红曲色素。有的酒糟则掺杂 15% ～ 20% 的熟麦麸与 2% ～ 3% 的五香粉混合而成。酒糟的作用与酒相同，但其风味不同。

酒糟虽然也可以直接用作糟料，但通常情况下还是照配方下料，在糟里添加食盐、白糖、花椒、八角、桂皮、陈皮、茴香等调味料，制成风味不同的糟卤。再以这些糟卤为主要调味料，对肉类、蛋类、豆制品和蔬菜进行腌、浸或渍，制成菜肴。

在北魏的《齐民要术》中，有"糟肉法"的记载。南宋时出现了糟鲍鱼、糟羊蹄、糟黄菜、糟鬺等多种糟制菜肴。元明清时期归纳出陈糟、甜糟、香糟、三黄糟等多种糟制技法。

糟制技法一是以糟分类，二是以原料分类。以糟分类有两种技法：一是红糟，将酒糟中的酒提取出去，加入红色食用色素后晒干，即为红糟；二是白糟，保持酒糟本色，不加水。以原料分类有两种技法：一是熟糟，将原料进行熟处理后糟制；二是生糟，未经熟处理的原料直接糟制。

代表菜品，如香糟凤爪、红糟鸡、糟制鸭三白、糟蛋等。

（四）醉

醉就是以多量优质白酒、黄酒，加入以盐为主要调料制成的卤汁中浸泡原料至发酵成熟的一种制作方法。

根据溶液量的多少，将加水进行泡制的方法称湿醉法，反之称干醉法。又根据用料的预热与否，将用生料制作的菜肴称生醉，将用预热加工后的半成品制作的菜肴称熟醉。按所用的调料不同，醉可分为红醉、白醉。

代表菜品，如醉蟹、醉蚶、醉螺、醉蛎黄、醉活虾、醉虾爬子、山东醉腰丝、福建醉冬笋、醉蛋、天津醉鸭肝等。

（五）腊

腊肉，即采用腊制技法加工的肉。腊制技法，是腊月里将肉制品用盐腌制后，进行日晒、烘烤、烟熏，然后放于自然通风处吹干。腊的方法多用于动物性原料，将原料用椒盐或硝盐等调料腌制后，再进行烟熏（也有不经熏制，采用腌—晾干—

腌多次处理），吹干原料表层水分，食用时多用蒸、煮制熟。

腊的具体制作方法有两种：一种是将原料用盐、硝等调料腌制后，再经烟熏、晾干后，进行蒸、煮的制作方法；另一种是将原料用盐、硝等调味料腌制后，经烘烤、风干、蒸、煮成熟后，再进行烟熏或不用烟熏的制作方法。

中国的腊肠有着悠久的历史，约创制于南北朝以前，始见载于北魏《齐民要术》的"灌肠法"，其法流传至今。南宋陈元靓的《岁时广记》，最早记载了有关腊肉的文字。自古以来，畜禽海鲜，几乎都可以腊，如广东的腊乳猪、山西的腊驴肉、甘肃的腊猪肉、湖北的腊鱼、四川的腊兔、江西的腊鹅等。

各地腊肉共有的特点基本一致，瘦红肥白、色泽鲜艳、质地滑利、具有独特的熏香和腊香味。

代表菜品，如腊肉、腊肠等。

（六）松

松制技法是将无骨无皮无筋的原料初步加工后，再根据其不同性质，分别进行油炸、蒸煮、烘、炒等，然后进行挤压、揉搓，使原料脱水，干燥成为酥松、脆香菜肴的一种烹制方法。松制品多用于肉类、鱼类、蛋类、绿叶类蔬菜等动植物性原料。

松制品也称脱水制品，就是在技术控制条件下促使食品中水分蒸发的工艺过程，所得的菜品也称为脱水食品。松制品有质地松、酥、脆，咸淡适口，易于保存的特点。

代表菜品，如鸡肉松、鱼松等。

（七）风干

风干就是将原料用调料腌渍后，挂在阴凉通风处，晾制一段时间后再烹调食用的一种烹调方法。风制一般是将带着羽毛或用其他材料包裹着的原料进行腌制。这种方法的特点是不需浸卤、不需晒制、腌制时间较长。

风干分为"腌风"和"鲜风"两种，腌风一般用动物性原料，用花椒和盐腌制；鲜风不需要腌制，多用于植物性原料。菜例有风鸡、风鱼、风菜心、风酱肉等。

风干肉，是一种常见于西藏和内蒙古西北地区的特色食品。每年11月底，当气温在0℃以下时，牧民们将牛羊肉割成小条，挂在阴凉处，让其自然风干，既能去水分，又能保持鲜味。到来年二三月便可以拿下来烤食或生食，味道鲜美。经过风干之后，肉质松脆，口味独特，令食者回味无穷。一般的餐馆制作方法为，先用盐把肉腌制1天，再放入调料腌制1天，放入风干房内进行风干、熏烤。

代表菜品，如风酱肉、风干鸡等。

后记

1

我们曾写作出版了两本关于白酒的专著《酒的中国地理》（西北大学出版社，2019 年 6 月第 1 版，已重印多次）和《中国白酒通解》（西北大学出版社，2022 年 7 月第 1 版）。第一本书的主题是分析中国白酒产业分布与演化的人文地理因素；第二本书的主题是系统介绍中国白酒工艺流程、演化历史，以及自然地理要素对白酒风格的影响。白酒是一种饮料，最终是要喝的，研究白酒的目的最终是为了品鉴和享受，而不是单纯地学习知识。中国白酒历来是和餐食结合起来的，搭配菜肴饮酒，是中国白酒健康饮用的传统之一。餐酒结合的天然性使得我们品享中国白酒，就必然同时品享下酒菜，于是本书便以中国白酒的餐酒搭配为主题，名为《中国白酒配餐学》，至此，我们的"中国白酒三部曲"完满收官。

2

感谢西北大学出版社社长马来先生、总编辑张萍女士、责任编辑陈新刚先生、特约审稿人李国庆先生。十年前，是他们慧眼识珠，确定了中国白酒文化这个选题，并持续支持、鼓励我们完成了"三部曲"的写作。回首一望，十年时间是多么漫长，但是，和他们交流的每个细节却仿佛就发生在昨天……

3

感谢在白酒领域引领我们入门并始终持续指导我们深入研究的白酒行业专家李家民先生、余乾伟先生、刘念先生、三圣小庙先生、要云先生、陈树增先生、邱树毅先生、邹明鑫先生、黄宇彤先生、何冰先生、龙则河先生！感谢指导我们以地理学视角研究白酒的著名历史地理学家马正林先生！

感谢青海互助"天佑德"酒业公司董事长李银会先生、副总经理冯声宝先生、特通部经理鲁寿先生；山西长治潞酒公司董事长王敬宇先生、副总经理袁敬涛先生；山西长治麟山酒业董事长李迎春先生；山西汾阳市酒厂董事长郭昌先生、营销总经理孟耀明先生；西藏阿拉嘉宝酒业公司董事长王兆基先生、总经理胡志平先生、营销总经理周有伟先生；贵州中心酒业集团董事长周杰明先生；贵州京华酒业集团总经理袁仲华先生；贵州遵义酱香时代酒业公司总经理韩春阳先生；贵州湄窖酒业公司董事长陈长文先生、董事长助理胡伟先生；湖北通城千里境泉酒业公司董事长李英成先生。这些年来，这些酒厂一直在给我们提供优质美酒，还引领我们在当地进行餐酒搭配，让我们一次又一次沉浸在中国白酒与同产地美食风土交融的美妙享受中。

2022年春节，鲁寿从青海给我们寄来自己家里养的羊只，让我重新练习有些荒疏的手抓羊肉"技术"。

2023年5月，胡伟在贵州湄潭家中，给我们准备了一整套"春天的美食"，让我们深切地感受到一方水土、一方人情的温暖。

4

感谢著名水产专家、营销专家何足奇先生，2019年秋天，他"忽悠"我帮他卖冰鲜水产品和牛排、牛肉饼，说"有两个冰柜就可以开干了"。在他的指导下，我们联系了西安100多个小区的社区购物团，真正运转起来，才发现四个冰柜也不够，只能做周转，高峰时每天要周转3～5次，每次要进几十吨货物，只能专门去租用冷库，这段经历让我们直观地认识到这类基础食材在现代城市生活中的消费量是多么巨大。但仅仅找到社区购物团是不够的，何总发来的食材很多原来是用于出口或供给高档餐厅的，一般人家不会做。没有办法，我们得自己先学会烹饪，再给社区"团长"开品鉴会，教会他们烹饪，再由他们教会社区居民烹饪。于是，在何总的指导下，又采购了全套的专业烹饪设备，猛火灶、专业的牛排锅、专用的鱼翅捞饭炖盅等餐具。为了"安抚"我们，何总还时不时寄来只供我们自己"品鉴"的珍稀食材，那段时间，我们学会了杀螃蟹、宰鳗鱼、剥河鲀皮等平时家里做饭不会涉及的厨房技术，品鉴会不知开了多少回，也接待了来自各地的酒友。如今，那四个冰柜还放在我们的工作室，提醒着我们亲手加工过多少食材。这段经历让我们积累了和日常家庭做饭不同的专业化的烹饪实操经验。

感谢山东烟台帝伯仕自酿机有限公司总经理梁进忠先生，他制造的整套小型发酵蒸馏装置，让我们建立起了自己的酿酒蒸馏实验室，亲手做过了各种酿酒蒸馏实验。

酿酒、烹饪、餐酒搭配，从学科分类来讲都属于"工科"，不亲自实际动手操作，仅靠阅读文献，是不能深刻理解其中关键问题的。机缘巧合使我们遇到了何总和梁总，获得了这方面的实际操作经验，这才有底气来写作这本实践性很强的餐酒搭配专著。

5

感谢诗人白立、周晋凯、马非、贺中、西毒何殇、王有尾，他们在各地招待我们品尝独有特色的美食，他们的作品，如同暗夜的爝火，告诉我们：黑暗中永远有光明存在。感谢著名相声表演艺术家苗阜、王声，王声先生还是评书表演艺术家，知识渊博，思想深刻，对酒的见解也卓尔不群。

6

感谢和我们一同创业的程骏、薛华实、秦如国、申志喜、施常明诸公，我们有幸相识相知，有幸经历共同的风雨，到了这个年龄，我们已经深刻认识到创业没有目的，创业就是生命本身，我们有幸出生并成长于这样的时代，能把创业当作一种生活方式。

感谢我们风雨同舟的工作团队：编辑朱剑、王海玲、李延安、惠荣、张旋；摄影师胡纲；设计部门崔蓉、王卉子、赵晶、牛妮妮；基础科学顾问王小娟；行政助理童康育、冯巧昀、焦旭；实验室主任兼厨师赵霏；司机兼厨师丁耀军。在极其复杂困难的情况下，他们以坚如磐石的意志圆满地完成了各项工作任务，这样的工作状态会得到苍天的眷顾，无论在何种情况下，都能开辟出生存与发展的新道路。

感谢陕西宝鸡酒海收藏者、凤香型原酒爱好者马文瑾先生，他是第一个复制"李寻的酒吧"餐酒一体品鉴模式的实践者，建立了自己的工作室"南山草堂醇香（凤香）原酒学社"，有不少外地的酒友通过我们介绍到马总的"南山草堂醇香（凤香）原酒学社"参观体验，马总亲手烹饪的"红烧牛尾"与"马氏元宵"成为大家喜欢的招牌菜。

7

特别的感谢依然要献给我们终生志同道合的朋友王永辉，他始终以天使般的高贵和力量鼓舞我们去奋斗，以纯正的理想主义检测自己的灵魂，推动我们摈弃错误的认知理念，激发出新的创造潜能。

感谢贵州著名作家、学者韩可风先生，韩先生对贵州风物了如指掌，他给我们展示了鲜为人知的贵州美酒美食的绝世风华，也展示了隐藏在这风华背后的沧桑。韩先生治学视野开阔，宏大的国际视野、悠远的历史纵深、犀利的生命直觉，让我们理解了美食美酒承载了多少无法言说的文化内涵。

8

感谢《华商报》副主编李明先生和采编部主任王宝红女士，华商新媒体主持人马越川先生，西安人民广播电台主持人李朵先生，北京《新京报》记者赵方园女士，上海《新民周刊》主笔姜浩峰先生，我们的前两本书出版后，他们曾对我们进行过多次采访和报道，希望这本书依然能激发他们的兴趣，共同遨游于生活美学的无垠空间。

感谢西安石油大学管理学专家侯万宏博士，复旦大学校友会刘强会长，西安佳福商贸有限公司总经理朱小霞女士、西安成城裕朗公司经理刘存楠先生，感谢他们多年以来给我们的各种支持和帮助。

9

深沉地感谢那些几十年来我们用过餐的大小餐厅，从都市的豪华酒楼到山野中的路边小店，我们不知道他们的老板和厨师姓甚名谁，但正是他们，喂饱了我们，滋养着我们，让我们时刻感知着"祖国""土地""人民"这些词汇的真正力量！

最后，还是引述《酒的中国地理》后记中的一段话：

"最强烈的谢意，要送给那些我现在还无法一一罗列姓名的朋友和亲人，那些和我一起喝过酒的人！每个人的一生当中都有一同喝过酒、一同流过泪、一同打拼过的兄弟朋友，你总会在某一个时刻，不自觉地涌起对他们的感激之情。我们知道，每一个收到这本书的亲人和朋友，都会想起和我们一起喝酒的那些往事与情景，都能够感受到我们对他们的深沉情感，一切都在酒里！"

图书在版编目（CIP）数据

中国白酒配餐学 / 李寻，楚乔著. —— 西安：西北
大学出版社，2024. 11.—— ISBN 978-7-5604-5513-6

Ⅰ. TS262.3；TS972.1

中国国家版本馆CIP数据核字第2024LS2740号

中 国 白 酒 配 餐 学

HOW TO MATCH CHINESE BAI JIU WITH DISH

作　　者　李寻　楚乔
出版发行　西北大学出版社
地　　址　西安市太白北路229号
邮　　编　710069
电　　话　029-88302590 88303593
经　　销　全国新华书店
印　　装　陕西龙山海天艺术印务有限公司
开　　本　787毫米×1092毫米　1/16
印　　张　29.5
字　　数　500千字
版　　次　2024年11月第1版
书　　号　ISBN 978-7-5604-5513-6
定　　价　168.00元

本版图书如有印装质量问题，请拨打029-88302966予以调换。